기초 CAD
평면도 그리기

김태곤 저

문운당

- 목 차 -

Chapter 1. 작업 환경 설정 / 10

Chapter 2. CAD 명령어 /54

Chapter 3. 평면도 작성에 필요한 도면요소 / 102

Chapter 4. 평면도 그리기 / 134

Chapter 5. 자료의 보관 및 작업의 표준화 / 246

Chapter 6. Sketch-up (스케치업) / 254

Chapter

1

작업 환경 설정

Chapter 1. 작업 환경 설정

1.1. 양식 설정

■ 2020 버젼의 첫화면

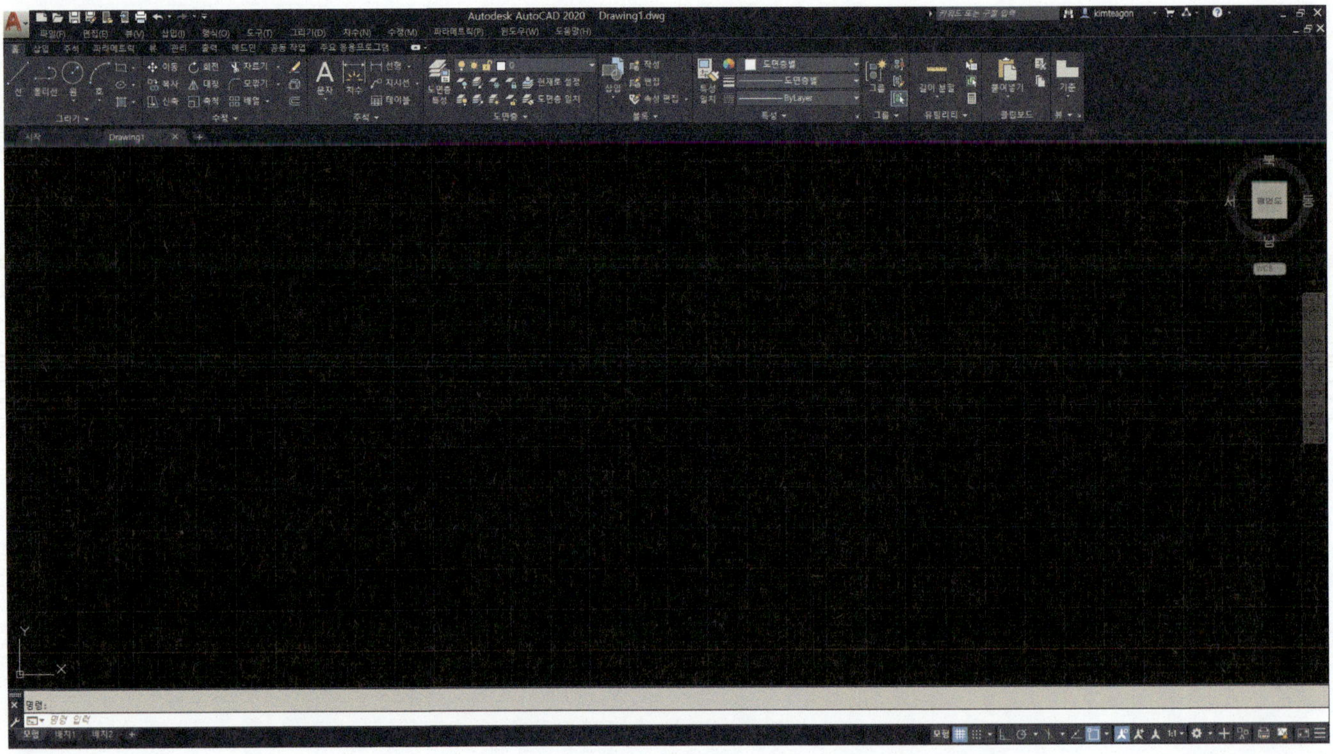

■ 기본 구성

이 정도면 이제 캐드 작업이 편해집니다. 앞으로 캐드작업을 위해 다음 정도의 명칭은 알아두세요.

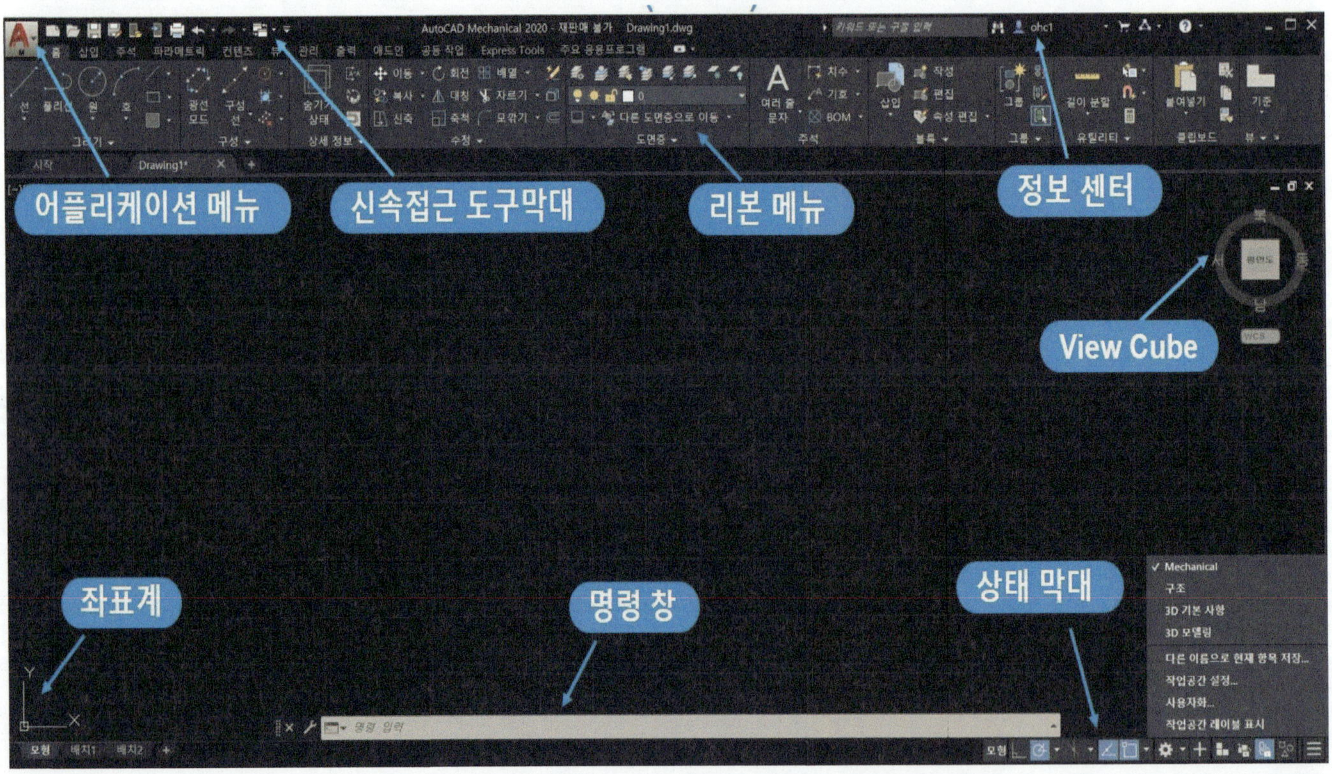

■ 화면에 잘 쓰여지지 않는 [도구 막대]와 [창]들을 닫습니다.

화면 위의 2줄의 [도구 막대]만 남기고 모두 닫아 주세요. [도구팔레트]와 [시트세트 관리자]도 닫아주세요. 명령은 주로 남은 도구막대와 "단축 명령"만 키보드로 입력합니다. 단축명령을 철저히 사용하세요.

■ [메뉴]-[도구]-[옵션]-[사용자 기본 설정]에서 [도면 영역의 바로가기 메뉴]를 선택 해제 하세요.

[도면 영역의 바로가기 메뉴]는 선을 그리고 Enter하면 나오는 팝업 메뉴입니다. 이것만 없어도 그리는 시간의 1/3은 절약될 것입니다.

[도면영역의 바로가기 메뉴]

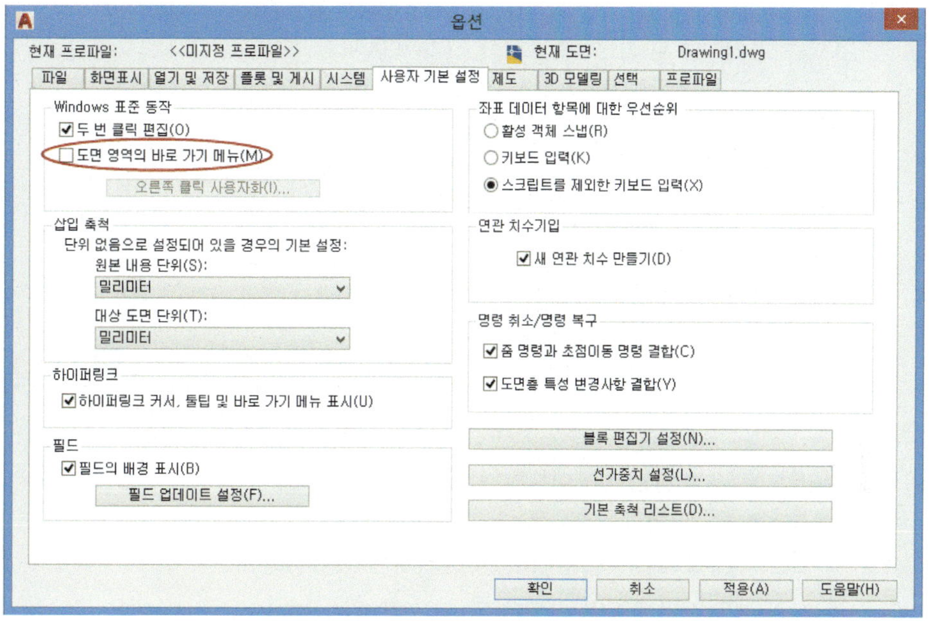

■ [상태막대]를 정리합니다.

아래의 [스냅][모눈][직교]등의 상태막대 기능 중 **[직교],[극좌표],[OSNAP]** 3가지만 사용합니다.
3가지 이외에는 모두 꺼주세요. [눌림: 켜짐(on) / 나옴: 꺼짐(Off)]

[직교],[극좌표],[OSNAP] 3가지 기능은 필요에 따라 계속 on/off를 반복하면서 작업합니다.

① **[직교]**(ORTHO): 선그리는 작업 중 수평/수직선만 그리도록 합니다.
수평/수직선을 그릴 때 켜고, 자유로운 선을 그릴 때 꺼주세요.
가능하면 F8키(단축키)로 on/off 합니다.

② **[극좌표]**(polar): 30도, 45도 등의 사선을 그리도록 유도 합니다.
가능하면 F10키(단축키)로 on/off 합니다.
[극좌표]와 [직교]는 둘다 동시에 켜지지는 않음
[극좌표] 위에서 오른쪽 마우스 클릭하여 설정값(Setting)선택
극좌표 각도 설정값을 45도에 놓습니다.

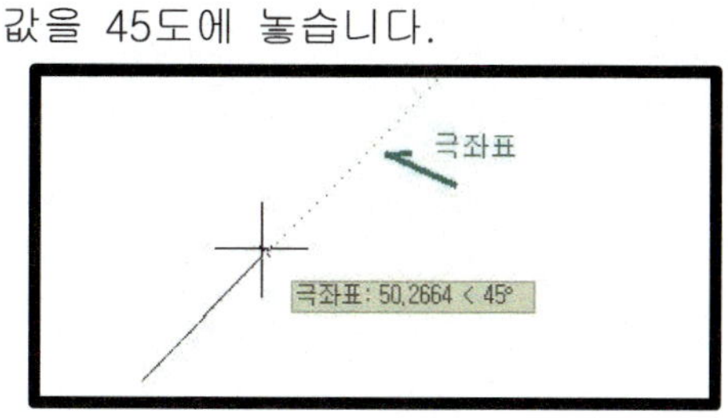

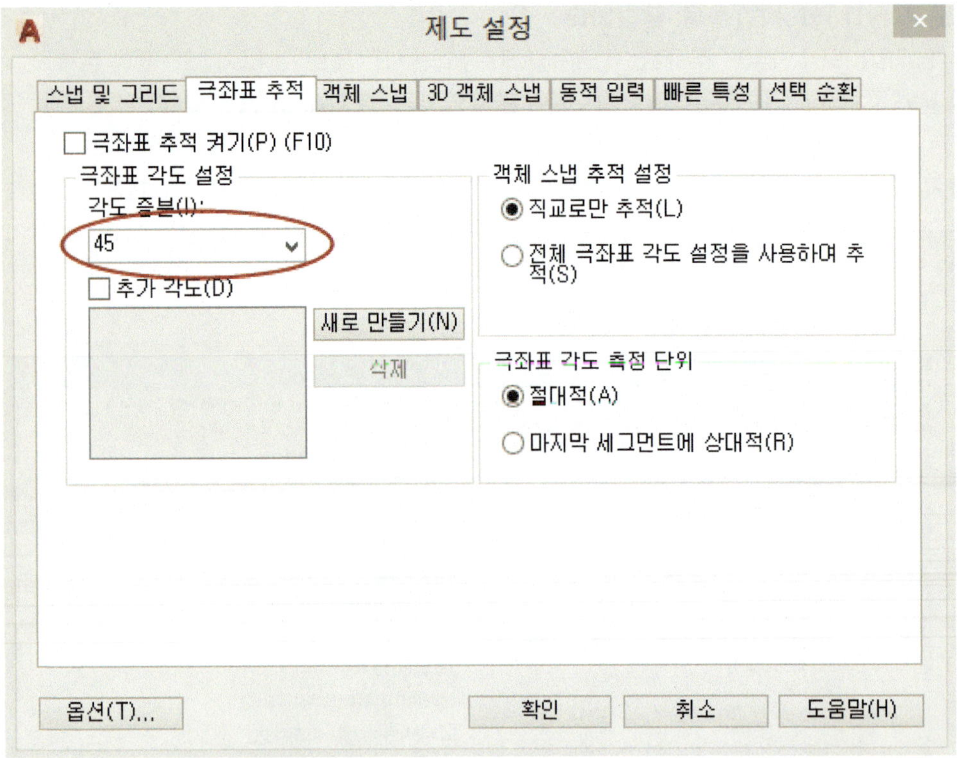

③ [OSNAP]: 객체스냅을 on/off 합니다.

선을 그릴 때 <끝점>, <중간점>,<직각점>,<근처점>등을 자동으로 찾아줍니다.
방해될 때도 있습니다. 이럴 때는 꺼 주세요.
가능하면 F3키(단축키)로 on/off 합니다.
[OSNAP] 위에서 오른쪽 마우스 클릭하여 설정값(Setting)선택하거나 OS명령 사용
다음의 정도는 꼭 선택해 주세요. (필요에 따라 더 많이 선택해도 됩니다)

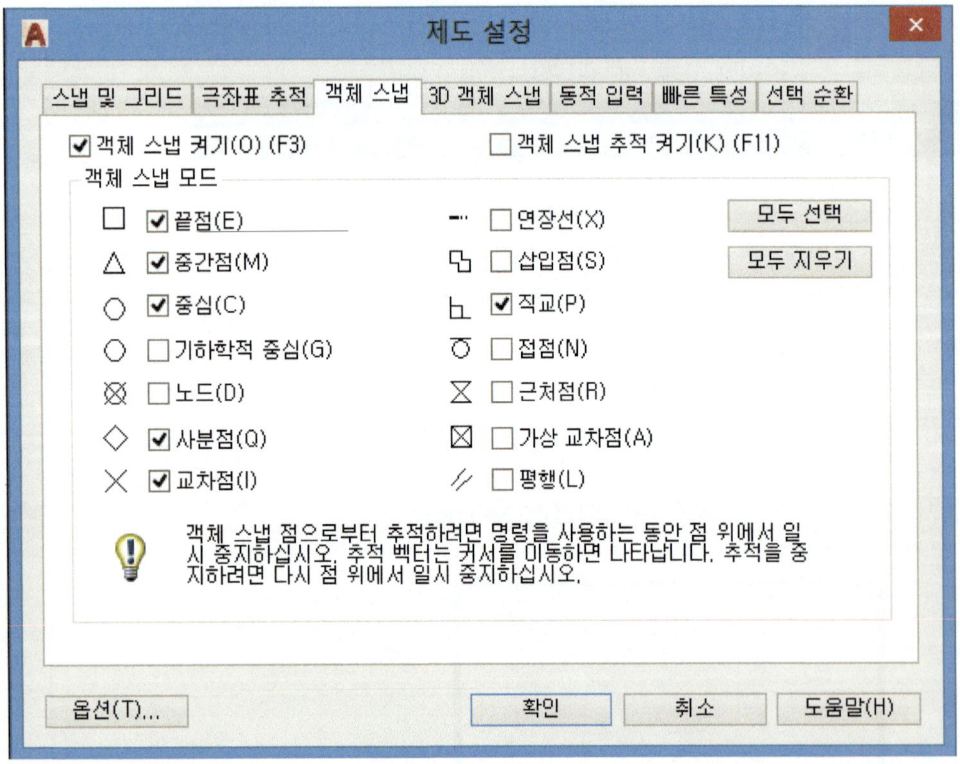

■ 그 외 실수로 눌렸을 때 황당하게 만드는 것들

Ctrl-0(영): 화면이 넓어져서 좋습니다. 다시 누르면 원상태로 돌아갑니다.

Ctrl-9 : 명령행(command line)이 사라집니다. 다시 누르면 원상태로 돌아갑니다.

■ 기타. 참고할 사항

① 선택 미리 보기- 커서가 객체 근처에 가면 객체가 밝게 빛나는 기능.

단시간의 작업에는 별 문제가 없지만 오랜시간 작업하면 눈이 매우 피곤합니다. 이 때는 꺼주세요.

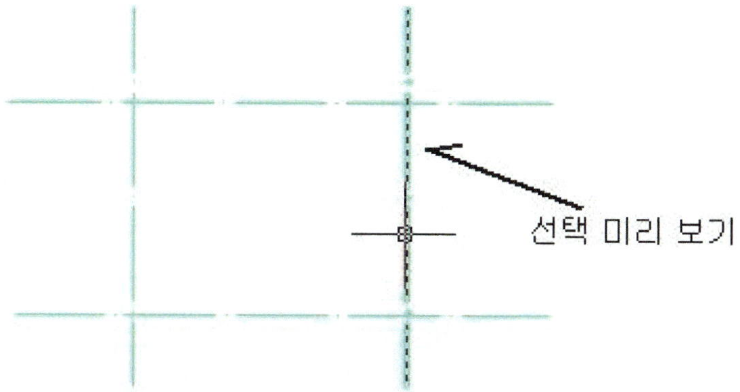

[메뉴]-[도구]-[옵션]-[선택사항]에서 "선택 미리보기"를 둘다 꺼주세요.

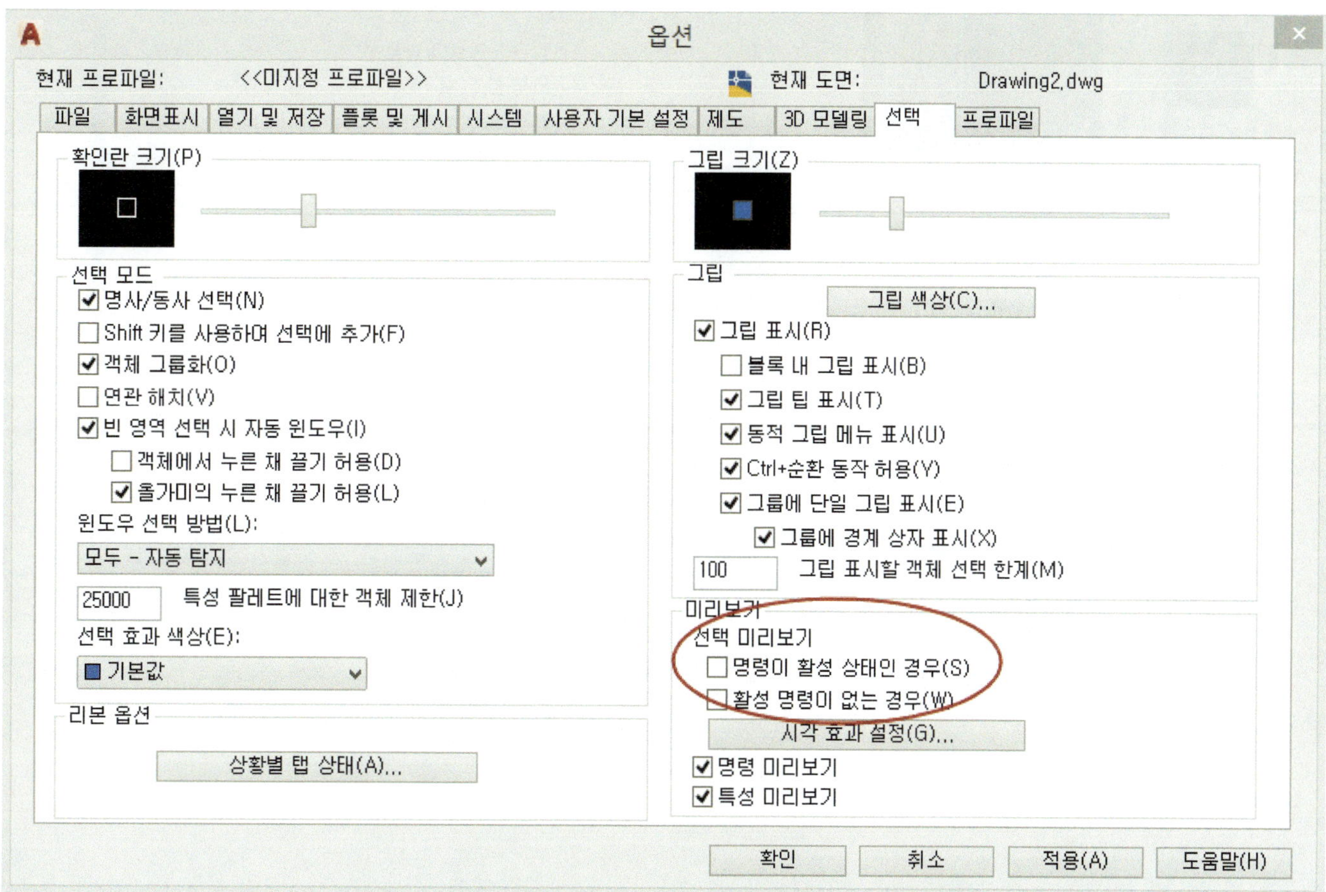

② 2006버젼부터 객체의 선택방법 중 <크로스>, <윈도>를 색채로 구별하여 보기 좋습니다. 그러나 이도 피곤한 분은 꺼주세요.

▶ <크로스>, <윈도> 란?

크로스(cross): 오른쪽에서 외쪽으로 [선택상자]를 만들면 안에 들어오거나 걸친 것도 선택합니다.

윈도(window): 왼쪽에서 오른쪽으로 [선택상자]를 만들면 안에 들어온 것만 선택합니다.

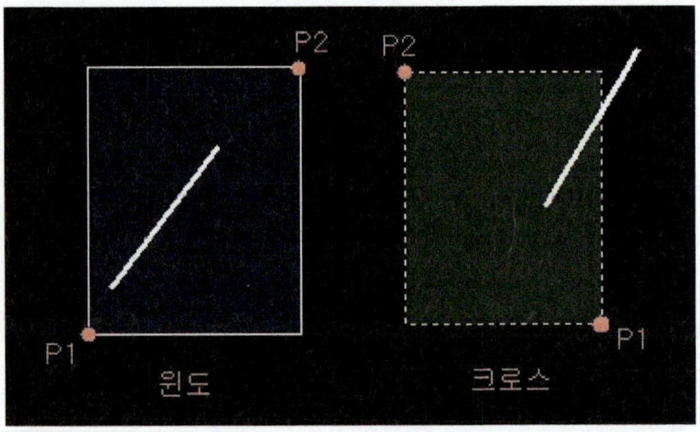

[메뉴]-[도구]-[옵션]-[선택사항]에서 "시각효과 설정"으로 갑니다. "영역 선택효과"의 "선택 영역 표시"를 꺼 주세요.

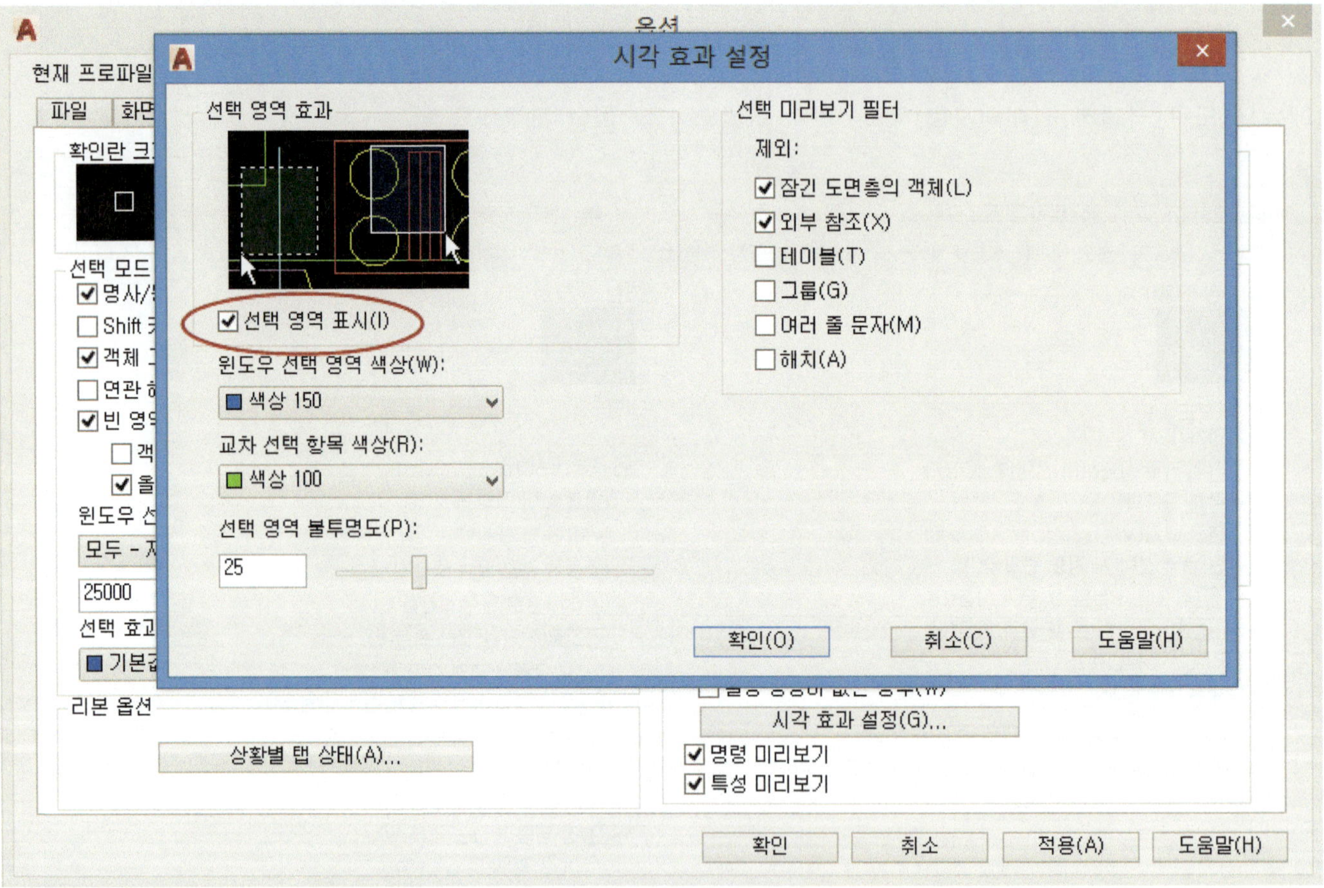

CAD 좌표계

CAD 좌표계

CAD 좌표계

구분	표시 형식	설명
절대 좌표	X, Y	- 모든 점의 위치를 좌표의 원점(0,0)을 기준으로 하여 표시하는 좌표 - 한계를 설정하는 경우 사용되지만 많이 사용되지는 않는다.
상대 좌표	@X, Y	- 최종 선택점(@)을 원점으로 하여 표시하는 좌표 - 캐드 작도 중에 가장 많이 사용하는 좌표
상대극 좌표	@거리 < 각도	- 최종 선택점(@)을 기준으로 하여 거리와 각도로 표시하는 좌표 - 캐드 작도 중에 상대 좌표 다음으로 많이 사용하는 좌표
거리 입력	거릿값	- 좌표를 입력하지 않고 지점의 방향으로 마우스 커서를 위치하고 거리값을 입력하여 좌표를 지정 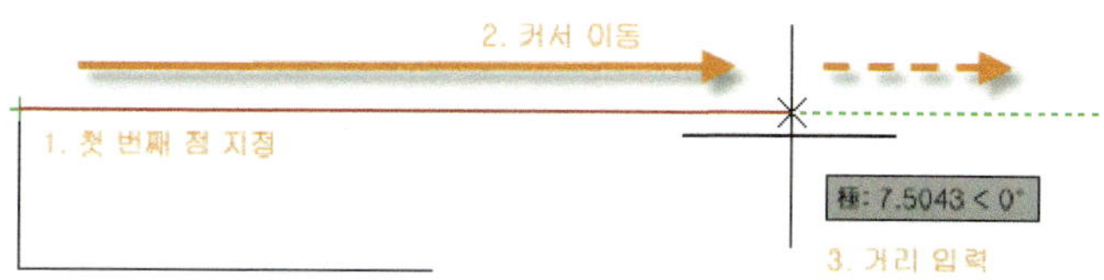

절대좌표

X축, Y축이 이루는 XY평면에서 두 축이 교차하는 점을 원점(0,0)으로 설정하고, 모든 점의 위치를 원점으로부터의 거리를 X, Y값으로 환산하여 좌표로 표시한다.

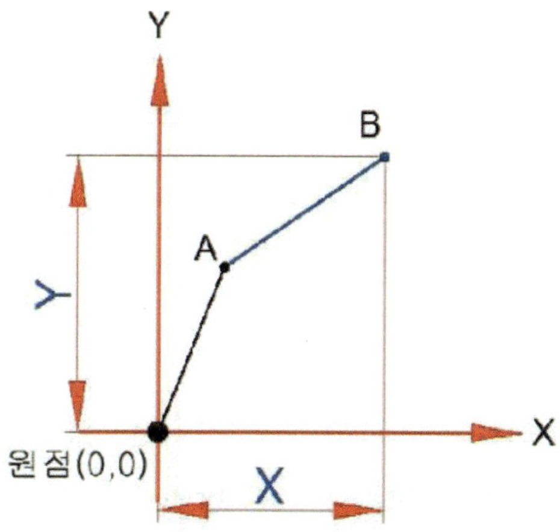

입력 : X값, Y값

X값 : 원점에서 X축 방향의 거리
Y값 : 원점에서 Y축 방향의 거리

점A, 점B, 점C, 점D, 점E, 점F의 절대좌표값은 ?
점A의 절대좌표값은 (20, 20),
점B의 절대좌표값은 (90, 20),
점C의 절대좌표값은 (90, 60),
점D의 절대좌표값은 (60, 60),
점E의 절대좌표값은 (60, 50),
점F의 절대좌표값은 (20, 50)이다.

상대좌표

마지막에 입력됨 점을 원점(0,0)으로 X축과 Y축의 변위를 좌표로 표시하며, 좌표값 앞에 @를 입력한다.

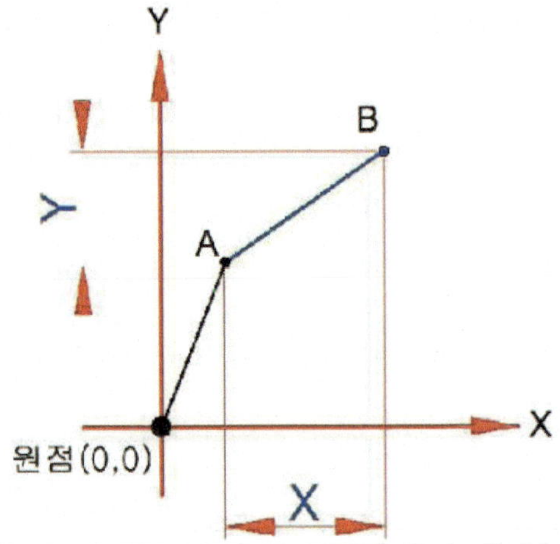

입력 : @X값, Y값

@ : 마지막으로 입력된 좌표를 원점(0,0)으로 상대 좌표 표시

X값 : 마지막으로 입력한 좌표에서 X축 방향의 거리

Y값 : 마지막으로 입력한 좌표에서 Y축 방향의 거리

A점을 기준점으로 하여 B점의 상대좌표값은 (@70, 0)이 되고 B점을 기준으로 하는 C점의 상대좌표값은 (@0, 40)이 된다. 따라서 원점(0, 0)을 기준으로 하지 않아도 되나 마지막으로 입력한 점으로부터 다음 점이 오른쪽 또는 위쪽에 위치할 경우에는 +를(생략 가능), 왼쪽이나 아래쪽에 위치할 경우에는 -를 입력해야 된다.

상대 극좌표

마지막에 입력된 점을 원점으로 좌표까지의 거리와 +X축과 이루는 각도로 표시하며 좌표값 앞에 @를 입력한다. (@마지막 입력점으로부터의 거리< 각도)를 지정한다. 상대극좌표의 거리는 항상 +이고, 각도는 시계의 3시 방향을 0° 로, 12시 방향을 90° 한 상대적인 각도를 입력한다.

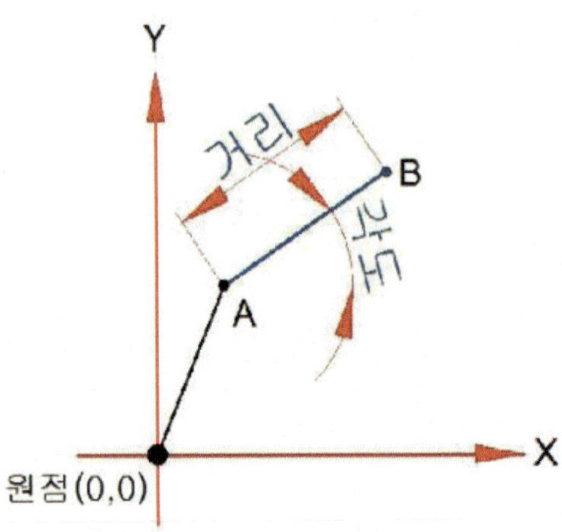

입력 : @ 거리 > 각도

@ : 마지막으로 입력된 좌표를 원점(0,0)으로 상대좌표로 표시

거리 : 마지막으로 입력된 좌표를 원점(0,0)으로 좌표까지의 거리

\> : 극좌표 표시

각도 : +X축과 이루는 각도

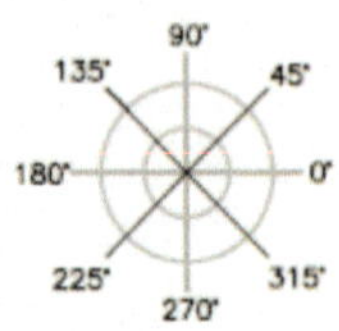

A점을 마지막 점으로 한 B점의 상대극좌표는(@70<0) 이고, B점을 마지막 점으로 한 C점의 상대극좌표는 (@40<90)이다.	

절대 극좌표
X축, Y축이 이루는 XY평면에서 두 축이 교차하는 지점을 원점(0,0)으로 설정하고, 원점으로부터의 거리와 +X축과 이루는 각도로 표시한다.

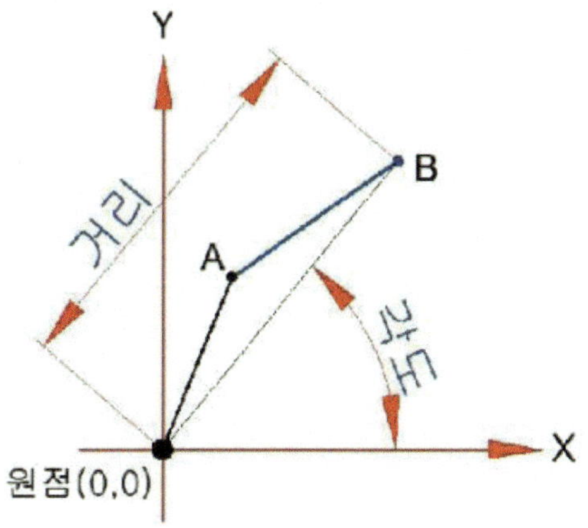	입력 : 거리 > 각도 거리 : 원점에서 좌표까지의 거리 > : 극좌표 표시 각도 : X축과 이루는 각도

CAD 각도계

CAD 각도계

CAD에서 각도는 그림과 같이 시계 반대 방향으로 +각도, 시계 방향으로는 -각도가 된다.

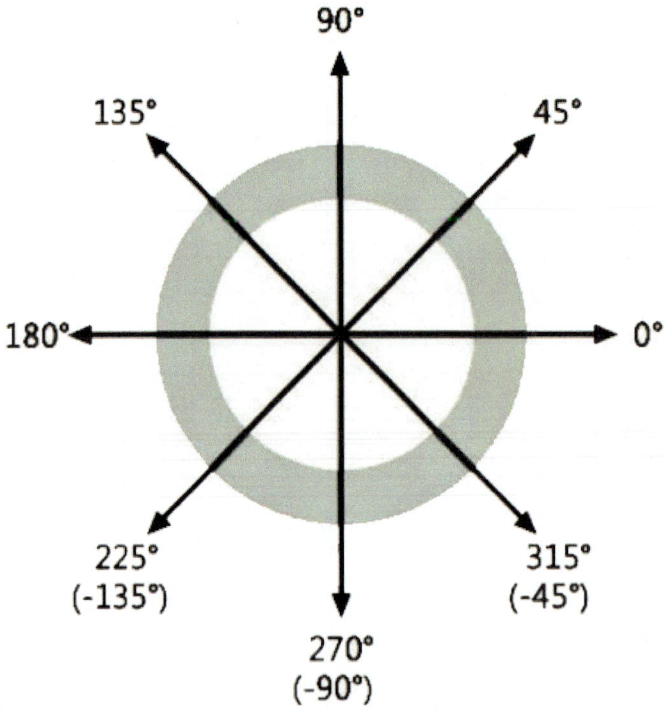

CAD 단위 유형

CAD 단위 유형

캐드의 단위 유형

십진 (Decimal)	국내에서 일반적으로 사용, 십진법 단위 체계이다.
건축 (Architectural)	미국, 영국 등에서 사용하는 건축 단위, 인치와 피트를 기준으로 한다.
분수 (Fractional)	도면 치수를 분수로 나타낸다.
과학 (Scientific)	도면 치수를 10의 지수(E)로 나타낸다.

LTSCALE(명령)

LTSCALE(명령)		-LTSCALE을 사용하여 도면에 있는 모든 객체의 선종류에 대한 축척 비율을 변경할 수 있습니다. -선종류 축척 비율을 변경하면 도면이 재생성됩니다.
아이콘		
메뉴		
명령행	LTSCALE	
단축키	LTS	

명령: **LTS** Enter↵
새 선종류 축척 비율 입력 <50.0000>: **(새 축척값을 입력한다)**

① 새 선종류 축척 비율 : 모든 선종류에 사용할 축척 비율을 지정합니다. 기본적으로 선종류 축척은 1.00으로 설정됩니다. 축척 비율이 작을수록 도면 단위당 생성되는 패턴 반복이 더 많습니다.

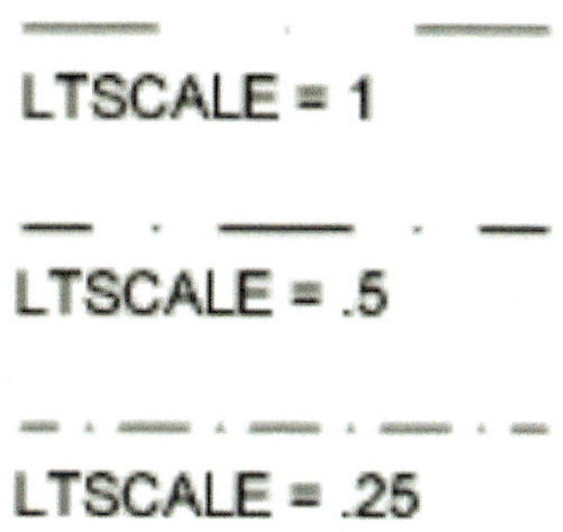

객체 선택 (Select Object)

객체 선택 (Select Object)
CAD에서 객체를 편집하는 명령들은 어떤 객체를 대상으로 하여 편집 작업을 수행할 것인지 작업자에게 선택할 것을 요구한다. 객체를 선택하는 다양한 방법이 있으며 이를 조합하여 복잡한 도면에서 쉽게 객체를 선택할 수 있다. 마우스로 선택하는 방법은 Object point, Window, Closing, Fence, WPolygon, CPolygon이 있으며, 키보드로 입력하는 방법은 All, Last, Previous, Undo, Remove, Add가 있다.

편집 명령을 실행하면 "Select object:"로 객체 선택을 위해 대기하고 있으며 객체를 선택하는 방법은 아래와 같다.

▼ Object point

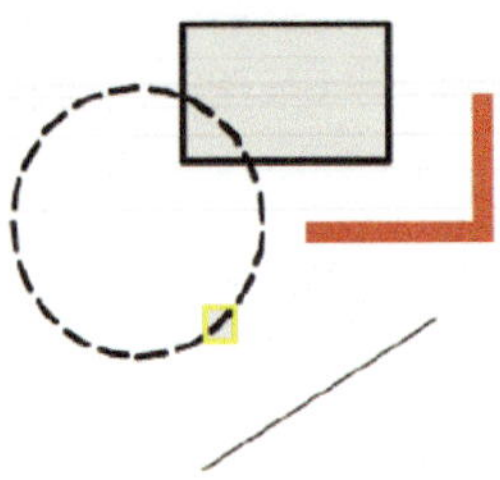

▼ Window

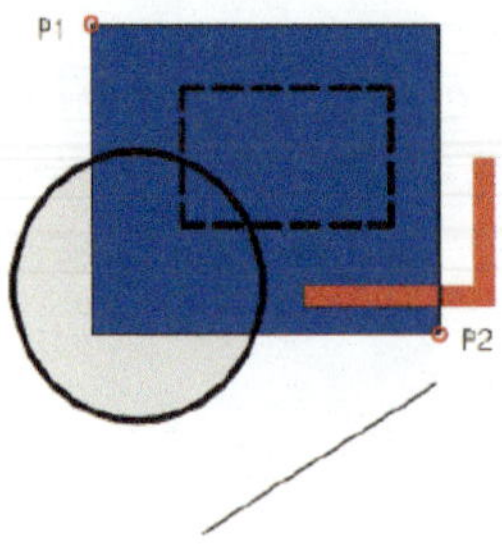

▼ Colsing

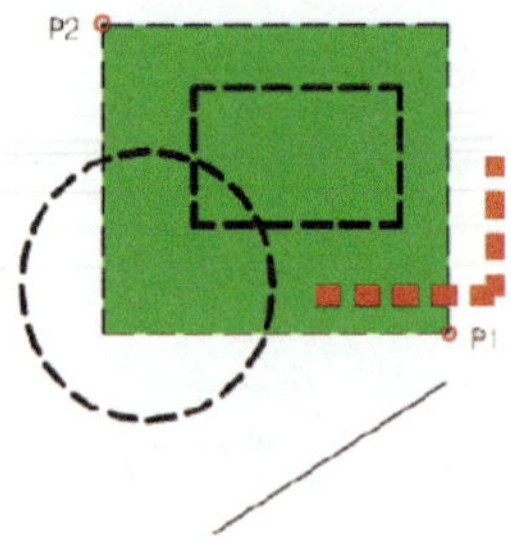

▼ Fence

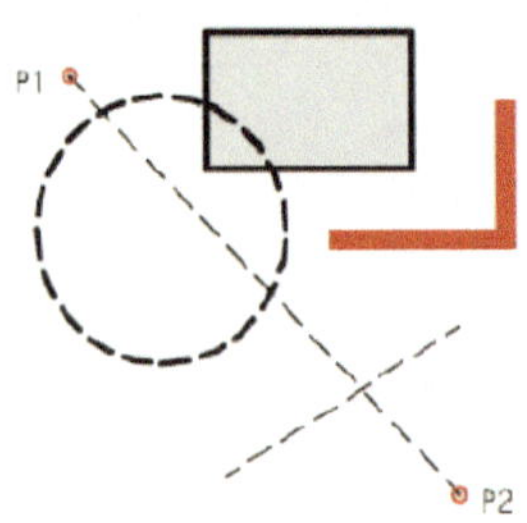

▼ WPolygon

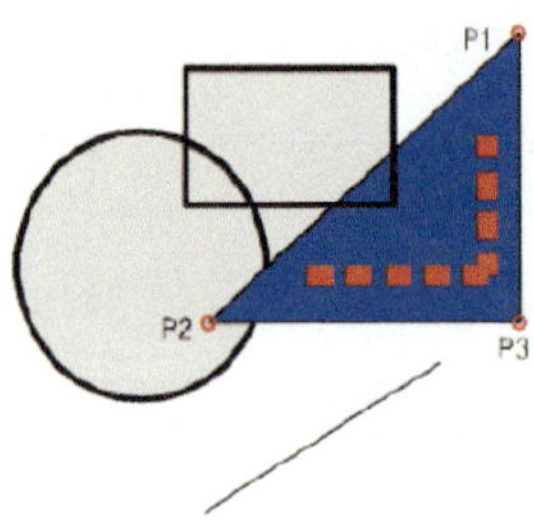

▼ CPolygon

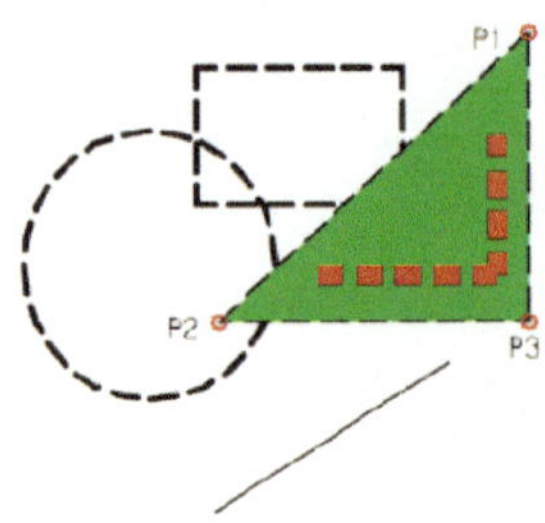

[커서 지정 선택]

① Object point : Pick Box로 하나씩 객체 선택

② Window : 직사각형 영역으로 선택하고 그 영역 안에 완전히 포함된 객체 선택

③ Closing : 직사각형 영역으로 선택하고 그 영역에 일부라도 포함된 객체 선택

④ Fence : 울타리에 걸쳐 있는 객체 선택

⑤ WPolygon : 다각형 영역의 Window 특성으로 내부에 완전히 포함되는 객체 선택

⑥ CPolygon : 다각형 영역의 Closing 특성으로 객체 선택

[키보드 입력 선택]

① All : 모든 객체 선택

② Last : 화면상에서 가장 마지막에 그려진 객체 선택

③ Previous : 이전에 선택되었던 객체 선택

④ Undo : 선택되었던 객체를 단계적으로 선택 취소

[선택 제외 또는 재선택]

① Remove : 선택되었던 객체 중에서 지정하여 선택에서 제외
② Add : Remove 상태에서 다시 Select 상태로 변경.

■ 개별적으로 객체 선택 : 도면영역에서 객체를 한 개씩 선택한다.

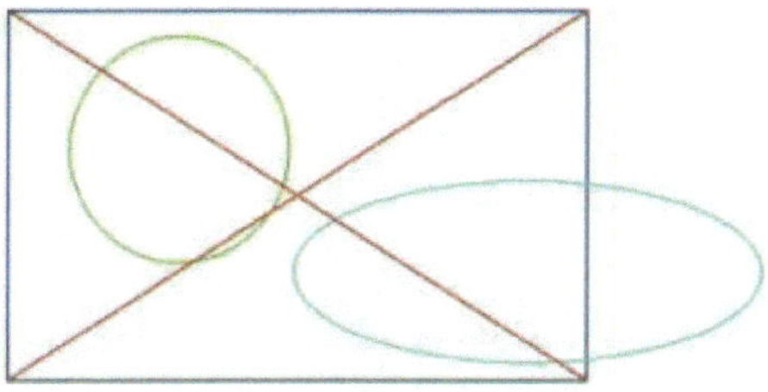
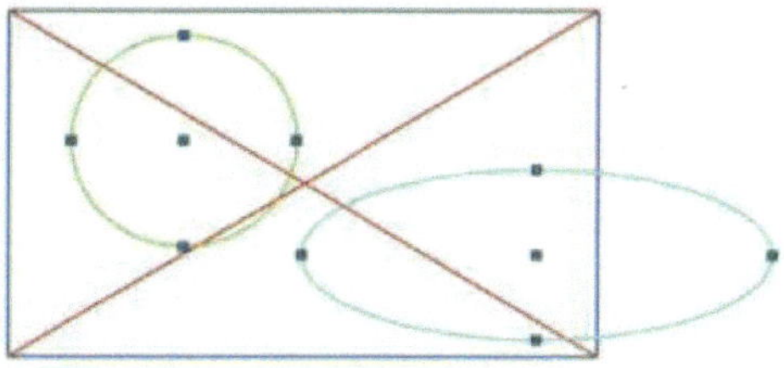

■ 선택 취소 : 선택된 객체를 Shift 키를 누르고 객체를 선택하면 선택이 취소된다.

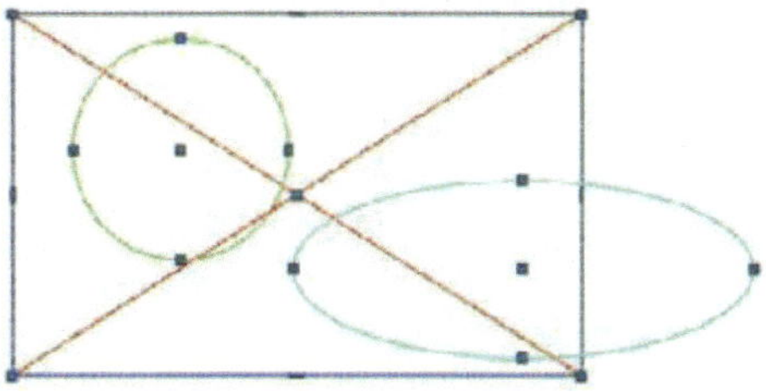
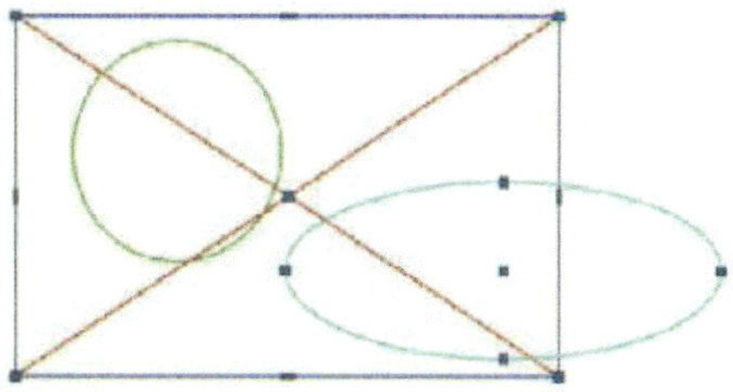

■ Cross(교차) 선택 : 도면영역에서 오른쪽 지점을 선택하고, 왼쪽으로 이동하여 선택하면 창에 걸 리거나 포함된 객체가 선택된다.

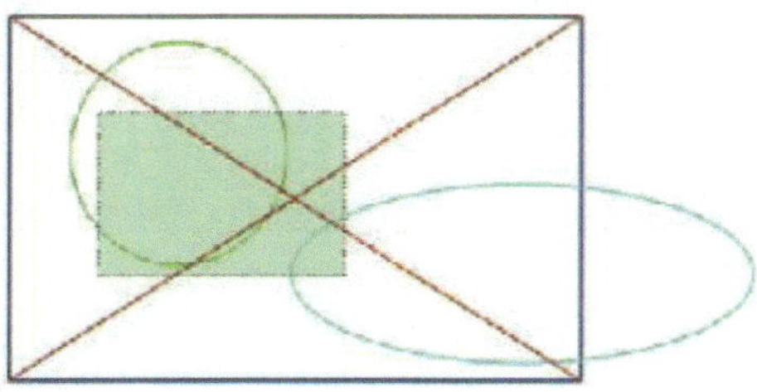
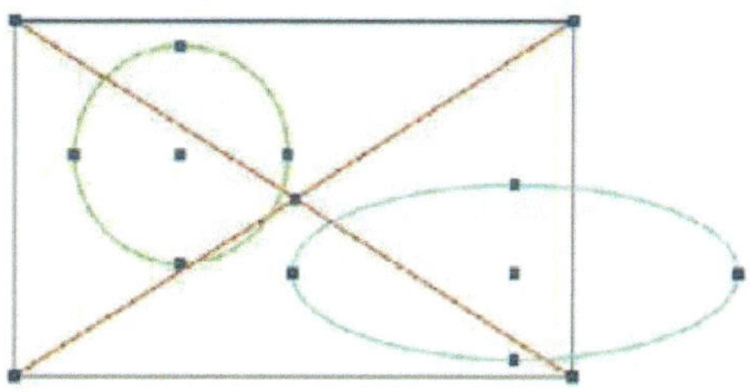

■ Window(창) 선택 : 도면영역에서 왼쪽 지점을 선택하고, 오른쪽으로 이동하여 선택하면 창에 포함된 객체만 선택된다.

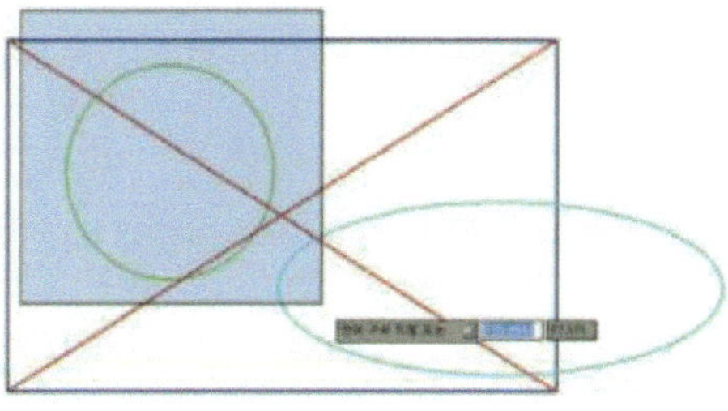
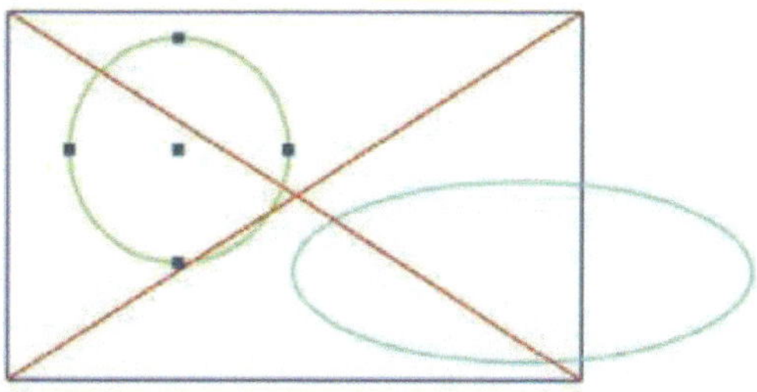

LIMITS (도면한계)

LIMITS (도면한계)

현재 도면의 영역을 지정하는 것으로 PLOTTING 할 때 유효하다.

```
명령: LIMITS [Enter↵]
모형 공간 한계 재설정:
왼쪽 아래 구석 지정 또는 [켜기(ON)/끄기(OFF)] <0.0000,0.0000>:
오른쪽 위 구석 지정 <420.0000,297.0000>:
```

* <   >에 표현된 내용이 기본 메뉴의 기본 값으로 좌측 하단(Lower Left Corner)의 좌표값은 그대로 사용하고 우측 상단(Upper Right Corner)의 좌표값을 작도하려는 도면의 크기에 맞도록 입력하여 한계를 설정한다.
* Limits를 수행한 후 반드시 Zoom/all을 실행해야만 변경된 Limits가 한 화면에 디스플레이 된다.

LIMITS(도면한계) —— 초기 화면보다 더 큰 도면은 어떻게 그릴까?

METRIC(십진법)의 기본 크기?

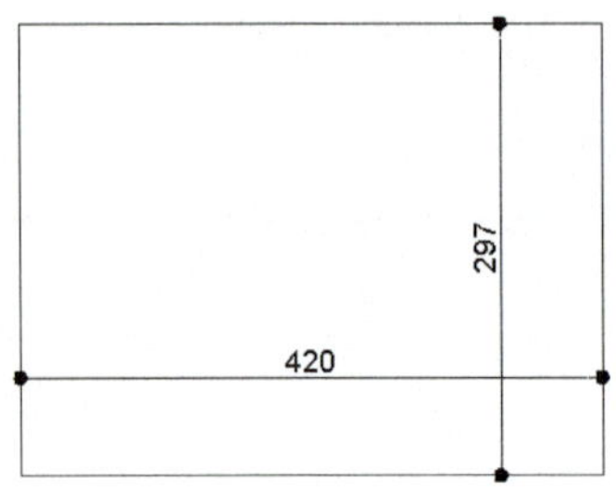

[TIP]

* 도면의 크기에 맞게 도면을 확대한다.
* LIMITS를 수행한 후에는 반드시 ZOOM/all을 수행해야만 변경된 도면 한계가 한 화면에 모두 표현된다.

ZOOM (줌)

ZOOM (줌)

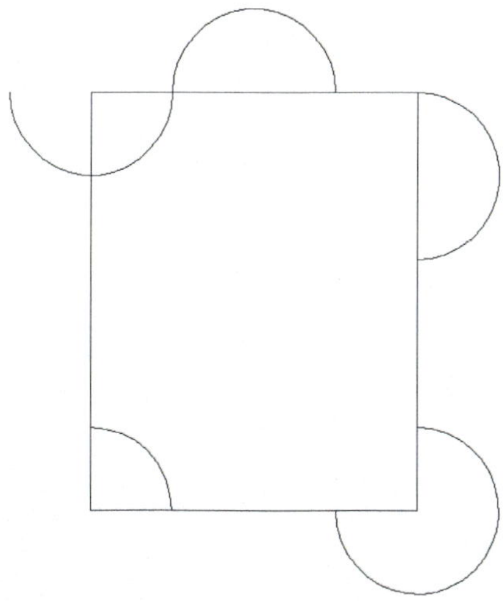

그린 것이 한 화면에 다 보이지 않는다구요?

ZOOM/all

limits의 범위를 표시, 작업중인 전체 도면 표시

ZOOM/extents

도면 한계를 무시하고 작성 도면 전체를 화면에 꽉차게 표시

ZOOM/windows

마우스로 대각선의 두 포인트를 입력 그 창속에
보이는 부분만 표시

ZOOM/previous

현재의 view에서 앞전의 view 상태로 돌아감

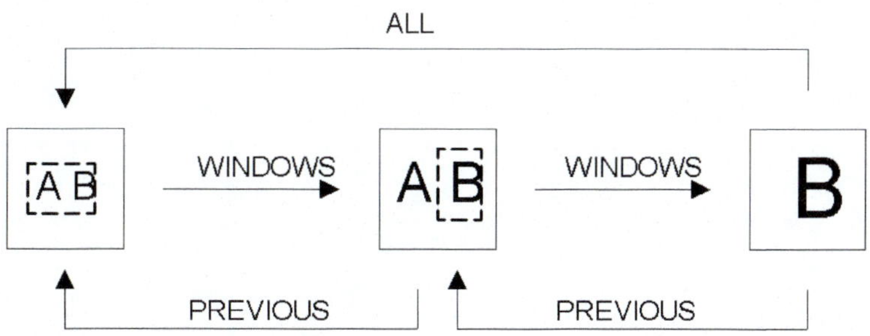

1.2. 도면층(Layer) 만들기

■ 도면층(Layer)를 사용하는 이유

도면층(Layer)는 여러 장의 투명 비닐종이로 생각하면 됩니다. 각 장에 정해진 색상과 굵기로 중심선, 단면선, 보조선, 치수 및 문자, 해칭선, 입면선 등으로 나누어 그리고 합친다는 생각의 개념입니다.

도면층(Layer)별로 도면을 그리면 도면층(Layer)에서 정한 색깔별로 출력할 때 선 굵기를 정해 출력할 수 있습니다. 도면층(Layer)별로 작업 중 on/off를 할 수 있고 선택적 복사나 출력을 할 수도 있습니다. 도면층(Layer)는 표준이 없습니다. 회사마다 다르게 사용됩니다.

번호	도면층 이름	도면층 요소	도면층 색상	도면층 선 종류
1	cen	중심선	빨간색(Red)	일점쇄선
2	wal	벽선	노란색(Yellow)	실선
3	wid	문,창문	하늘색(Cyan)	실선
4	fin	마감선	파란색(Blue)	실선
5	fur	가구	하늘색(Cyan)	실선
6	hat	해치	선홍색(Magenta)	실선
7	dim	치수	흰색(White)	실선
8	txt	문자	노란색(Yellow)	실선
9	sym	기호,심벌	녹색(Green)	실선
10	ele	입면선	녹색(Green)	실선

LAYER(도면층)
새로운 레이어 생성, 기존 레이어 특성 변경, 현재 객체 레이어 설정에 사용되는 명령어이다.

아이콘	메뉴	명령행	단축키
	형식 → 도면층	layer	LA

도면층(LAYER)는 투명한 여러 장의 도면을 겹쳐 놓은 효과 즉, 필요한 데이터를 사용 목적에 따라 여러 장의 투명한 화면에 구분해 그려 놓고 관리하는 기능으로 색상, 선 종류, 선가중치 등의 고유 특성을 가지고 있다.

작업에 필요 없는 도면층은 잠시 꺼두거나 잠글 수도 있고, 같은 도면층의 객체들의 색상과 선종류를 한 번에 제어할 수 도 있다.

평면도의 경우 중심선, 벽체선, 가구, 계단, 개구부 등을 각각 다른 종류 또는 다른 색을 갖는 선으로 구분하여 독립된 용지에 관리하면 작업을 훨씬 효율적으로 할 수 있다.

CAD에서 생성되는 선, 호, 글자, 해치 등과 같은 모든 객체는 반드시 하나의 레이어 이상에 속하게 된다.

Layer-1 Layer-2 Layer-3 합쳐진 Layer

레이어의 개념

도면층 특성 관리자 대화 상자

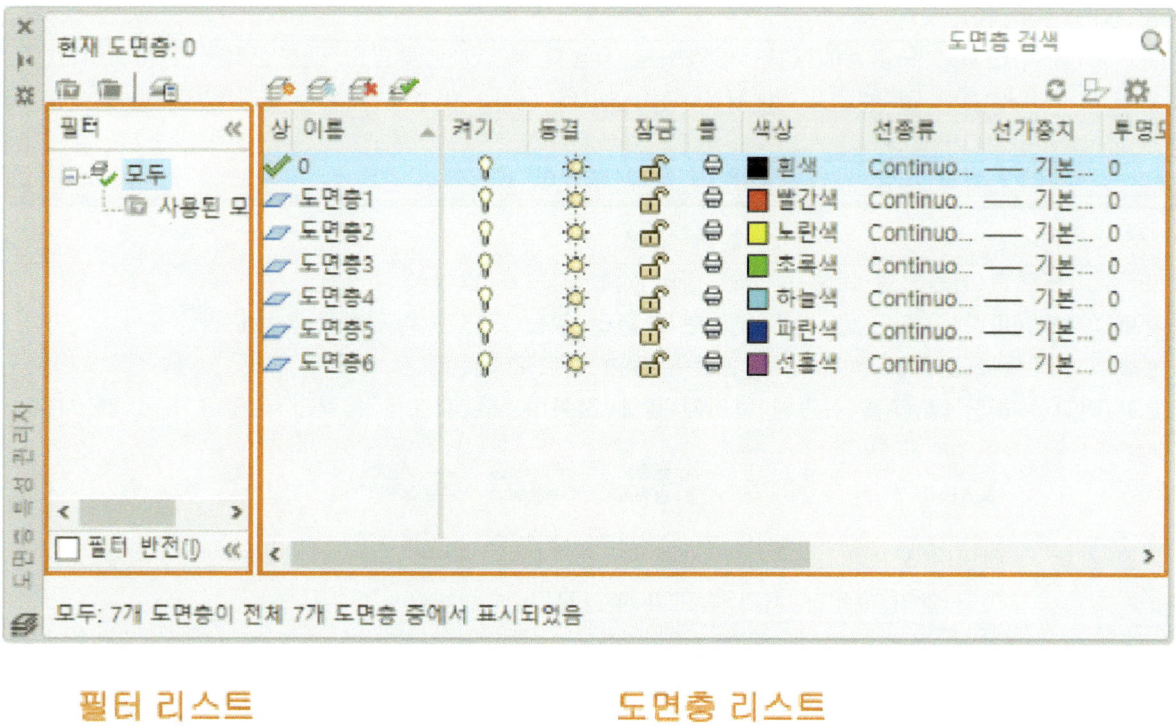

새 도면층	새로운 도면층을 만듭니다.
새 도면층 VP가 모든 뷰포트에서 동결됨	
도면층 삭제	선택한 도면층을 삭제합니다.
현재로 설정	선택된 도면층을 현재 도면층으로 설정합니다.

도면층 리스트

도면층 리스트를 사용하여 도면층 특성을 수정합니다.

상태	이 도면층이 현재 도면층입니다. 이 도면층에 객체가 포함되어 있습니다. 이 도면층에 객체가 포함되어 있지 않습니다.
이름	도면층 또는 필터의 이름을 표시합니다.
켜기	선택한 도면층을 켜거나 끕니다. 도면층이 켜져 있으면 도면층을 볼 수 있고 플로팅할 수 있습니다. 꺼져 있는 도면층은 보이지 않으며, 플롯 열의 설정이 켜져 있어도 플로팅되지 않습니다. On일 경우는 노란색, Off일 경우는 파란색으로 나타난다.
동결	선택한 도면층을 동결합니다. 복잡한 도면에서 도면층을 동결하여 성능을 향상시키고 재생성 시간을 줄일 수 있습니다. 동결된 도면층의 객체는 표시, 플롯 또는 재생성되지 않습니다.
잠금	선택한 도면층을 잠그거나 잠금해제합니다. 잠금된 도면층의 객체는 보이지만 그리거나 편집, 선택 등 수정할 수 없습니다.
색상 ■	선택한 도면층에 대한 색상을 지정할 수 있는 색상 선택 대화상자를 표시합니다.
선종류	선택한 도면층에 대한 선종류를 지정할 수 있는 선종류 선택 대화상자를 표시합니다.
선가중치	선택한 도면층에 대한 선가중치를 지정할 수 있는 선가중치 대화상자를 표시합니다.
투명도	선택한 도면층에 대한 투명도를 지정할 수 있는 투명도 대화상자를 표시합니다. 유효한 값 범위는 0에서 90까지입니다. 값이 클수록 객체는 더 투명하게 표시됩니다.
설명	도면층 또는 도면층 필터에 대해 설명합니다.

① 신규 : [도면층 1]등으로 나오는 것을 의미 있는 것으로 입력할 수 있다.

② 삭제 : 선택(파란색)된 것을 삭제 단, 현재 열려 있는 도면은 삭제되지 않는다.

③ 현재 : 선택된 도면층이 현재 도면(최상위 도면)층으로 만든다.

④ 끄기/켜기 : 해당 LAYER를 화면에 보이지 않게 하거나, PLOTTER로 출력하지 않고 싶을 때 사용

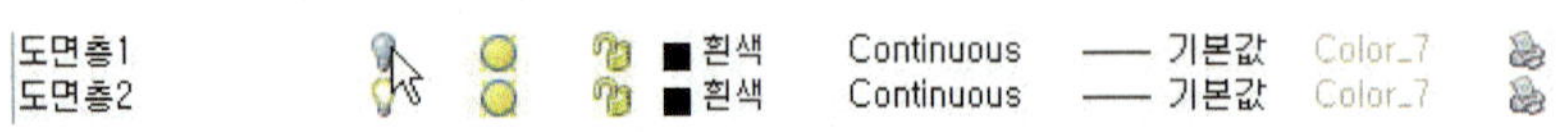

⑤ 동결/해동 : 화면이나 PLOTTER로 출력시킬 수 없으며 REGEN도 무시된다. OFF와 다르게 계산을 하지 않기 때문에 처리 속도가 빨라진다.

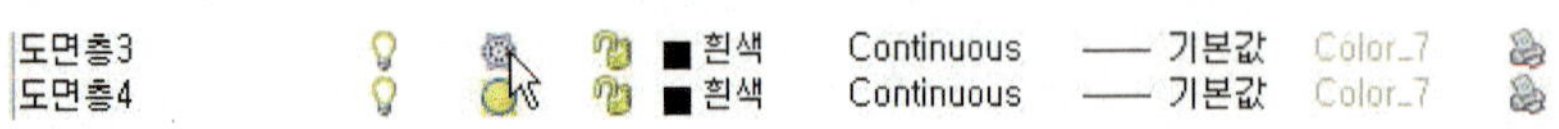

⑥ 잠금/풀기 : LOCKING한 LAYER는 편집이 되지 않는다. 중요한 LAYER에는 LOCK을 걸어 실수하지 않도록 한다.

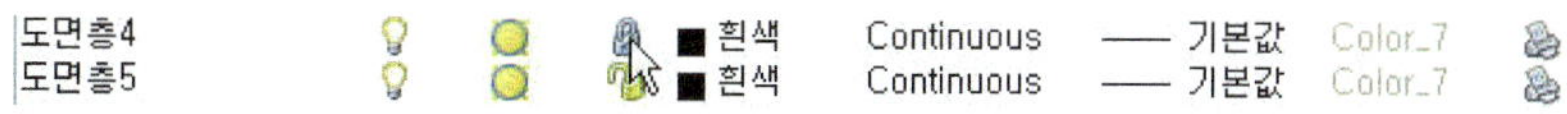

⑦ 색상

⑧ 선종류 :

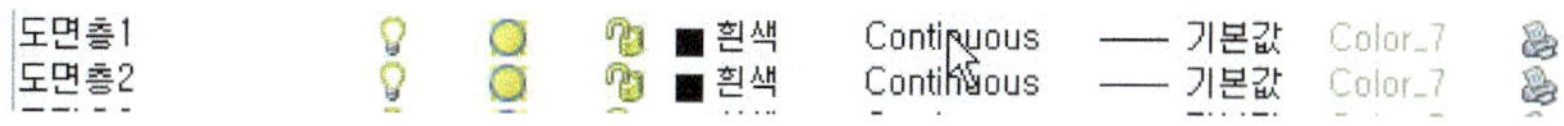

⑨ 이름 바꾸기 : 해당 LAYER를 선택한 후 다시 한번 클릭해 사각 상자 생성시킨 후 도면층 이름 수정

LAYER

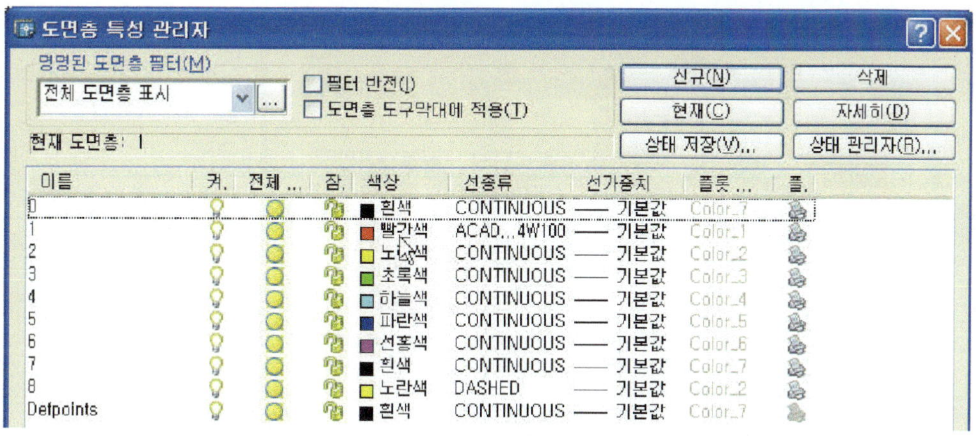

[TIP]

* LAYER의 이름은 중심선, 벽체등으로 명명할 수 있지만 CHANGE를 할 경우에 불편하므로 아라비아 숫자로 명명한다.
  * 1 은 벽체의 중심선을 그리기 위한 LAYER로서 색상은 1(RED)로 하며 선의 종류는 일점쇄선(Acad-iso04w100)으로 지정한다.
  * 2 번은 벽체등의 단면선을 그리기 위한 LAYER로서 색상은 2, 선종류는 실선으로 한다.
  * 3 번은 보조선을 그리기 위한 LAYER로서 색상은 3, 선종류는 실선으로 한다.
  * 4 번은 치수 및 문자를 그리기 위한 LAYER로서 색상은 4, 선종류는 실선으로 한다.
  * 5 번은 해칭을 하기 위한 LAYER로서 색상은 5, 선종류는 실선으로 한다.
  * 6 번은 창호등을 그리기 위한 LAYER로서 색상은 6, 선종류는 실선으로 한다.
  * 7 번은 입면선을 그리기 위한 LAYER로서 색상은 7, 선종류는 실선으로 한다.
  * 8 번은 처마선, 액체방수선등을 그리기 위한 LAYER로서 색상은 2, 선종류는 점선으로 한다.

COLOR(색상)

COLOR(색상)

아이콘	메뉴	명령행	단축키
	형식 → 색상	color	col

객체 스냅 설정

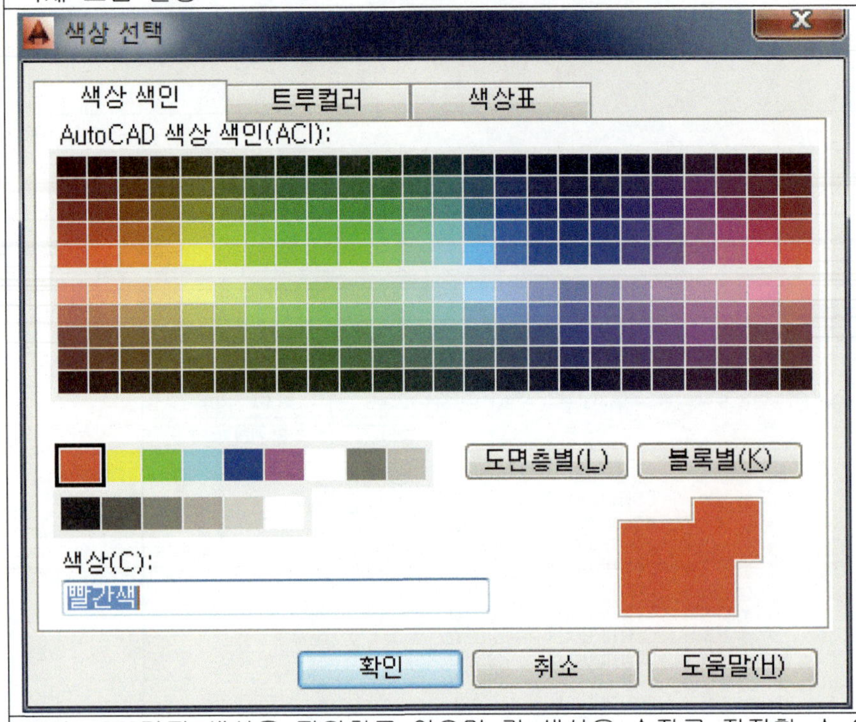

CAD는 256가지 색상을 지원하고 있으며 각 색상은 숫자로 지정할 수 있다.
기본 색상은 빨강(1), 노랑(2), 녹색(3), 파랑(4), 하늘색(5), 보라색(6), 흰색(7)의 7가지이다.
트루컬러는 HSL색상(Hue), 채도(Saturation), 명도(Lightness)과 RGB(Red, Green, Blue) 값으로 지정할 수 있고, Pantone Color, RAL Color와 같은 색상표 방식으로 색상을 지정할 수 있다.
트루컬러 이외에 레이어(Layer) 또는 블록(Block)을 참조하여 객체의 색상을 표시하는 바이레이어(Bylayer), 바이블록(Byblock)이 있다.

LINETYPE(선 종류)

LINETYPE(선 종류)

현재 도면의 선의 종류를 설정한다.

아이콘	메뉴	명령행	단축키
	형식 → 선 종류	linetype	LT

선 종류 관리자 대화 상자

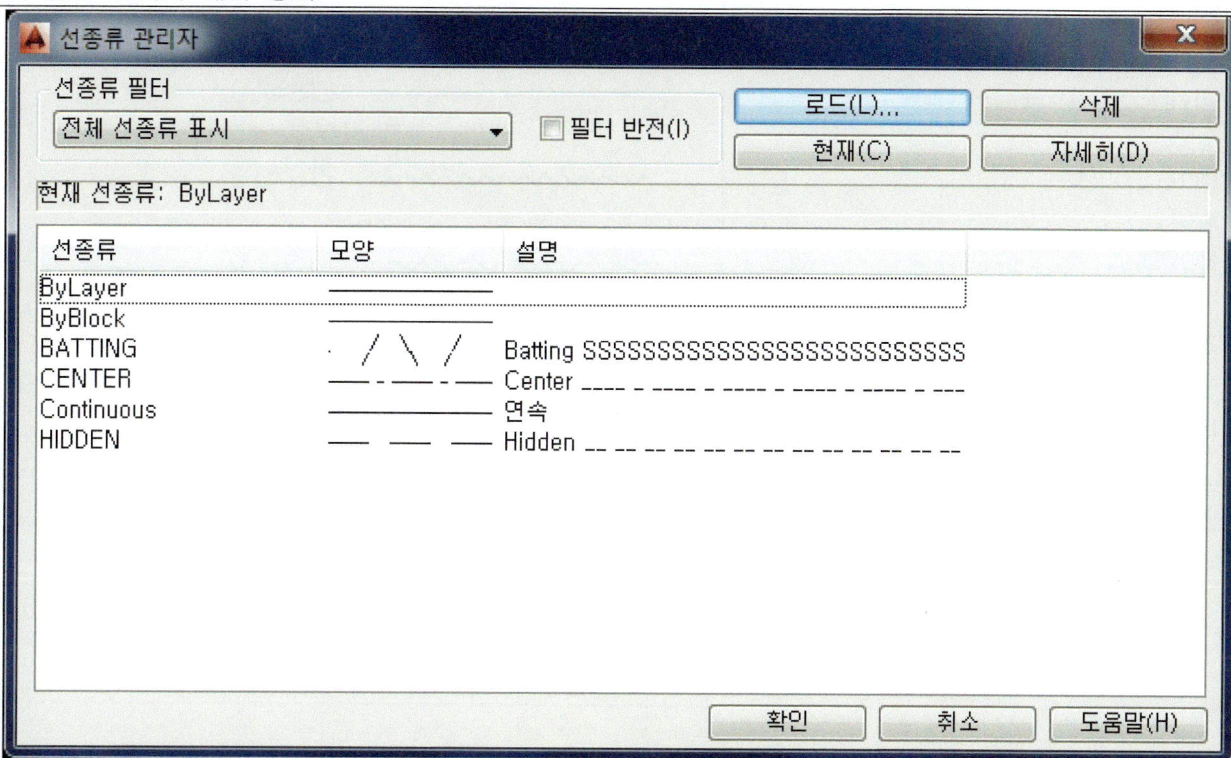

제도에서 사용하는 선의 종류는 실선과 허선이 있으며 형태에 따라 실선, 파선, 쇄선으로 구분한다. CAD는 제도에서 사용하는 선을 지원하고 있으며, 기본적으로 실선(Continues)으로 작성하며 필요에 따라 선 종류 관리자에서 불러(LOAD 클릭) 다양한 종류의 선을 사용할 수 있다.

선 종류는 색상과 마찬가지로 바이레이어(Bylayer), 바이블록 (Byblock) 선 종류가 있으며 Bylayer 선 종류로 지정하여 사용할 것을 권장한다.

허선은 화면상에 표시될 때 선 종류 축척 비율에 따라 선 간격이 다르게 표시되므로 도면의 축척에 따라 LTSCALE 값을 조정해야 한다.

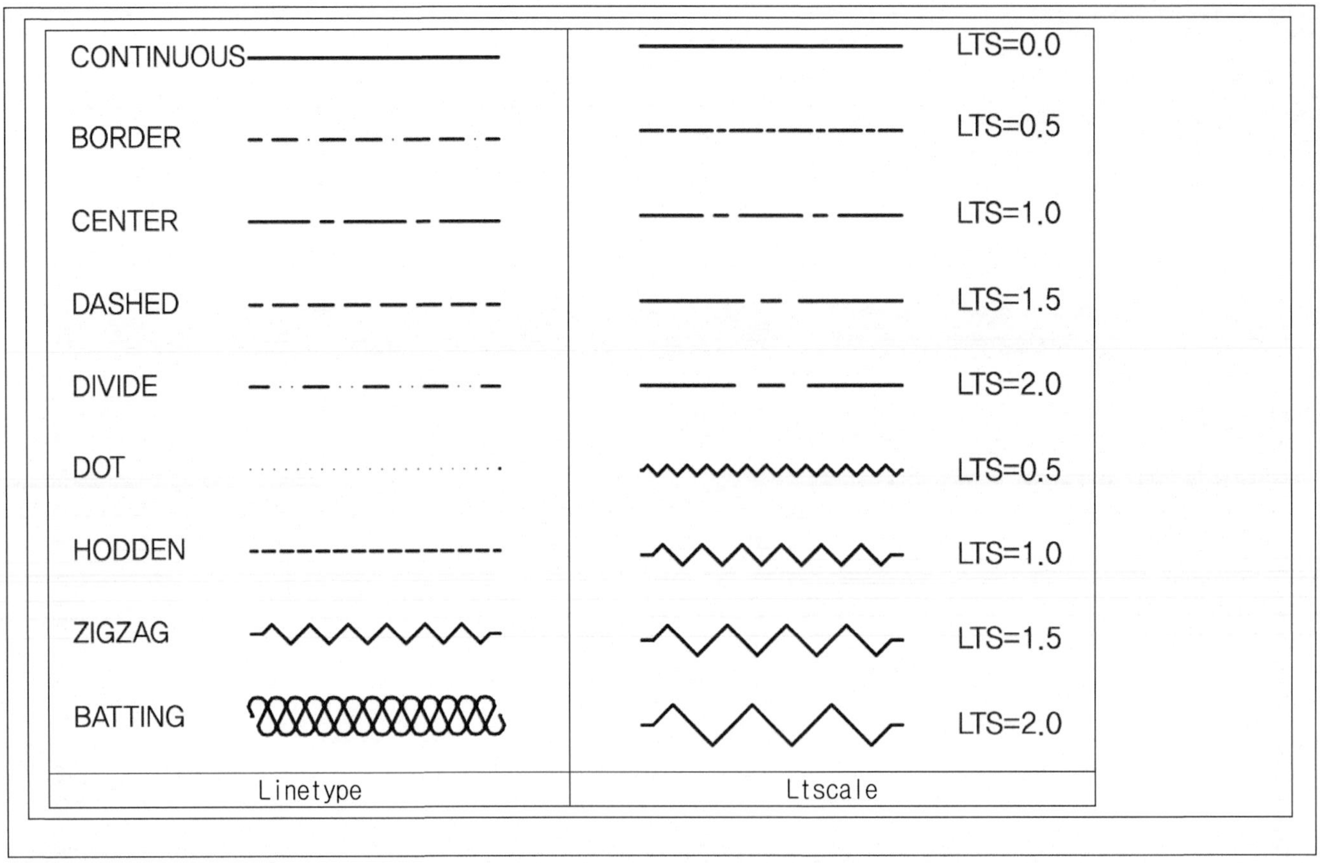
CONTINUOUS
BORDER
CENTER
DASHED
DIVIDE
DOT
HODDEN
ZIGZAG
BATTING
LTS=0.0
LTS=0.5
LTS=1.0
LTS=1.5
LTS=2.0
LTS=0.5
LTS=1.0
LTS=1.5
LTS=2.0
Linetype
Ltscale

1.3. 문자 쓰기와 문자관련 명령어

새로운 레이어 생성, 기존 레이어 특성 변경, 현재 객체 레이어 설정에 사용되는 명령어이다.
문자는 도면의 제목을 입력하거나 시공 시 주의 사항과 지정 재료 등의 주석을 입력하는 등 도면을 구성하는 데 없어서는 안 될 중요한 정보를 전달한다. 문자를 입력하는 명령은 Text, Dtext, Mtext 등이 있다.
먼저 Text는 시작점을 찍은 후 높이와 회전각을 설정하고 글자를 입력하면 된다. Text의 옵션 중 Jus -tify 옵션은 문자를 입력할 때, 문자의 입력 위치를 지정하여 문자의 정렬을 조정하는 것이다.
글자의 종류를 바꾸려면 Style 명령을 이용하면 된다. 아래와 같은 Style 대화 상자에서 문자 높이를 지정해 놓으면 다음부터 입력하는 모든 문자에 이 높이가 적용된다. 효과 부분에서 문자의 폭을 주거나 각도를 설정할 수 있다.
DDEDIT 명령을 사용하거나 더블 클릭하면 문자를 편집할 수 있다.

문자 스타일 대화 상자

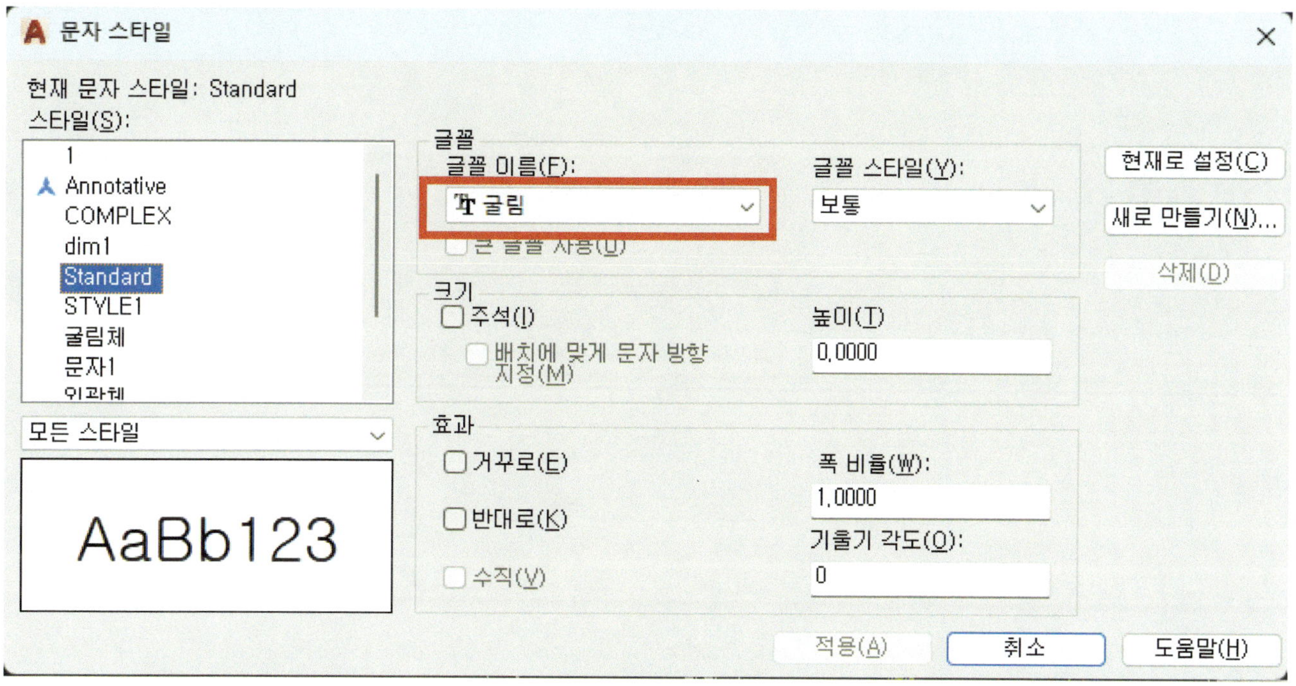

문자의 크기는 출력 기준으로 재료명(3mm), 도면명(7mm), 표제란(3mm)로 하며, 도면 작도 시에는 도면 축척의 역수를 곱한 크기로 한다.

예) (축척 1/100 도면) 재료명 : 3mm × 100=300mm
도면명 : 7mm × 100=700mm
표제란 : 3mm × 100=300mm

<table>
<tr><td colspan="2">STYLE(명령)</td><td rowspan="5">-문자 스타일을 작성, 수정 또는 지정</td></tr>
<tr><td>아이콘</td><td></td></tr>
<tr><td>메뉴</td><td>주석 → 문자스타일</td></tr>
<tr><td>명령행</td><td>STYLE</td></tr>
<tr><td>단축키</td><td>ST</td></tr>
</table>

<table>
<tr><td colspan="2">TEXT(명령)</td><td rowspan="5">-단일행 문자 작성</td></tr>
<tr><td>아이콘</td><td></td></tr>
<tr><td>메뉴</td><td>주석 → 문자</td></tr>
<tr><td>명령행</td><td>TEXT</td></tr>
<tr><td>단축키</td><td>T</td></tr>
</table>

문자 기입하기

문자 기입하기

새로운 레이어 생성, 기존 레이어 특성 변경, 현재 객체 레이어 설정에 사용되는 명령어이다.

아이콘	메뉴	명령행	단축키
	그리기 → 문자 → 단일행 문자	text, dtext	DT
	그리기 → 문자 → 여러줄 문자	mtext	MT T

문자는 도면의 제목을 입력하거나 시공 시 주의 사항과 지정 재료 등의 주석을 입력하는 등 도면을 구성하는 데 없어서는 안 될 중요한 정보를 전달한다. 문자를 입력하는 명령은 Text, Dtext, Mtext 등이 있다.

먼저 Text는 시작점을 찍은 후 높이와 회전각을 설정하고 글자를 입력하면 된다. Text의 옵션 중 Jus-tify 옵션은 문자를 입력할 때, 문자의 입력 위치를 지정하여 문자의 정렬을 조정하는 것이다.

글자의 종류를 바꾸려면 Style 명령을 이용하면 된다. 아래와 같은 Style 대화 상자에서 문자 높이를 지정해 놓으면 다음부터 입력하는 모든 문자에 이 높이가 적용된다. 효과 부분에서 문자의 폭을 주거나 각도를 설정할 수 있다.

DDEDIT 명령을 사용하거나 더블 클릭하면 문자를 편집할 수 있다.

문자 스타일 대화 상자

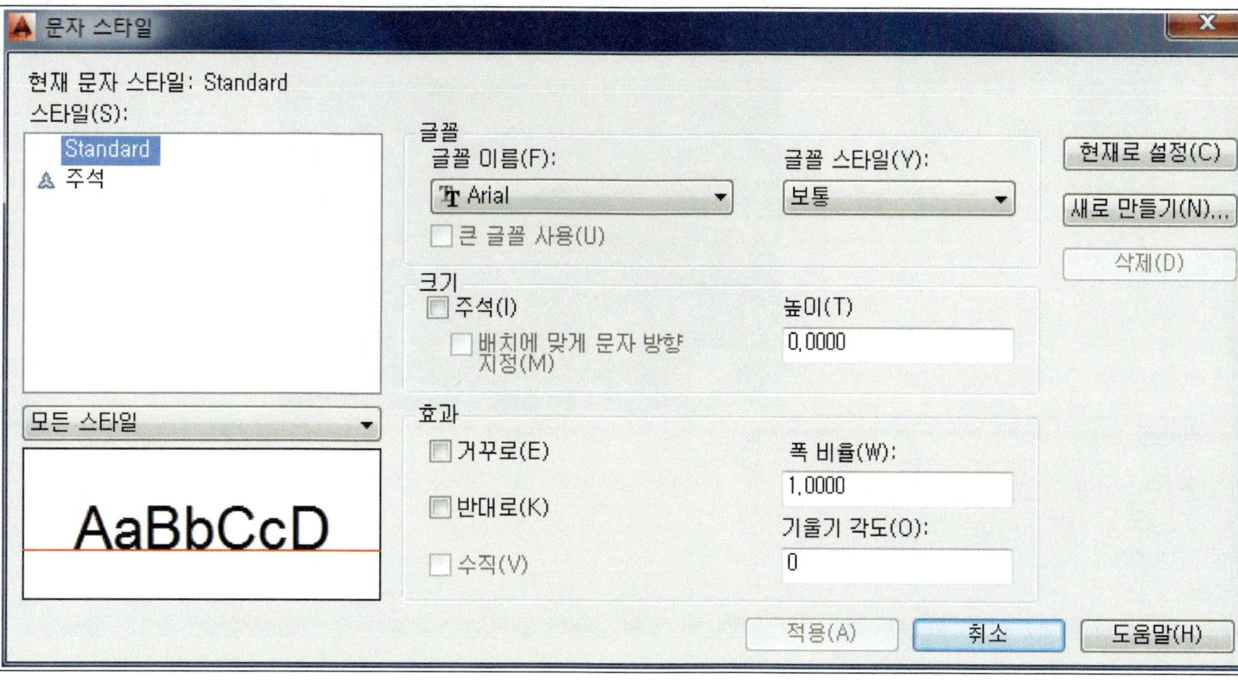

문자의 크기는 출력 기준으로 재료명(3mm), 도면명(7mm), 표제란(3mm)로 하며, 도면 작도 시에는 도면 축척의 역수를 곱한 크기로 한다.

예) (축척 1/100 도면) 재료명 : 3mm × 100=300mm

도면명 : 7mm × 100=700mm

표제란 : 3mm × 100=300mm

1.4. 치수 기입하기와 치수관련 명령어

치수 기입하기

치수

치수의 구성 요소

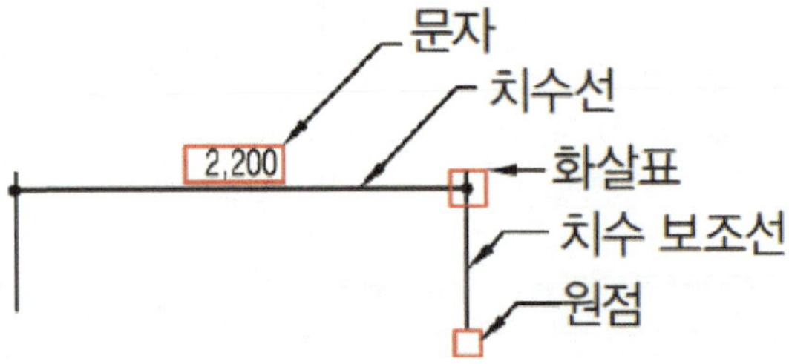

치수 명령은 문자 명령과 같이 먼저 치수의 스타일을 설정한 후 사용해야 하며 DDIM 명령으로 치수의 스타일을 설정할 수 있다.

치수 스타일 관리자

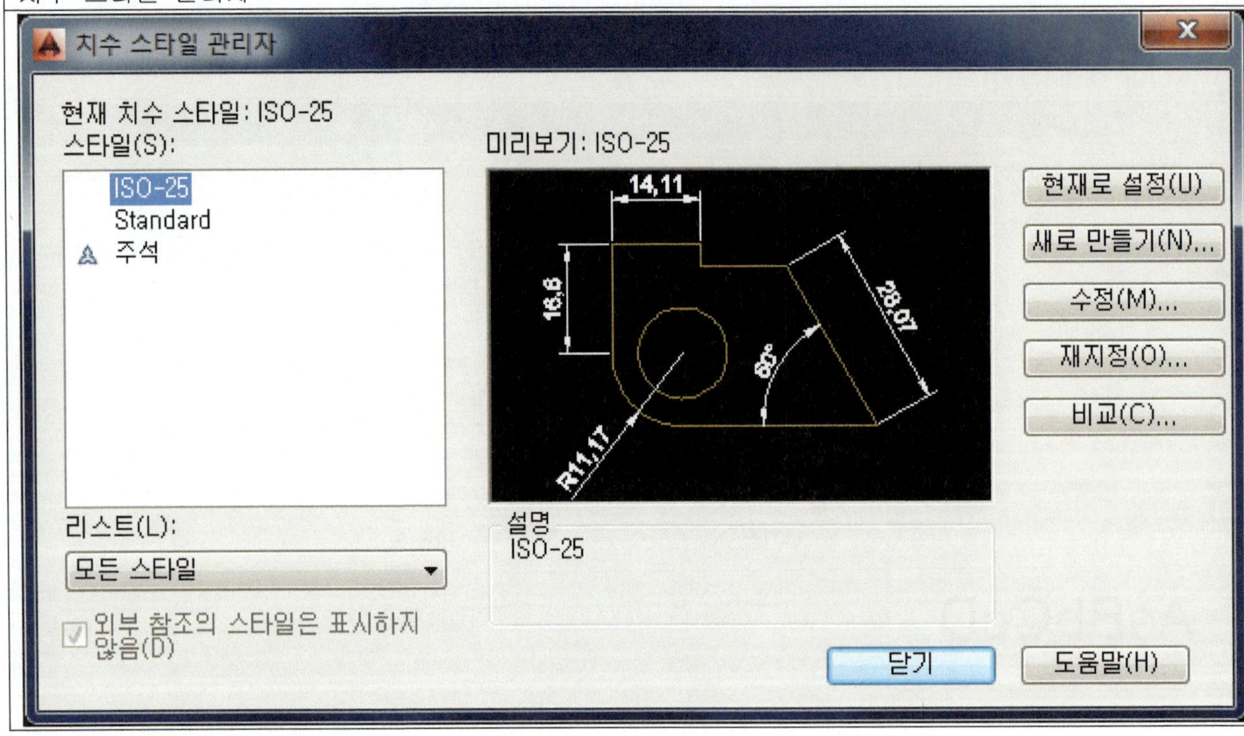

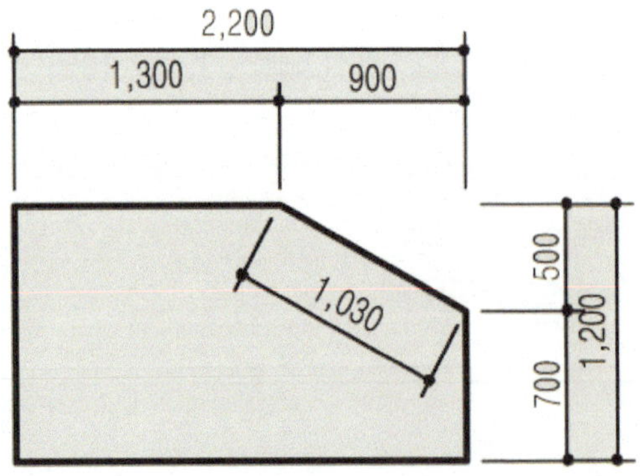

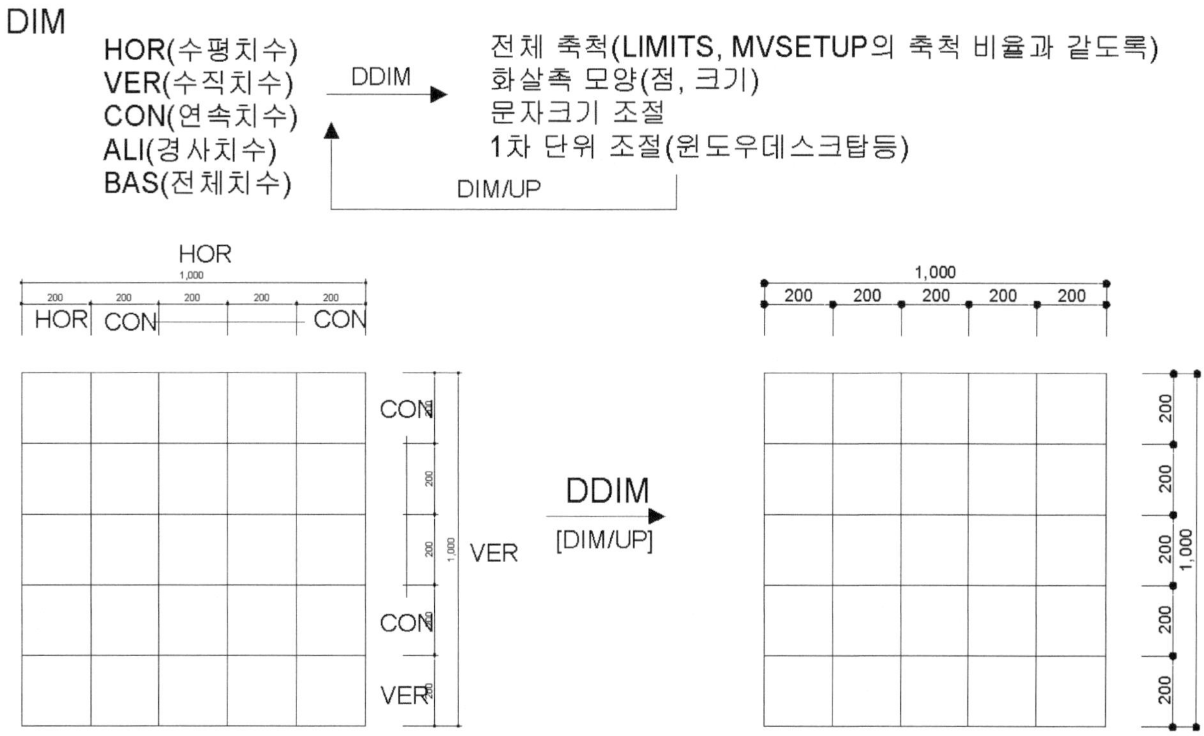

[TIP]

* **DIM**으로 작업한 것이 알맞지 않을 경우 **DDIM**으로 조절하고
반드시 **DIM/UP**을 수행해야만 지정한 형태로 바뀐다.

선형 치수 그리기

수평, 수직 및 정렬 치수선을 사용하여 선형 치수를 작성합니다. 기준선 또는 체인 치수를 작성합니다.
치수보조선을 기준으로 특정 각도에 치수선을 배치하거나 치수보조선에 기울기를 적용합니다.

①②③④⑤⑥

■ 수평, 수직 또는 정렬 치수 작성

① 주석 탭치수 패널치수를 클릭합니다.
② 선 하나를 선택하거나 첫 번째 및 두 번째 치수보조선 원점을 지정합니다.
③ 원하는 치수 위치와 방향으로 좌표 입력 장치를 입력합니다.
④ 치수선 위치를 지정하기 전에 문자를 편집하거나 회전할 수 있습니다.
⑤ 클릭하여 치수선을 배치합니다.
⑥ 단계를 반복하여 치수기입을 계속하거나 Enter 키를 눌러 치수기입을 마칩니다.

이 명령의 옵션을 사용하여 연속, 기준선 및 세로좌표 치수를 작성할 수 있습니다.

■ 각도 치수보조선으로 선형 치수 작성

① 주석 탭치수 패널선형을 클릭합니다.
② 첫 번째 및 두 번째 치수보조선 원점을 지정합니다.
③ 프롬프트에서 r(회전됨)을 입력합니다.
④ 치수선의 각도를 입력합니다.
⑤ 클릭하여 치수선을 배치합니다.

■ 연속 치수 또는 체인 치수 작성
① 주석 탭치수 패널 계속을 클릭합니다.
② 프롬프트가 표시되면 치수를 선택하여 계속합니다.
(주: 마지막으로 작성된 선형 또는 각도 치수의 두 번째 치수보조선 원점에서 첫 번째 치수보조선 원점을 추정할 수 있는 경우에는 이 프롬프트를 건너뜁니다.)
③ 객체 스냅을 사용하여 추가 치수보조선 원점을 지정합니다.
④ Enter 키를 두 번 눌러 명령을 종료합니다.

■ 기준선 치수 작성
① 주석 탭치수 패널기준선을 클릭합니다.
② 프롬프트가 표시되면 기준 치수를 선택합니다.
(주: 마지막으로 작성된 선형 또는 각도 치수의 두 번째 치수보조선 원점에서 첫 번째 치수보조선 원점을 추정할 수 있는 경우에는 이 프롬프트를 건너뜁니다.)
③ 객체 스냅을 사용하여 두 번째 치수보조선 원점을 선택하거나 Enter 키를 눌러 치수를 기준 치수로 선택합니다. 두 번째 치수선은 치수 스타일 관리자의 선 탭에 있는 기준선 간격으로 지정된 거리에 자동 배치됩니다.
④ 객체 스냅을 사용하여 다음 치수보조선 원점을 지정합니다.
⑤ 필요한 경우 계속해서 치수보조선 원점을 선택합니다.
⑥ Enter 키를 두 번 눌러 명령을 종료합니다.

■ 기울기 치수보조선을 지정하여 치수 수정
① 주석 탭 치수 패널기울기 찾기를 클릭합니다.
② 선형 치수를 선택합니다.
③ 기울기 각도에 대한 값을 입력하거나 두 점을 지정합니다.

치수 환경 설정의 기준은 출력시 크기이다. 그러므로, CAD작업시는 축척값을 곱한 크기로 그려야 한다. (예, 치수문자 높이×출력 스케일=CAD 작업시 그려지는 치수문자 크기)
(치수문자는 2.5~3mm, 보통 3mm(축척 1/50, CAD작업시는 150mm(=3mm×50)로 그린다.)

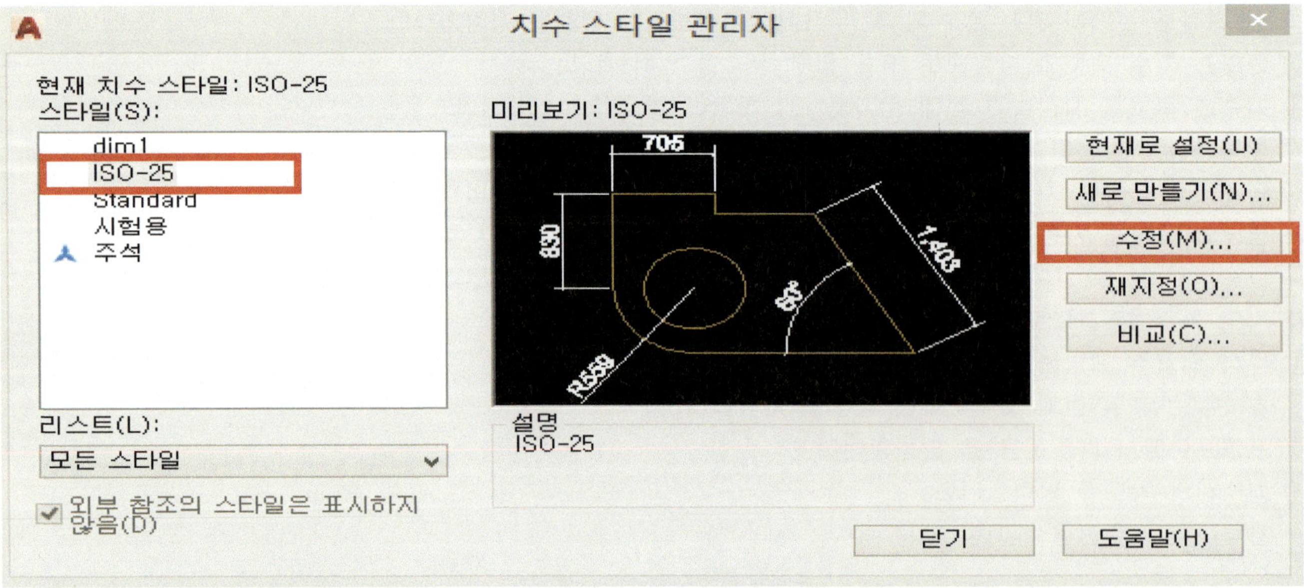

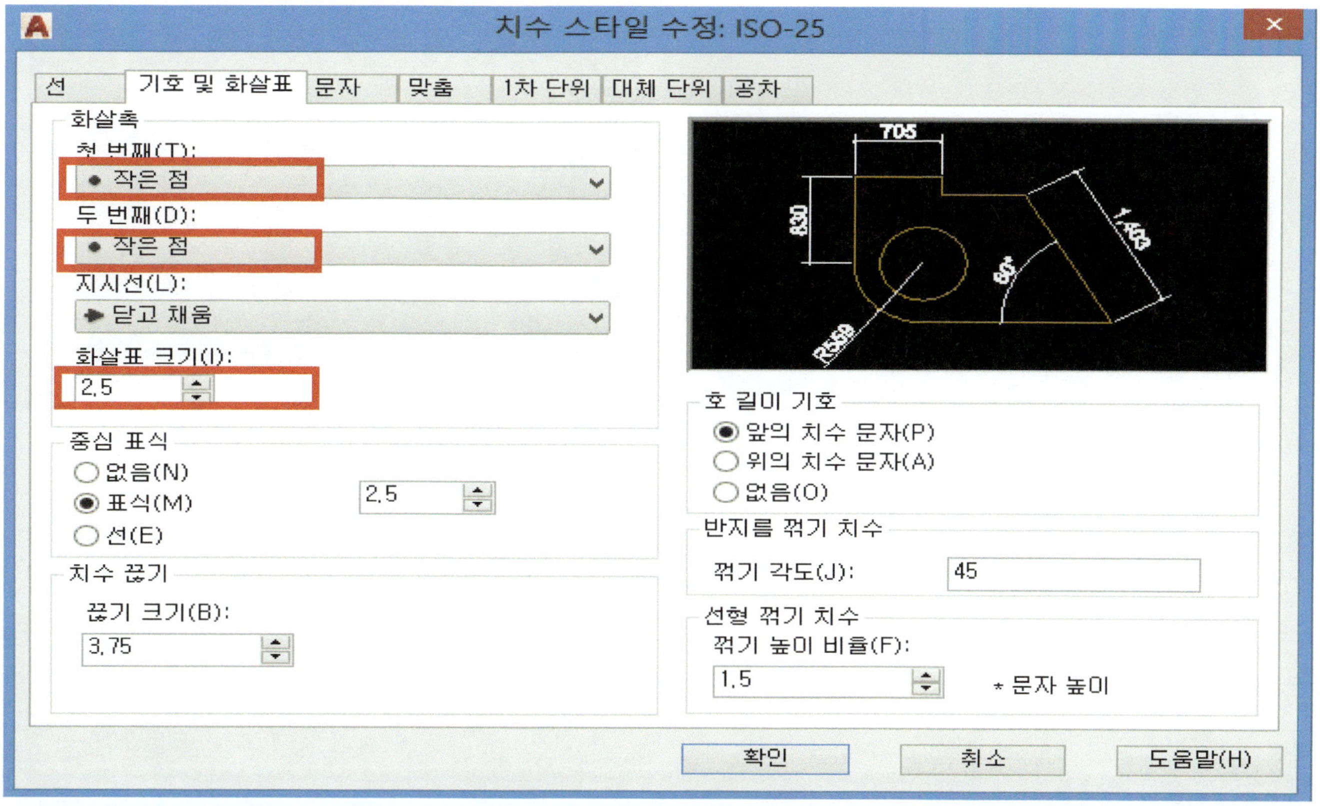
치수 스타일 수정: ISO-25
선
기호 및 화살표
문자
맞춤
1차 단위
대체 단위
공차
화살촉
첫 번째(T):
● 작은 점
두 번째(D):
● 작은 점
지시선(L):
▶ 닫고 채움
화살표 크기(I):
2.5
중심 표식
없음(N)
표식(M)
선(E)
2.5
치수 끊기
끊기 크기(B):
3.75
호 길이 기호
앞의 치수 문자(P)
위의 치수 문자(A)
없음(O)
반지름 꺾기 치수
꺾기 각도(J):
45
선형 꺾기 치수
꺾기 높이 비율(F):
1.5
* 문자 높이
확인
취소
도움말(H)

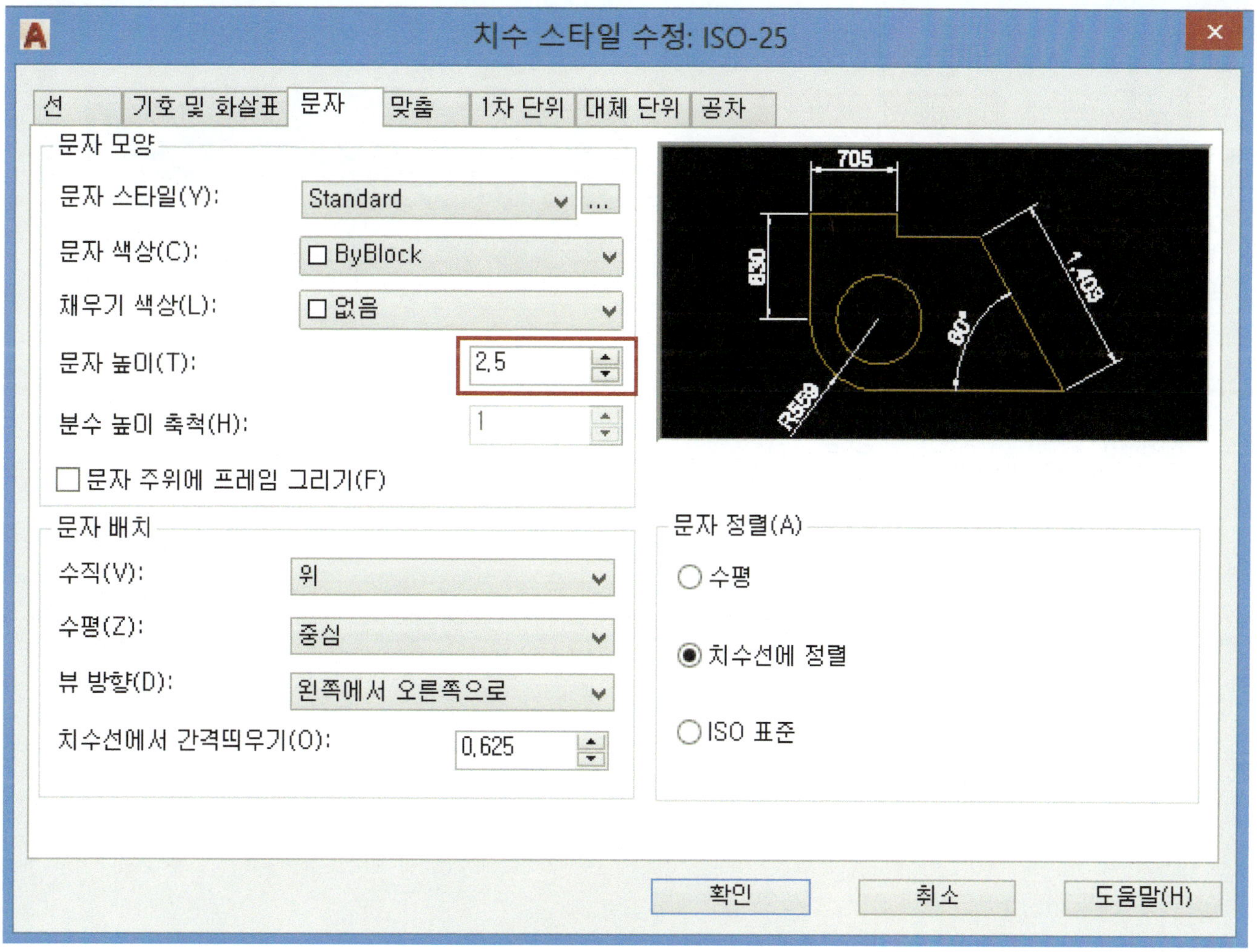
치수 스타일 수정: ISO-25
선
기호 및 화살표
문자
맞춤
1차 단위
대체 단위
공차
문자 모양
문자 스타일(Y):
Standard
문자 색상(C):
ByBlock
채우기 색상(L):
없음
문자 높이(T):
2.5
분수 높이 축척(H):
1
문자 주위에 프레임 그리기(F)
문자 배치
수직(V):
위
수평(Z):
중심
뷰 방향(D):
왼쪽에서 오른쪽으로
치수선에서 간격띄우기(O):
0.625
문자 정렬(A)
수평
치수선에 정렬
ISO 표준
확인
취소
도움말(H)

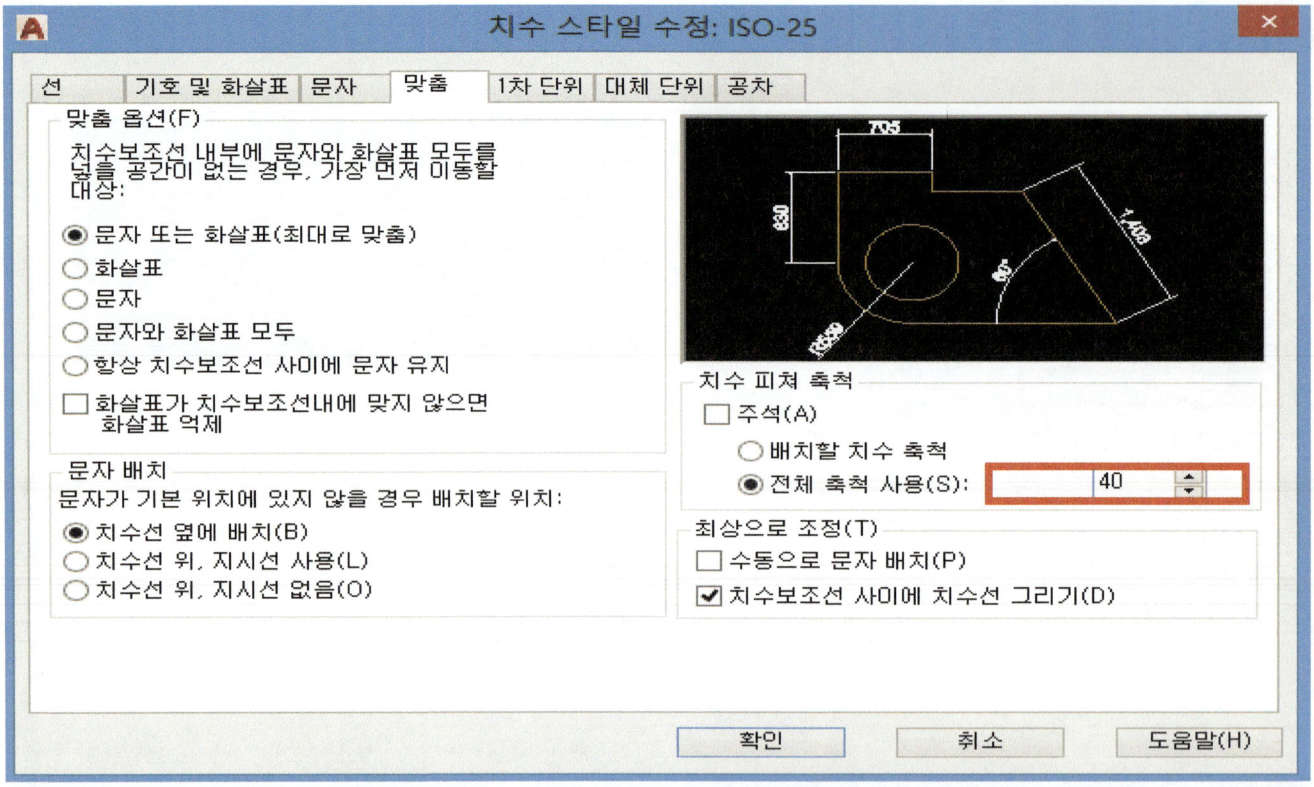
치수 스타일 수정: ISO-25
선
기호 및 화살표
문자
맞춤
1차 단위
대체 단위
공차
맞춤 옵션(F)
치수보조선 내부에 문자와 화살표 모두를 넣을 공간이 없는 경우, 가장 먼저 이동할 대상:
문자 또는 화살표(최대로 맞춤)
화살표
문자
문자와 화살표 모두
항상 치수보조선 사이에 문자 유지
화살표가 치수보조선내에 맞지 않으면 화살표 억제
문자 배치
문자가 기본 위치에 있지 않을 경우 배치할 위치:
치수선 옆에 배치(B)
치수선 위, 지시선 사용(L)
치수선 위, 지시선 없음(O)
치수 피쳐 축척
주석(A)
배치할 치수 축척
전체 축척 사용(S):
40
최상으로 조정(T)
수동으로 문자 배치(P)
치수보조선 사이에 치수선 그리기(D)
확인
취소
도움말(H)

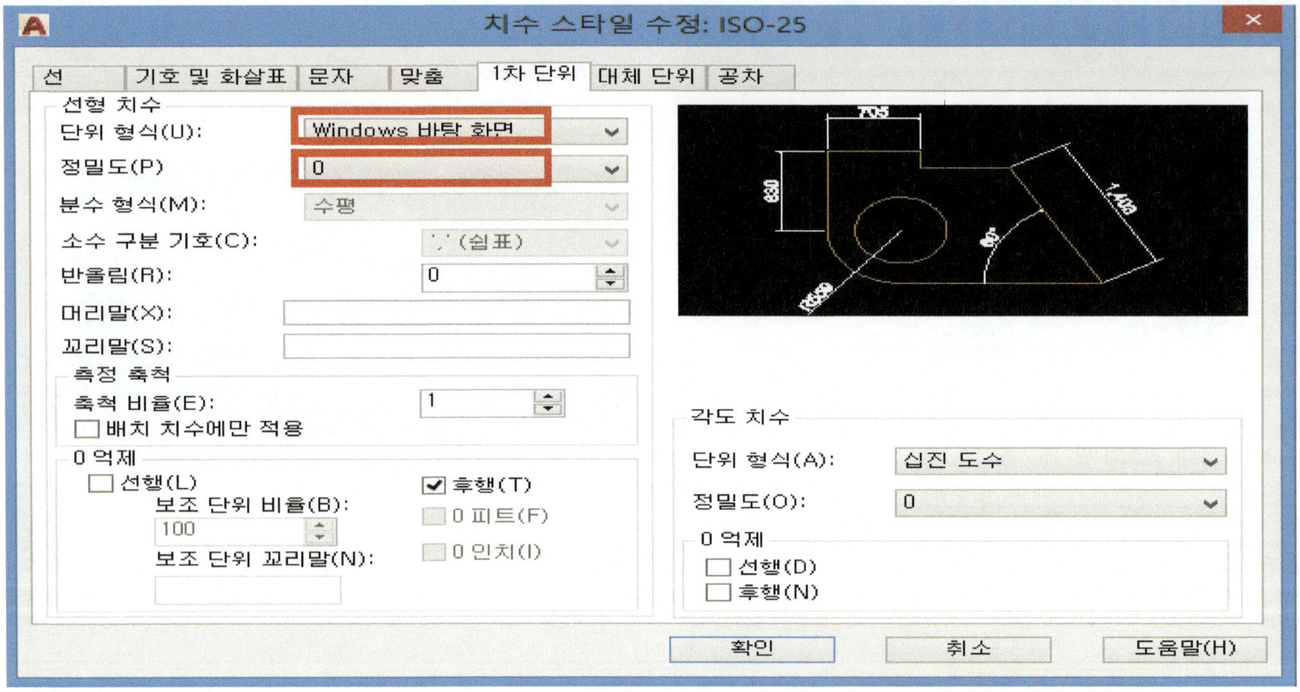
치수 스타일 수정: ISO-25
선
기호 및 화살표
문자
맞춤
1차 단위
대체 단위
공차
선형 치수
단위 형식(U):
Windows 바탕 화면
정밀도(P)
0
분수 형식(M):
수평
소수 구분 기호(C):
','(쉼표)
반올림(R):
0
머리말(X):
꼬리말(S):
측정 축척
축척 비율(E):
1
배치 치수에만 적용
0 억제
선행(L)
보조 단위 비율(B):
100
보조 단위 꼬리말(N):
후행(T)
0 피트(F)
0 인치(I)
각도 치수
단위 형식(A):
십진 도수
정밀도(O):
0
0 억제
선행(D)
후행(N)
확인
취소
도움말(H)

치수관련 명령어

1. 선형 치수 기입하기 - linear
   : 수평, 수직 또는 정렬된 치수를 기입한다.
2. 정렬 치수 기입하기 - aligned
   : 두점의 각도와 평행하게 선형치수 기입한다.
3. 계속 치수 기입하기 - continue
4. 기준선 치수 기입하기 - baseline
5. 지름 치수 기입하기 - dimension
6. 반지름 치수 기입하기 - radius
7. 각도 치수 기입하기 - angular
8. 호 길이 기입하기 - dimarc
9. 신속 치수 기입하기 - quick dimension
10. 중심 표식하기 - center
11. 세로 좌표 입력하기 - ordinate
12. 공차 기입하기 - tolerance
13. 치수 기울이기 - obligue
14. 꺾어진 반지름 기입하기 - jogged
15. 치수문자 위치 수정하기 - Align Text
16. 치수 문자의 내용, 회전, 치수보조선 기울기 편집하기 - dimedit
17. 치수 업데이트하기 - Update
18. 치수선 공간 조절하기 - dimspace
19. 치수선 끊기 - dimbreak
20. 치수선 꺽기 - dimjogline

- 치수선은 Trim과 Extend로 조절할 수 있으나, 치수 보조선은 되지 않습니다.
- 치수를 Explode 해서 수정하는 방법은 치수 특성을 상실하게 되므로 되도록 사용하지 않도록 합니다.

1.5. 도면에서의 선의 활용과 선 종류 만들기

선의 굵기에 관하여
설계도면은 선과 글씨가 가장 중요합니다. 또한, 선은 강약이 있어 이를 잘 조절해야 도면이 입체감을 띄고 아름답습니다. 우리가 스케치를 하더라도 멀리 있는 것은 흐리게 그리고 가까이 있는 것을 진하게 그리는 것처럼 도면에도 굵은 선과 가는 선이 있습니다. 캐드에서 선의 굵기는 레이어에서 만들어지는 선의 색깔별로 굵기가 정해집니다. 사무실마다 레이어의 색은 다르게 정해 사용하지만 시험에서는 6가지(중심선, 단면선, 입면선, 마감선(=보조선), 글자 및 문자, 해칭선)의 레이어를 사용합니다. 중심선의 굵기 - 가장 가늘고 일점쇄선을 사용(빨강) 단면선의 굵기 - 단면선에도 3종류의 선이 있습니다. 콘크리트 뼈대와 같이 힘을 받는 단면선은 가장 굵다.(노랑), 마감재료, 잡석등의 보조적 재료의 단면선은 비교적 가늘다(녹색), 단면부분의 재료종류 표시선인 해칭선은 가장 가늘다(파랑) 입면선의 굵기 - 많이 들어가고 나오는 외형선은 비교적 굵다.(흰색), 참고로, 현장에서 외형선을 강조할 때 노랑을 쓰기도 합니다. 벽돌과 같이 입면 재료의 무의에 해당하는 선의 해칭은 가장 가늘다.(파랑) 치수선, 지시선, 글자의 굵기 - 가늘고 진하게 즉, 중간선 굵기(하늘색) 기타선의 굵기 - 심볼, 파단선, 기호 등의 선 굵기는 선의 중요도에 따라 적당히 정해서 그립니다. 어떤 색을 사용해도 됩니다. 편의상 기타 등의 선은 녹색을 사용합니다. 대략적으로, 단면선-0.3mm, 입면선-0.2mm, 치수 및 문자-0.2mm, 보조선-0.1mm, 중심선-0.1mm,해칭선-0.1mm입니다.

[선의 굵기] 출력 방법 1

방법 1: Layer를 만들 때 Lineweight(선가중치)를 정해 출력될 선 굵기를 정한다.
중심선(빨강)-0.1mm, 단면선(노랑)-0.3mm, 입면선(흰색)-0.2mm, 치수 및 문자(하늘색)-0.2mm, 보조선(녹색)-0.1mm, 해칭선(파랑)-0.1mm입니다.

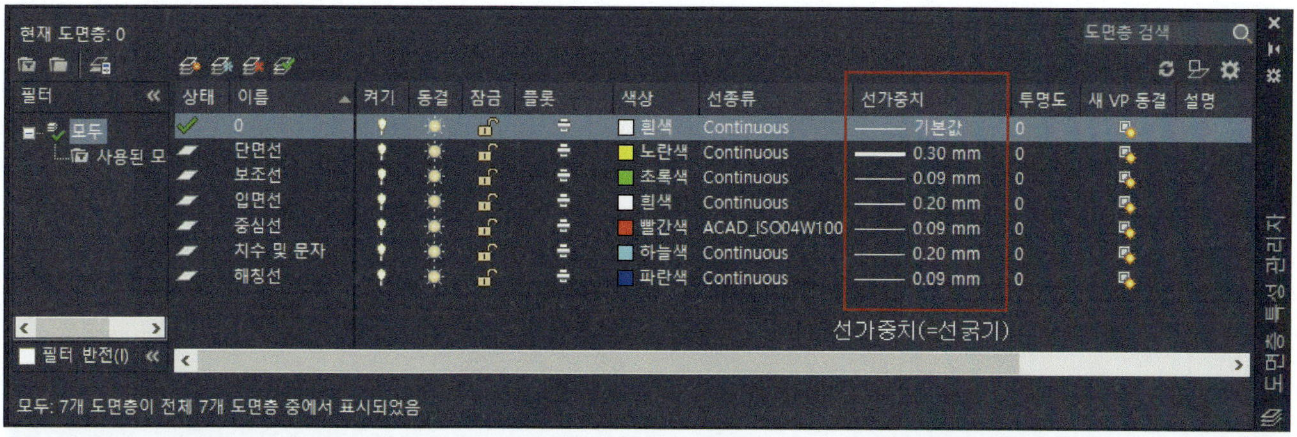

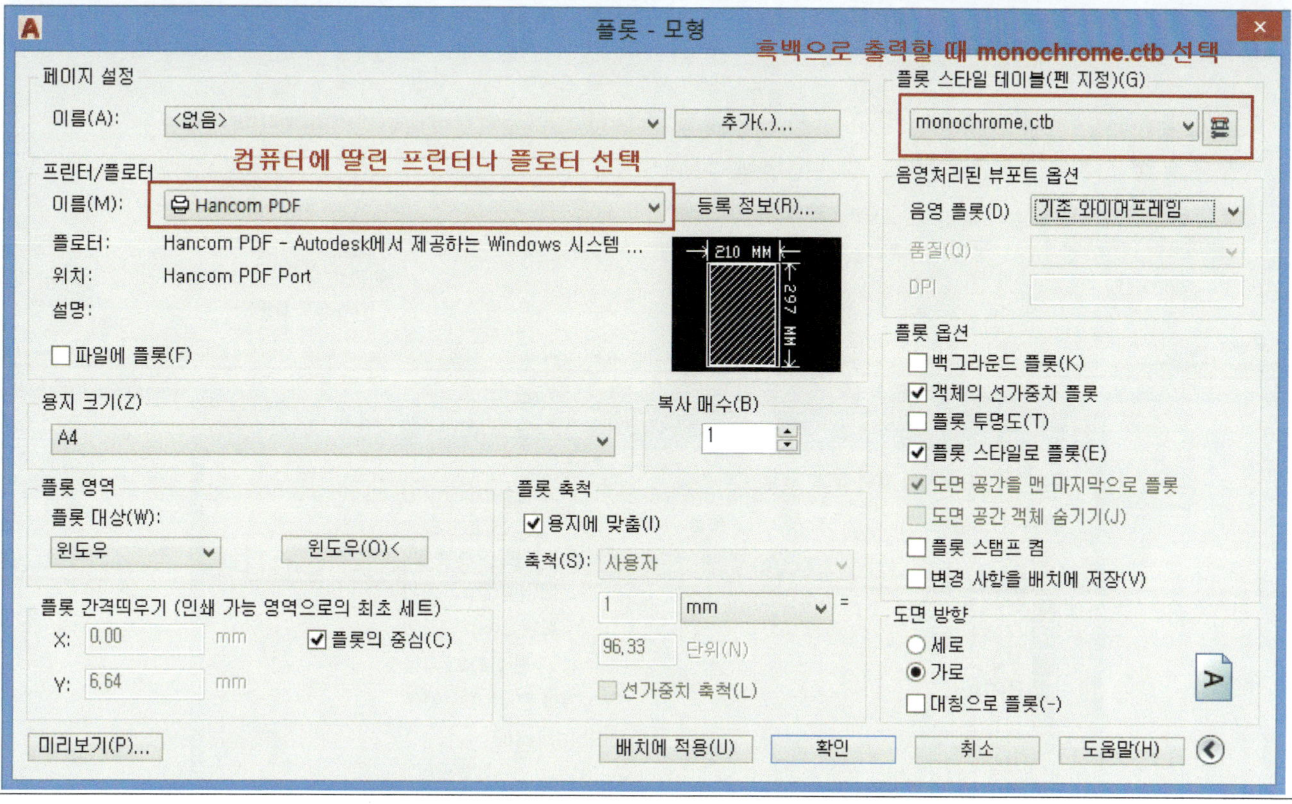

[선의 굵기] 출력 방법 2

방법 2: 출력할 때 색깔별로 굵기를 정해 출력한다.

즉, 레이어에서 잡는 색깔이 선굵기입니다.

예) 노랑은 굵은선, 빨강/파랑은 가는선, 그 외는 중간굵기

(빨강)-0.1mm, (노랑)-0.3mm, (흰색)-0.2mm, (하늘색)-0.2mm, (녹색)-0.1mm, (파랑)-0.1mm

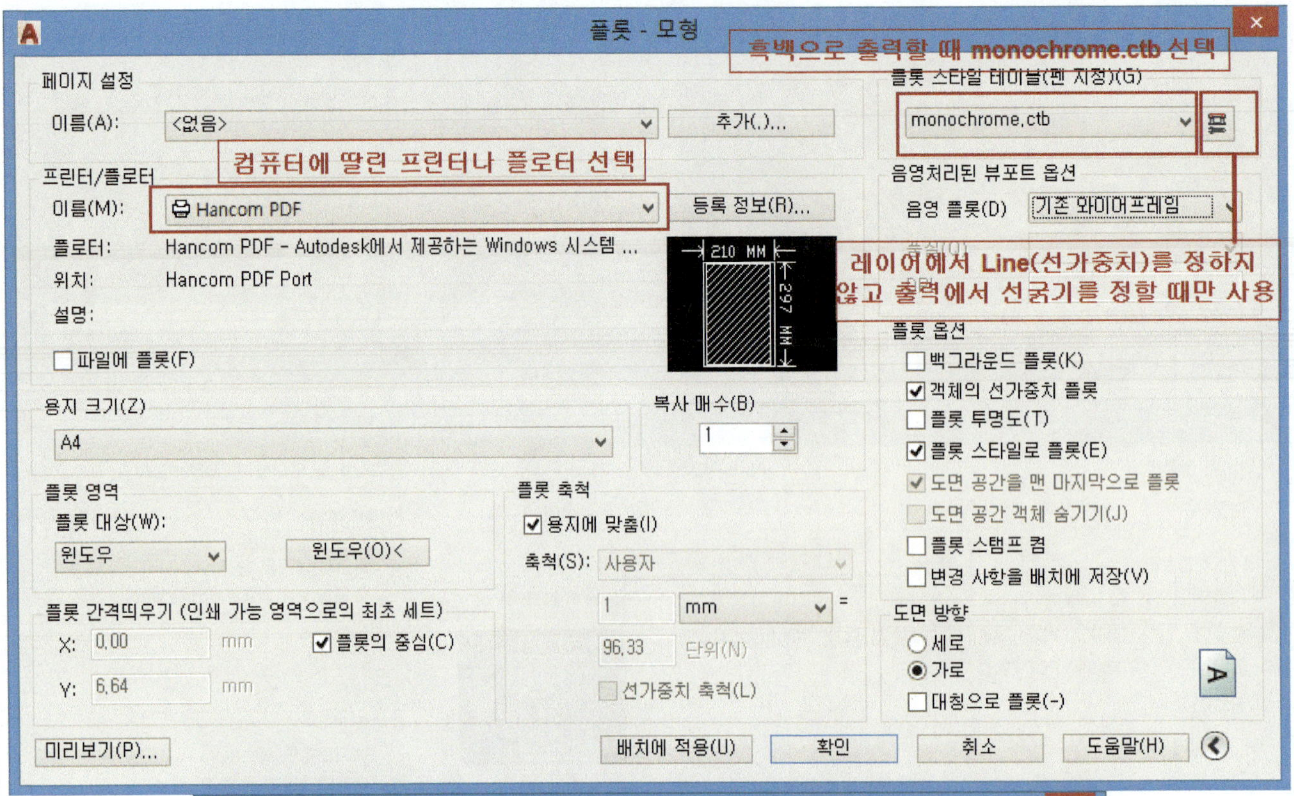

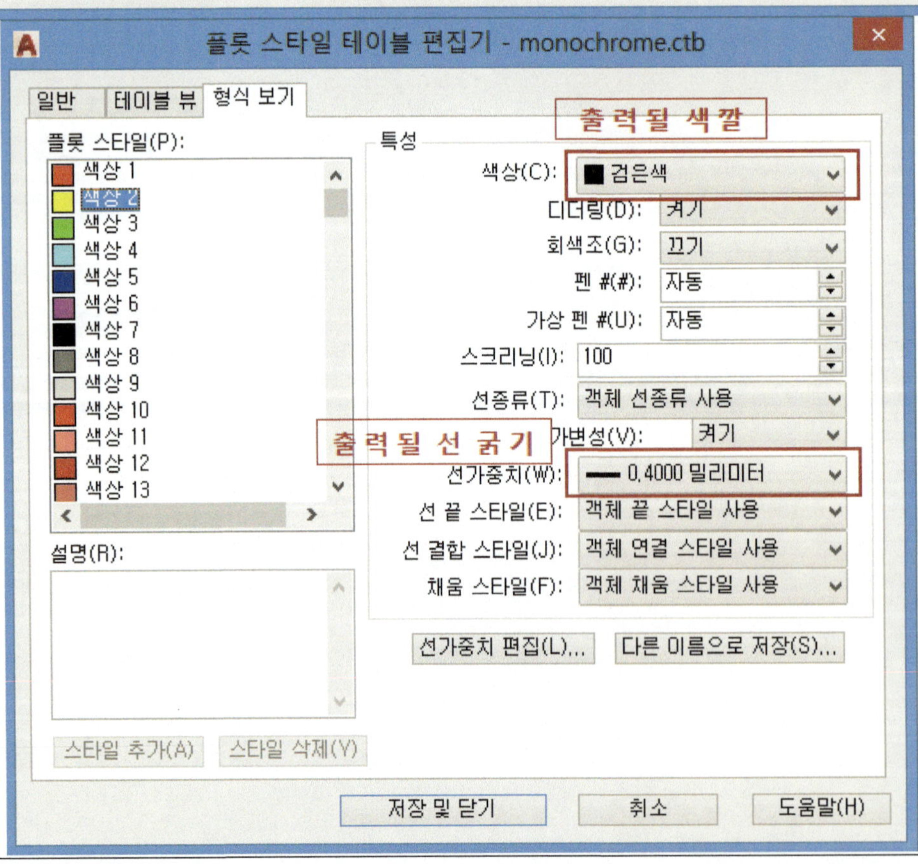

선종류(LT)와 선종류 축척(LTS)

- LT(명령)으로 사용하려는 선을 불러올 수 있다.
- LTS(명령)으로 선의 축척비율을 정한다. 1/40도면이라면 40을 입력한다.
- 그러나, 도면을 그릴 때에는 실선으로 그리고 나중에 미리 그려진 선을 선택하고 CH(명령)(Properties, 특성)으로 변경
- 선의 특성에서 선종류(Linetype)과 선종류 축척(Linetype scale)을 변경합니다.

재료명	선종류(LT)	선종류 축척(LTS)
액체 방수선	DASHED선	0.1
180mm단열재	Batting선	0.21
120mm단열재	Batting선	0.14
1/40로 만든 단면도 기준.		

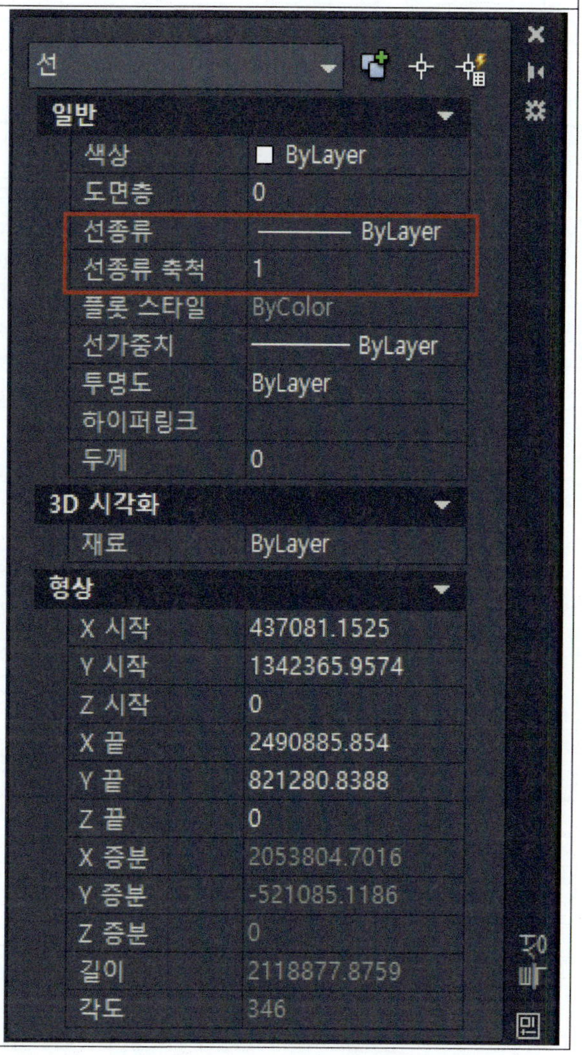

1	도면의 선 활용

1. 제도 통칙(KS F 1501)의 선 종류와 용도

명칭		굵기(mm)	용도에 의한 명칭	용도
실선		**굵은선** (0.3~0.8)	**단면선** **외형선** 파단선	물체의 보이는 부분을 나타내는 선으로서, 단면선과 외형선으로 구별하여 사용하기도 한다.
실선		가는선 (0.2 이하)	**치수선** 치수보조선 지시선 해칭선	치수선, 치수보조선, 인출선, 각도 설명 등을 나타내는 지시선 및 해칭선으로 사용한다.
허선	파선	중간선 굵은선의 약 1/2, 가는선보다 굵게 그린다.	**숨은선**	**물체의 보이지 않는 부분의 모양을 표시**하는데 사용. 파선과 구별할 필요가 있을 때에는 점선을 쓴다.
허선	**일점쇄선**	가는선 (0.2 이하)	**중심선**	물체의 중심축, 대칭축을 표시하는데 사용한다.
허선	**일점쇄선**	중간선 굵은선의 약 1/2, 가는선보다 굵게 그린다.	**절단선** **경계선** **기준선**	**물체의 절단한 위치를 표시하거나 경계선으로 사용된다.**
허선	**이점쇄선**	중간선 굵은선의 약 1/2, 가는선보다 굵게 그린다.	**가상선**	물체가 있는 것으로 가상되는 부분을 표시하거나 **일점쇄선과 구별할 때**에 사용된다.

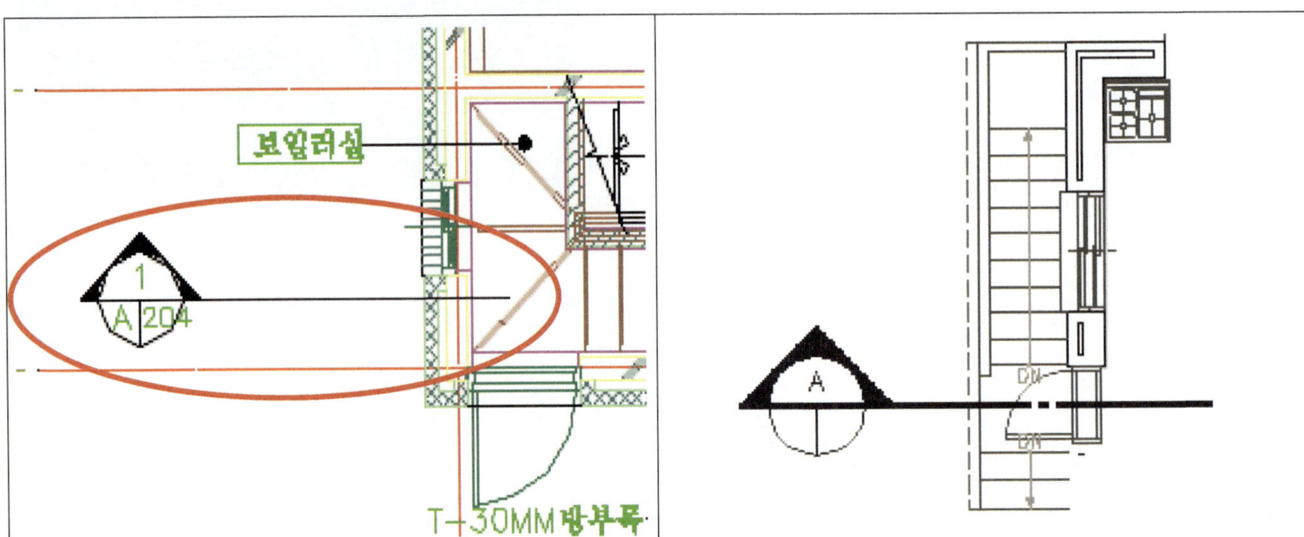

절단선

2. 축척에 따른 선의 표시 기준

전산응용건축제도기능사에 출제되는 평면도의 축척 : 1/100

전산응용건축제도기능사에 출제되는 단면상세도의 축척 : 1/40

전산응용건축제도기능사에 출제되는 입면도의 축척 : 1/50

<table>
<tr><th>항목</th><th>~1/200</th><th>1/100</th><th>1/50~1/20</th><th>1/10~</th></tr>
<tr><td>마감선</td><td>×</td><td>×: 마감두께 50mm이하
○: 마감두께 50mm초과</td><td>○</td><td rowspan="6">- 각 부 재료의 형태 및 두께 등을 표기
- 세부모양 및 치수를 상세하게 표기
- 마감의 두께를 나타냄
- 기타 실제에 가깝게 그림.</td></tr>
<tr><td>천장선</td><td>단면도에서 단선으로 표시</td><td>단면도에서 단선으로 표시(천장틀 생략)</td><td>단면도에서 두선으로 표시</td></tr>
<tr><td>바닥재료의 줄눈</td><td>×</td><td>일부분만 효과적으로 표시</td><td>○</td></tr>
<tr><td>계단손잡이</td><td>×</td><td>단선으로 표시</td><td>○</td></tr>
<tr><td>미끄럼방지대 (논슬립)</td><td>×</td><td>×</td><td>○</td></tr>
<tr><td>창호</td><td>단선표시, FRAME은 표시않음</td><td>단선표시, FRAME은 4각형으로 표시</td><td></td></tr>
<tr><td>비고</td><td>1/200이하의 작은 축척</td><td></td><td></td><td>1/100이상의 큰 축척</td></tr>
<tr><td colspan="5">○: 표시함, ×: 표시하지 않음.</td></tr>
</table>

2 선과 관련된 명령어

1. 선 종류 지정하기

linetype

그려질 선의 형태를 지정하거나 저장된 선의 라이브러리 파일에서 사용할 선의 형태를 불러옵니다. 저장된 라이브러리 파일은 Acad.lin 또는 Acadiso.lin 입니다.

2. 선 종류 지정하고, 생성하기

-linetype

선의 종류를 도면에 불러들이거나 새로운 선 종류를 생성할 수 있습니다.

3. 선 종류 전역 축척 지정하기

ltscale

현재 도면의 모든 객체의 linetype의 크기를 조정

4. 현재 선 종류 축척 지정하기

celtscale

앞으로 생성될 도면 요소에 대한 선 종류 축척값을 지정

3 선 종류의 스케일 설정

1. 전역 축척 설정

LTSCALE

만든 선은 출력시 기준으로 작성된 것이므로 CAD작업 도면에서는 출력시 축소될 것을 고려하여 확대하여 그려야 합니다. 예를 들어, 축척 1/50으로 출력할 생각이면 미리 ×50배 확대하기 위해 LTSCALE=50을 설정합니다.

2. 현재 선 종류 축척 설정

CELTSCALE : 앞으로 생성도리 도면 요소에 대한 선 종류 축척값을 지정
도면 요소마다 각각의 스케일 값을 지정

4 선 가중치 조정하기

1. 객체 선 가중치 설정

lineweight

2. 도면층 선 가중치 설정

실지로는 도면층에 선 가중치 방법을 많이 사용합니다.

선 가중치를 지정한 후 두께를 화면에서 확인하려면

선 두께를 지정한 후 두께를 화면에서 확인하려면 LWT 기능키를 켜야 합니다.

버튼이 활성화 되어 있는 모습이 켜진 상태입니다.

1.6. 표제란 그리기

문제풀이

표제란은 시험지의 요구조건을 보고 직접 그려 넣습니다.

- A3크기(420mm×297mm)
- 테두리선(400×277)

> 2. 수검자 유의 사항
> 1) 명기되지 않은 조건은 - - -
>   - - - - (중략) - - - -
> **10) 테두리선의 여백은 10mm로 한다.**

CAD 작도

1	작업준비

1. 새로운 도면을 시작한다.

new

2. 출력종이 크기의 사각형을 그린다.

A3크기(420mm × 297mm)

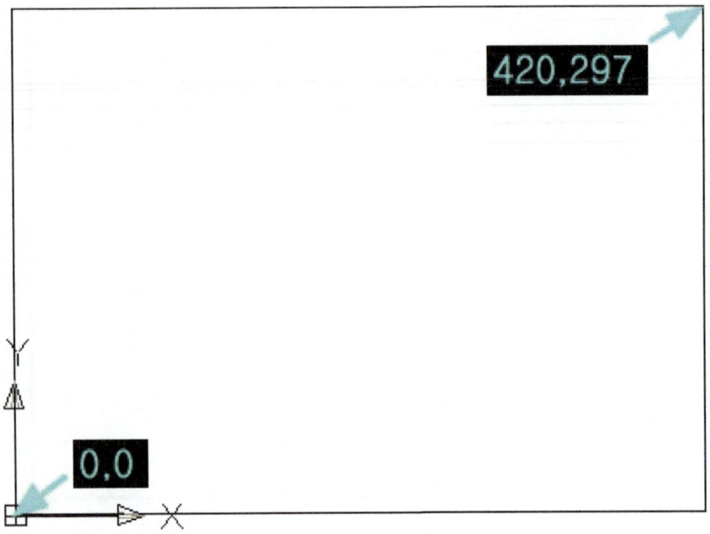

3. 도면 양식용 레이어 FOR을 만든다.

layer (하늘색 지정, 현재 클릭)

4. 도면의 테두리를 그린다.

출력 종이 끝선에서 안쪽으로 10mm만큼 띄워 테두리선(외곽선)을 그린다.

offset

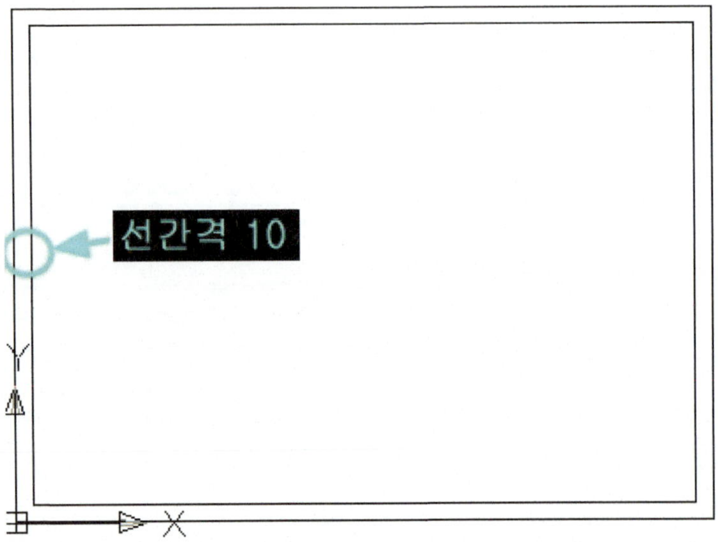

5. 표제란 그리기

왼쪽상단에 아래 그림과 같이 표제란을 작성한다.

Offset, Fillet, Trim

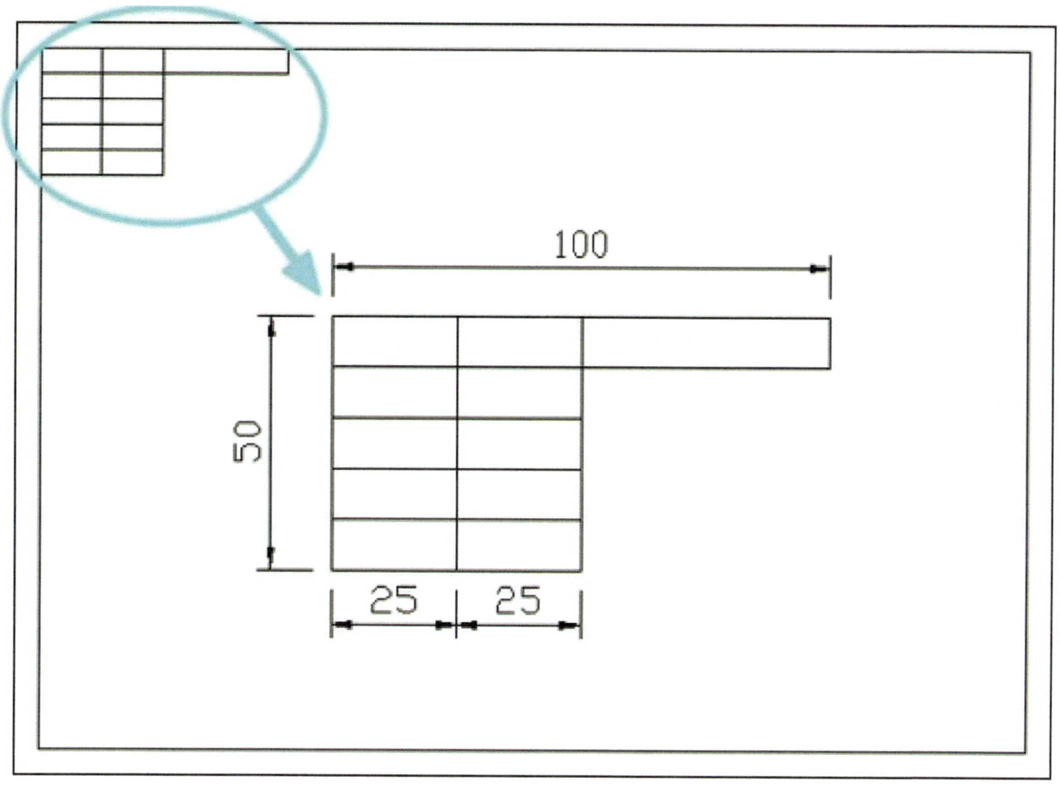

6. 표제란의 글자를 쓰기 위해 문자스타일을 정의한다.

style 글꼴 : 돋움체

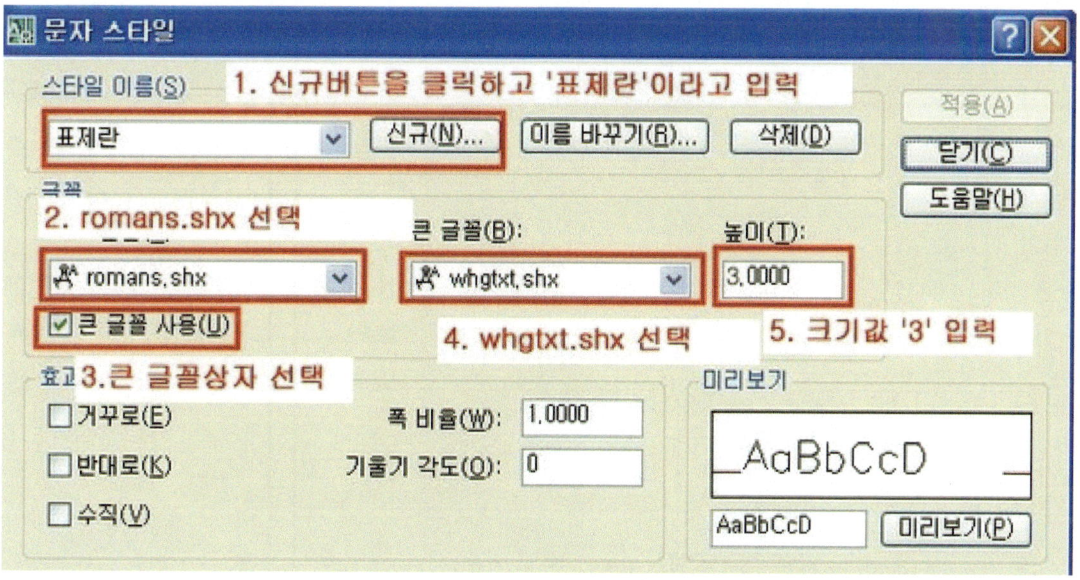

7. 표제란에 문자를 쓰기

문자 기입은 'MT'명령으로 적용하고 스타일은 '표제란'을 선택해 적용한다.

dtext 글씨의 높이 : 3mm

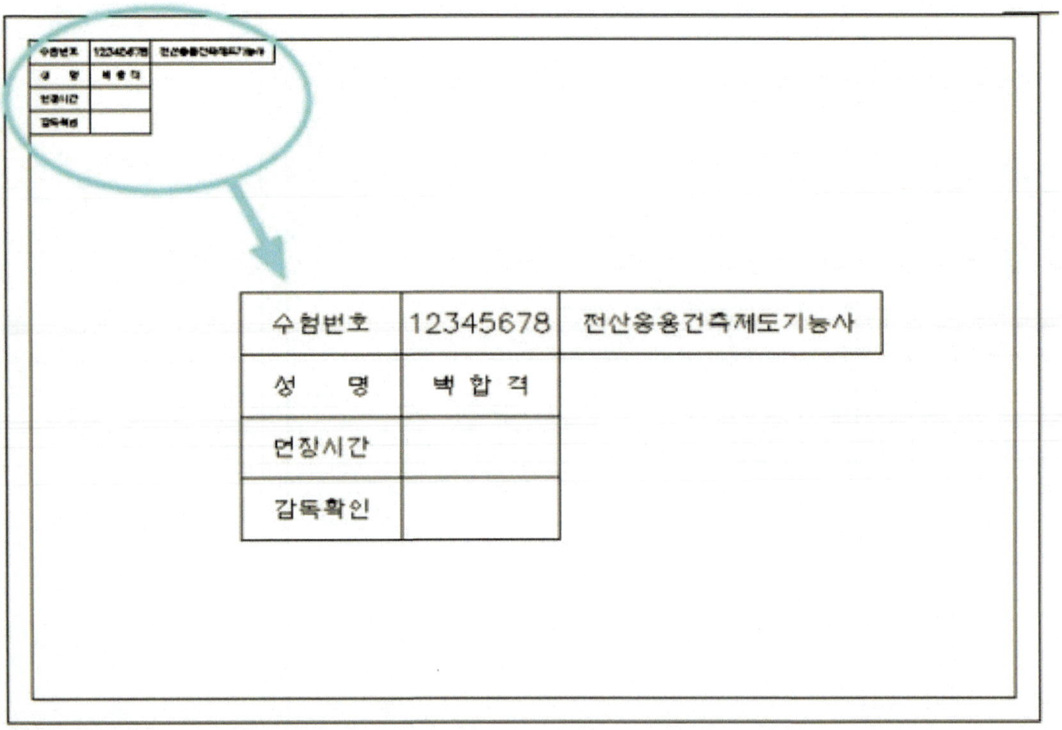

8. 도면 테두리선을 굵게 한다.

(도면 테두리선은 2mm, 표제란은 1mm두께의 선으로 만든다.)

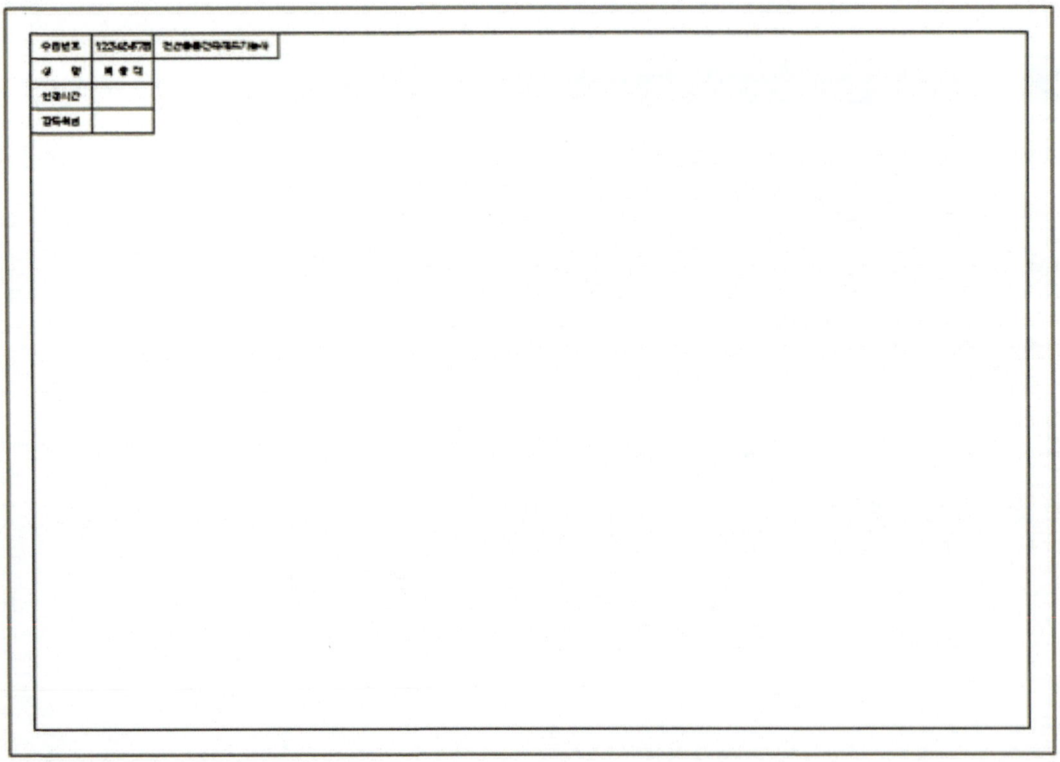

9. 도면 테두리선의 색상을 파란색으로 바꾼다.

10. 앞으로 도면 작성시 사용하기 위하여 블록 파일 저장[Wblock] 명령어로 새로운 파일을 만든다.

wblock, 파일이름은 '표제란' 입력

Wblock(블록 파일 저장)과 Block(블록 저장)의 차이
현재의 작업 도면에서 사용할 경우는 Block 명령어로 블록화하고, 다른 도면 작업시에도 사용하려면 Wblock 명령어로 AutoCAD 도면 파일을 만든다. 그래서 Block를 내부 블록이라 하고, Wblock를 외부 블록이라 한다.

Chapter

2

CAD 명령어

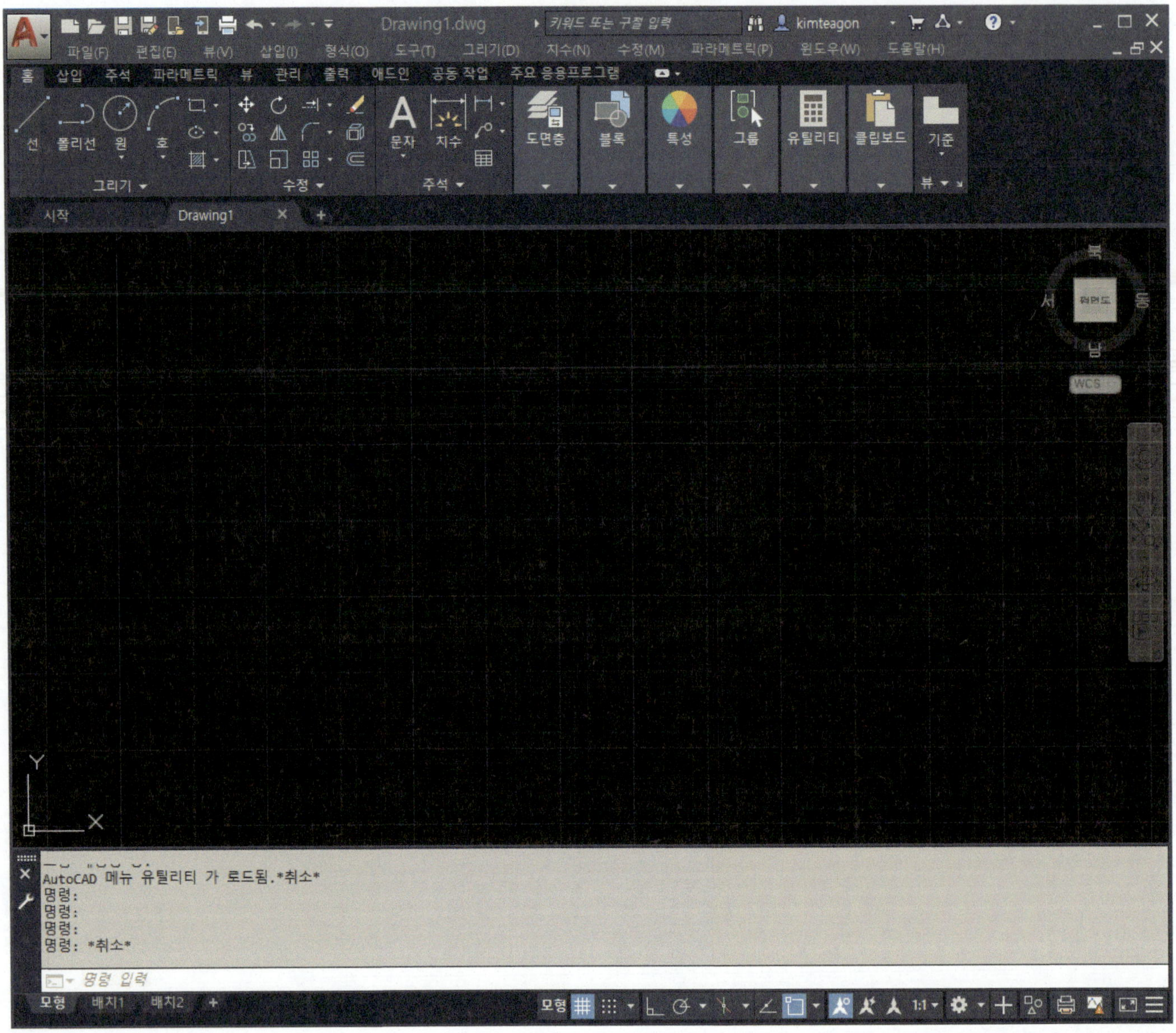
Drawing1.dwg
키워드 또는 구절 입력
kimteagon
파일(F) 편집(E) 뷰(V) 삽입(I) 형식(O) 도구(T) 그리기(D) 치수(N) 수정(M) 파라메트릭(P) 윈도우(W) 도움말(H)
홈 삽입 주석 파라메트릭 뷰 관리 출력 애드인 공동 작업 주요 응용프로그램
선 폴리선 원 호
그리기
수정
문자 치수
주석
도면층 블록 특성 그룹 유틸리티 클립보드 기준
뷰
시작
Drawing1
북 서 동 남
WCS
AutoCAD 메뉴 유틸리티 가 로드됨.*취소*
명령:
명령:
명령:
명령: *취소*
명령 입력
모형 배치1 배치2

2D 필수명령 일람표

- 다음은 2D의 필수 명령입니다. 우선적으로 학습하세요. 2D도면을 그리는데는 충분합니다.
- 2D에서 명령은 단축명령으로 입력합니다. 왼손을 최대한 이용하세요.

캐드 기능키

F2..문자 윈도우
F3..객체 스냅(OSNAP)의 ON/OFF
F8..직교(ORTHO)의 ON/OFF
F10.......................................극좌표(Polar)의 ON/OFF(Setting에서 45° 에 놓는다)

1. 준비 명령

ZOOM (줌)..............................(Z)..도면이 화면에 보여지는 크기조절
LIMITS(한계)...............................작업범위를 정한다.
PAN (초점 이동)........................(P)..도면을 상하좌우로 움직인다.
ORTHO (직교)..........................(F8).수평이동과 수직이동을 통제한다.
OSNAP (Object Snap 객체스냅).........(OS)(F3)객체스냅을 조절한다.
DIST (거리)..............................(DI) 두 점 사이의 거리를 알려 준다.
AREA (면적)............................(AA) 다각형의 각 꼭지점을 입력하여 면적 산출
SAVETIME (자동저장).............(1~5분마다)자동저장기능을 조절한다.초기값120

2. 작도 명령

LINE (선)..............................(L)..선을 그린다.
CIRCLE (원)...........................(C)..원을 그린다.
PLINE (폴리선)........................(PL).폴리선을 그린다.
PEDIT (폴리선 편집)...................(PE).폴리선을 편집한다.
ELLIPSE (타원)........................(EL).타원을 그린다.
DONUT (도넛)..........................(DO).도넛과 점을 그린다.
RECTANG (직사각형)....................(REC)사각형을 그린다.
LINETYPE (선종류).....................(LT).선종류를 불러온다.
LTSCALE (선 종류 축척)................(LTS)선의 축척을 조절한다.

3. 편집에 관한 명령

PICKBOX (선택 상자)...............(기본값 3)선택상자의 크기를 조절한다.
ERASE (지우기)........................(E)..객체를 지운다.
COPY (복사)...........................(CO).복사하기
MOVE (이동)...........................(M)..이동하기
ROTATE (회전).........................(RO).회전하기
MIRROR (대칭).........................(MI).대칭하기
ARRAY (배열)..........................(AR).가로세로나 원형으로 한꺼번에 복사하기
SCALE (축척)..........................(SC).객체의 크기 변화하기
STRETCH (신축선)......................(S)..선을 늘이고 줄이기
PROPERTIES (특성).................(CH)(MO).객체의 특성(색,레이어,선종류등)을 변경하기

MATCHPROP(특성일치)......................(MA).객체의 특성 닮기
TRIM (자르기)..........................(TR).교차된 선 자르기
EXTEND (연장)..........................(EX).선을 연장하기
FILLET (모깍기)........................(F)..모서리를 둥굴게 깍기(R=0으로하면 각지게)
OFFSET (간격 띄우기)...................(O)..평행선 그리기
EXPLODE (분해).........................(X)..결합된 객체 분해하기
DIVIDE (등분할)........................(DIV)선을 같은 간격으로 분할하기
ALIGN (정렬)...........................(AL).객체를 이동시키고 회전시켜 붙이기
U(명령 취소)

4 블록에 관한 명령

BLOCK (블록)...........................(B)..현재의 도면내에 블록 만들기
WBLOCK (블록 쓰기).....................(W)..하드나 플로피에 블록 만들기
INSERT (삽입)..........................(I)..만들어진 블록 삽입하기

5 도면층에 관한 명령

LAYER (도면층)........................(LA)..도면층 만들기

6 치수에 관한 명령

DIMLINEAR (선형 치수)..................(DLI).수평 수직 치수선 그리기
DIMCONTINUE (연속 치수)................(DCO).연속된 치수선 그리기
DIMBASELINE (기준선 치수)..............(DBA).치수선과 평행한 치수선(전체치수선)그리기
DIMCENTER (치수 중심)..................(DCE).원의 중심 표시하기
DDIM (치수유형 대화상자)...............(D)..치수선, 치수보조선, 치수의 모양 정하기
DIMEDIT (치수 편집)....................(ED).문자나 치수 고치기
LEADER (지시선)........................(LE).지시선 그리기

7 해칭에 관한 명령

BHATCH (Boundary Hatch, 경계 해치).....(H)..해칭선 채우기

8 문자 기입 명령

STYLE (유형)...........................(ST)..글자의 유형 만들기
TEXT (Dynamic Text 단일행문자)........(DT)..글자의 입력
MTEXT(Multy Text 다중행 문자)........(MT)(T).글자의 입력
DDEDIT (편집 대화상자).................(ED)..글자 고치기

9 기타 명령

MVSETUP (용지설정)....................A3용지 크기- 420 ×297mm
UCS (사용자 좌표계)...................주로 3D에서 사용. X,Y의 좌표를 변경한다.

* wipeout

난간, 실명, 창문 등 일부 선을 가리고 싶은 곳에 박스를 만들어 사용하는 명령어

가르고 싶은 부분을 line으로 박스를 만들듯이 차례대로 선택하면 됨.

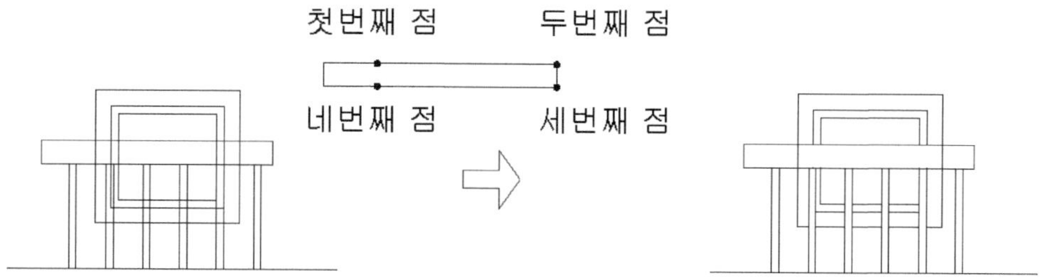

* pickfirst

[1], [0] 중에 선책

선이 두개이상 선택 되지 않거나 선 색깔이 변하지 않을 때 사용

[CAD 명령어의 구성]

그리기 명령어	직선	LINE (선), PLINE (폴리선), RECTANG (직사각형)
	곡선	CIRCLE (원), ARC(호), ELLIPSE (타원), DONUT (도넛)
	구성	POINT, HATCH (해치), BLOCK (블록), IMAGE
편집 명령어	속성 수정	CHANGE, PROPERTIES (특성)
	위치 변경	MOVE (이동), COPY (복사), ROTATE (회전), MIRROR (대칭), ARRAY (배열), SCALE (축척), OFFSET (간격 띄우기)
	형상 변경	FILLET (모깍기), CHAMFER, TRIM (자르기), EXTEND (연장), STRETCH (신축선), BREAK
작업 환경 설정 명령어	환경	OSNAP (Object Snap 객체스냅), ORTHO (직교)
	보기	ZOOM (줌), PAN (초점 이동), REGEN
	보조	UNDO, REDO, SELECT
	조회	DIST (거리), AREA (면적), ID, LIST
	도구	RENAME, PURGE, DRAWORDER
속성 정보		LAYER, COLOR, LINETYPE, STYLE
형상 정보		LENGTH, ANGLE

2.1. 그리기 명령

LINE(선)

LINE(선)		-Line 명령어는 도면의 가장 기본적인 요소로 선을 작도
아이콘	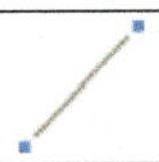	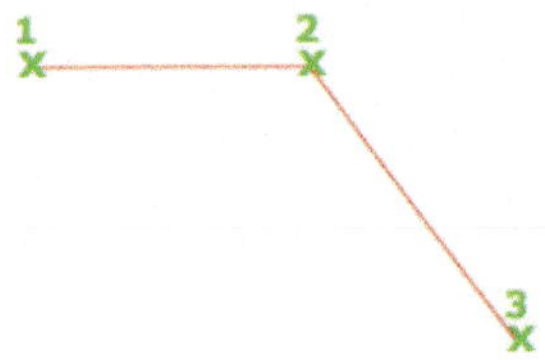
메뉴	그리기 → 선	
명령행	line	
단축키	L	

명령 : L [Enter↵]
첫 번째 점 지정:
다음 점 지정 또는 [명령 취소(U)]:
다음 점 지정 또는 [종료(X)/명령취소(U)]:
다음 점 지정 또는 [닫기(C)/종료(X)/명령취소(U)]:

① 첫 번째 점 지정 : **(시작점 지정)**
도면영역에서 선의 시작점을 지정 또는 좌표 값을 입력한다.
② 다음 점 지정 : **(다음 점 지정)**
도면영역에서 선의 끝점을 지정 또는 좌표 값을 입력한다.

옵션

① Continue(연속)
From point를 물을 때 [Enter↵]키를 누르면 이전 선 그리기 명령으로 그렸던 마지막 점이 시작점이 된다.
② 닫기(C)
마지막 선의 끝점과 첫 번째 선의 시작점을 선으로 연결하면서 명령이 종료된다.

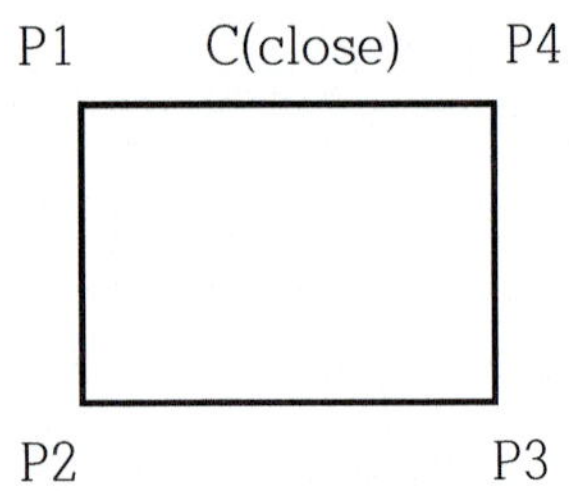

P1에서 P2, P3, P4를 지정하고 P4에서 P1으로의 폐각은 C(close)를 입력하면 처음 시작점 P1에 연결되면서 명령이 종료된다.

③ 명령취소(U)
선을 연속적으로 작도하는 도중에 실수하여 가장 최근에 작성된 선분을 취소하고 싶을 때 방금 지정했던 점을 취소시킨다. "U" 만 입력해도 된다.

-이전에 실행했던 명령을 반복 실행하기 위해서는 [Enter↵], 또는 [Space Bar]키를 치면 된다.
-명령 취소는 [Esc]키를 누르면 된다.

좌표(POINT) 지정

① 절 대 좌표 : 원점(0,0) 기준의 X,Y의 좌표값 표기, [X,Y]
② 상 대 좌표 : 최종점(@) 기준으로 X축과 Y축으로의 변화량으로 표기, [@X,Y]
③ 상대극 좌표 : 최종점(@) 기준으로 거리와 각도값으로 표기, [@거리<각도]
④ 거리 입력 : 좌표를 입력하지 않고 지점의 방향으로 마우스 커서를 위치하고 거리값을 입력

ORTHO(직교-[F8])

도면 작도시 ORTHO를 ON으로 설정하면 수직, 수평선을 쉽게 작도할 수 있다.

실습도면 1 | 절대좌표, 상대좌표, 상대극좌표를 이용하여 선그리기

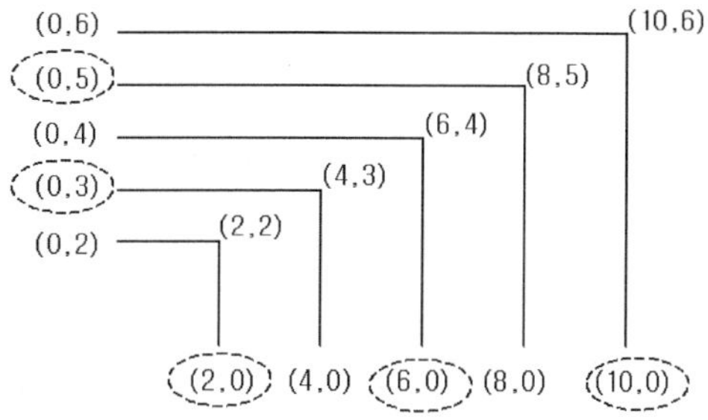

절대좌표 익히기(X,Y)

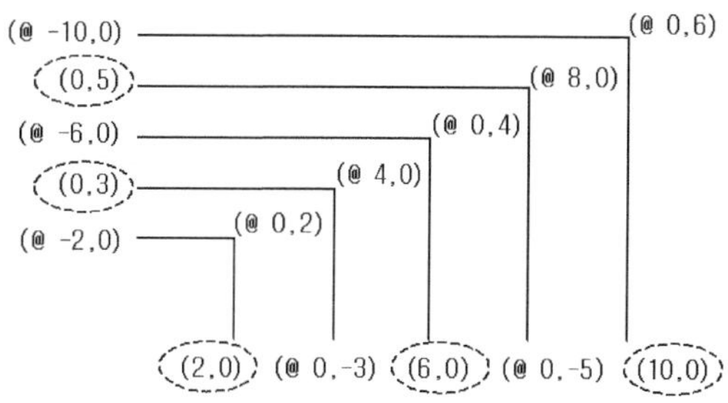

상대좌표 익히기(@ X변화량,Y변화량)

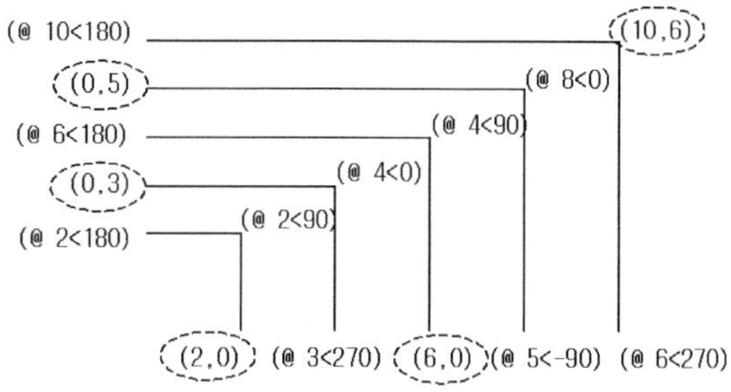

상대극좌표 익히기(@ 거리<각도)

[TIP]

( )를 기준으로 작도해보세요.

각도계

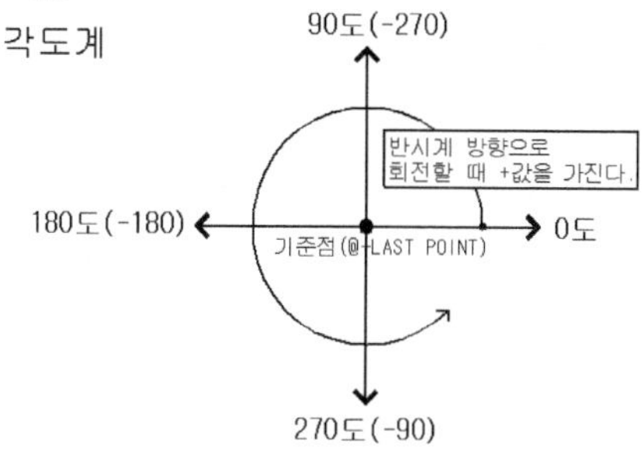

실습도면 2 | 절대좌표, 상대좌표, 상대극좌표를 이용하여 선그리기

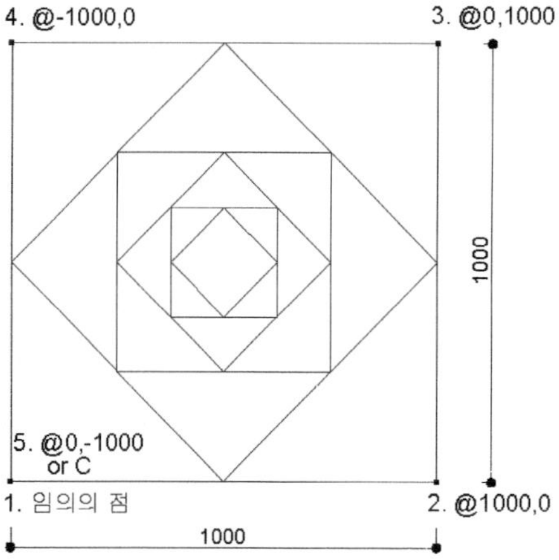

상대좌표로 그리기

한변의 길이가 1000 인
정사각형을 그려서
그 안에 각각의 OSNAP을
이용하여 작은 사각형을
그려보세요.

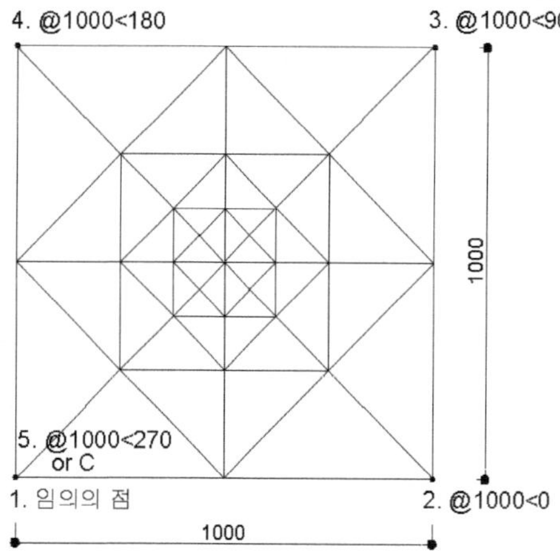

상대극좌표로 그리기

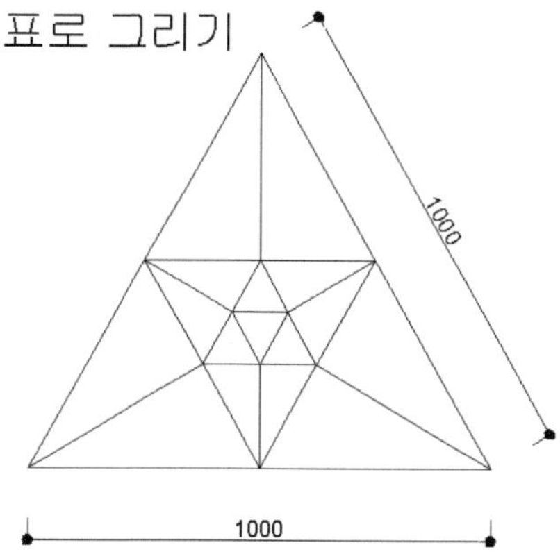

[TIP]

OSNAP의 END, MID, INT
등을 적절히 이용해준다.

PLINE(폴리선)		-Pline (Polyline)은 연속적인 직선이나 호로 이루어진 선을 작도 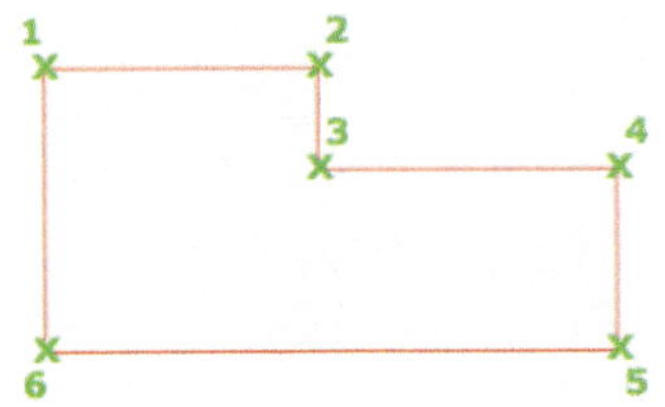
아이콘		
메뉴	그리기 → 폴리선	
명령행	Pline	
단축키	PL	

- POLYLINE은 LINE과 ARC를 연속적으로 이루어진 하나의 요소로 만들어 주는 명령
- EXPLODE를 시키면 두께도 0으로 변환된다.

```
명령 : PL Enter↵
시작점 지정:
현재의 선 폭은 0.0000임
다음 점 지정 또는 [호(A)/반폭(H)/길이(L)/명령 취소(U)/폭(W)]:
```

옵션
① 다음 점 :
② 호(A) : arc, line으로 전환
③ 닫기(C) : 시작점과 끝점을 닫아주는 옵션
④ 반폭(H)
⑤ 길이(L)
⑥ 명령 취소(U)
⑦ 폭(W)

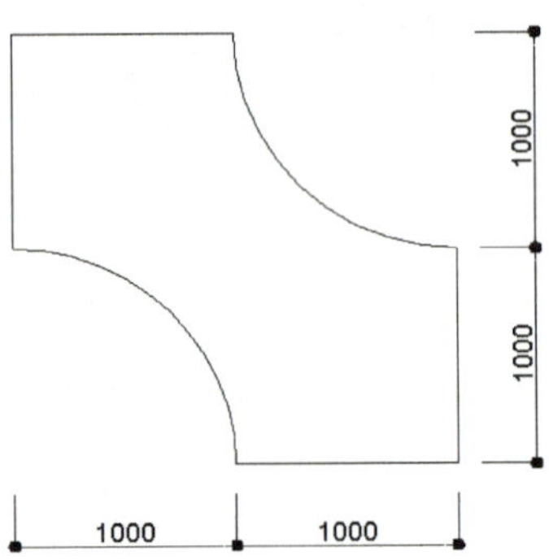

LINE,ARC를 병용하기

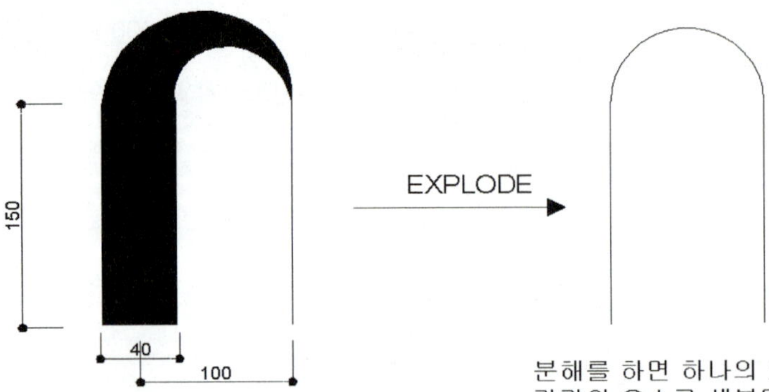

요소에 폭(WIDTH)다양하게 주기

분해를 하면 하나의 요소가
각각의 요소로 세분되고
폭도 "0"으로 도돌아 간다.
(ERASE시 1개의 요소였던 것이
3개의 요소로 분해됨)

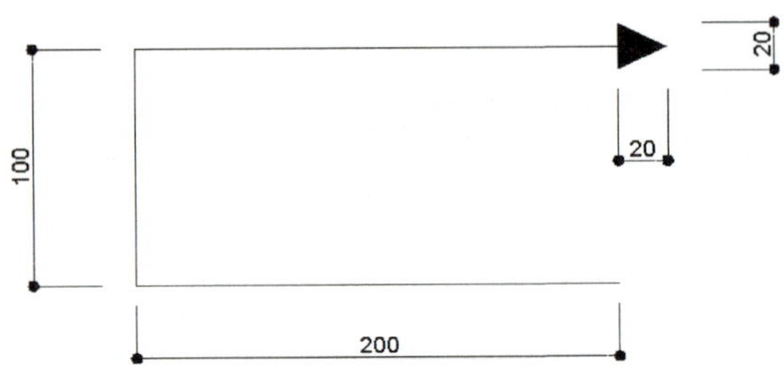

화살표(지시선) 그리기

계단의 오름,내림 표시로 활용하면 어떨까요?

[TIP]

* 반시계 방향으로 그린다.
* 폭을 준 부분이 보기처럼 채워지지 않으면
FILL의 OFF를 ON으로 바꾼 후 REGEN을 합니다

XLINE(구성선)

XLINE(구성선)		-사용자가 입력한 각도나 방향으로 무한대선을 생성
아이콘		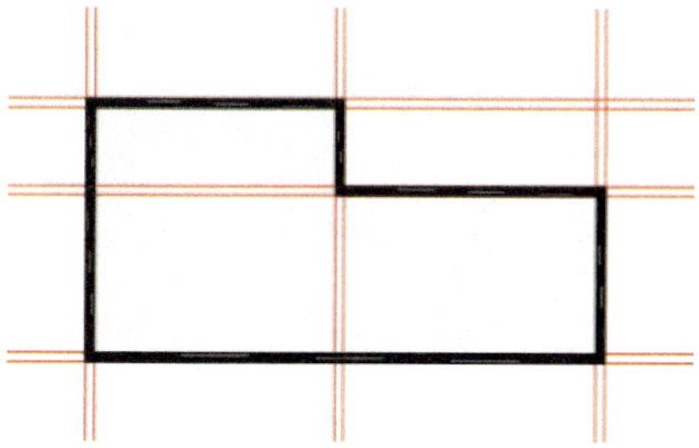
메뉴	그리기 → 구성선	
명령행	line	
단축키	XL	

CIRCLE(원)

CIRCLE(원)		-원을 그리는 명령어이다. -중심점에서 반지름과 같은 거리에 있는 점들의 집합으로 원을 작성한다. -결정하는 요소는 중심점, 반지름, 지름 등을 여러 가지 방법으로 원을 그릴 수 있다. 기본적으로 중심점을 지정하고 반지름을 입력해서 원을 그릴 수 있다.
아이콘	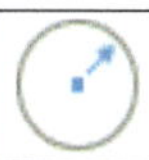	
메뉴	그리기 → 원	
명령행	CIRCLE	
단축키	C	

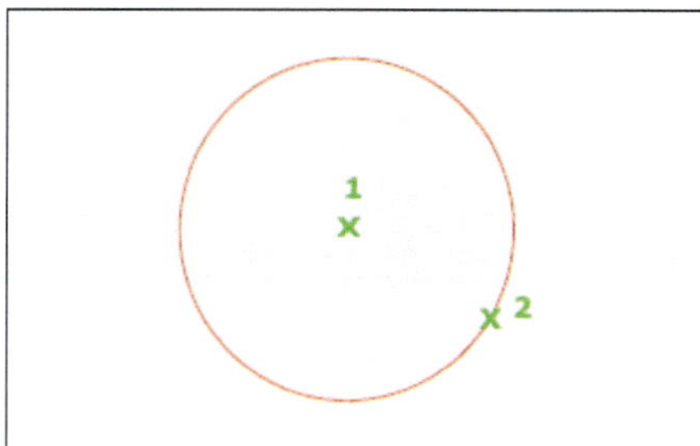	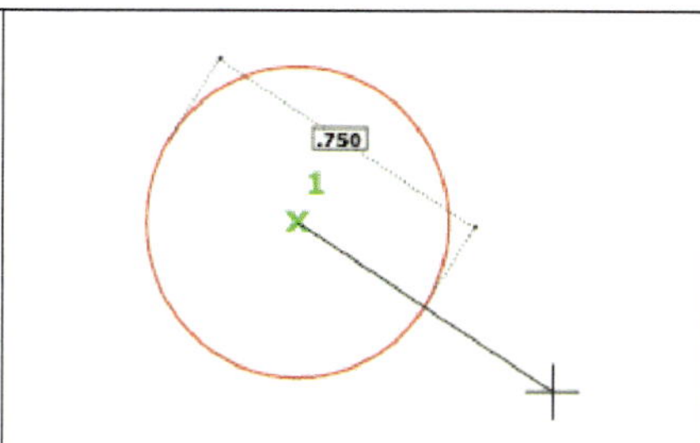	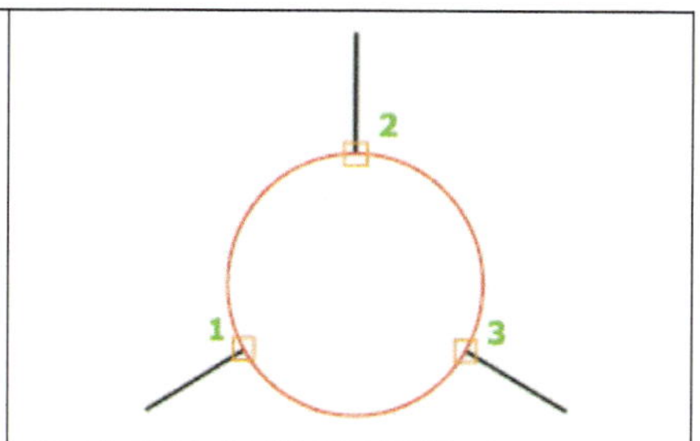
반지름	지름	3P(세 점)
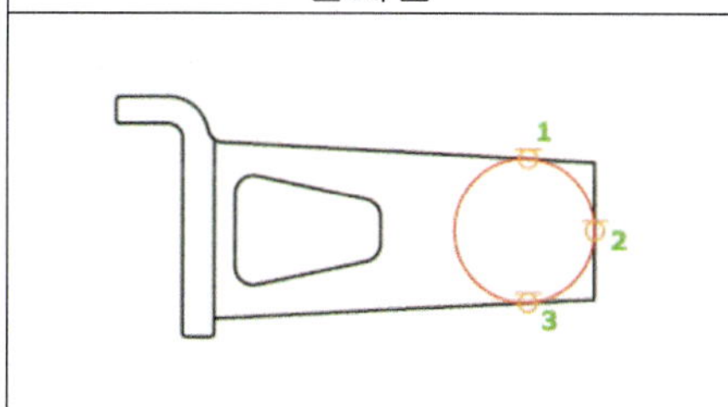	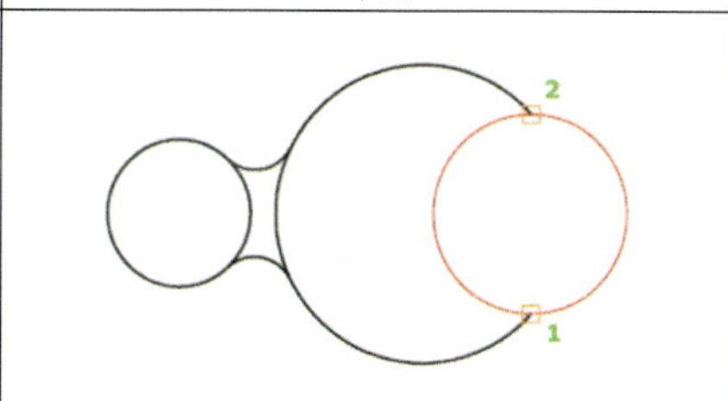	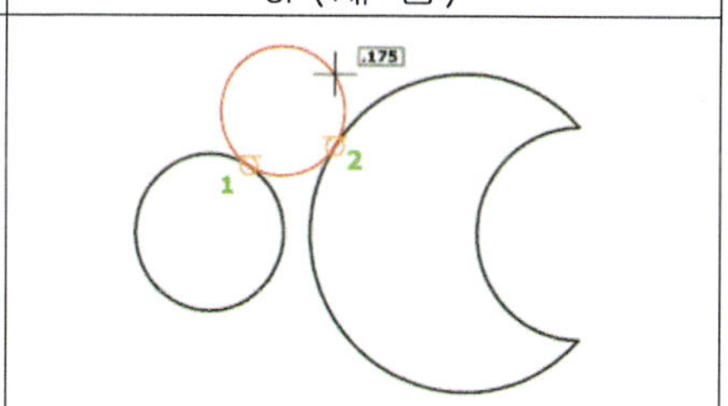
접선, 접선, 접선	2P(두 점)	TTR(접선, 접선, 반지름)

명령 : C Enter↵
원에 대한 중심점 지정 또는 [3점(3P)/2점(2P)/Ttr - 접선 접선 반지름(T)]:
원의 반지름 지정 또는 [지름(D)]:

① 원에 대한 중심점 지정 : **(중심점 지정)**
도면영역에서 원의 중심점을 지정 또는 좌표 값을 입력한다.
② 원의 반지름 지정 : **(반지름값으로 지정), (지름(D)는 지름값으로 지정)**
원의 반지름을 지정 또는 좌표 값을 입력한다.

옵션
① 3점(3P) : 지정하는 3점을 지나는 원을 그린다. ② 2점(2P) : 지정하는 2점을 지나는 원을 그린다. ③ Ttr - 접선 접선 반지름(T) : 두 개의 접선과 반지름을 이용하여 원을 그린다.

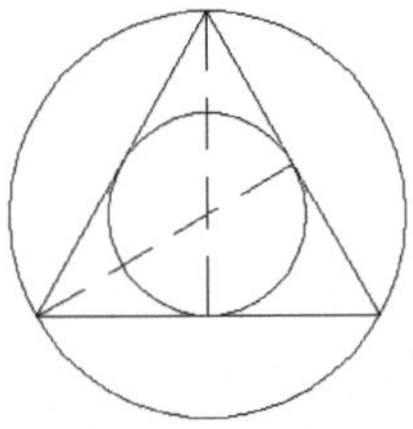

그림과 같이 한변의 길이가 5000인
각각의 도형(삼각형, 사각형)에
내접,외접하는 원을 그려보세요.

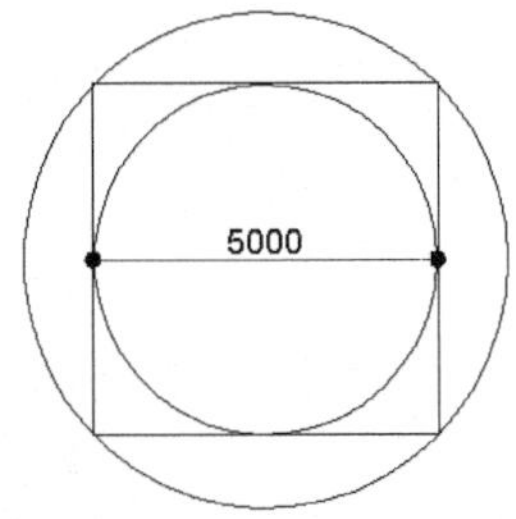

중심점과 반지름을 이용해 그리기
(OSNAP을 이용하기)

2P와 3P를 이용해서 그리기
(OSNAP을 이용하기)

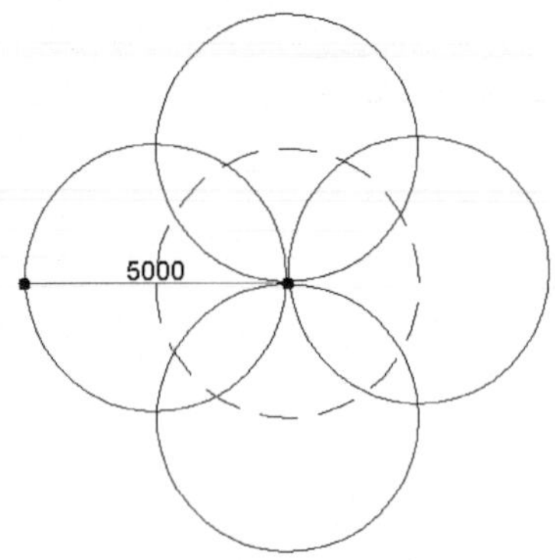

[TIP]

* OSNAP의 CEN,QUA,PER,END,MID,INT
  등을 적절히 이용해준다.
* 점선과 같은 보조선을 이용해도 좋습니다.
* 직교(F8)를 켜고 작업해보세요.

중심점(내접)

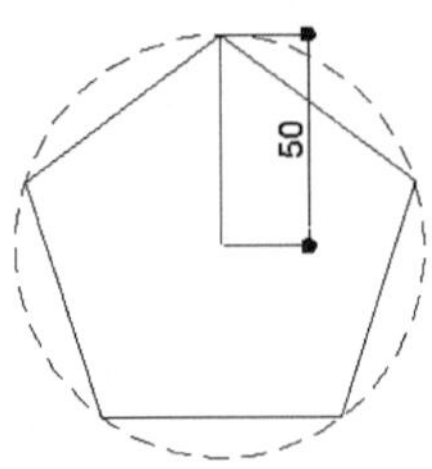

중심점(외접)

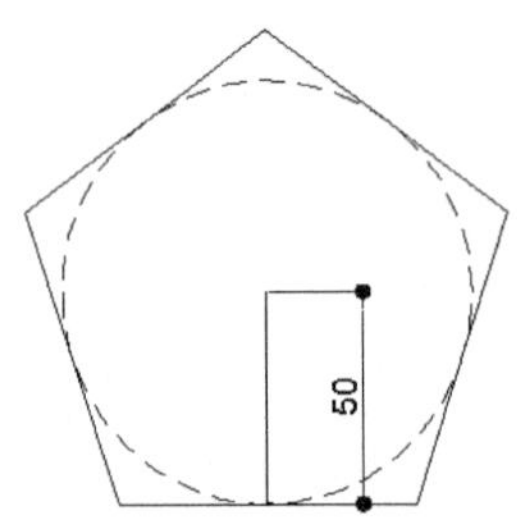

ERASE시 1개의 요소로 선택된다.

모서리

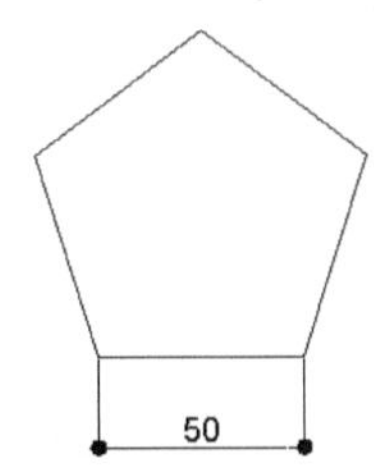

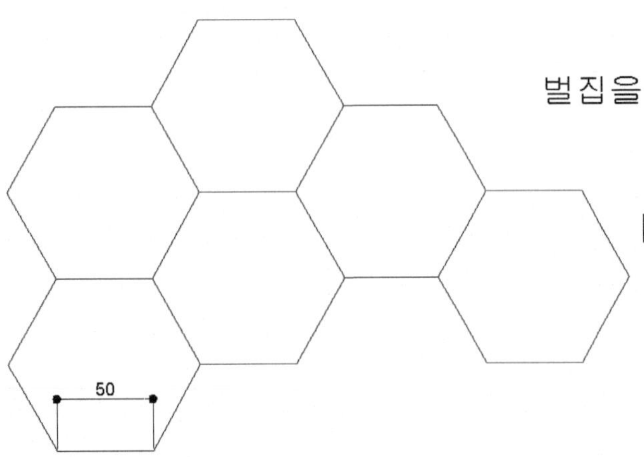

벌집을 만들어 보세요.

[TIP]

* F8(직교)키를 작동시키고 마우스를
  진행하려는 방향으로 이동 시킨 후
  이동하는 거리 만큼의 치수를 입력해
  보세요.(상대좌표로 입력하는 것보다
  조금 더 쉽죠!)

실습도면 1 | 일반적인 원 그리기

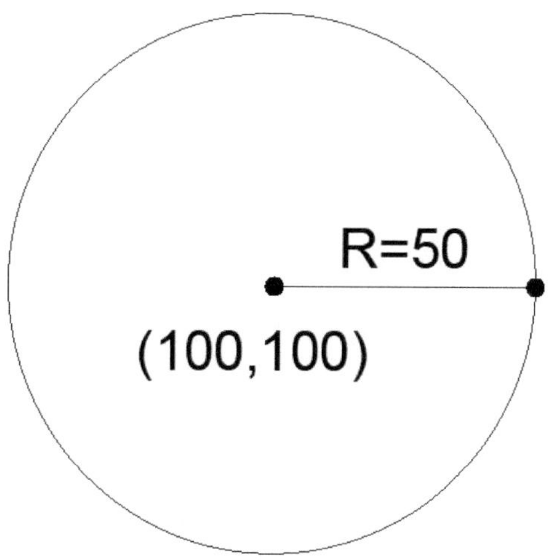

Circle 명령을 실행한 후 중심점(100,100)을 찍고, 반지름이 50인 원을 그린다.

명령 : **C** [Enter↵]
원에 대한 중심점 지정 또는 [3점(3P)/2점(2P)/Ttr - 접선 접선 반지름(T)]: **100,100**
원의 반지름 지정 또는 [지름(D)]: **50**

실습도면 2 | TTR을 이용한 원 그리기

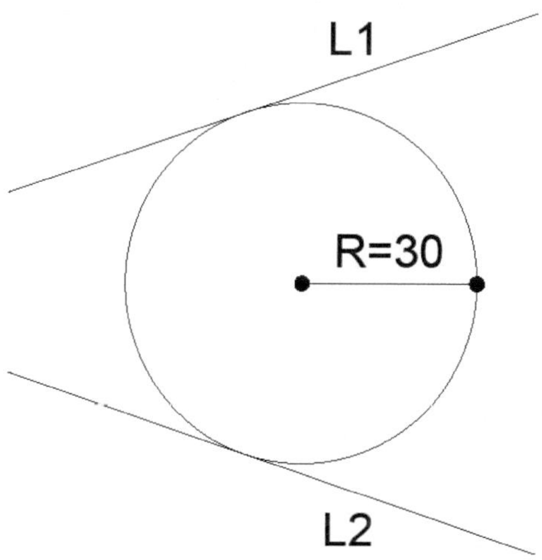

원 명령 중 접선 접선 반지름(T)을 선택하여 실행한 후 임의의 중심점을 찍고, 반지름이 30인 원을 그린다.

명령: **C** [Enter↵]
원에 대한 중심점 지정 또는 [3점(3P)/2점(2P)/Ttr - 접선 접선 반지름(T)]: _ttr
원의 첫 번째 접점에 대한 객체위의 점 지정: **L1선택**
원의 두 번째 접점에 대한 객체위의 점 지정: **L2선택**
원의 반지름 지정 <50.0000>: **30**

실습도면 3 | 원 그리기

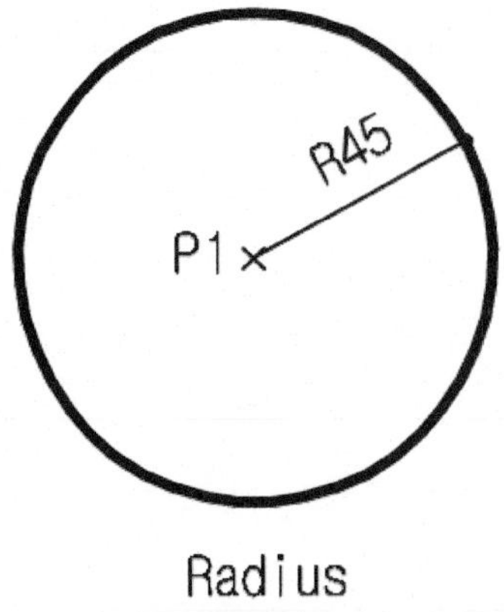

원 명령 중 중심점, 반지름을 선택하여 실행한 후 임의의 중심점(P1)을 찍고, 반지름이 45인 원을 그린다.

명령 : C Enter↵
원에 대한 중심점 지정 또는 [3점(3P)/2점(2P)/Ttr - 접선 접선 반지름(T)]: **임의의 중심점(P1)**
원의 반지름 지정 또는 [지름(D)]: 45

실습도면 4 | 원 그리기

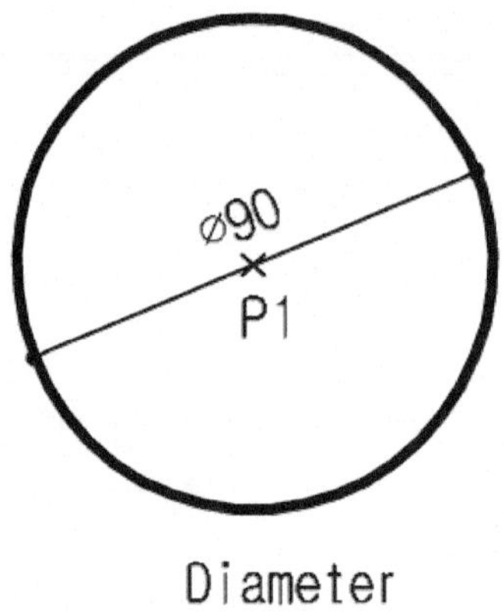

원 명령 중 중심점, 지름을 선택하여 실행한 후 임의의 중심점(P1)을 찍고, 지름이 90인 원을 그린다.

명령 : C Enter↵
원에 대한 중심점 지정 또는 [3점(3P)/2점(2P)/Ttr - 접선 접선 반지름(T)]: **임의의 중심점(P1)**
원의 반지름 지정 또는 [지름(D)]: _d 원의 지름을 지정함: 90

ARC(호)

ARC(호)		-호를 그린다. -ARC(호)는 원의 일부분이 잘린 곡선 객체이다. -호를 작성하는 경우 중심점, 끝점, 시작점, 반지름, 각도, 현 길이 및 방향 값을 조합하여 지정할 수 있습니다. 기본적으로, 호가 시계 반대 방향으로 그려집니다. Ctrl 키를 누른 채 끌면 시계 방향으로 그릴 수 있습니다.
아이콘		
메뉴	그리기 → 호	
명령행	ARC	
단축키	A	

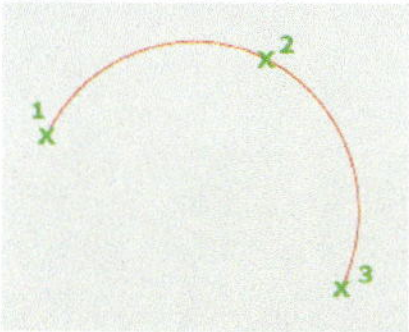		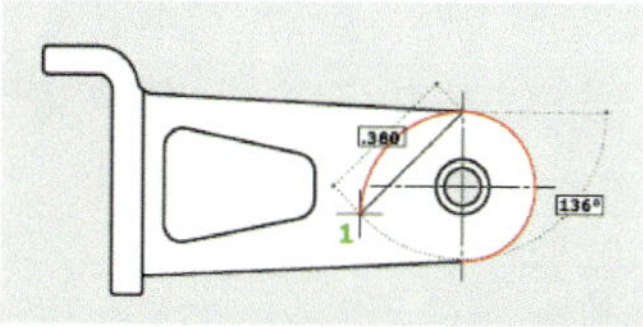
3점		연속
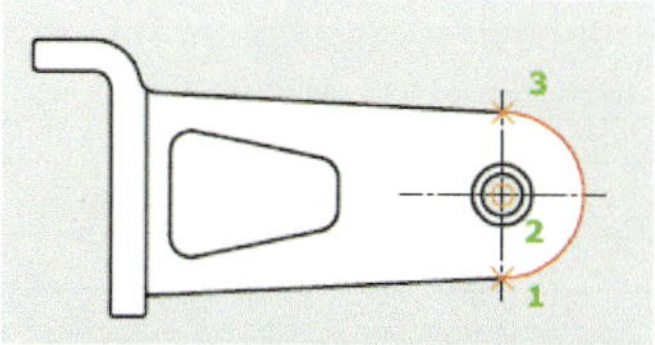	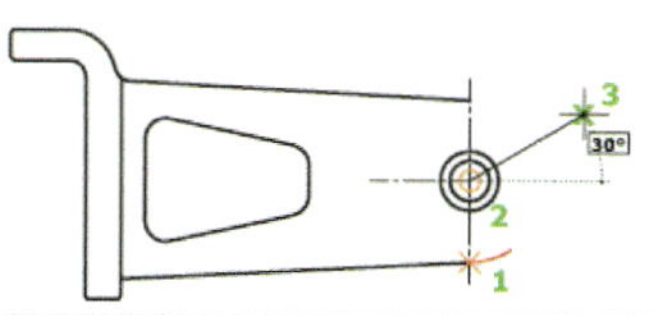	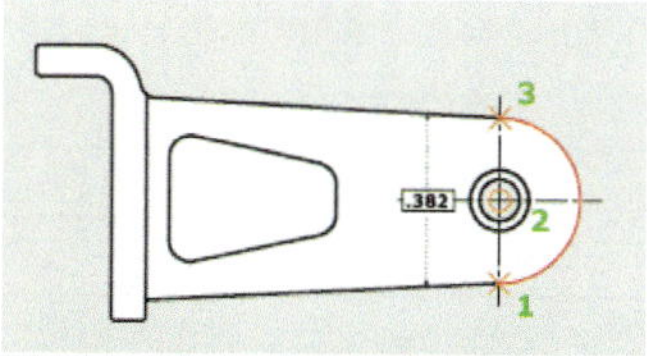
시작점, 중심점, 끝점	시작점, 중심점, 각도	시작점, 중심점, 길이
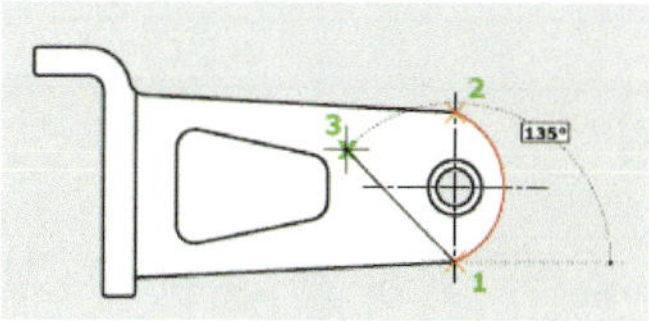	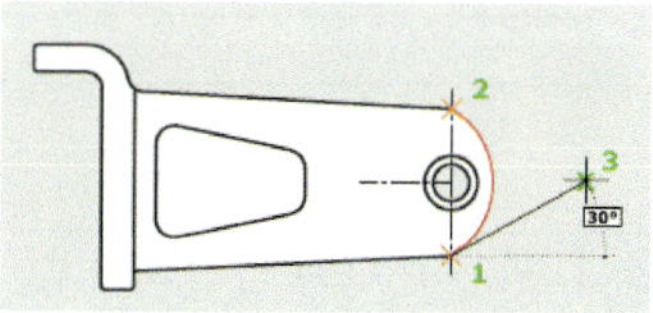	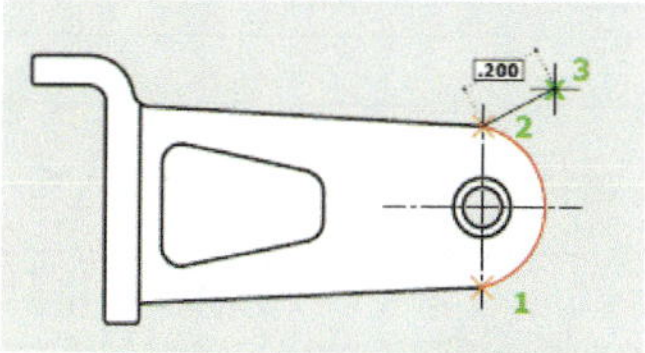
시작점, 끝점, 각도	시작점, 끝점, 방향	시작점, 끝점, 반지름
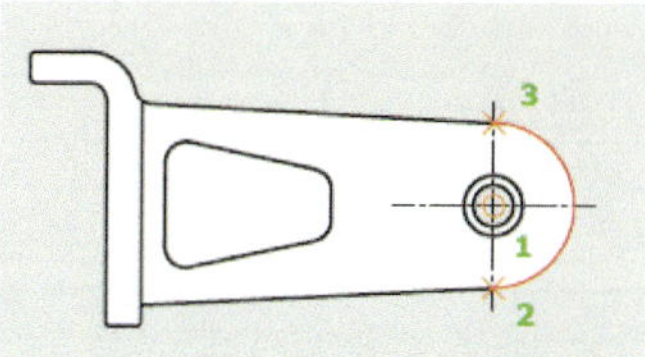	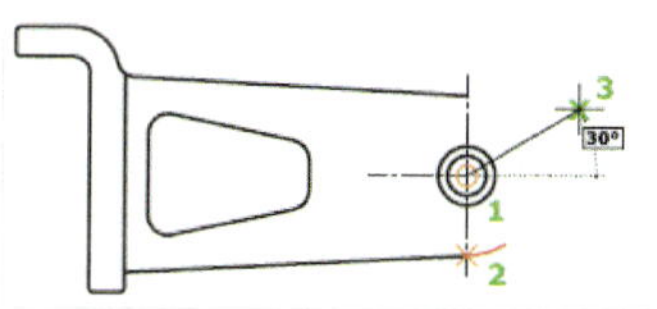	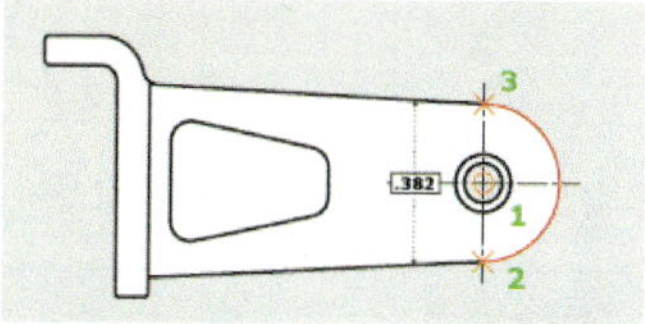
중심점, 시작점, 끝점	중심점, 시작점, 각도	중심점, 시작점, 길이

명령 : A Enter↵
호의 시작점 지정 또는 [중심(C)]:
호의 두 번째 점 또는 [중심(C)/끝(E)] 지정:
호의 끝점 지정:

① 호의 시작점 지정 : **(호의 시작점(1) 지정)**
도면영역에서 호의 시작점을 지정 또는 좌표 값을 입력한다.
② 호의 두 번째 점 : **(두번째 점(2)이나 호의 중심 또는 끝점 지정)**
도면영역에서 호의 두 번째 점을 지정 또는 좌표 값을 입력한다.
③ 호의 끝점 지정 : **(호의 끝점(3) 지정)**
도면영역에서 호의 끝점을 지정 또는 좌표 값을 입력한다.

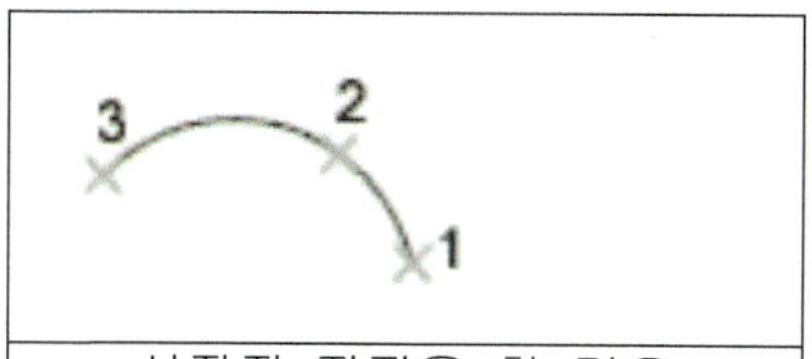

시작점 지정을 한 경우

명령 : A Enter↵
호의 시작점 지정 또는 [중심(C)]: C Enter↵
호의 중심점 지정:
호의 시작점 지정:
호의 끝점 지정(Ctrl 키를 누른 상태에서 방향 전환) 또는 [각도(A)/현의 길이(L)]:

① 호의 중심점 지정: **(호의 중심점(2) 지정)**

도면영역에서 호의 중심점을 지정 또는 좌표 값을 입력한다.

② 호의 시작점 지정: **(호의 시작점(1) 지정)**

도면영역에서 호의 시작점을 지정 또는 좌표 값을 입력한다.

③ 호의 끝점 지정 : **(호의 끝점(3) 지정)**

도면영역에서 호의 끝점을 지정 또는 좌표 값을 입력한다.

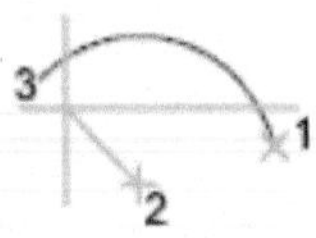

중심(C)를 지정한 경우

옵션

① 중심(C) : 호의 중심점을 지정한다.

② 끝(E) : 호의 끝점을 지정한다.

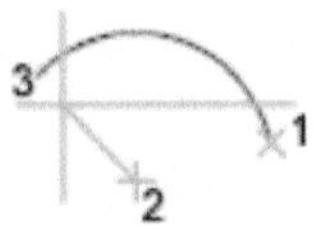	중심점(2)을 사용하여, 시작점(1)으로부터 시작하여 중심점에서 세 번째 점(3)을 지나 그려진 가상의 광선에 놓여 있는 끝점까지 시계 반대 방향으로 호를 그립니다. 그림과 같이, 호는 이 세 번째 점을 통과하지 않아도 된다.

③ 각도(A) : 호의 내부각을 지정한다.

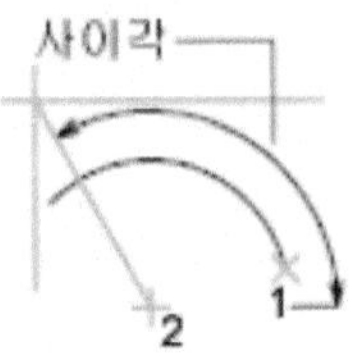	지정한 사이각과 함께 중심점(2)을 사용하여 시작점(1)으로부터 시계 반대 방향으로 호를 그립니다. 각도가 음수이면 시계 방향으로 호를 그립니다.

④ 현의 길이(L) : 현의 길이를 지정한다.

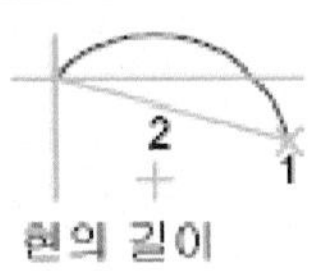	시작점과 끝점 사이의 직선 거리에 따라 작은 호 또는 큰 호를 그립니다. 현의 길이가 양수이면 시작점으로부터 시계 반대 방향으로 작은 호를 그립니다. 현의 길이가 음수이면 시계 반대 방향으로 큰 호를 그립니다.

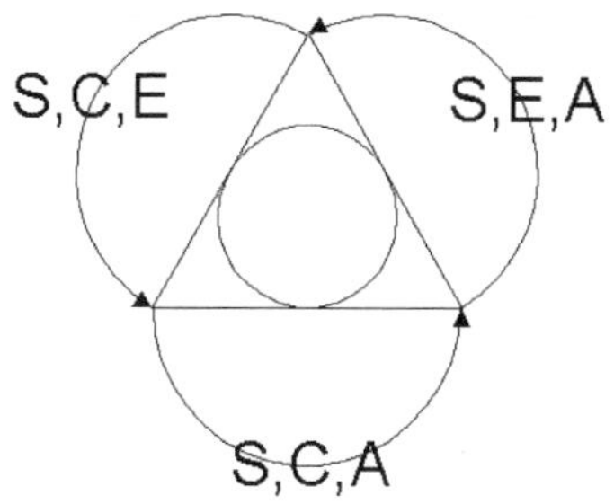

그림과 같이 한변의 길이가 5000인
각각의 도형(삼각형, 사각형)에
호를 그려보세요.

S=START POINT(시작점)
C=CENTER POINT(중심점)
E=END POINT(끝점)
A=ANGLE(각도)
R=RADIUS(반지름)

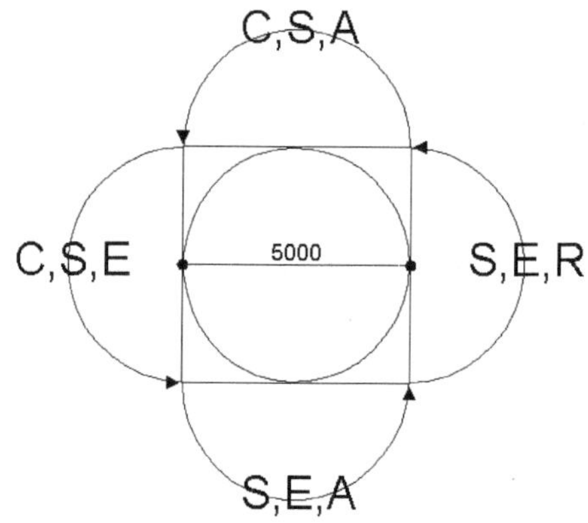

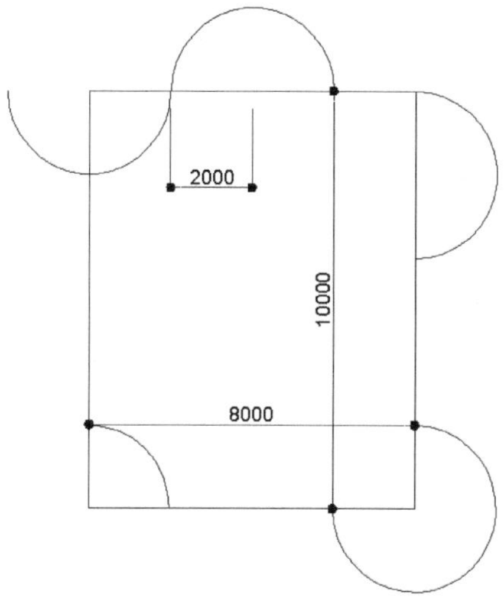

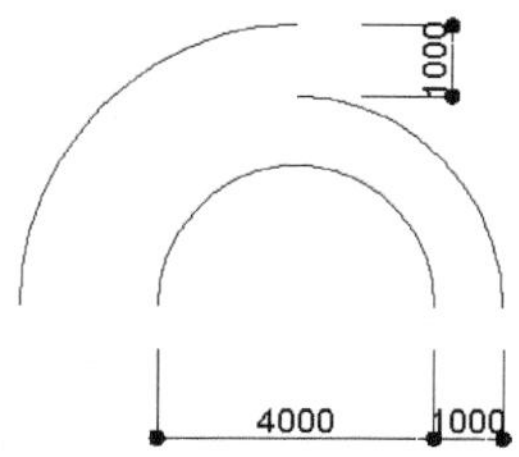

* @를 활용해 본다

[TIP]

* OSNAP을 적절히 이용한다.
* 반시계방향으로 그린다.
* 메뉴를 적절히 바꾸어본다.

실습도면 1 (3점) 호 그리기

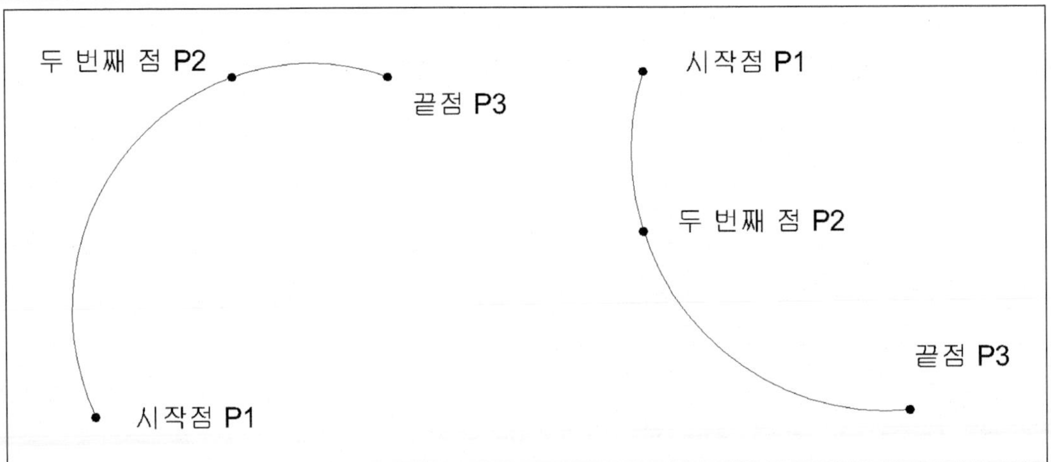

명령 : A Enter↵
호의 시작점 지정 또는 [중심(C)]: **(호의 시작점 P1 지정)**
호의 두 번째 점 또는 [중심(C)/끝(E)] 지정: **(호의 두 번째 점 P2 지정)**
호의 끝점 지정: **(호의 끝점 P3 지정)**

실습도면 2 (시작점, 중심점, 끝점) 호 그리기

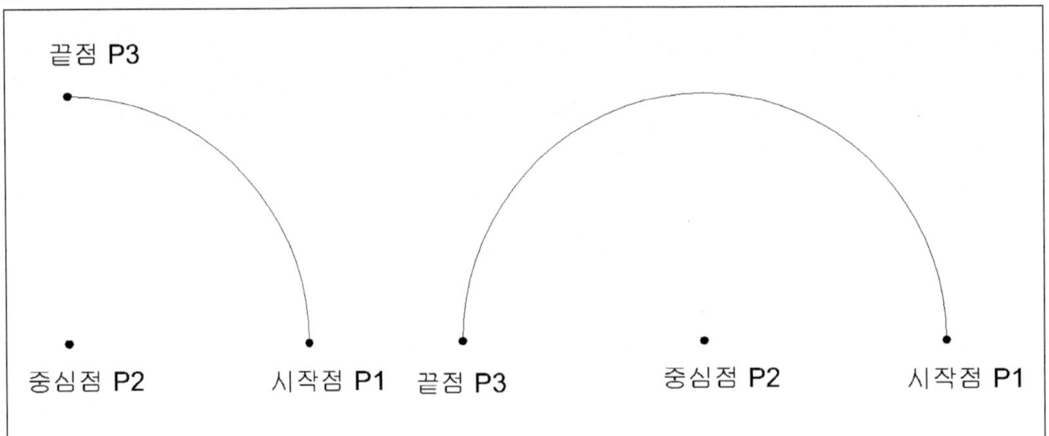

명령: A Enter↵
호의 시작점 지정 또는 [중심(C)]: **(호의 시작점 P1 지정)**
호의 두 번째 점 또는 [중심(C)/끝(E)] 지정: _c
호의 중심점 지정: **(호의 중심점 P2 지정)**
호의 끝점 지정(Ctrl 키를 누른 상태에서 방향 전환) 또는 [각도(A)/현의 길이(L)]: **(호의 끝점 P3 지정)**

실습도면 3 (중심점, 시작점, 끝점) 호 그리기

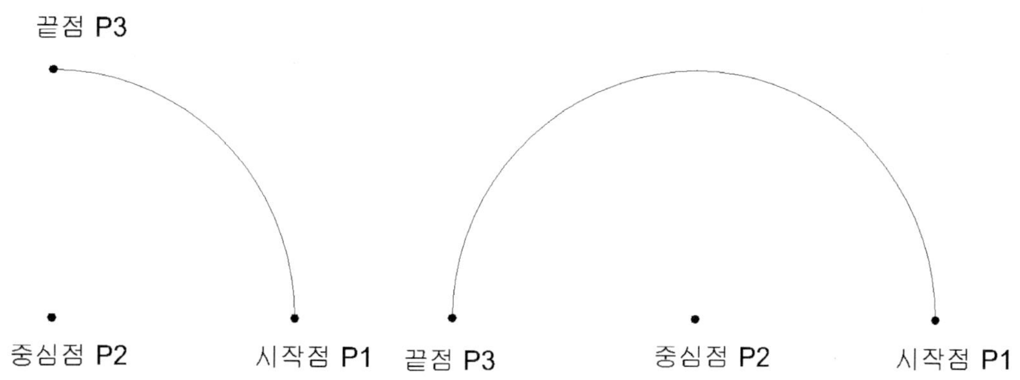

명령: A Enter↵
호의 시작점 지정 또는 [중심(C)]: _c
호의 중심점 지정: **(호의 중심점 P2 지정)**
호의 시작점 지정: **(호의 시작점 P1 지정)**
호의 끝점 지정(Ctrl 키를 누른 상태에서 방향 전환) 또는 [각도(A)/현의 길이(L)]: **(호의 끝점 P3 지정)**

실습도면 4 (시작점, 끝점, 각도) 호 그리기

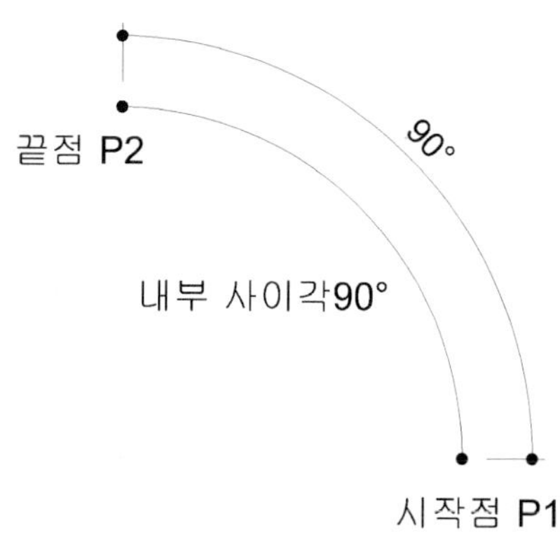

명령: A Enter↵
호의 시작점 지정 또는 [중심(C)]: **(호의 시작점 P1 지정)**
호의 두 번째 점 또는 [중심(C)/끝(E)] 지정: _e
호의 끝점 지정: **(호의 끝점 P2 지정)**
호의 중심점 지정(Ctrl 키를 누른 상태에서 방향 전환) 또는 [각도(A)/방향(D)/반지름(R)]: _a
사이각 지정(Ctrl 키를 누른 채 방향 전환): **90**

ELlipse(타원)

ELlipse(타원)		-타원을 그리는 명령
아이콘		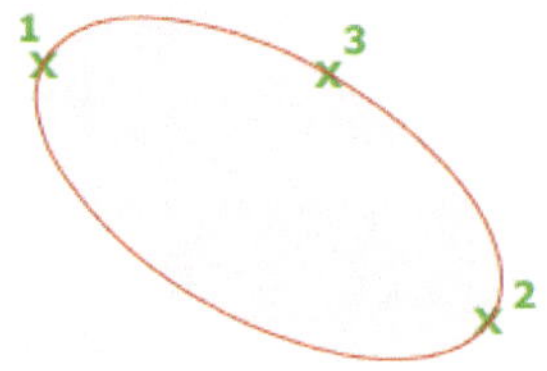
메뉴	그리기 → 타원	
명령행	ELlipse	
단축키	EL	

명령 : EL Enter↵
타원의 축 끝점 지정 또는 [호(A)/중심(C)]:

옵션
① Axis : 1axis는 타원의 지름 값 입력, 2axis는 타원의 반지름 값을 입력해야 함 ② Center : 1axis는 타원의 반지름 값 입력, 2axis는 타원의 반지름 값을 입력해야 함

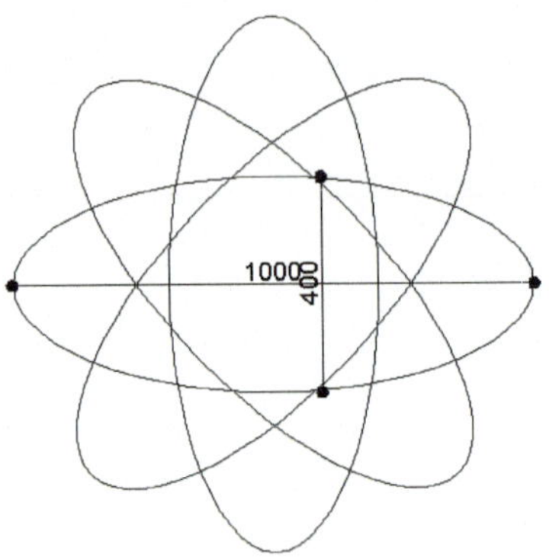

타원은 장축(제일 긴 지름)과 단축(제일 짧은 지름)으로 구성되어 있다.
장축은 서로 마주보는 사분점으로 값을 입력하고
단축은 장축의 중간점에서 시작하므로 단축의 반지름 값을 입력한다.

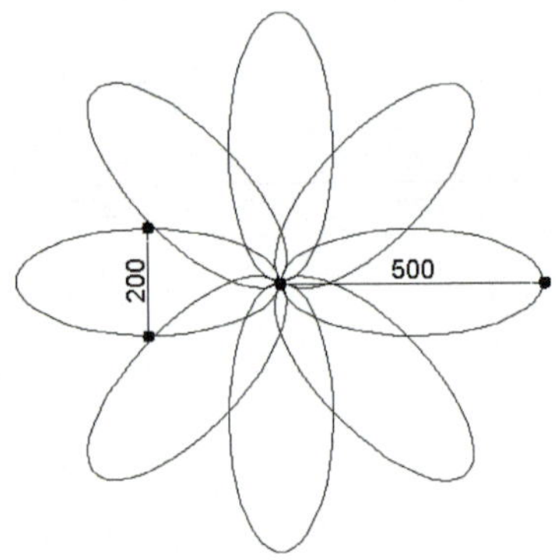

꽃 만들기

장축의 길이 1000, 단축의 길이 400인 꽃 만들기

[TIP]

* OSNAP을 적절히 이용한다.
* 타원도 원이므로 중심점, 사분점이 있다.

RECTANG(직사각형)

<table>
<tr><td colspan="2">RECTANG(직사각형)</td><td rowspan="5">-사각형을 그리는 명령
</td></tr>
<tr><td>아이콘</td><td>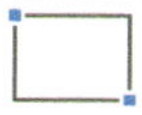</td></tr>
<tr><td>메뉴</td><td>그리기 → 직사각형</td></tr>
<tr><td>명령행</td><td>RECTANG</td></tr>
<tr><td>단축키</td><td>REC</td></tr>
</table>

-대각선으로 두 개의 구석 지점을 지정하여 폴리선의 특성을 갖는 직사각형을 그린다.

-RECTANG(사각형)은 Polyline(연속된 직선)이므로 Line화 할 경우 EXPLODE 명령을 이용하여 분해하면 된다.

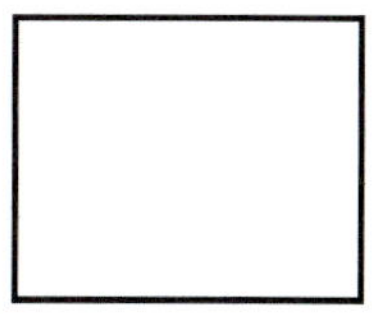

RECTANG 명령을 실행하여 마우스로 P1을 선택한다. 이 때 P1을 선택하는 방법은 임의의 위치를 선택하거나 위치가 지정된 곳은 OSANP으로 정확하게 지정하거나 좌표값으로 입력한다. P2의 위치 지정도 마찬가지 방법을 이용하면 된다.

명령 : REC Enter↵
첫 번째 구석점 지정 또는 [모따기(C)/고도(E)/모깎기(F)/두께(T)/폭(W)]: 다른 구석점 지정 또는 [영역(A)/치수(D)/회전(R)]:
① 첫 번째 구석점 지정 : **(첫번째 모서리점 지정-임의의 점이나 좌표값으로)** 도면영역에서 직사각형의 첫 번째 구석점을 지정 또는 좌표 값을 입력한다. ② 다른 구석점 지정 : **(두번째 모서리점 지정-임의의 점이나 좌표값으로)** 도면영역에서 직사각형의 정대각 구석점을 지정 또는 좌표 값을 입력한다.

옵션
① 모따기(C) : 직사각형의 모따기 값을 지정한다. ② 고도(E) : 직사각형의 고도(위치) 값을 지정한다. 기본값은 0.0입니다. ③ 모깎기(F) : 직사각형의 모깎기 값을 지정한다. ④ 두께(T) : 직사각형의 두께(높이) 값을 지정한다. 기본값은 0입니다. ⑤ 폭(W) : 직사각형의 폭을 지정한다. ⑥ 영역(A) : ⑦ 치수(D) : ⑧ 회전(R) :

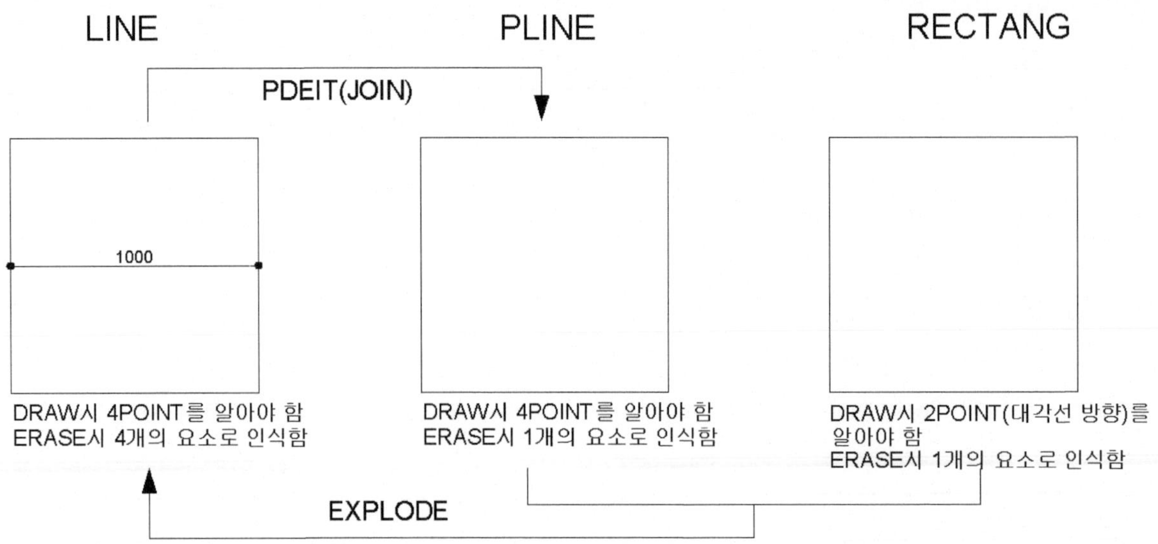

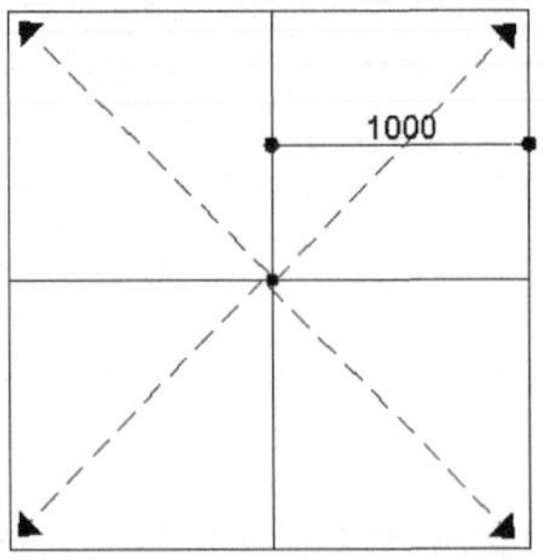

[TIP]

* RECTANG은 반드시 상대좌표로 그립니다.
* @ 의 의미를 잊지 않았겠죠?
(가장 마지막에 그린 POINT-좌표입니다.)

HATCH(해치)

<table>
<tr><td colspan="2">HATCH(해치)</td><td rowspan="5">-닫힌 영역이나 선택한 객체를 해치 패턴, 솔리드 채우기 또는 그라데이션 채우기로 채웁니다.
-지정된 Hatch 경계를 빗금이나 무늬 패턴으로 채우는 기능을 가지고 있으며, 재료의 표시를 위하여 사용하는 명령이다.
-해칭이 정확히 되기 위해서는 해치할 영역의 객체들이 정확하게 만나 있어야 한다.</td><td rowspan="5">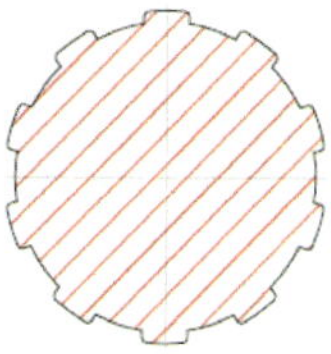</td></tr>
<tr><td>아이콘</td><td>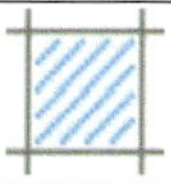</td></tr>
<tr><td>메뉴</td><td>그리기 → 해치</td></tr>
<tr><td>명령행</td><td>HATCH</td></tr>
<tr><td>단축키</td><td>H</td></tr>
</table>

* 닫힌 곡선으로 둘러싸인 영역안을 PICK POINT를 선택한 후 POINTING하여 그 전체 영역을 해칭할 수 있다.
* HATCHING 결과를 미리 볼 수 있는 PREVIEW 기능이 탁월하다.

> 명령: H Enter↵
> 내부 점 선택 또는 [객체 선택(S)/명령 취소(U)/설정(T)]: **(해치작성 탭에서 패턴의 타입 설정, 패턴의 속성 설정한 다음, 해치 경계를 지정합니다.)**

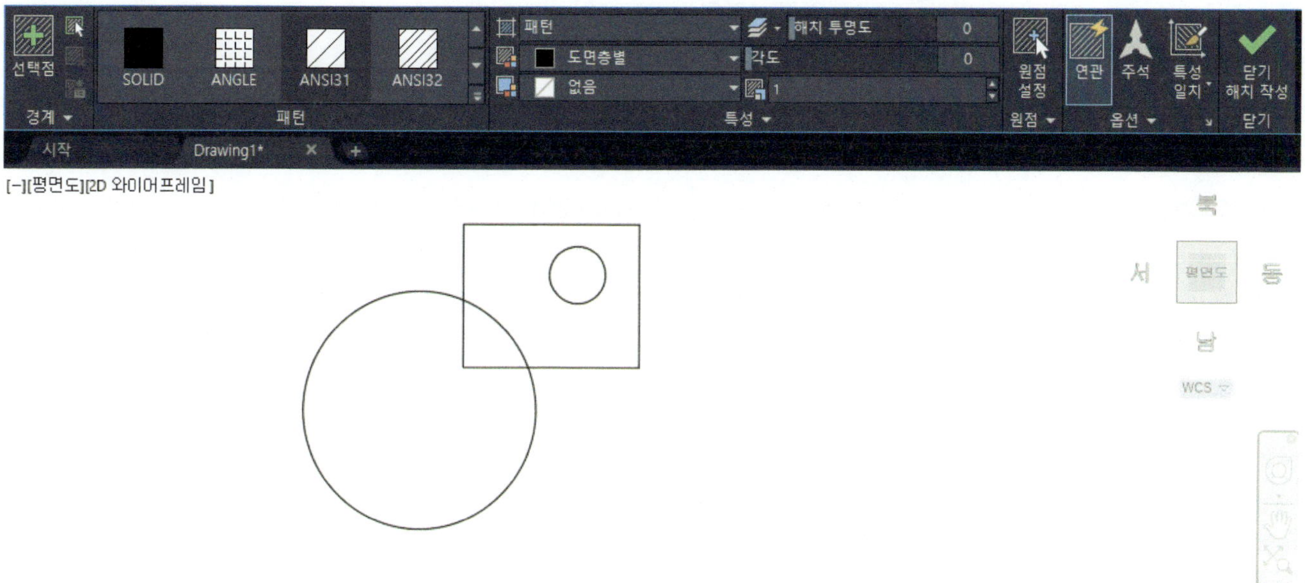

해치 경계 지정 방법
① 내부 점 선택: 객체에 의해 닫힌 영역 내의 한 점을 지정

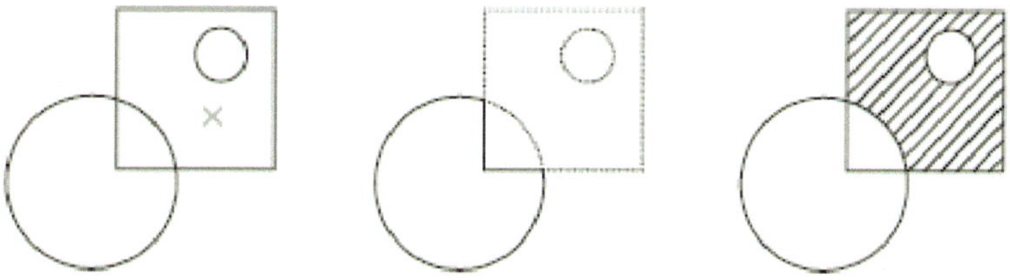

내부점 선택 　　 해치 경계 　　 결과

② 객체 선택(S): 영역을 둘러싸고 있는 객체를 선택

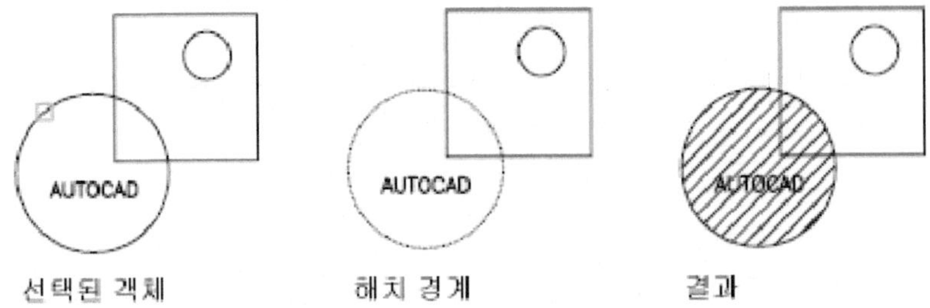

패턴 특성
① 각도
② 축척 : 경험에 의한 조절
③ 점선택 (PICK POINT) : Select internal points라는 메시지에서 hatch하고자 하는 내부 영역의 임의의 점을 pointing한다.
④ 객체 선택 (SELECT OBJECT) : 경계 해치가 여러 겹으로 되어 있거나, ISLAND HATCH를 할 때 사용하는 명령어이다.
⑤ 고급 : 경계 유형을 선정

경계의 고급(ADVANCED OPTIONS) 옵션의 경계 유형 중

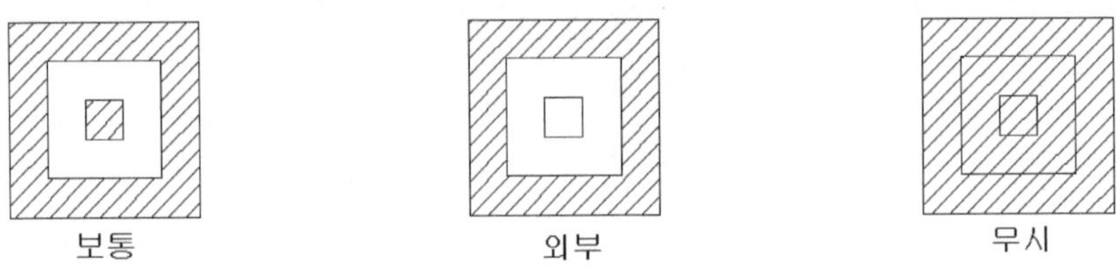

[패턴]

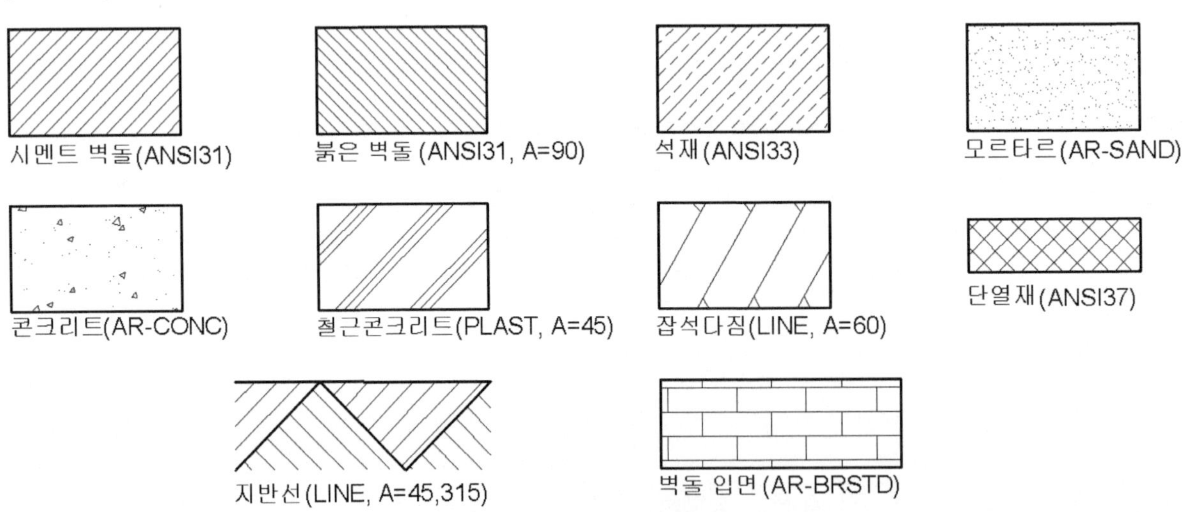

DONUT(도넛)

DONUT(도넛)		-크고 작은 점과 도넛 모양을 그리는 명령 
아이콘		
메뉴	그리기 → 도넛	
명령행	DONUT	
단축키	DO	

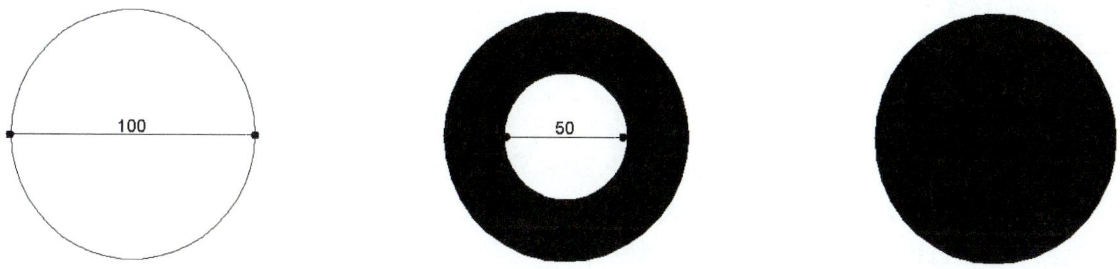

I.D.= O.D.　　I.D.< O.D.　　I.D.= 0, O.D.= 치수

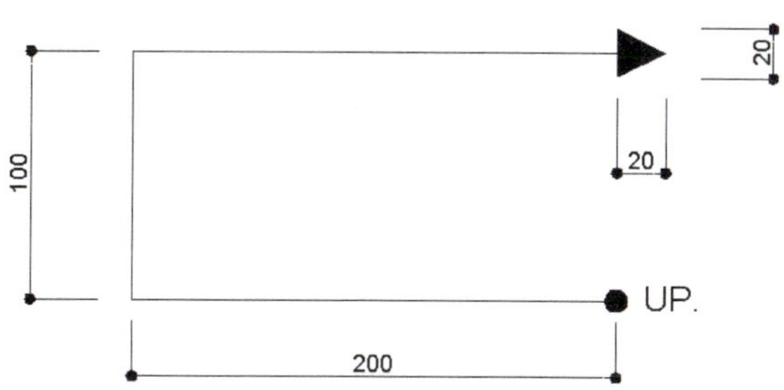

화살표(지시선) 그리기

계단의 오름,내림 표시로 활용하면 어떨까요?

[TIP]

* EXPLODE를 하면 형태가 많이 달라집니다.
* 폭을 준 부분이 보기처럼 채워지지 않으면 FILL의 OFF를 ON으로 바꾼 후 REGEN을 합니다

2.2. 편집 명령

ERASE(지우기)

ERASE(지우기)		-선택한 객체를 삭제
아이콘		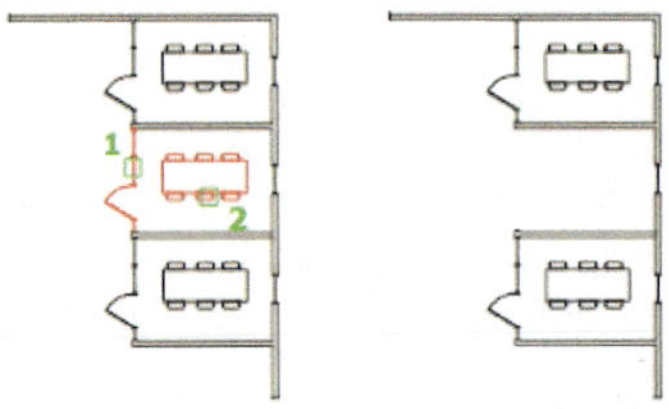
메뉴	수정 → 지우기	
명령행	ERASE	
단축키	E	

명령: E Enter↵
객체 선택 : **(ERASE 할 대상을 선택)**

* SELECT OBJECT 방법(OPTION)

① A POINT : 요소를 하나씩 선택
② BOX : WINDOW BOX - 실선 BOX에 완전히 포함된 요소만 선택
CROSSING BOX - 점선 BOX에 걸치기만 한 요소도 선택
③ FENCE : 울타리를 쳐서 그 울타리에 걸린 요소 모두 선택
④ LAST : 가장 마지막에 그린 요소만 선택
⑤ PREVIOUS : 앞전에 선택한 요소 집합을 선택
⑥ REMOVE : 선택한 요소 중 불필요한 것을 제거하고 싶을 때
⑦ ADD : 제거한 것을 다시 선택하거나 추가하고 싶을 때
⑧ ALL : 도면내의 모든 요소를 선택

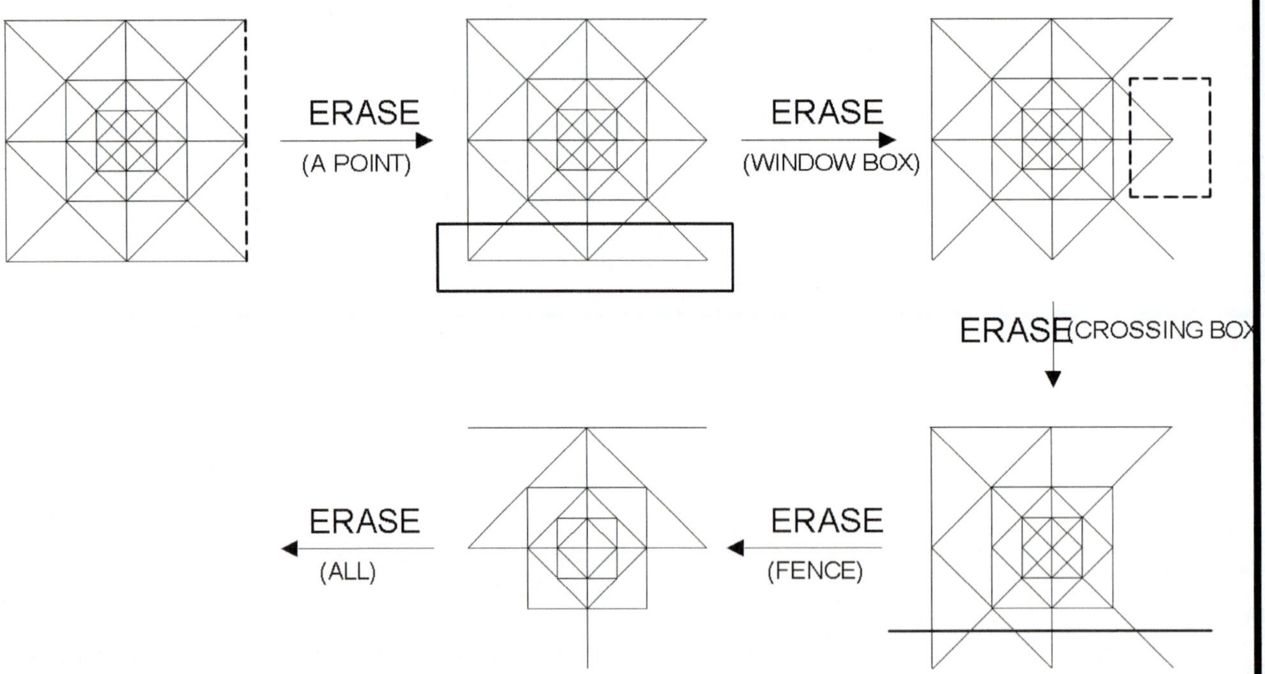

[TIP]
* 잘못지웠다구요? 'U' 로 복귀시켜 보세요!!!
* 'U'한 것을 'REDO' 해보세요!!! 잘못 그려도 걱정할 것이 없죠.

OFFSET(간격띄우기)

OFFSET(간격띄우기)	
아이콘	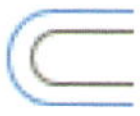
메뉴	수정 → 간격 띄우기
명령행	offset
단축키	O

-선택한 객체를 지정된 간격으로 객체와 평행이동시켜 복사

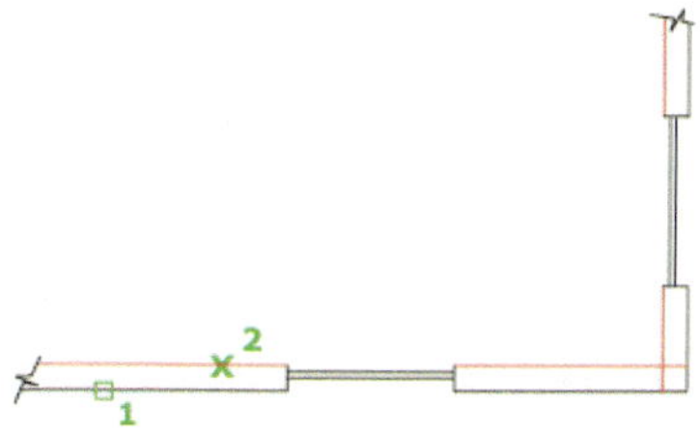

-Offset 명령은 기존의 한 객체로부터 지정된 거리에 또는 지정한 점을 통과하여 새로운 객체를 작성한다.

-Line, Arc, Pline 객체를 원하는 방향으로 거리 값을 지정하여 복사한다. 즉 새로운 객체는 원래의 객체로부터 복사될 뿐만 아니라 일정한 거리를 유지하는 동심원, 평행선 및 평행 곡선을 작성한다. 이때 색상과 선의 종류도 그대로 복사된다.

명령: O Enter↵
간격띄우기 거리 지정 또는 [통과점(T)/지우기(E)/도면층(L)] <통과점>: **(Offset 간격을 지정)**
간격띄우기할 객체 선택 또는 [종료(E)/명령 취소(U)] <종료>: **(Offset 할 대상을 선택)**
통과점 지정 또는 [종료(E)/다중(M)/명령 취소(U)] <종료>: **(Offset 할 방향을 지정)**

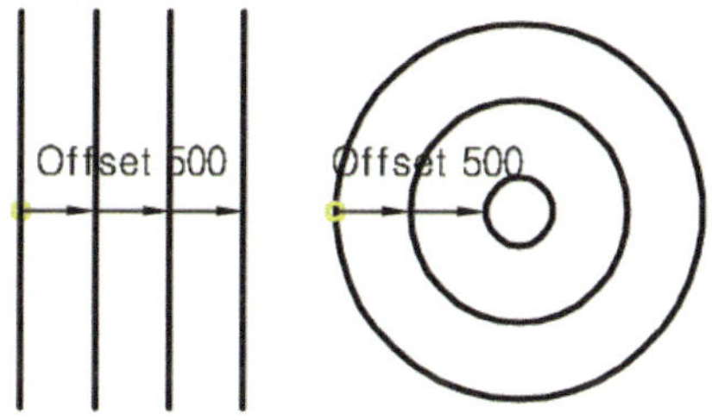

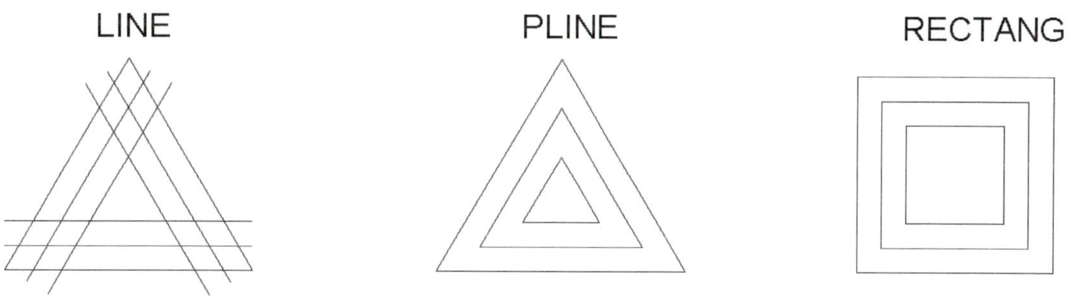

계단 그리기

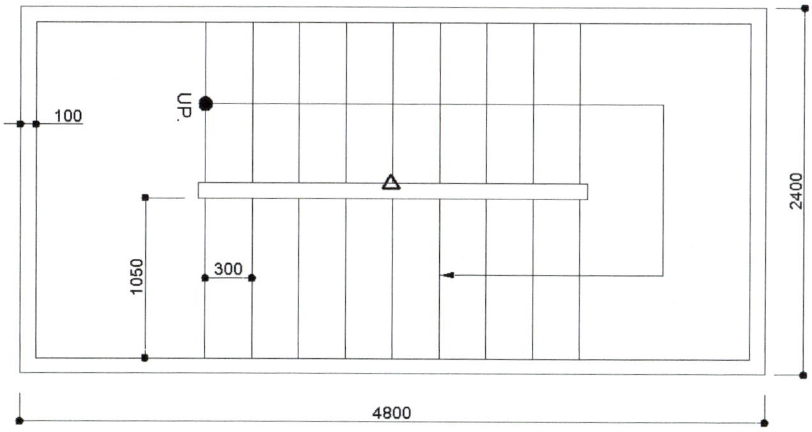

[TIP]

* 사각형은 되도록 RECTANG으로 작업하는 것이 편리하다.
* △을 기준으로 OFFSET으로 작업해 보세요.

TRIM(자르기)

TRIM(자르기)		-선택된 객체를 경계로 하여 객체의 일부를 잘라 낼 때 사용 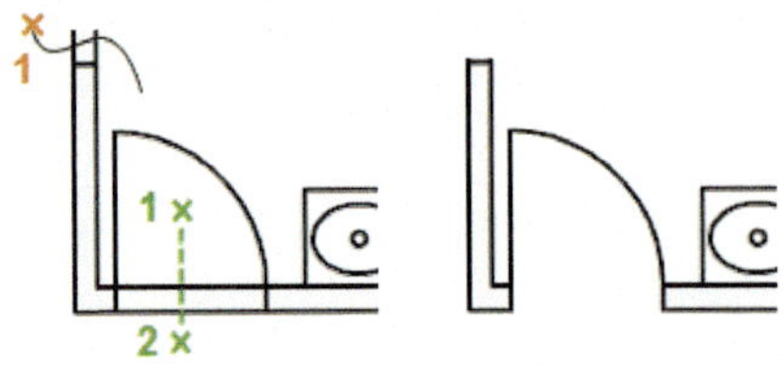
아이콘		
메뉴	수정 → 자르기	
명령행	trim	
단축키	TR	

-객체를 자르려면

1. 경계(절단 모서리로 사용할 객체)를 선택(1,2 선택)합니다.
2. 절단 모서리 선택을 완료하면 Enter 키를 누릅니다. 모든 객체를 경계로 사용하려면 아무 객체도 선택하지 말고 Enter 키를 누릅니다.
3. 그런 다음 자르려는 객체를 선택(3,4 선택)합니다. 자를 객체 선택을 완료하면 Enter 키를 다시 누릅니다.

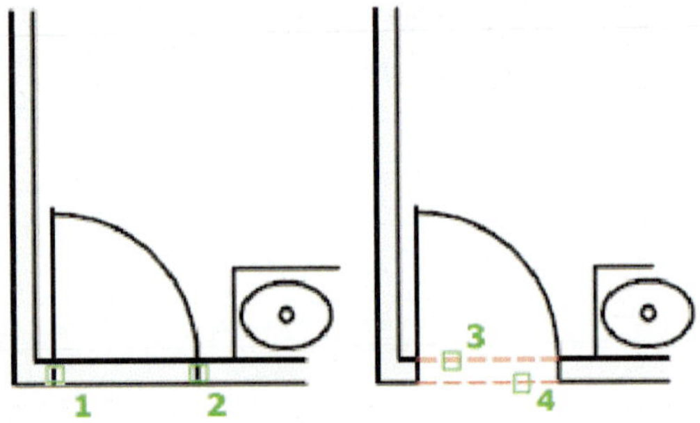

명령: TR Enter↵
현재 설정: 투영=UCS 모서리=없음
절단 모서리 선택 ...
객체 선택 또는 <모두 선택>:
자를 객체 선택 또는 Shift 키를 누른 채 선택하여 연장 또는 [울타리(F)/걸치기(C)/프로젝트(P)/모서리(E)/지우기(R)]:

옵션

① 울타리(F) : 선택 울타리를 교차하는 모든 객체를 선택
② 걸치기(C) : 2개의 점에 의해 정의된 직사각형 영역 내에 포함되거나 이 영역을 교차하는 객체를 선택
③ 프로젝트(P) : Project(투영), 3D 공간, 현재 뷰 방향 지정
④ 모서리(E) : Edge, 가상의 모서리를 만들어 연장하여 TRIM 실행
⑤ 지우기(R) : Undo(명령 취소)

실습도면 1	TRIM

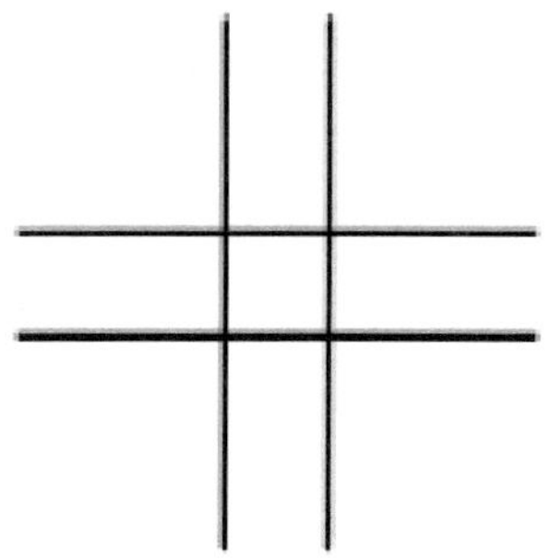

객체 선택

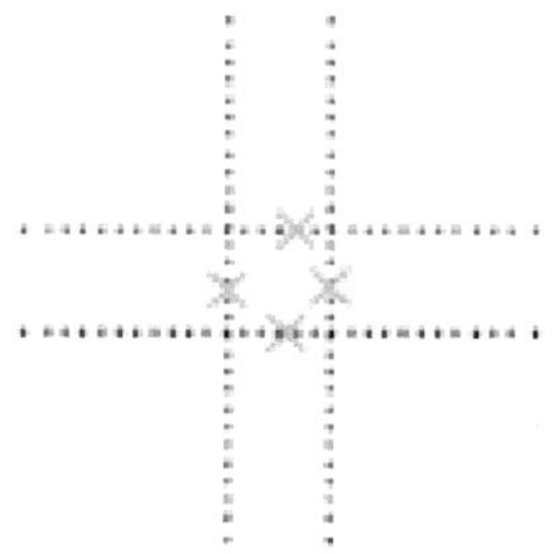

자를 객체 선택

결과

명령: **TR** [Enter↵]
현재 설정: 투영=UCS 모서리=없음
절단 모서리 선택 ...
객체 선택 또는 <모두 선택>: **([Enter↵] 키를 눌러 모든 객체를 선택한다)**
자를 객체 선택 또는 Shift 키를 누른 채 선택하여 연장 또는 [울타리(F)/걸치기(C)/프로젝트(P)/모서리(E)/지우기(R)]: **(자를 객체를 선택한다)** [Enter↵]

MOVE(이동)

MOVE(이동)		-하나 이상의 객체를 이동할 수 있는 명령 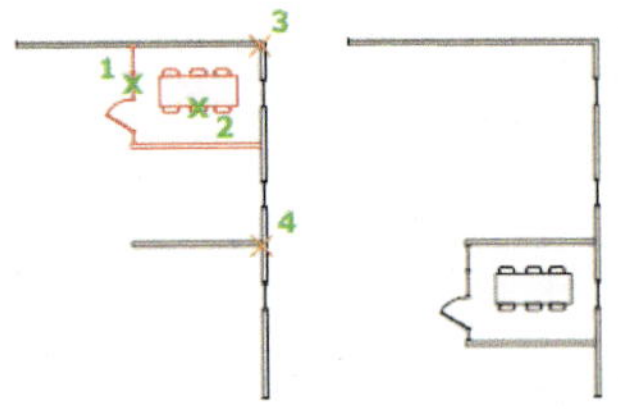
아이콘		
메뉴	수정 → 이동	
명령행	move	
단축키	M	

-객체를 지정된 방향으로 지정된 거리만큼 이동시킨다.

-선택한 객체를 기준점과 두 번째 점을 지정하여 변위만큼 이동할 때 사용한다.

-과정은 Copy 명령과 같으나 결과만 다르다.

명령: **M** Enter↵
객체 선택: **(이동시킬 객체 선택)**
객체 선택: Enter↵
기준점 지정 또는 [변위(D)] <변위>: **(이동할 기준점 P1 지정)**
두 번째 점 지정 또는 <첫 번째 점을 변위로 사용>: **(이동시킬 위치 P2 지정)**

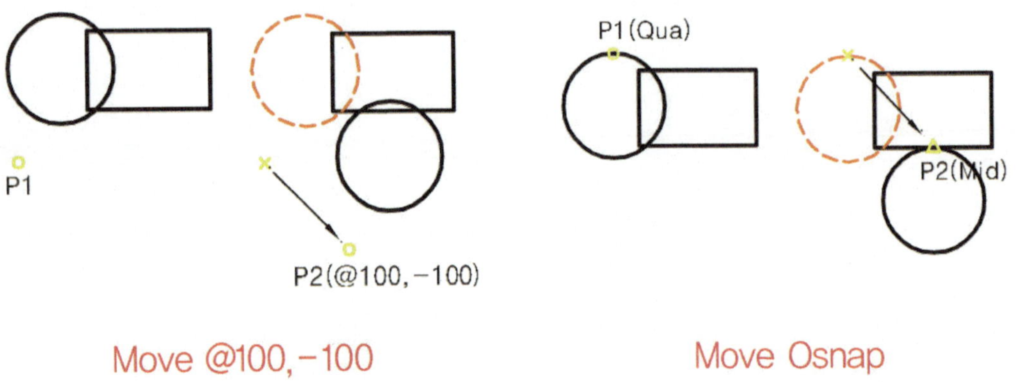

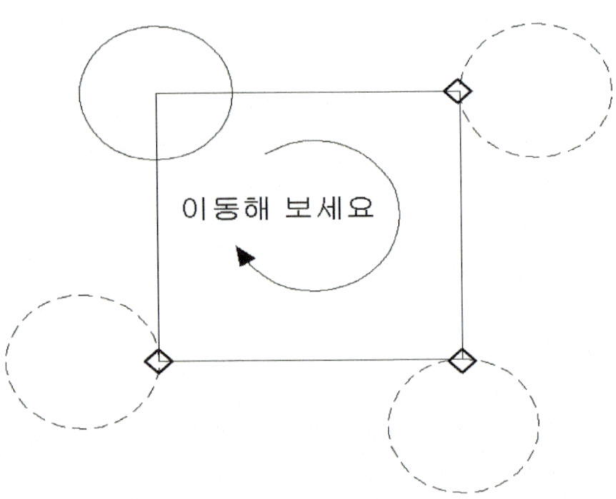

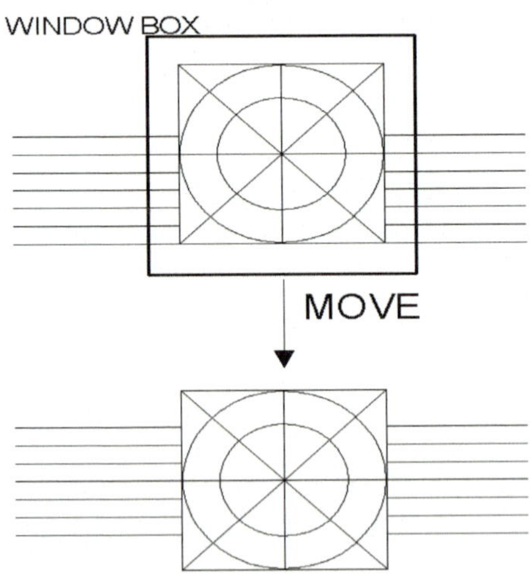

[TIP]

* OSNAP의 사분점(QUA)등을 적절히 이용한다.

* 객체 선택시(select objects) 닫힘 상자로 선택하면 세밀하게 작업할 수 있다.

COPY(복사)

COPY(복사)		-객체를 복사하는 명령 -하나 이상의 객체를 사용자가 원하는 위치로 똑같은 형태로 복사한다. -선택한 객체를 변위만큼 복사할 때 사용한다. -Multiple 옵션을 사용하면 여러 번 복사할 수 있다.	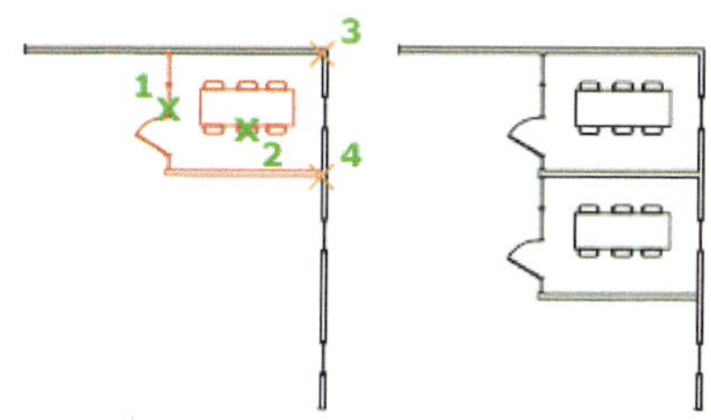
아이콘	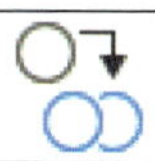		
메뉴	수정 → 복사		
명령행	copy		
단축키	CO 또는 CP		

명령: CO [Enter↵]
객체 선택: **(복사할 객체 선택)**
객체 선택: [Enter↵] **(복사할 객체 선택 끝내기)**
기본점 지정 또는 [변위(D)/모드(O)] <변위>: **(복사하기 위한 기준점 P1 지정)**
두 번째 점 지정 또는 [배열(A)] <첫 번째 점을 변위로 사용>: **(복사시킬 위치 P2 지정)**

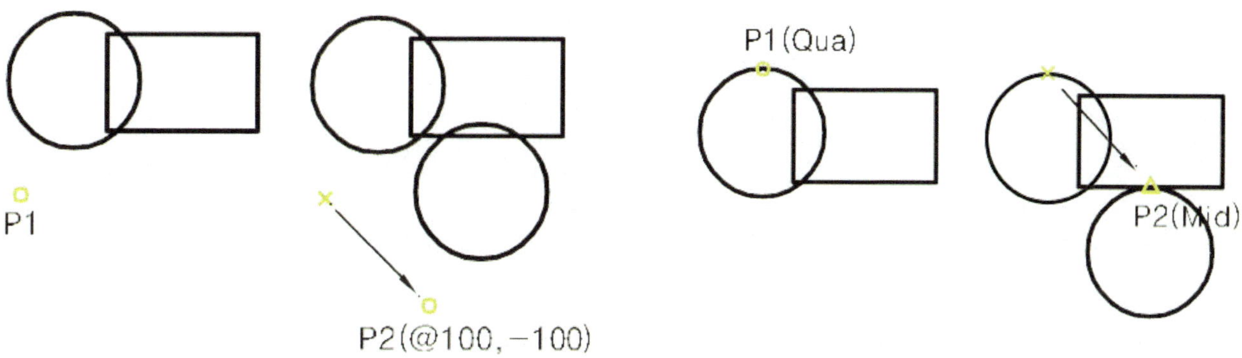

COPY 옵션 대화상자

Copy명령어는 작업화면에서 객체를 선택한 후 마우스 오른쪽 버튼을 누르면 Copy를 포함한 다양한 명령어를 선택할 수 있다.

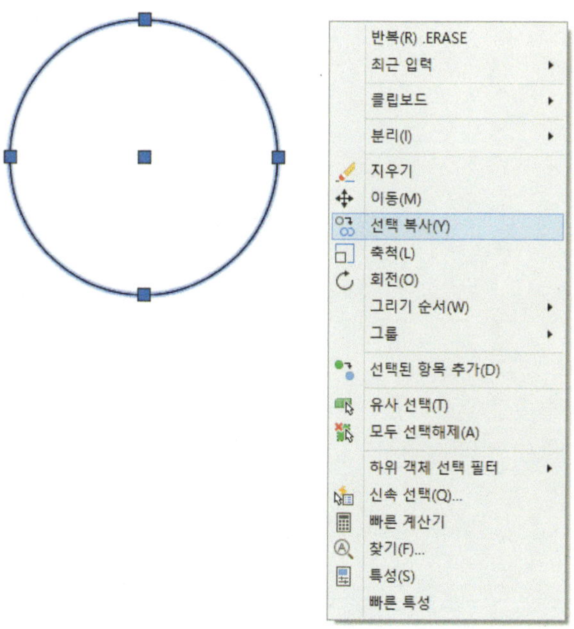

PEDIT(폴리선 편집)

PEDIT(폴리선 편집)		-Polyline의 특성(결합, 두께 등)을 변경
아이콘		
메뉴	수정 → 폴리선 편집	
명령행	PEDIT	
단축키	PE	

- POLYLINE을 수정하는 명령 (POLYLINE이 아닌 것도 POLYLINE으로 만들 수 있음)

```
명령 : PE Enter↵
폴리선 선택 또는 [다중(M)]:
옵션 입력 [닫기(C)/결합(J)/폭(W)/정점 편집(E)/맞춤(F)/스플라인(S)/비곡선화(D)/선종류생성(L)/반전(R)/명령 취소(U)]:
```

옵션
① eXit
② 닫기(C) : Close
③ 결합(J) : Join, PLINE이 아닌 각각의 개별 요소를 연속적인 PLINE으로 변경 시킴
④ 폭(W) : Width
⑤ 정점 편집(E) : Edit vertex (정점 편집) : NEXT/ PREVIOUSE/ BREAK/ INSERT/ MOVE / REGEN / STRAIGHTEN/ TANGENT/ WIDTH/ EXIT<X> :
⑥ 맞춤(F) : Fit, 곡선화
⑦ 스플라인(S) : Spline, FIT보다 완만한 곡선화
⑧ 비곡선화(D) : Decurve, FIT, SPLINE으로 된 곡선을 다시 직선화 시킴
⑨ 선종류생성(L) : Ltype gen
⑩ 명령 취소(U) : Undo

EXPLODE(분해)

EXPLODE(분해)		- 복합객체를 분해
아이콘		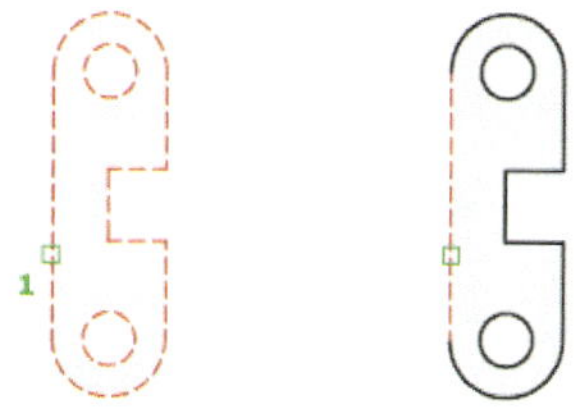
메뉴	수정 → 분해	
명령행	EXPLODE	
단축키	X	

- MLINE, PLINE, RECTANG, POLYGON,, DIM등을 각각의 요소로 분해하는 명령

명령 : X Enter↵
객체 선택:

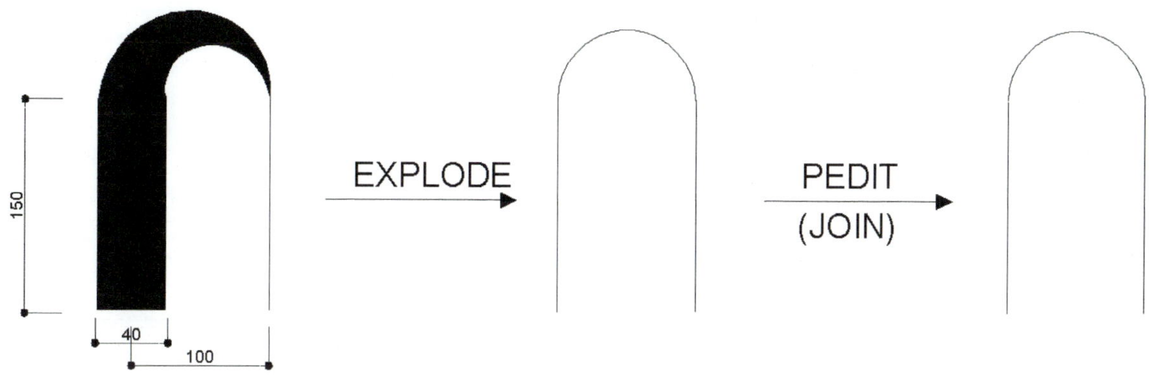

ERASE = 1개의 요소로 선택   ERASE = 3개의 요소로 선택   ERASE = 1개의 요소로 선택

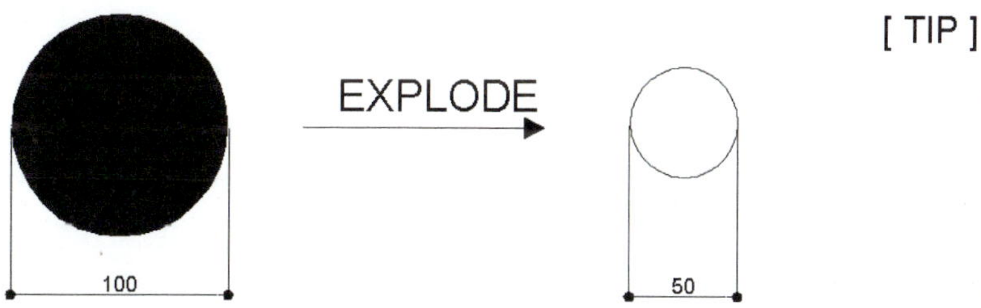

ERASE = 1개의 요소로 선택   ERASE = 2개의 요소로 선택

[TIP]

* 한번 분해(EXPLODE)한 것은 다시 원래대로 복구하기가 어려우므로 신중히 선택하여 실행한다.
* 물론 잘못 그린것은 'U' 로 명령어를 무효화할 수도 있다.

EXTEND(연장)

<table>
<tr><td colspan="2">EXTEND(연장)</td><td rowspan="5">-선택된 객체를 경계까지 객체의 끝점을 연장할 때 사용
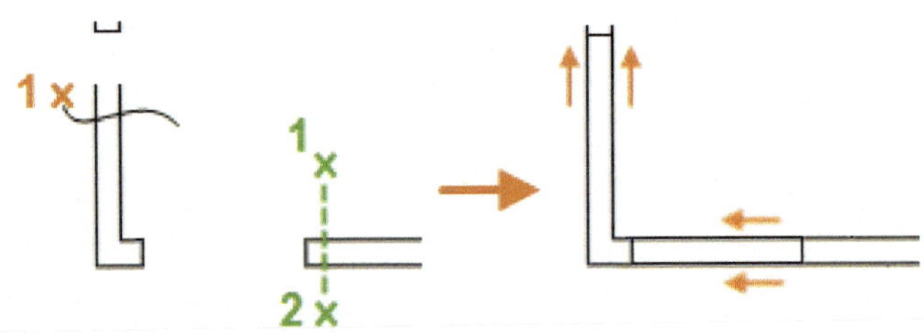</td></tr>
<tr><td>아이콘</td><td></td></tr>
<tr><td>메뉴</td><td>수정 → 연장</td></tr>
<tr><td>명령행</td><td>extend</td></tr>
<tr><td>단축키</td><td>EX</td></tr>
</table>

- 어떠한 경계 요소를 기준으로 필요한 요소를 연장해 주는 명령

명령 : EX Enter↵
객체 선택 또는 <모두 선택>: (**연장되어야 될 기준 요소 선택**)
연장할 객체 선택 또는 Shift 키를 누른 채 선택하여 자르기 또는
[울타리(F)/걸치기(C)/프로젝트(P)/모서리(E)]:

옵션
① 경계 객체 선택 : 객체를 연장하려는 경계 모서리를 선택
② 연장할 객체 선택 : 연장될 요소 선택
③ 울타리(F) : 선택 울타리를 교차하는 모든 객체를 선택
④ 걸치기(C) : 2개의 점에 의해 정의된 직사각형 영역 내에 포함되거나 이 영역을 교차하는 객체를 선택
⑤ 프로젝트(P) : Project(투영), 3D 공간, 현재 뷰 방향 지정
⑥ 모서리(E) : Edge, 가상의 모서리를 만들어 연장하여 TRIM 실행

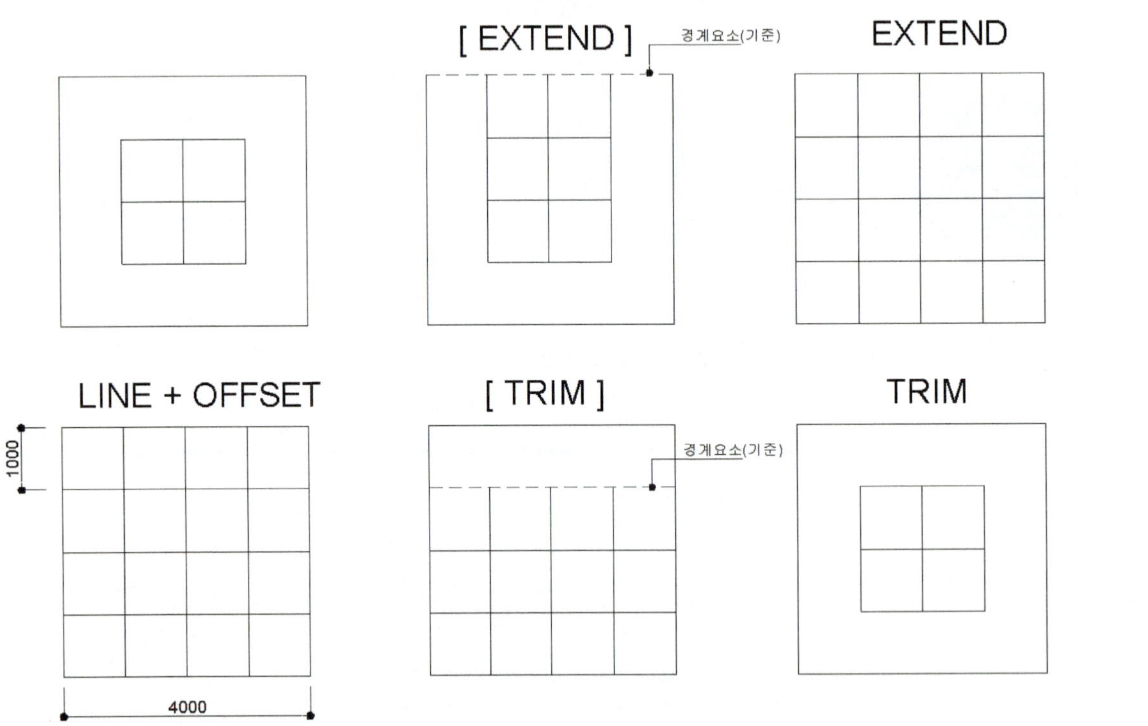

[TIP]

EXTEND과 TRIM은 상반되는 개념이므로 오작된 것을 서로 보완할 수 있다.

STRETCH(신축)

STRETCH(신축)		-선택 윈도우에 걸쳐 있는 객체를 늘이거나 줄일 때 사용한다. 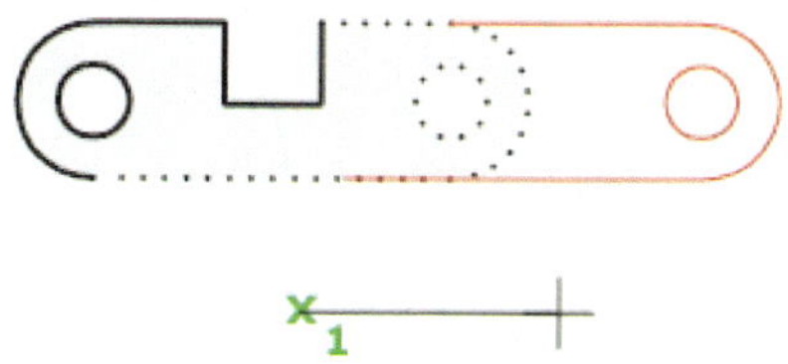
아이콘	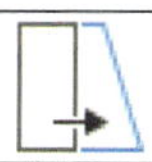	
메뉴	수정 → 신축	
명령행	stretch	
단축키	S	

- 도면의 일부를 원하는 위치 혹은 원하는 값만큼 늘이거나 줄이는 명령

> 명령 : S Enter↵
> 걸침 윈도우 또는 걸침 폴리곤만큼 신축할 객체 선택...
> 객체 선택: **(반드시 crossing box로 선택하여야 한다.)**

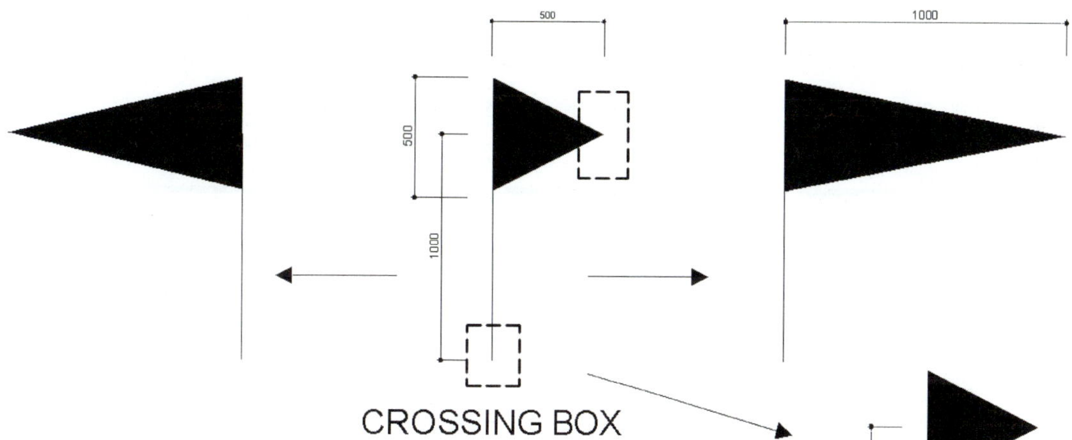

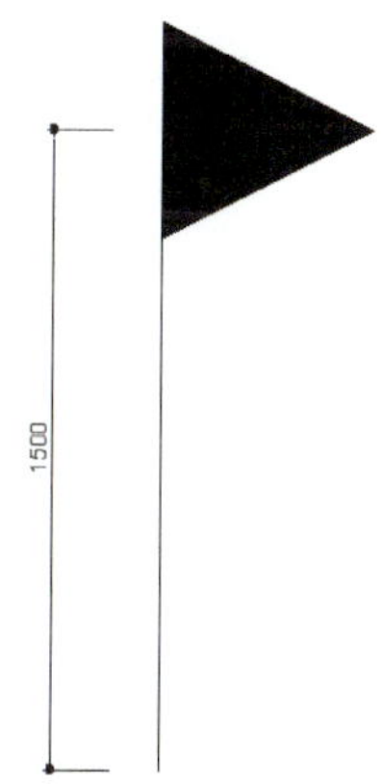

[TIP]

* 객체 선택시 반드시 걸침다각형(CROSSING BOX)으로 선택해야만 BOX 안에 완전히 포함된 것은 이동되고 걸친 것은 크기가 줄거나 늘어난다.
* F8(직교)을 ON시키고 작업하는 것이 형태가 찌그러지지 않는다.

FILLET(모깍기)

<table>
<tr><td colspan="2">FILLET(모깍기)</td><td rowspan="5">-선택된 두 개의 직선이나 곡선의 모서리를 지정된 반지름을 가진 호로 모깍기
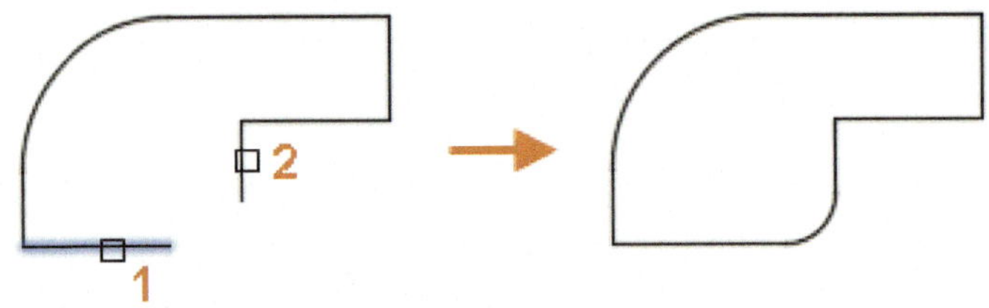</td></tr>
<tr><td>아이콘</td><td>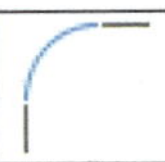</td></tr>
<tr><td>메뉴</td><td>수정 → 모깍기</td></tr>
<tr><td>명령행</td><td>fillet</td></tr>
<tr><td>단축키</td><td>F</td></tr>
<tr><td colspan="3">- 요소간의 일정한 반경을 가지고 모서리를 라운딩하는 명령</td></tr>
</table>

명령 : F Enter↵
현재 설정: 모드 = 자르기, 반지름 = 0.0000
첫 번째 객체 선택 또는 [명령 취소(U)/폴리선(P)/반지름(R)/자르기(T)/다중(M)]:

옵션
① 첫 번째 객체 선택 : Select first object, 반지름이 0인 반경으로 됨
② 폴리선(P) : Polyline, polyline은 동시에 fillet 가능
③ 반지름(R) : Radious, 반지름을 변경 (r=0이면 직각으로 형성)
④ 자르기(T) : Trim, fillet된 나머지를 자르지 않고 남길 수 있음
⑤ 다중(M) : 객체 세트 두 개 이상을 둥글게 깎을 수 있다.

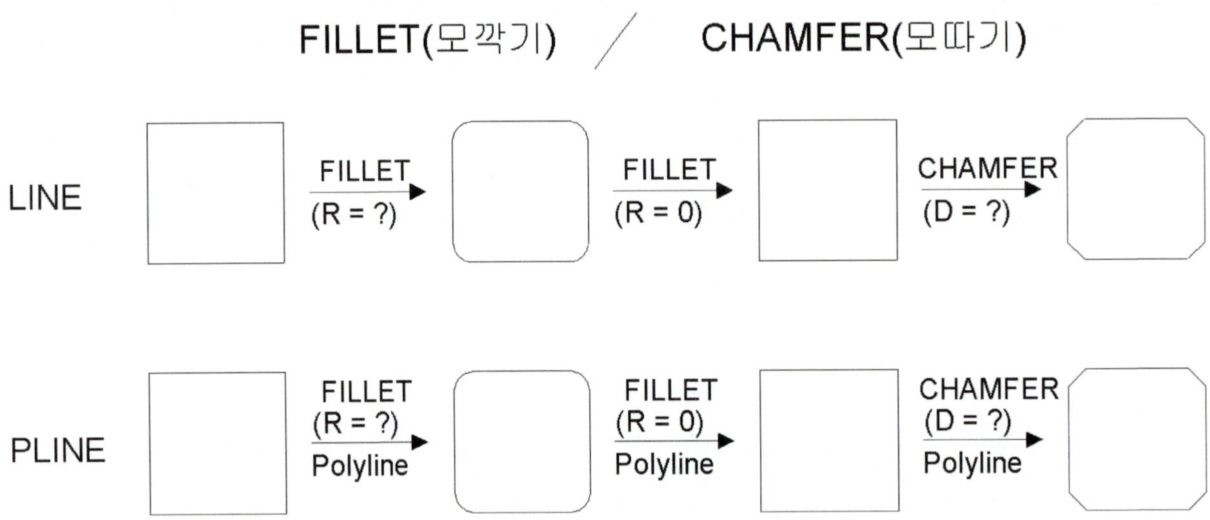

[TIP]
* LINE으로 작업한 것은 모서리 갯수 만큼의 FILLET/CHAMFER 작업이 필요하지만 PLINE으로 작업한 것은 POLYLINE으로서 한 번의 작업으로 FILLET/CHAMFER 가 된다

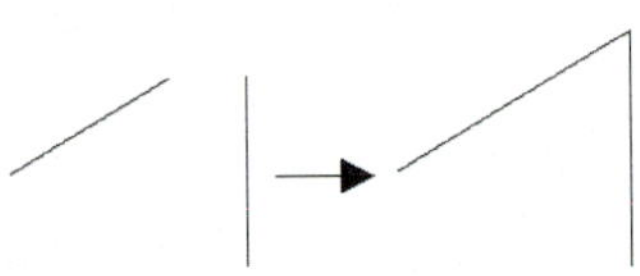

* 옆의 그림의 모서리를 딱 맞추기 위해서는 EXTEND와 TRIM으로도 작업할 수 있지만 FILLET의 반지름을 0으로 해서 모서리를 간편하게 마무리할 수 있다.

BREAK(끊기)

<table>
<tr><td colspan="2">BREAK(끊기)</td><td rowspan="5">-선택한 객체를 두 점 사이에서 끊기

</td></tr>
<tr><td>아이콘</td><td>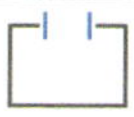</td></tr>
<tr><td>메뉴</td><td>수정 → 끊기</td></tr>
<tr><td>명령행</td><td>BREAK</td></tr>
<tr><td>단축키</td><td>BR</td></tr>
<tr><td colspan="3">- LINE 등의 일부분을 지운다.

명령 : BR Enter↵
객체 선택:
두 번째 끊기점을 지정 또는 [첫 번째 점(F)]:</td></tr>
</table>

ROTATE(회전)

<table>
<tr><td colspan="2">ROTATE(회전)</td><td rowspan="5">-선택한 객체를 기준점을 중심으로 지정된 각도로 회전
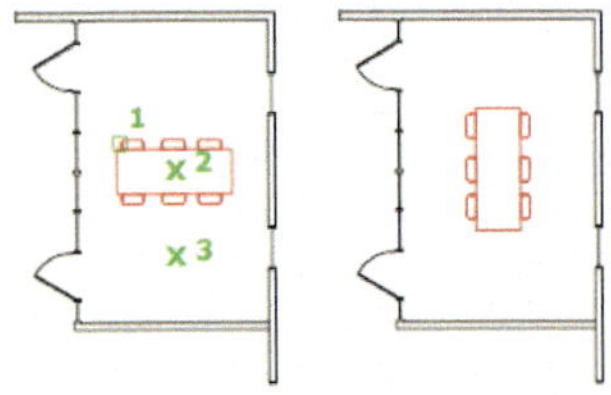</td></tr>
<tr><td>아이콘</td><td>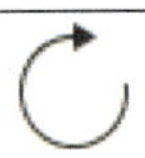</td></tr>
<tr><td>메뉴</td><td>수정 → 회전</td></tr>
<tr><td>명령행</td><td>rotate</td></tr>
<tr><td>단축키</td><td>RO</td></tr>
</table>

-기본값에 의해 정회전은 반시계 방향으로 회전한다.

-Reference (참조) 옵션을 사용하여 시작 각도를 사용자가 재정의할 수 있다.

명령: RO Enter↵
객체 선택: **(객체를 선택한다)**
객체 선택: Enter↵
기준점 지정: **(기준점 P0을 선택한다)**
회전 각도 지정 또는 [복사(C)/참조(R)] <0>: **(회전각도를 지정한다)**

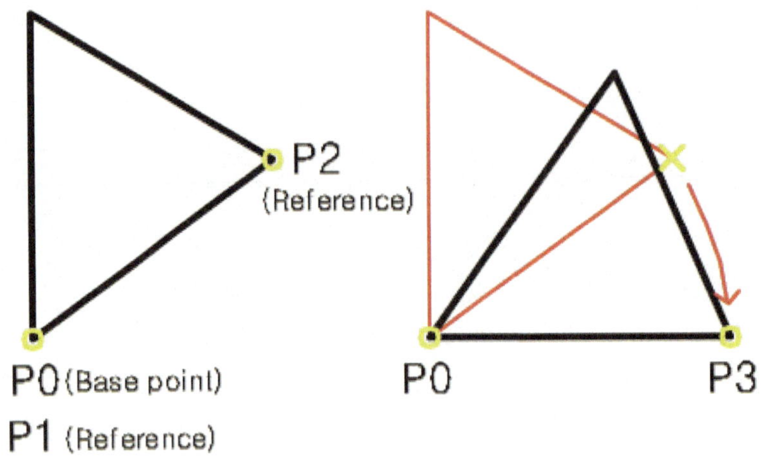

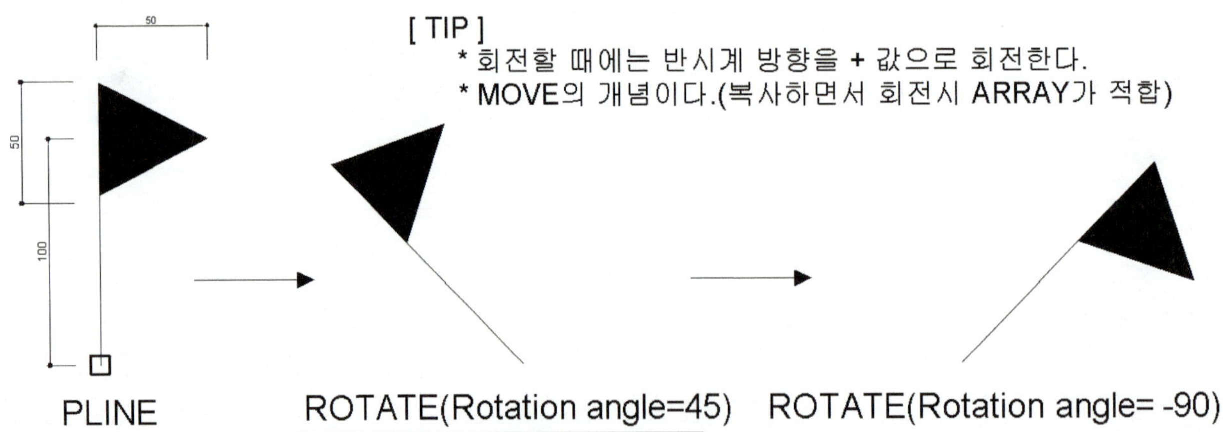

SCALE(축척)

SCALE(축척)		-선택한 객체를 기준점을 중심으로 축소 또는 확대
아이콘		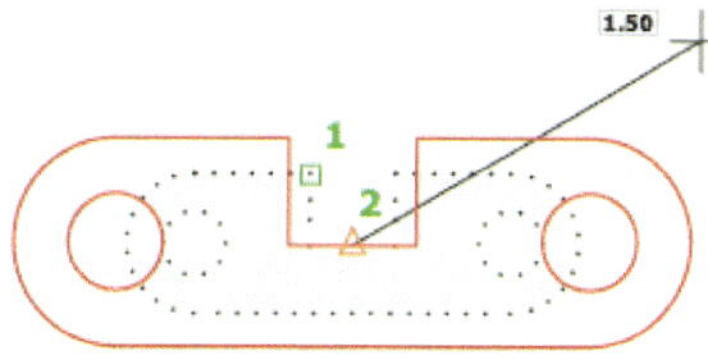
메뉴	수정 → 축척	
명령행	scale	
단축키	SC	

-선택한 객체를 사용자가 지정한 기준점을 중심으로 X축, Y축 방향으로 동일하게 축소시키거나 확대

-Reference (참조) 옵션을 사용하여 기준 길이를 사용자가 재정의할 수 있다.

명령: SC Enter↵

객체 선택: **(객체를 선택한다)**

객체 선택: Enter↵

기준점 지정: **(기준점 P0를 선택한다)**

축척 비율 지정 또는 [복사(C)/참조(R)]: **(비율을 지정한다)**

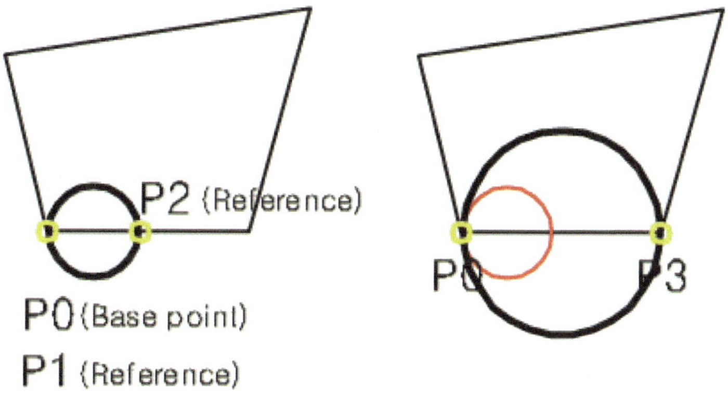

[TIP]

* 요소의 모든 부분이 같은 배율로 늘거나 준다.

MIRROR(대칭)		-선택한 객체를 두 점으로 지정된 대칭선(Mirror line)을 기준으로 반사시켜 대칭 복사 또는 대칭 이동하는 명령 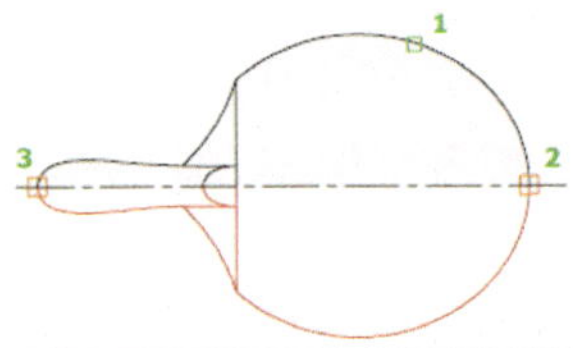
아이콘		
메뉴	수정 → 대칭	
명령행	mirror	
단축키	MI	

-문자나 속성(Attribute)은 거울에 반사된 것처럼 글자가 뒤집힌다. 이때, mirrtext의 시스템 변수 값을 0으로 설정하면 글자는 대칭되지 않는다.

명령: MI Enter↵

객체 선택: **(mirror할 객체 선택)**

객체 선택: Enter↵

대칭선의 첫 번째 점 지정: **(대칭선 첫 번째 점 P1 지정)**

대칭선의 두 번째 점 지정: **(대칭선 두 번째 점 P2 지정)**

원본 객체를 지우시겠습니까? [예(Y)/아니오(N)] <아니오>: **(원본을 지울지를 묻는다)**

* MIRRTEXT<0> : MIRROR 후 TEXT는 원래대로 쓰여진다.
* MIRRTEXT<1> : MIRROR 후 TEXT는 반사된 형상으로 쓰여진다.

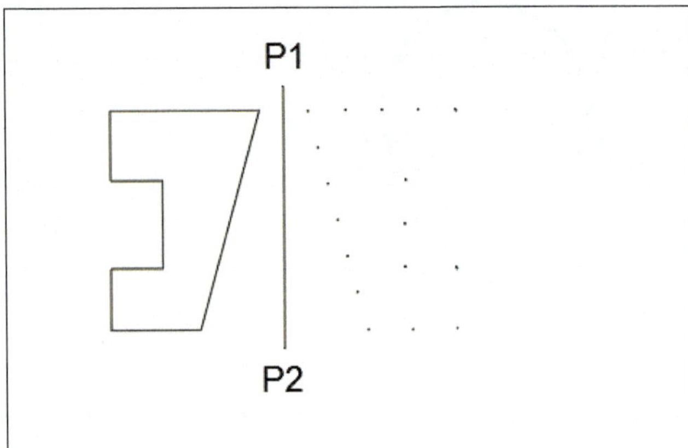	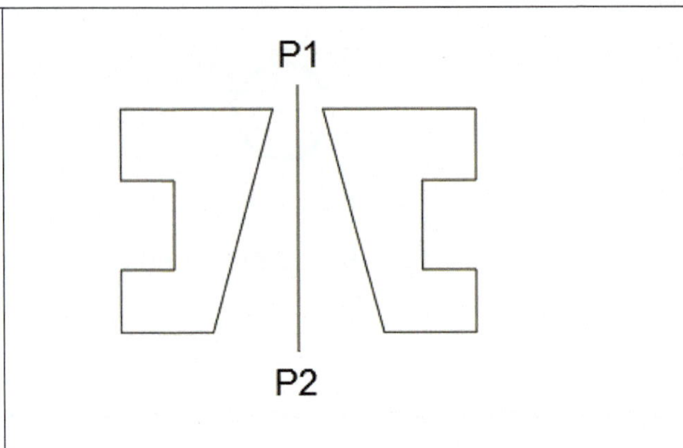
Mirror 실행 전	Mirror 실행 후

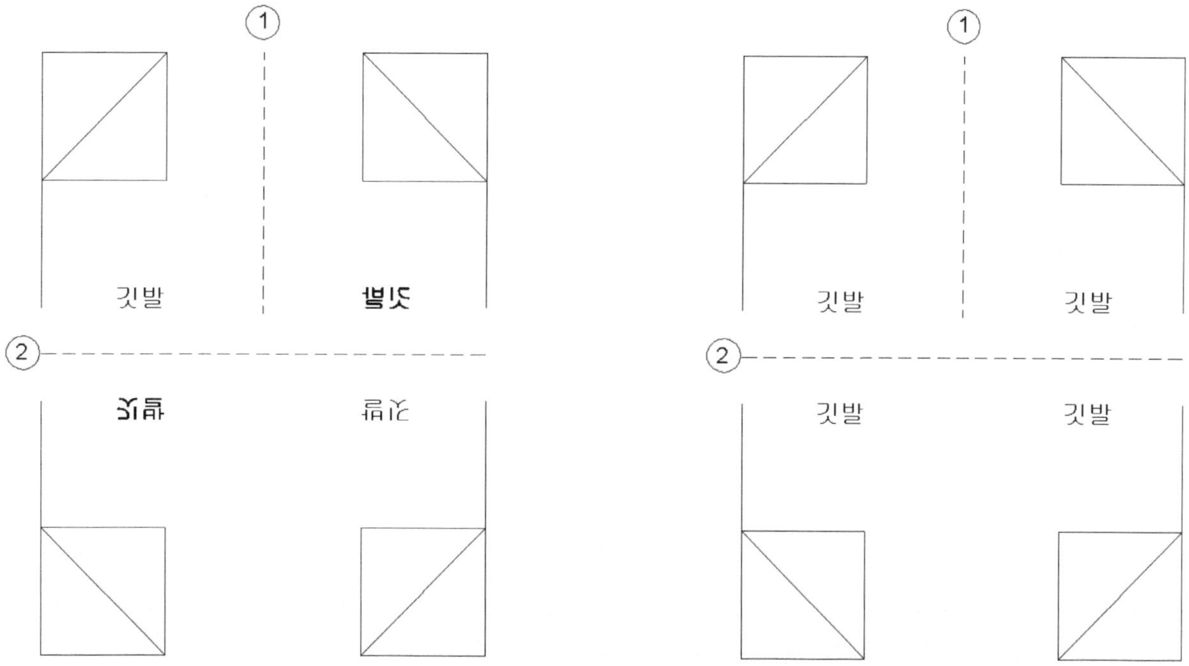

[MIRRTEXT = 1]　　　[MIRRTEXT = 0]

[TIP]
* F8키를 ON한 상태에서 작업하는 것이 유리하다.

ARRAY(배열)

ARRAY(배열)		-선택한 객체를 직교 배열, 원형 배열을 실행할 때 사용한다. -일정한 위치에 원하는 수만큼 일정한 간격으로 복사할 수 있다.
아이콘		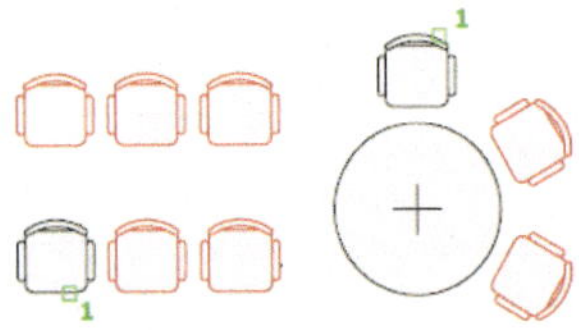
메뉴	수정 → 배열	
명령행	array	
단축키	AR	

- 요소를 사각, 원형으로 다중 복사하는 명령

명령: AR Enter↵
객체 선택: **(객체를 선택한다)**
객체 선택: Enter↵
배열 유형 입력 [직사각형(R)/경로(PA)/원형(PO)] <직사각형>: **(배열 유형 선택, 기본 값은 직교 배열)**

직교 배열

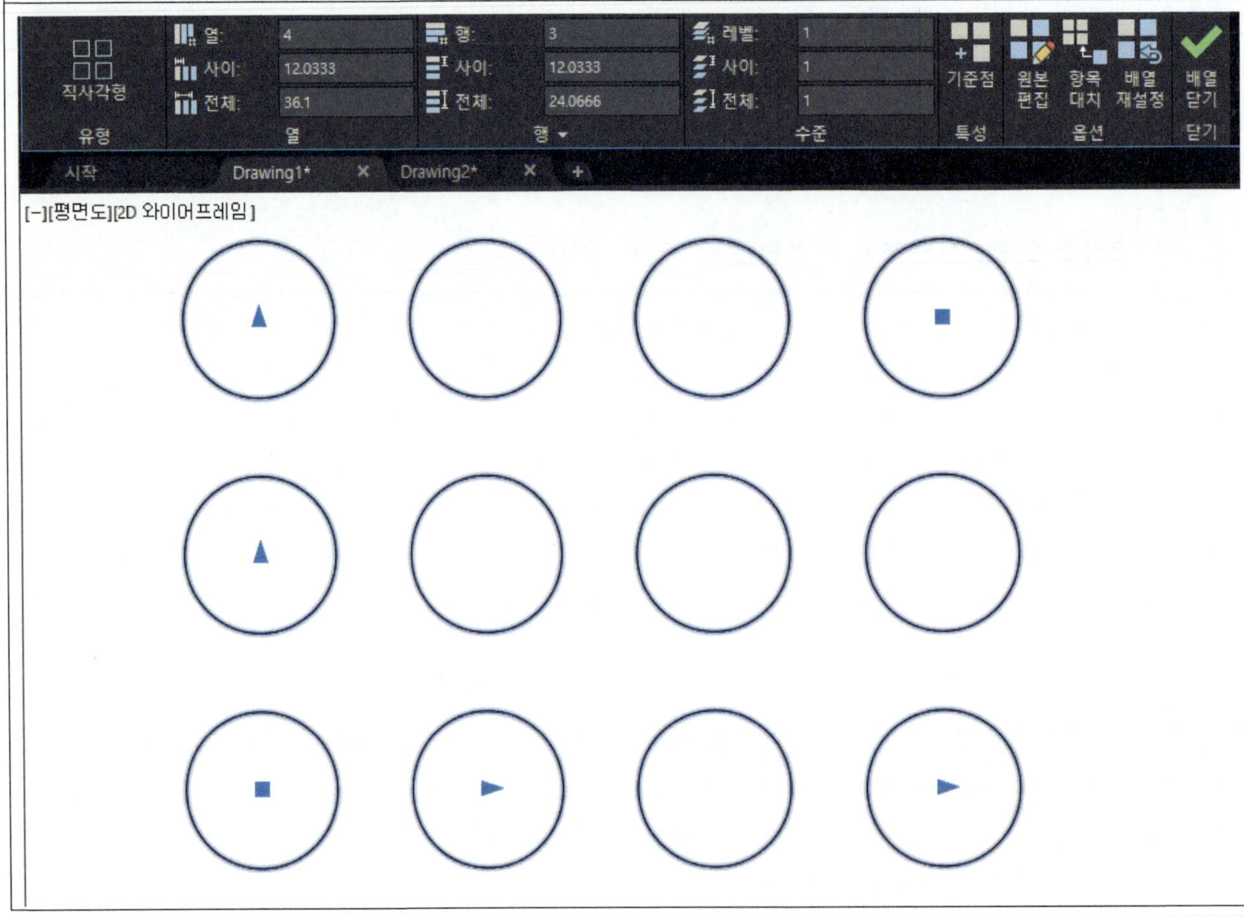

원형 배열

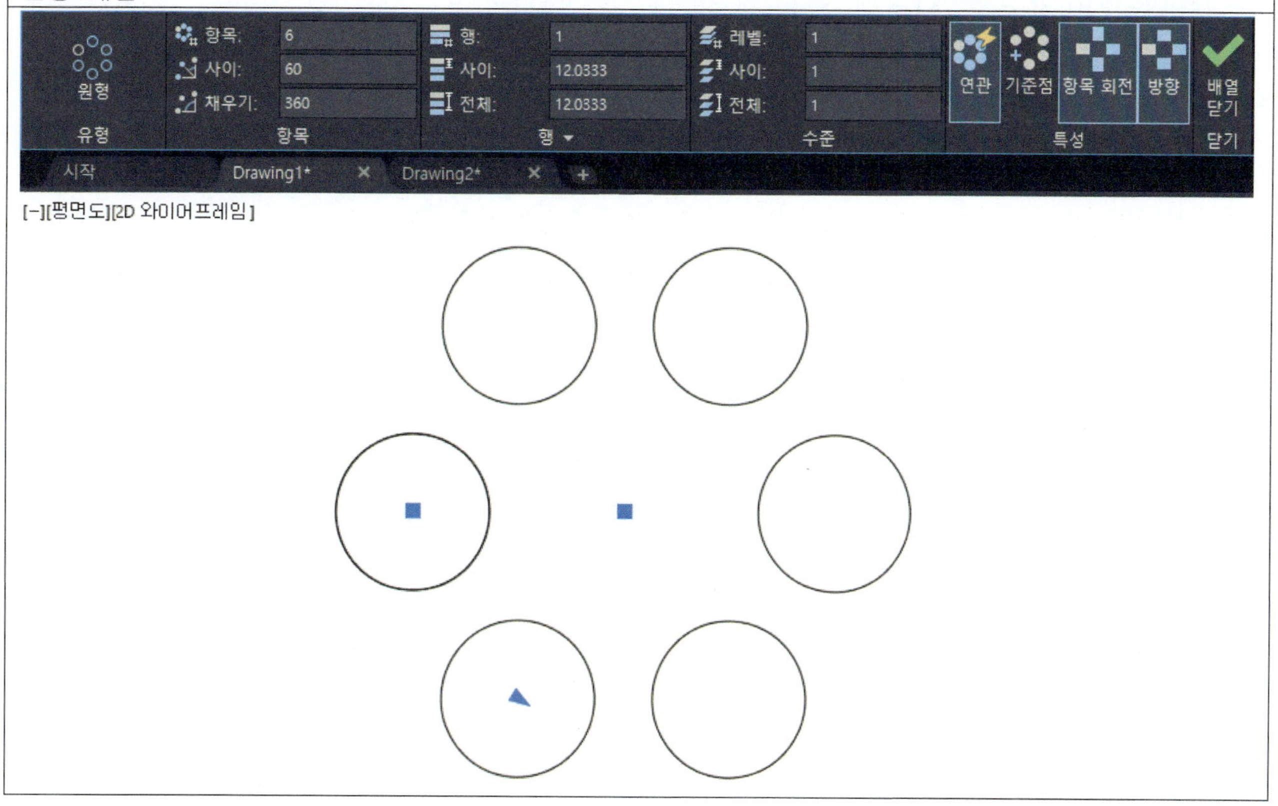

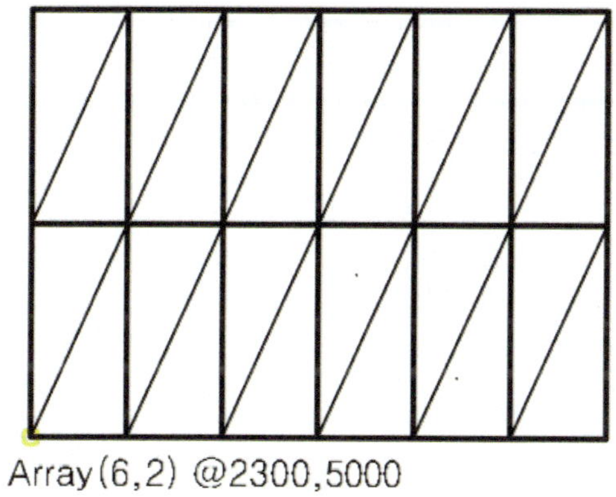

Rectangular Array

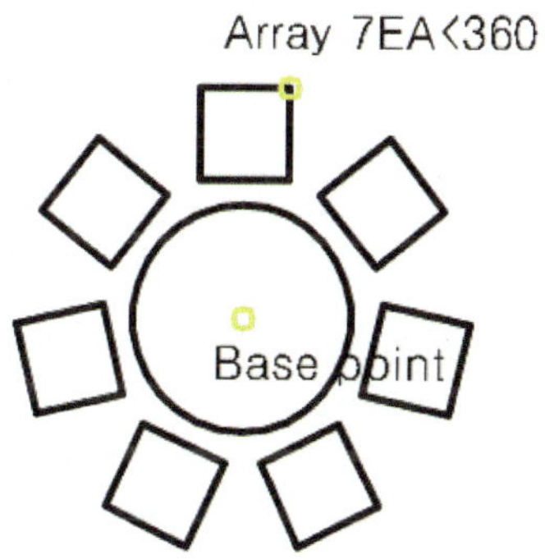

Polar Array

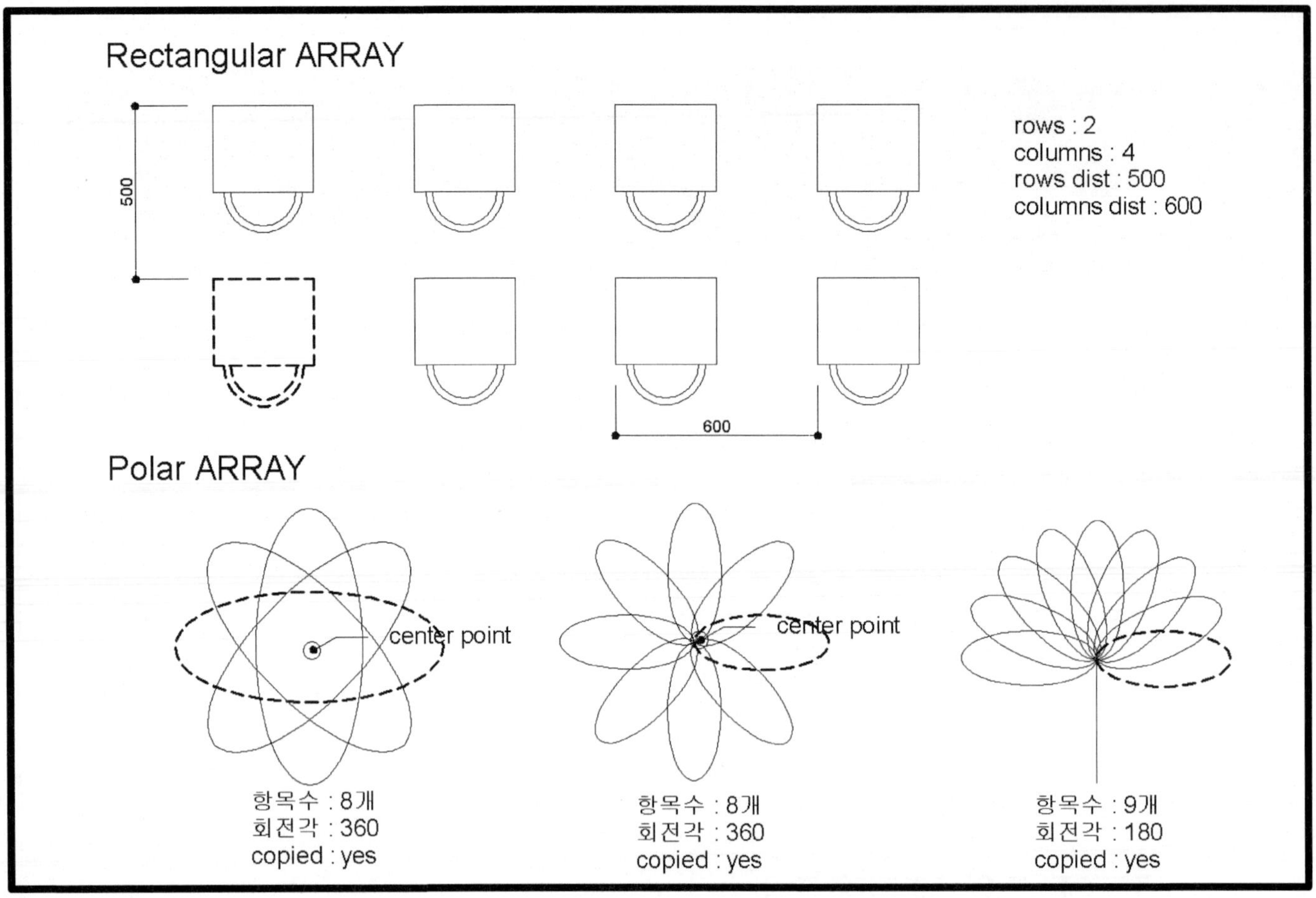
Rectangular ARRAY
500
rows : 2
columns : 4
rows dist : 500
columns dist : 600
600
Polar ARRAY
center point
center point
항목수 : 8개
회전각 : 360
copied : yes
항목수 : 8개
회전각 : 360
copied : yes
항목수 : 9개
회전각 : 180
copied : yes

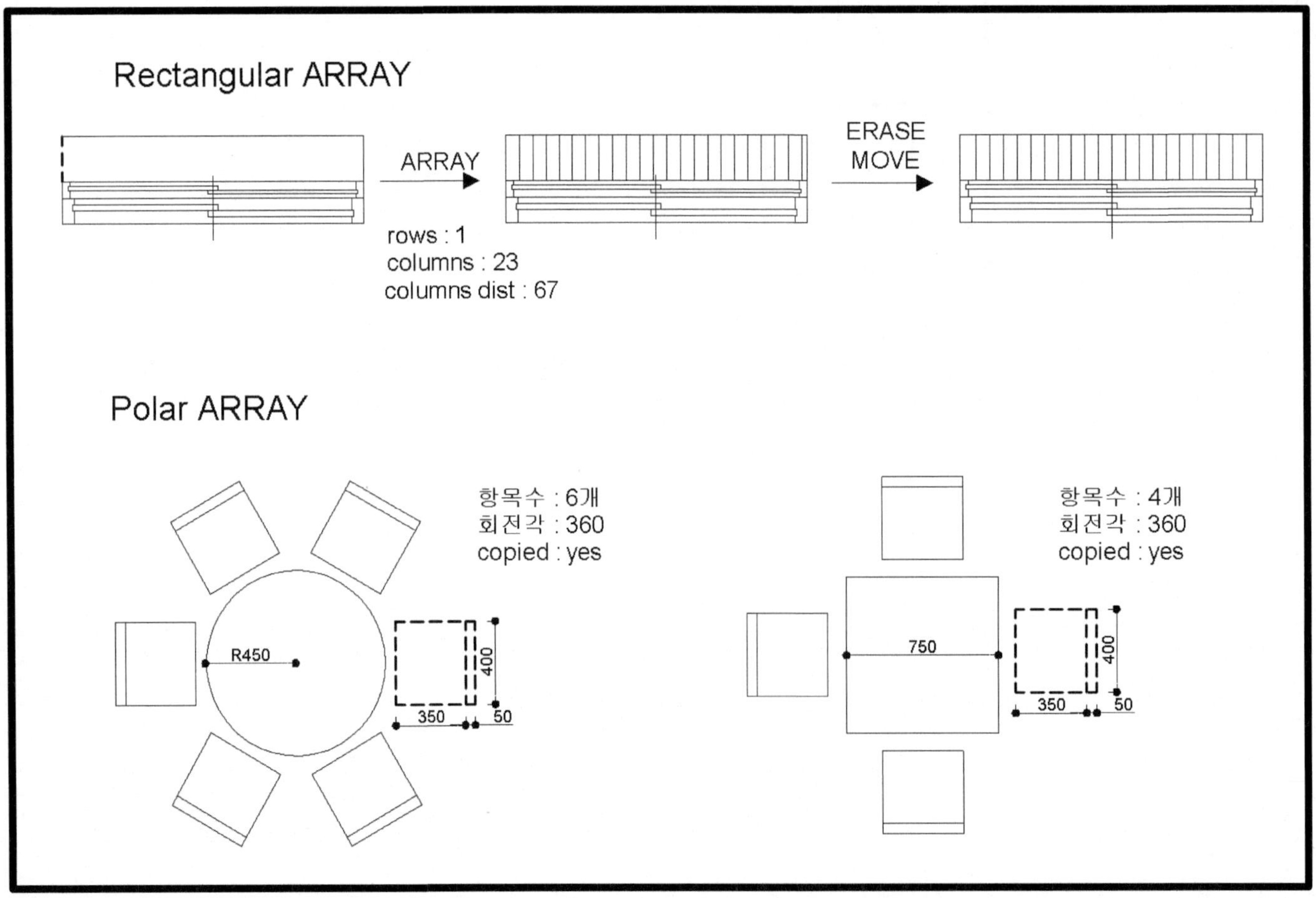
Rectangular ARRAY
ARRAY
ERASE
MOVE
rows : 1
columns : 23
columns dist : 67
Polar ARRAY
항목수 : 6개
회전각 : 360
copied : yes
R450
400
350
50
항목수 : 4개
회전각 : 360
copied : yes
750
400
350
50

CHANGE(바꾸기)		-기존 객체의 특성을 변경
아이콘		
메뉴		
명령행	CHANGE	
단축키	MA	

명령: CHANGE [Enter↵]
객체 선택: **(객체를 선택한다)**
객체 선택: [Enter↵]
변경점 지정 또는 [특성(P)]:

변경점 지정

ⓐ line - 변경점의 가까운 끝점이 변경점으로 이동
F8키를 on 상태로 작동하면 수직, 수평하게 나란히 작도할 수 있다.
ⓑ circle - 원의 중심을 기준으로 반경이 수정
ⓒ text - 문자의 위치 및 문자의 양식, 높이, 회전, 새로운 문자기입이 가능하다.
ⓓ block - 삽입점과, 회전 각도 수정

특성

ⓐ Color - bylayer, byblock, 1(red), 2(yellow), 3(green), 4(cyan), 5(blue), 6(magenta), 7(white) 등 변환
ⓑ Elev - 요소의 3D상의 고도를 변경
ⓒ LAyer - 선택된 요소의 LAYER을 다른 LAYER로 이동
(변경된 LAYER의 색과 선의 종류로 자동 변경)
ⓓ ltScale - 선택 요소의 축적 변경
ⓔ LType - 선택된 요소를 다른 종류의 LINETYPE으로 변경
실선(continuous), 숨은선(hidden), 중심선(acad_iso04w100), 일점쇄선(dashdot)을 사용하되 미리 LINETYPE 명령을 사용하여 해당선의 종류를 올려 놓아야 한다.

> * 실선에서 일점쇄선으로 변경하였으나 화면에 보이기는 계속 실선으로 보이는 경우가 있다. 이런 경우는 축척이 맞지 않는 경우이므로 LTSCALE로 축척을 변경해준다.
>
> 명령 : LTSCALE [Enter↵]
> LTSCALE 새 선종류 축척 비율 입력 <1.0000>: ?

ⓕ Thickness - 요소의 3D상의 두께를 변경

CHANGE

변경점(Change Point)

LINE : 변경점에 가까운 끝점이 변경점으로 이동
CIRCLE : 중심점에서부터 반경 변화
TEXT : 문자의 위치,유형,높이,회전각도,새로운 문자 기입

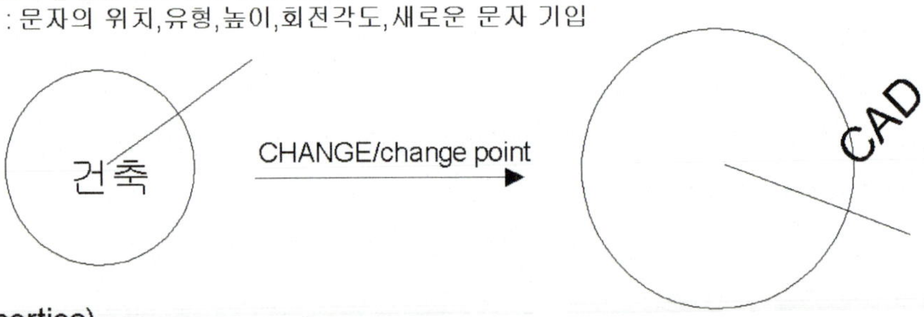

특성(Properties)

COLOR : 1(RED), 2(YELLOW), 3(GREEN), 4(CYAN), 5(BLUE), 6(MAGENTA), 7(WHITE)
ELEV : 3D고도 변경
LAYER : 다른 LAYER로 이동
LTYPE : 선의 종류 변경
LTSCALE : 선의 축척 변경
THICKNESS : 3D 두께 변경

DDCHPROP

MATCHPROP

MATCHPROP(특성일치)

MATCHPROP(특성일치)		-선택한 객체의 특성(색상, 도면층, 선종류, 선종류 축척, 선가중치, 플롯 스타일, 투명도 등)을 다른 객체에 적용
아이콘		
메뉴		
명령행	MATCHPROP	
단축키	MA	

ALIGN(정렬)

ALIGN(정렬)		-선택한 객체를 객체와 정렬
아이콘		
메뉴	수정 → 정렬	
명령행	MATCHPROP	
단축키	MA	

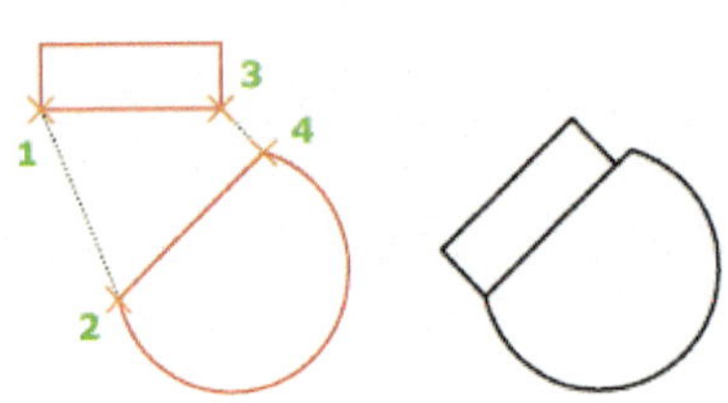

2.2. 문자, 치수 명령

STYLE(문자스타일)

STYLE(문자스타일)		-문자 스타일을 작성, 수정 또는 지정
아이콘		
메뉴	주석 → 문자스타일	
명령행	STYLE	
단축키	ST	

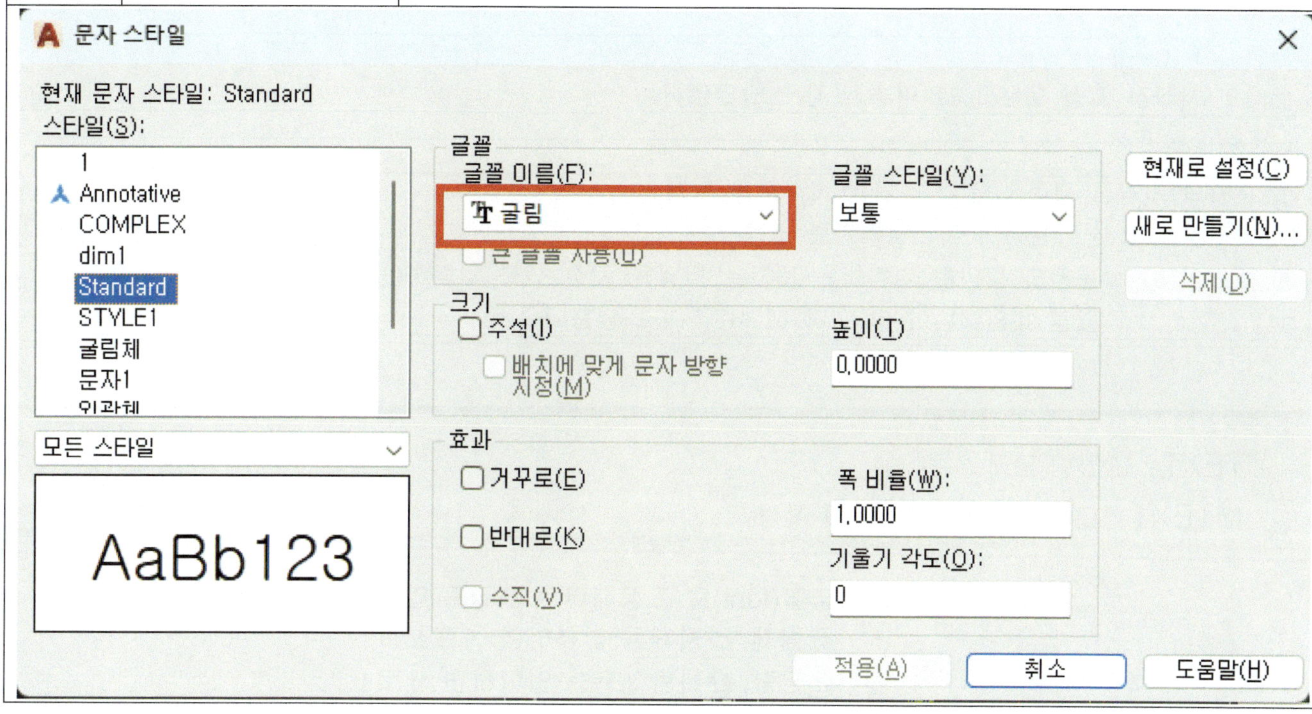

TEXT(문자)

TEXT(문자)		-단일행 문자 작성
아이콘	A	
메뉴	주석 → 문자	
명령행	TEXT	
단축키	T	

- 도면에 문자를 기입할 때 사용하는 명령
- TEXT를 하고자 할 때에는 먼저 문자유형(STYLE)을 정해(SETTING) 놓는 것이 편리하다.
- 수정하고자할 때에는 DDEDIT, CHANGE를 사용한다.

```
명령 : T Enter↵
문자의 시작점 지정 또는 [자리맞추기(J)/스타일(S)]:
```

옵션
① 문자의 시작점 지정 : 문자 객체의 시작점을 지정 ② 자리맞추기(J) : 문자의 자리맞추기를 조정 ③ 스타일(S) : 문자의 모양을 결정하는 문자 스타일을 지정, ?를 입력하면 현재 문자 스타일, 연관된 글꼴 파일, 높이 및 기타 매개변수가 나열됩니다.

TEXT : 단일행 문자

MTEXT : 다중 문자로 단락 문자 작성

????? → STYLE : 글꼴(font)을 조정해야만 한글을 입력할 수 있다.
굴림체, 바탕체등 입력하면 가로쓰기
@굴림, @바탕체등을 입력하면 세로쓰기

건축과 → DDEDIT 건축디자인과 → DDMODIFY 건축과 →

문자만 수정　　　문자, 크기, 색깔등 수정 가능

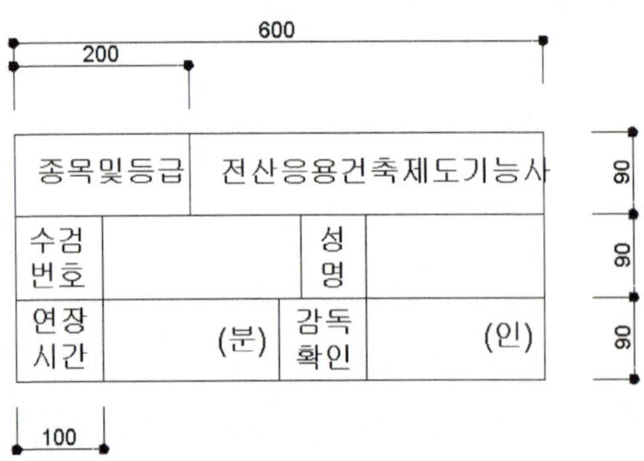

DIMSTYLE(치수스타일)

DIMSTYLE(치수스타일)		-치수 스타일을 작성하고 수정
아이콘	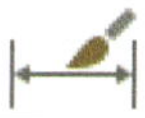	
메뉴	주석 → 치수스타일	
명령행	DIMSTYLE	
단축키	D	

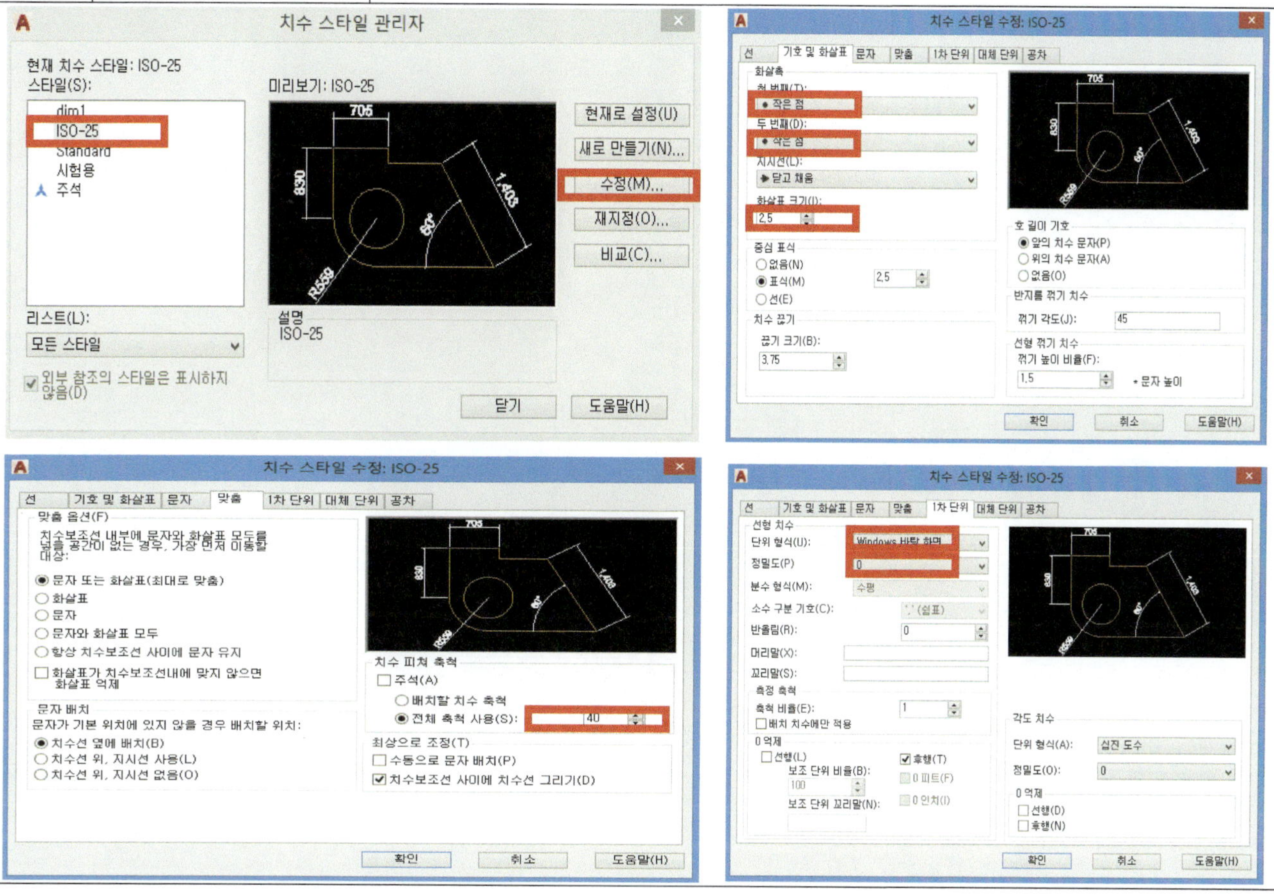

DIMLINEAR(선형)

DIMLINEAR(선형)		-선형 치수를 작성
아이콘	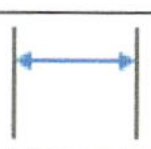	
메뉴	주석 → 선형	
명령행	DIMLINEAR	
단축키	DLI	

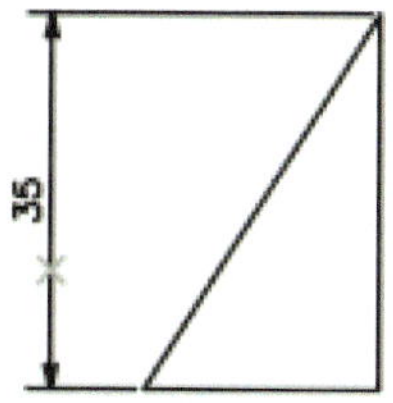

MLEADER(지시선)

<table>
<tr><td colspan="2">MLEADER(지시선)</td><td rowspan="5">-다중 지시선 작성
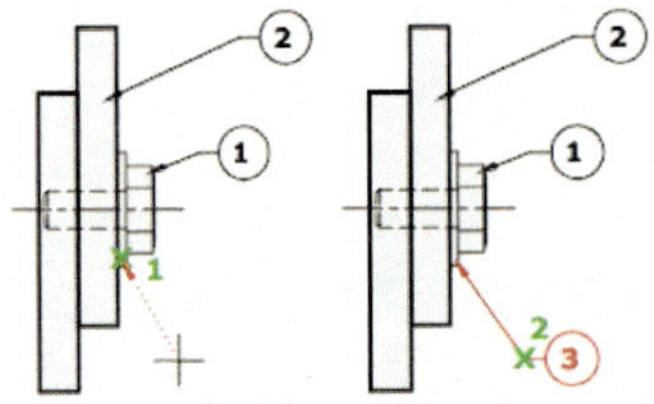</td></tr>
<tr><td>아이콘</td><td></td></tr>
<tr><td>메뉴</td><td>주석 → 지시선</td></tr>
<tr><td>명령행</td><td>QLEADER</td></tr>
<tr><td>단축키</td><td>LE</td></tr>
</table>

Chapter

3

평면도 작성에 필요한 도면요소

Chapter 3. 평면도 작성에 필요한 도면요소

3.1. 벽체 그리기

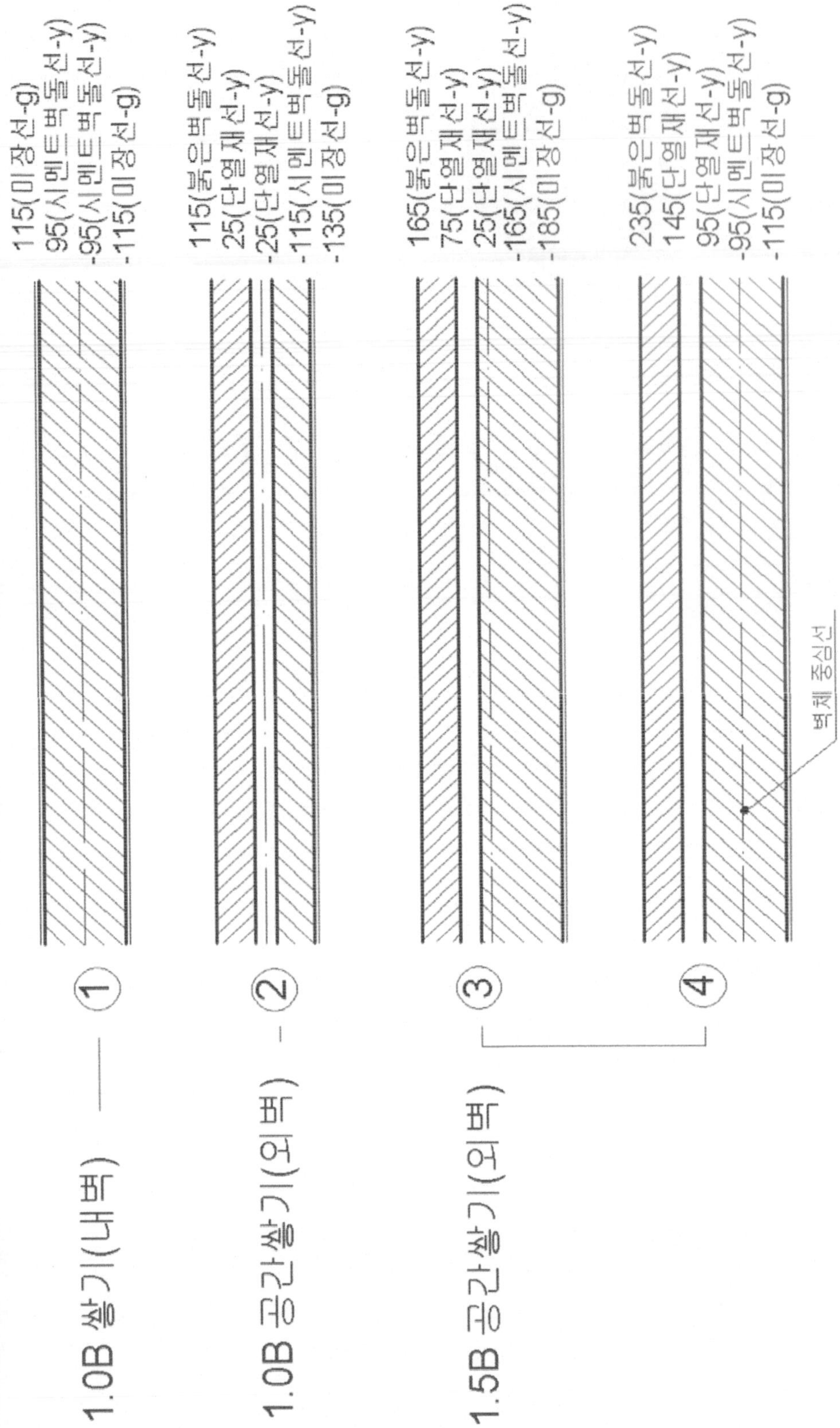

[TIP]
* 먼저 벽체의 중심선을 그린다.(LINE)
* MLSTYLE로 각각의 유형을 설정한다.(1:1.0B쌓기, 2:1.0B공간쌓기, 3,4:1.5B공간쌓기)
* MLINE으로 벽체 중심선을 기준으로 벽체를 그린다.
(정렬:Zero, 축척 :1, 유형:1or2or3)

3.2. 창호 그리기 - 창문(1500,2400,3000), 문(800,900,1000)

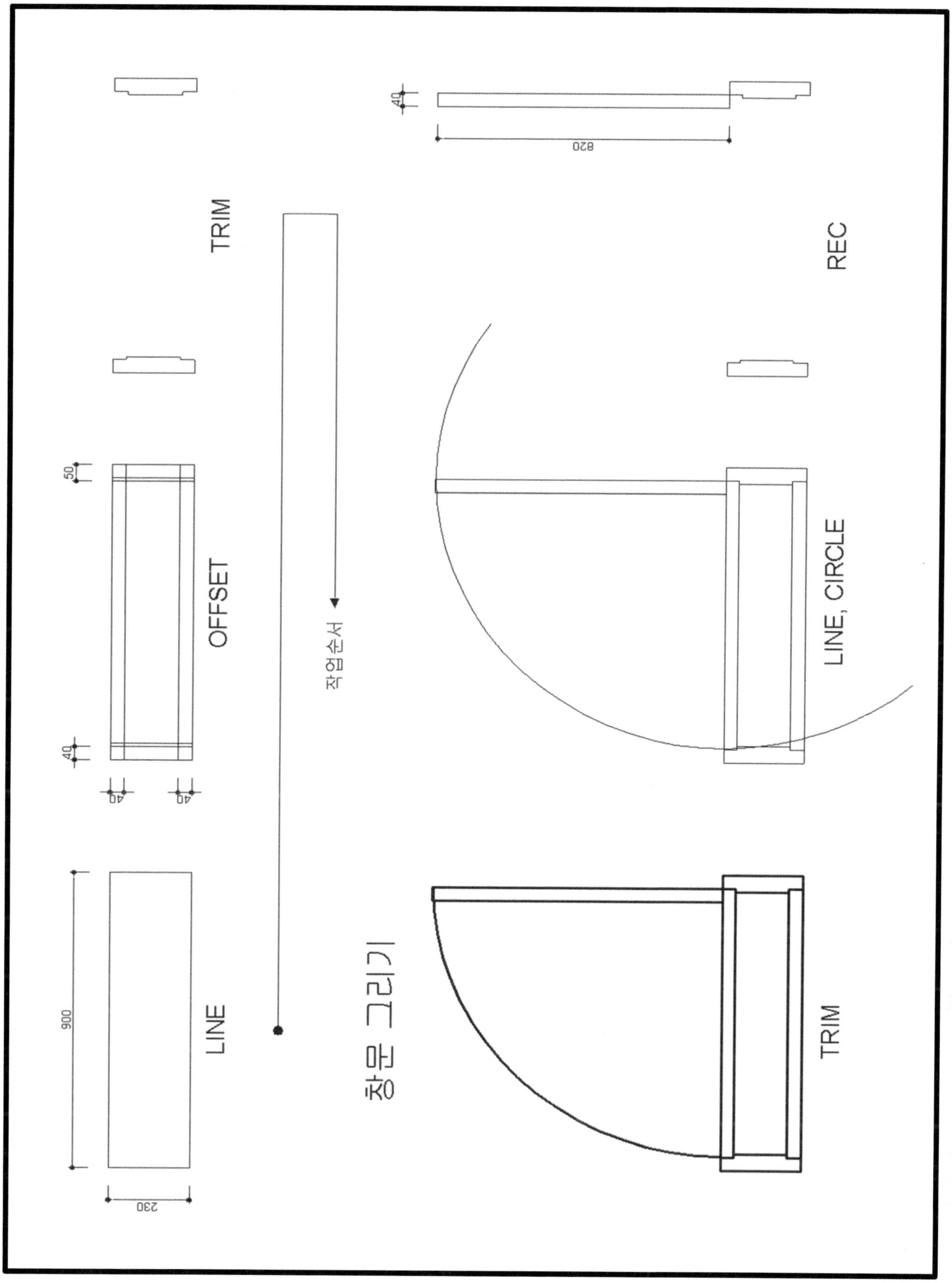

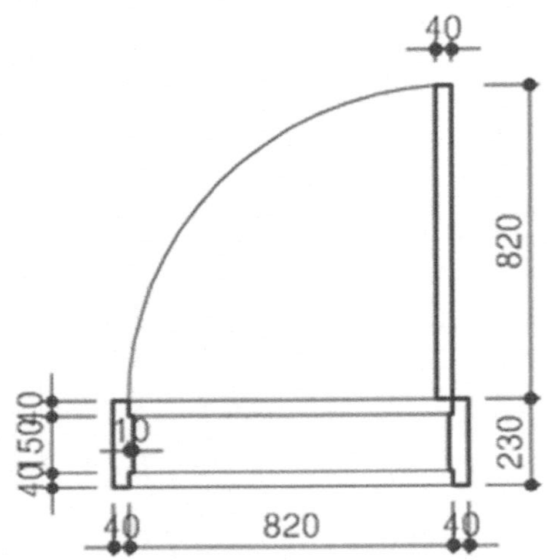

외여닫이문 : 900

① 문틀의 외곽을 그린다.
시작점(P1)에서 상대 좌표로 가로 900, 세로 230의 RECTANGLE을 그린 후 EXPLODE를 실행한다.

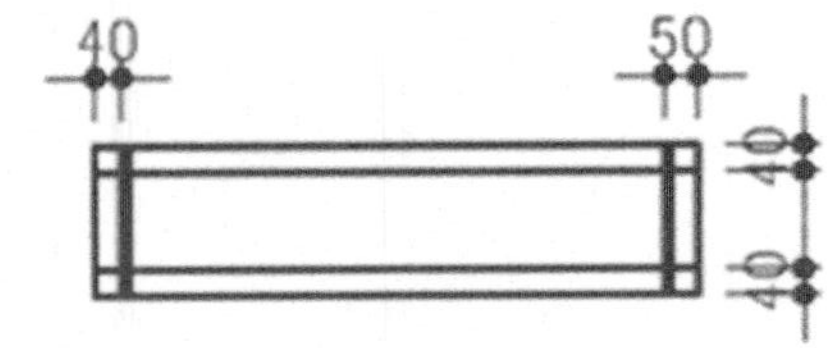

② 문틀을 그린다.
사각형의 각 변을 지정된 간격으로 OFFSET을 실행한다.

③ 문틀을 완성한다.
TRIM, ERASE 명령을 이용하여 선을 정리한다.

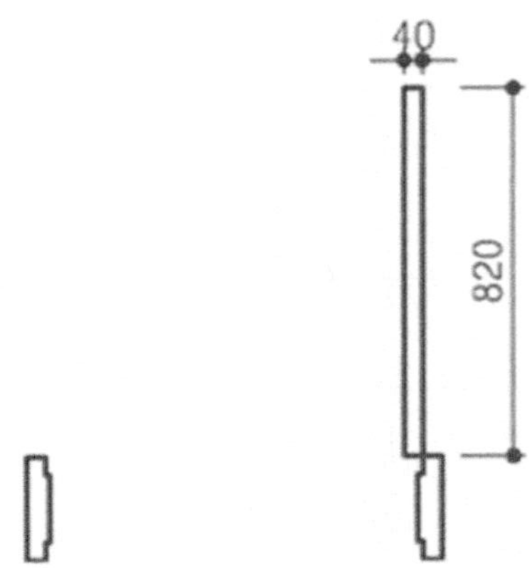

④ RECTANGLE로 가로 40, 세로 820 크기로 문짝을 그린다.

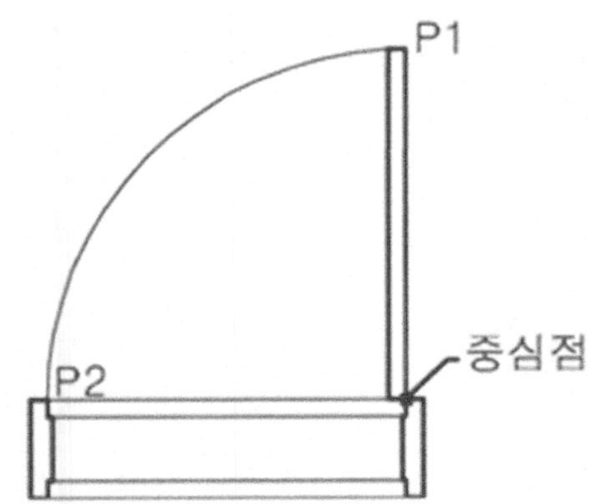

⑤ LINE으로 문틀 선을 그리고 ARC 명령(중심, 시작점(P1), 끝점(P2))으로 문의 회전 표시를 그려서 문을 완성한다.

문 그리기(욕실-800, 현관-1000)

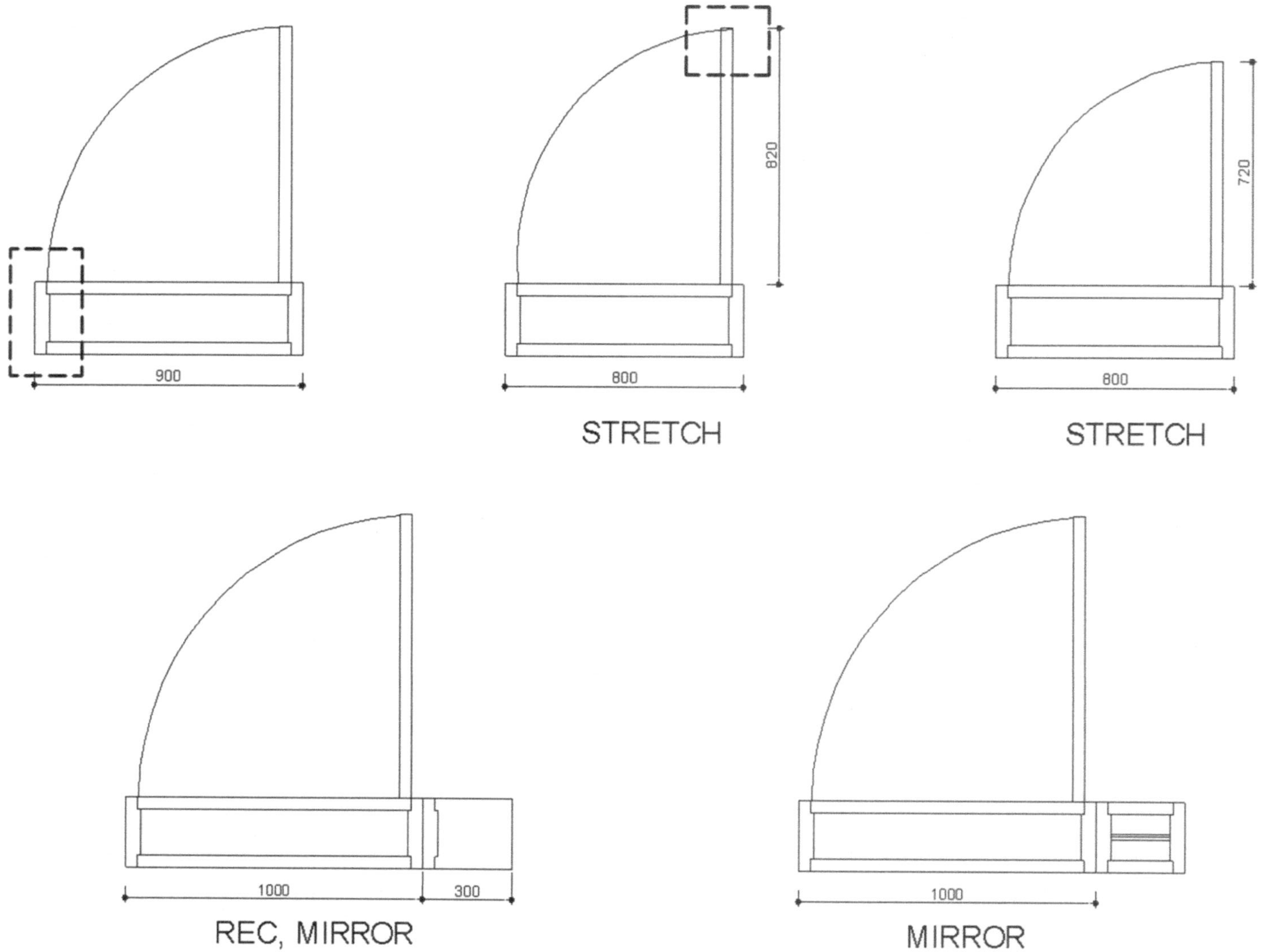

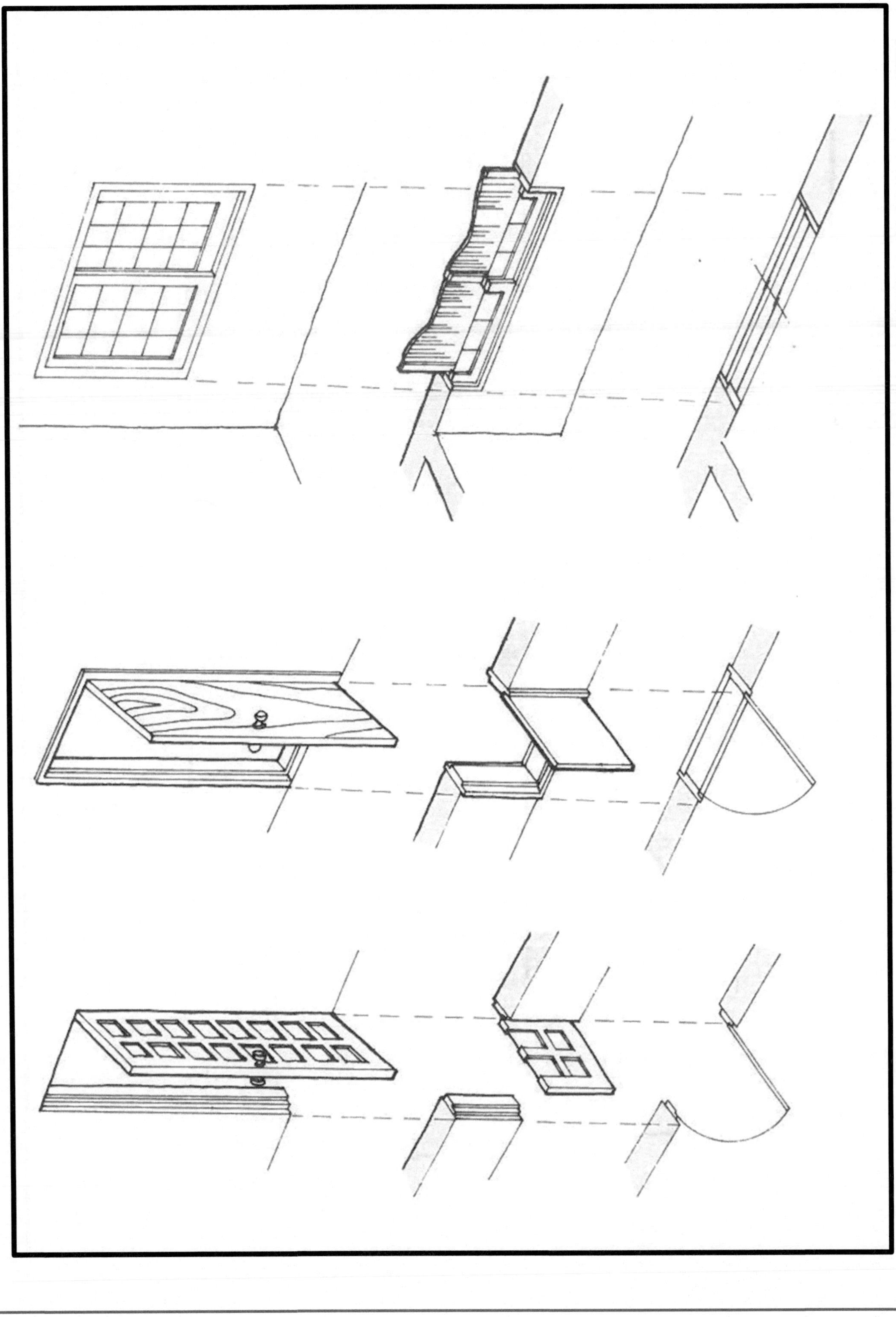

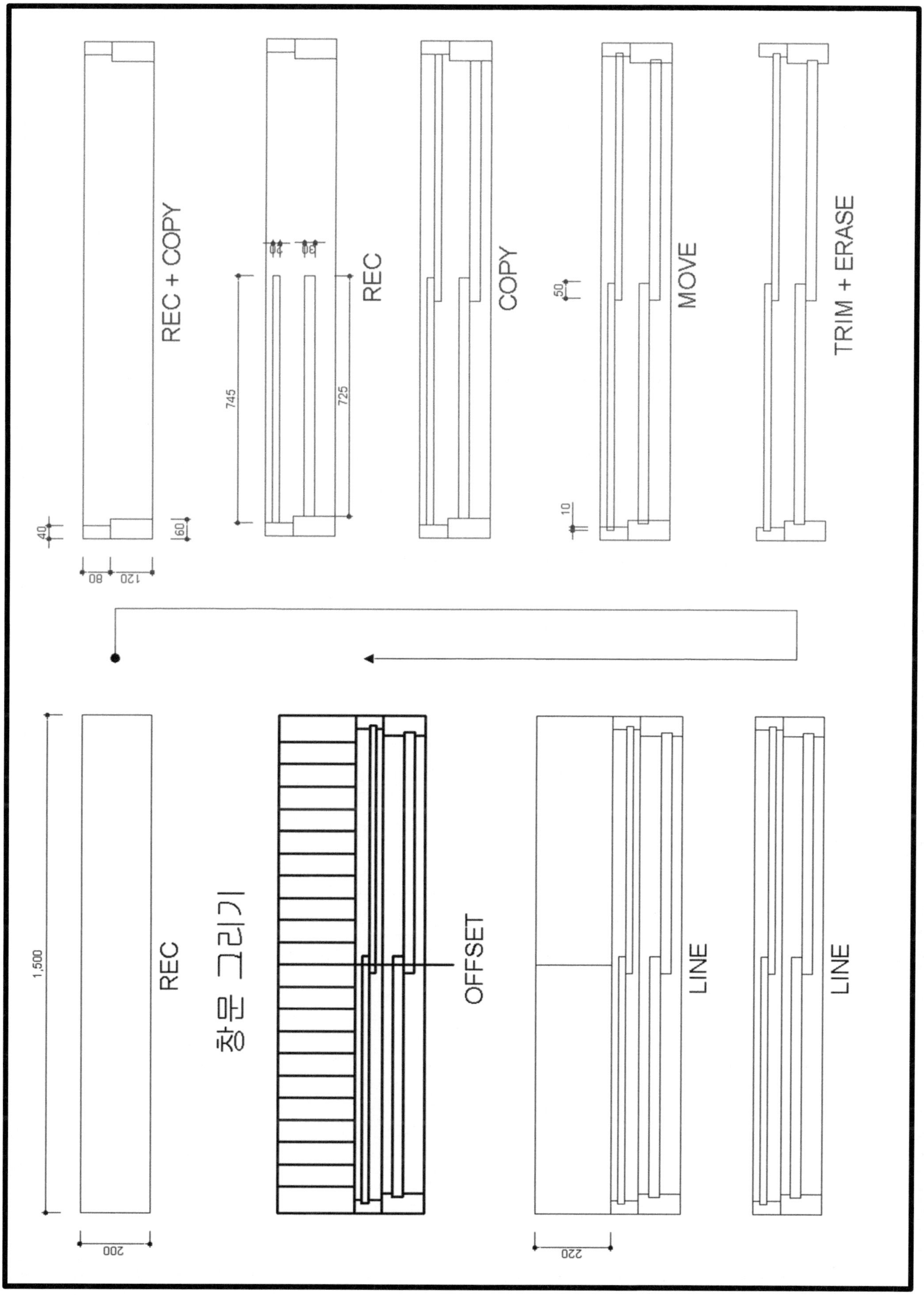
창문 그리기
REC
1,500
200
OFFSET
LINE
220
LINE
REC + COPY
40
80
120
60
REC
745
725
40
30
COPY
MOVE
50
10
TRIM + ERASE

4짝 창문 그리기(부부침실-2400, 거실-3000)

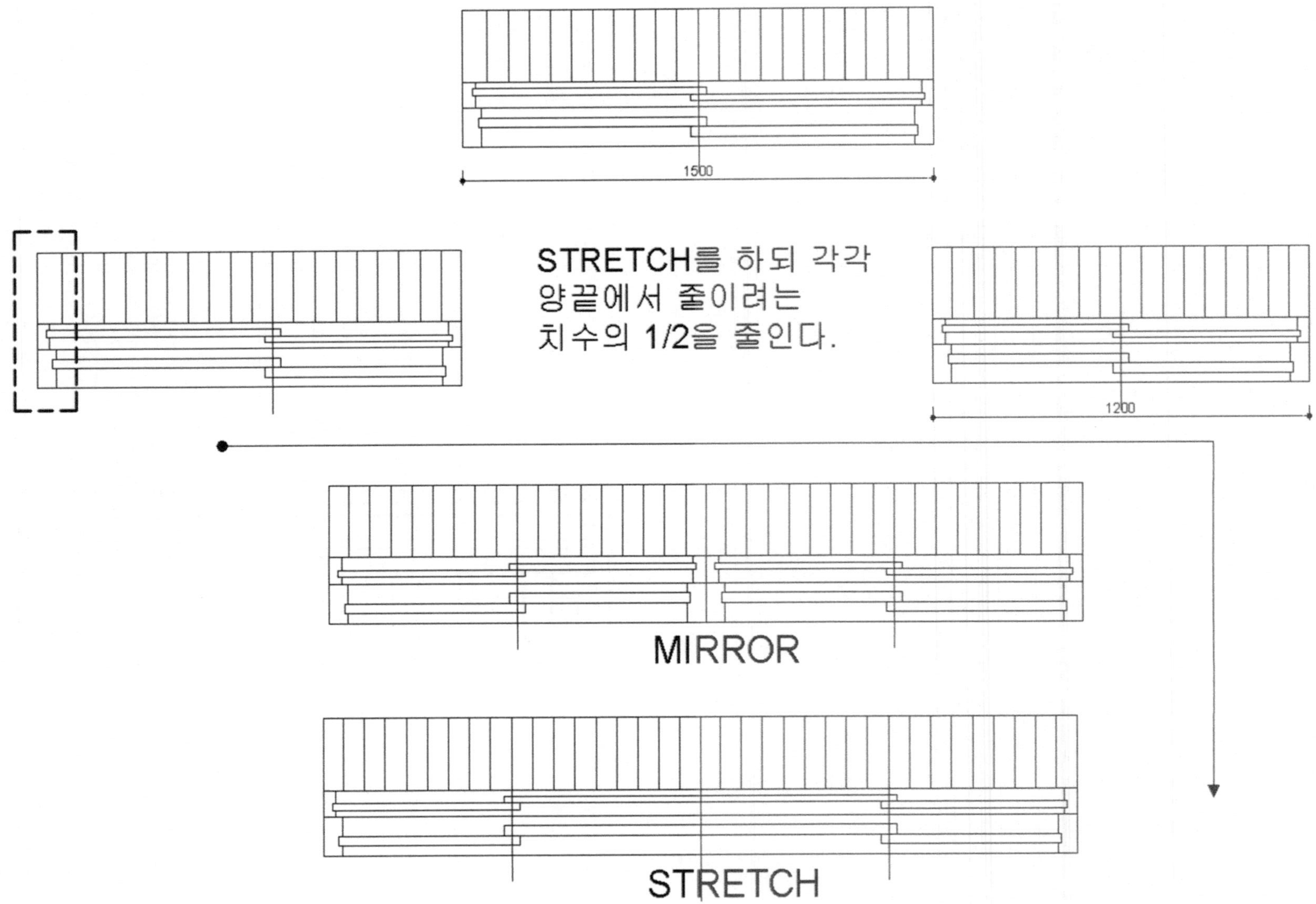

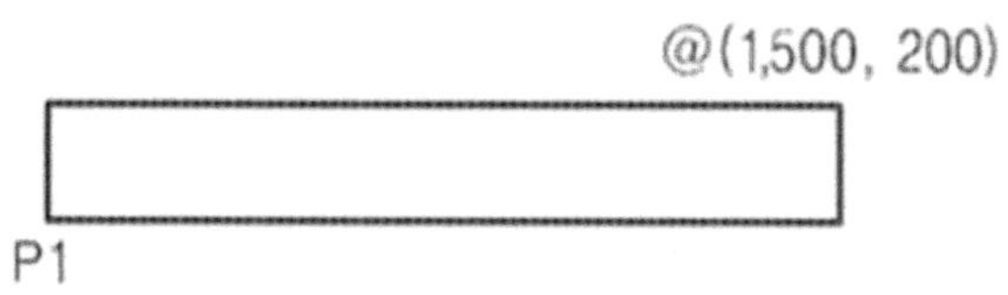

① 창문틀의 외곽을 그린다.
시작점(P1)에서 상대 좌표로 가로 1,500, 세로 200의 RECTANGLE을 그린다.

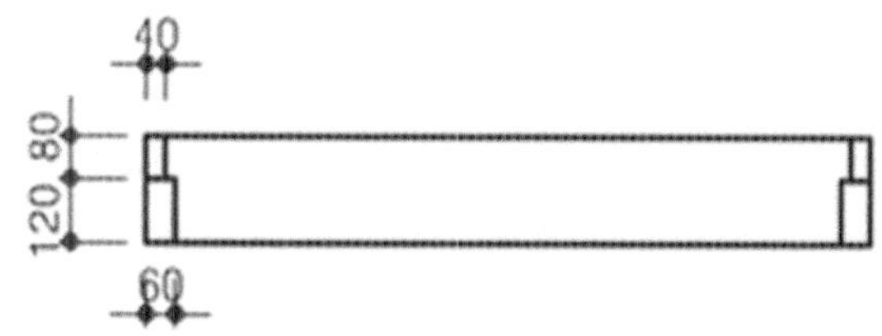

② 내부 및 외부 창의 창문틀을 그린다.
내부 목재 창문틀 60 × 120과 외부 알루미늄 창문틀 40 × 80의 RECTANGLE을 그린 후 반대편으로 COPY한다.

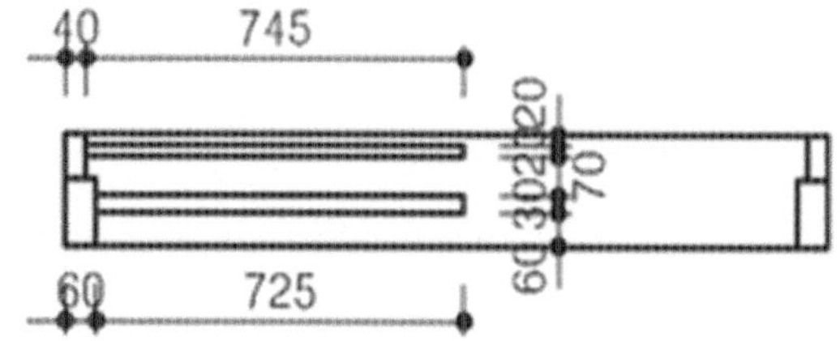

③ 창문을 지정된 크기로 RECTANGLE로 그린다.

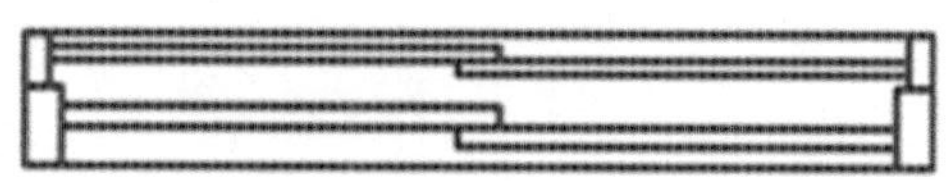

④ 앞에서 그린 창문을 창문틀의 중심에서 아래로 COPY, MOVE하여 그림과 같이 정리한다.

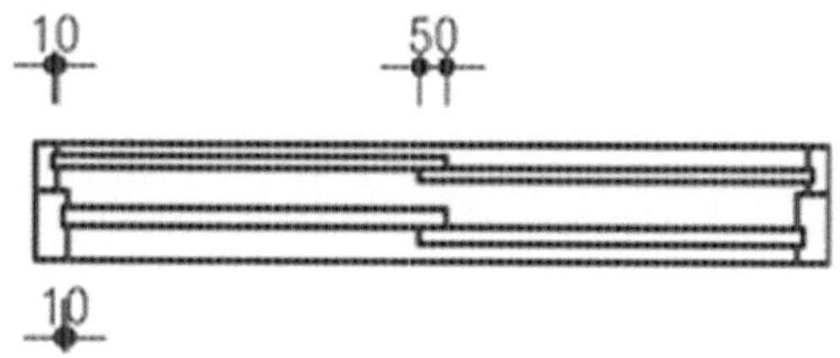

⑤ 창문을 좌측, 우측의 창문틀 방향으로 10 MOVE하여, TRIM으로 정리한다.

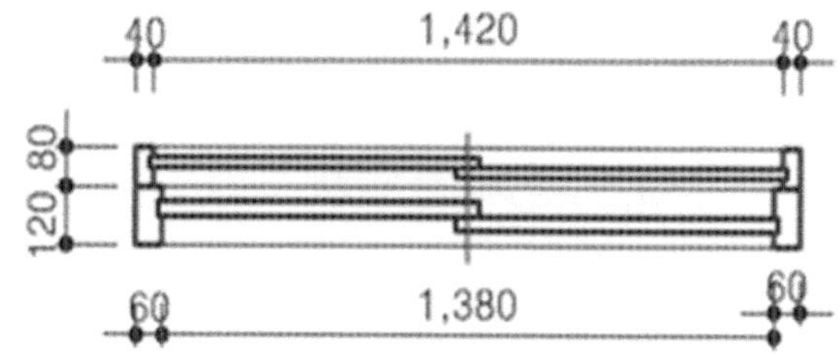

⑥ 창문틀의 외곽선을 ERASE하고, LINE으로 창틀선과 중심선을 그려서 완성한다.

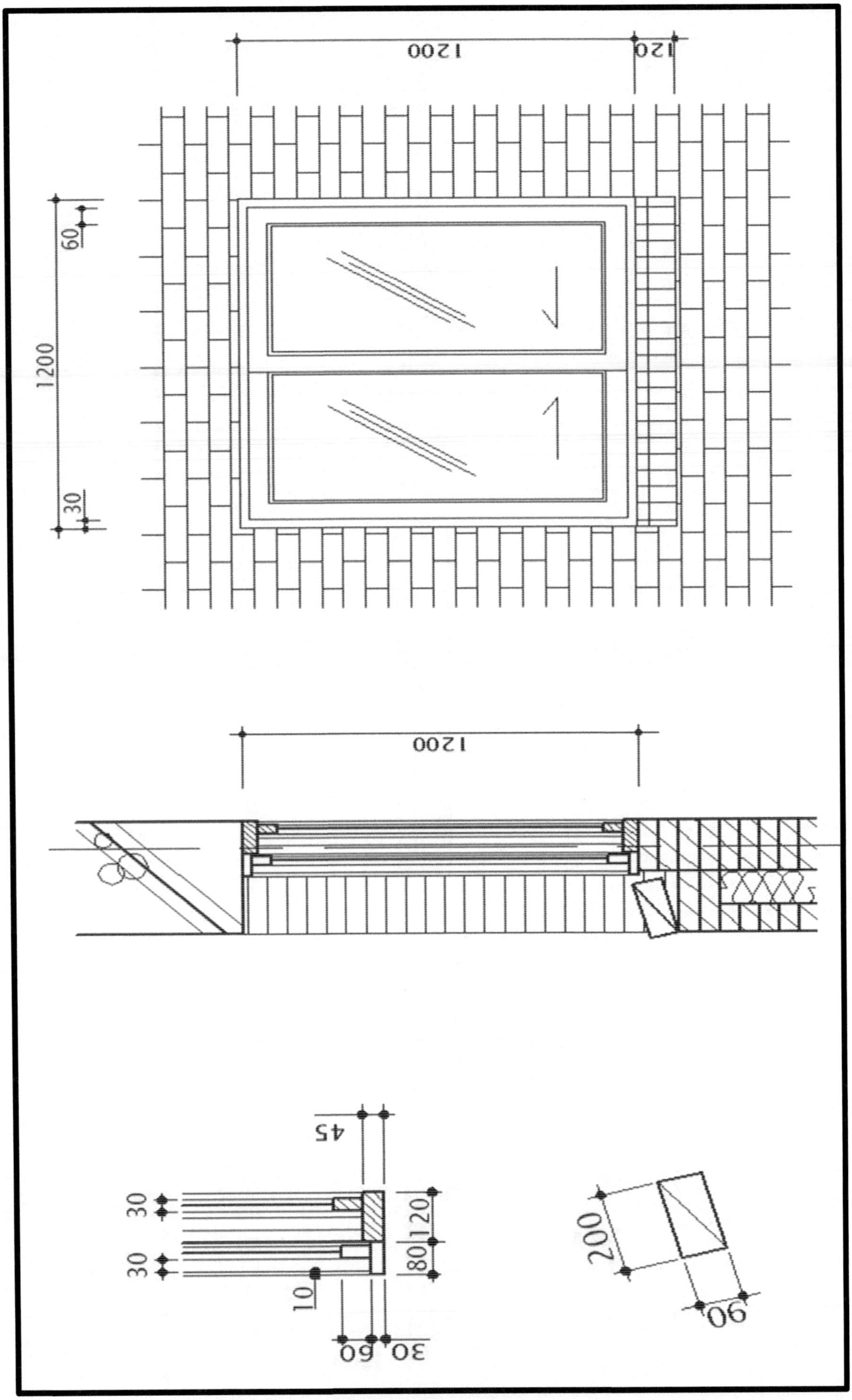
1200
120
1200
60
30
1200
45
30
30
120
80
10
30
60
200
90

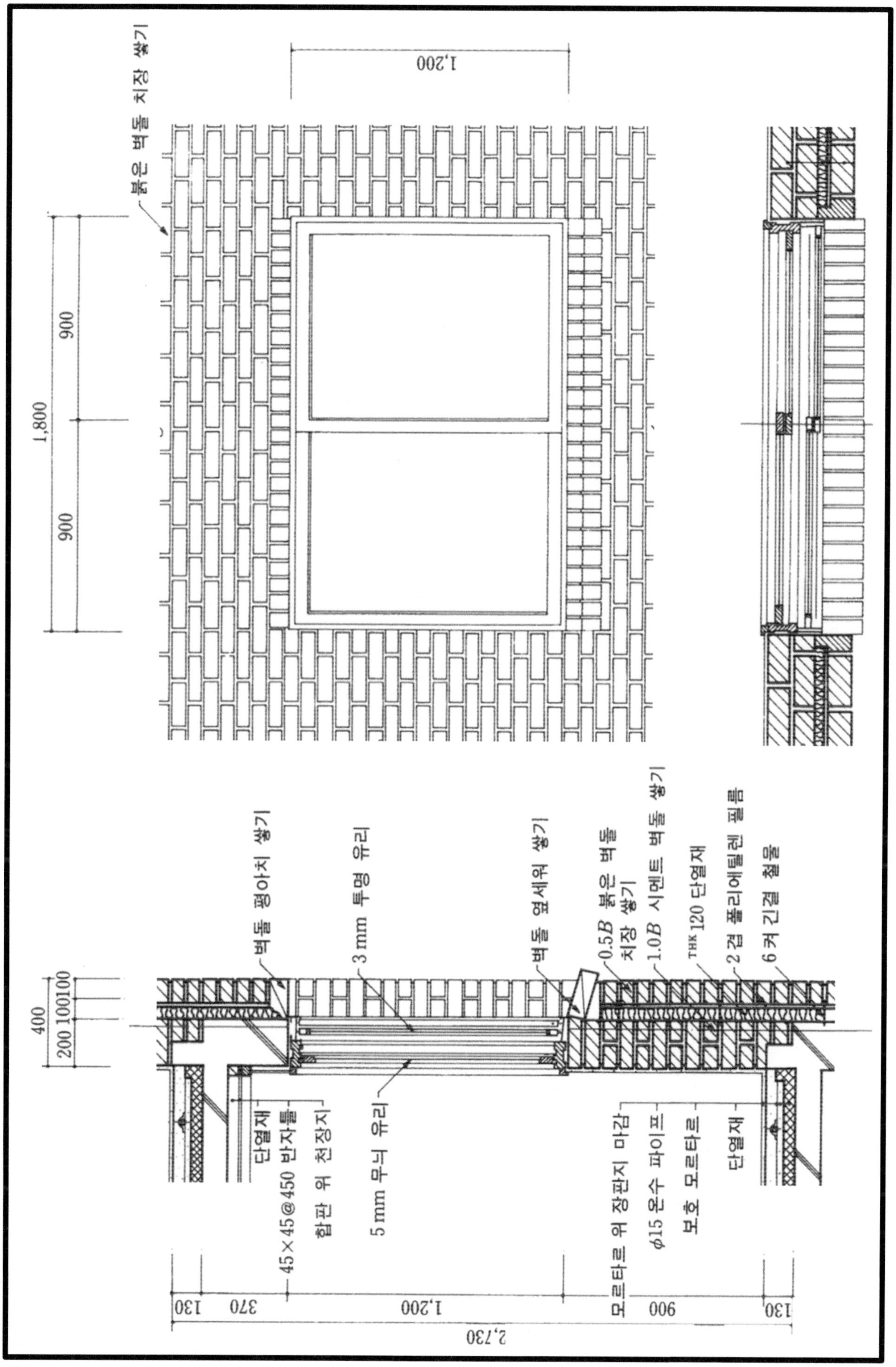
붉은 벽돌 치장 쌓기
1,200
1,800
900
900
400
200 100 100
벽돌 평아치 쌓기
3 mm 투명 유리
벽돌 옆세워 쌓기
0.5B 붉은 벽돌 치장 쌓기
1.0B 시멘트 벽돌 쌓기
THK 120 단열재
2겹 폴리에틸렌 필름
6커 긴결 철물
단열재
45×45@450 반자틀
합판 위 천장지
5 mm 무늬 유리
모르타르 위 장판지 마감
φ15 온수 파이프
보호 모르타르
단열재
130
370
1,200
900
130
2,730

3.3. 계단 그리기

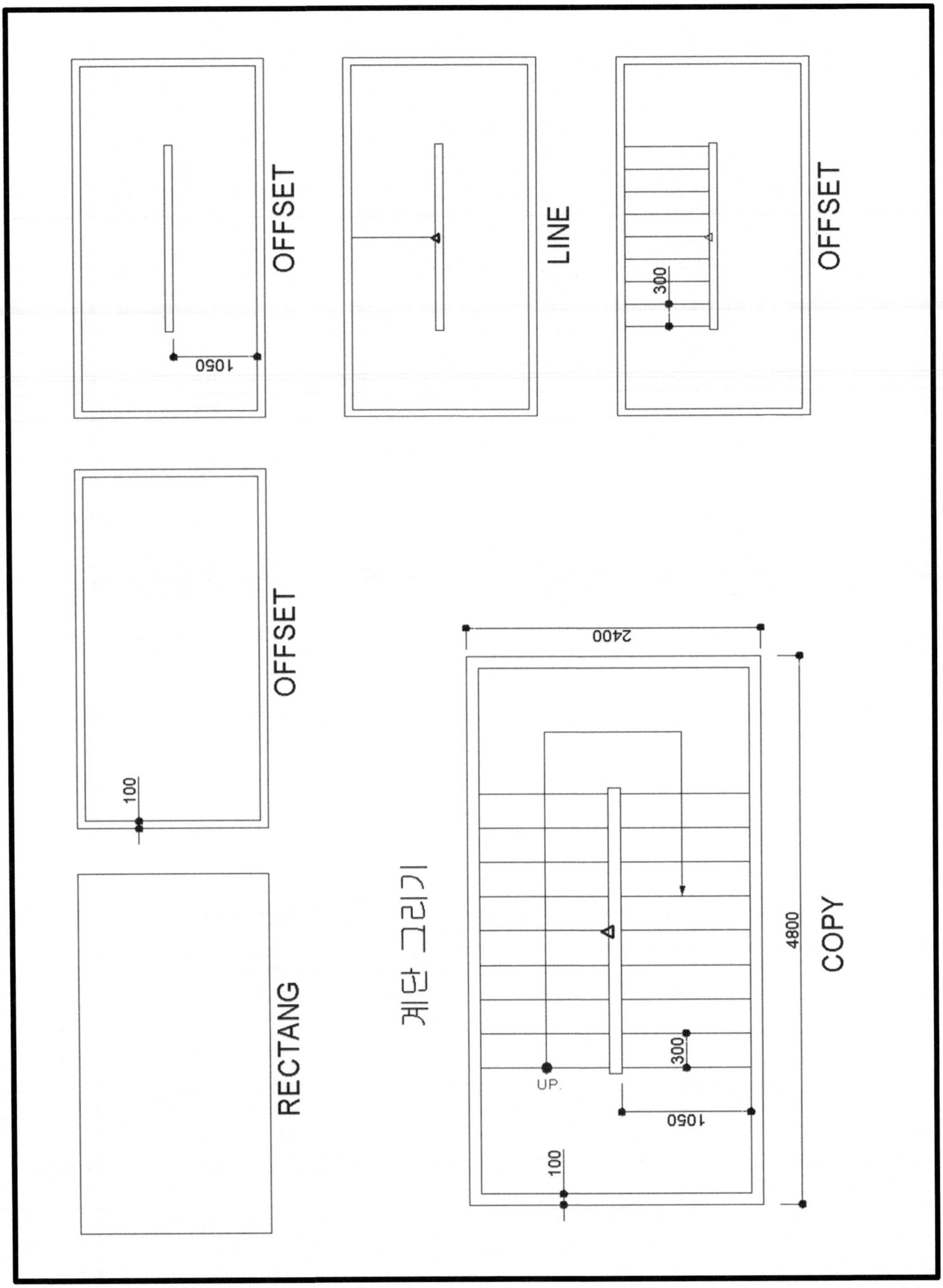
OFFSET
LINE
OFFSET
RECTANG
OFFSET
계단 그리기
COPY
1050
300
100
2400
4800
UP.

3.4. 거실 평면 요소 - 소파, 테이블

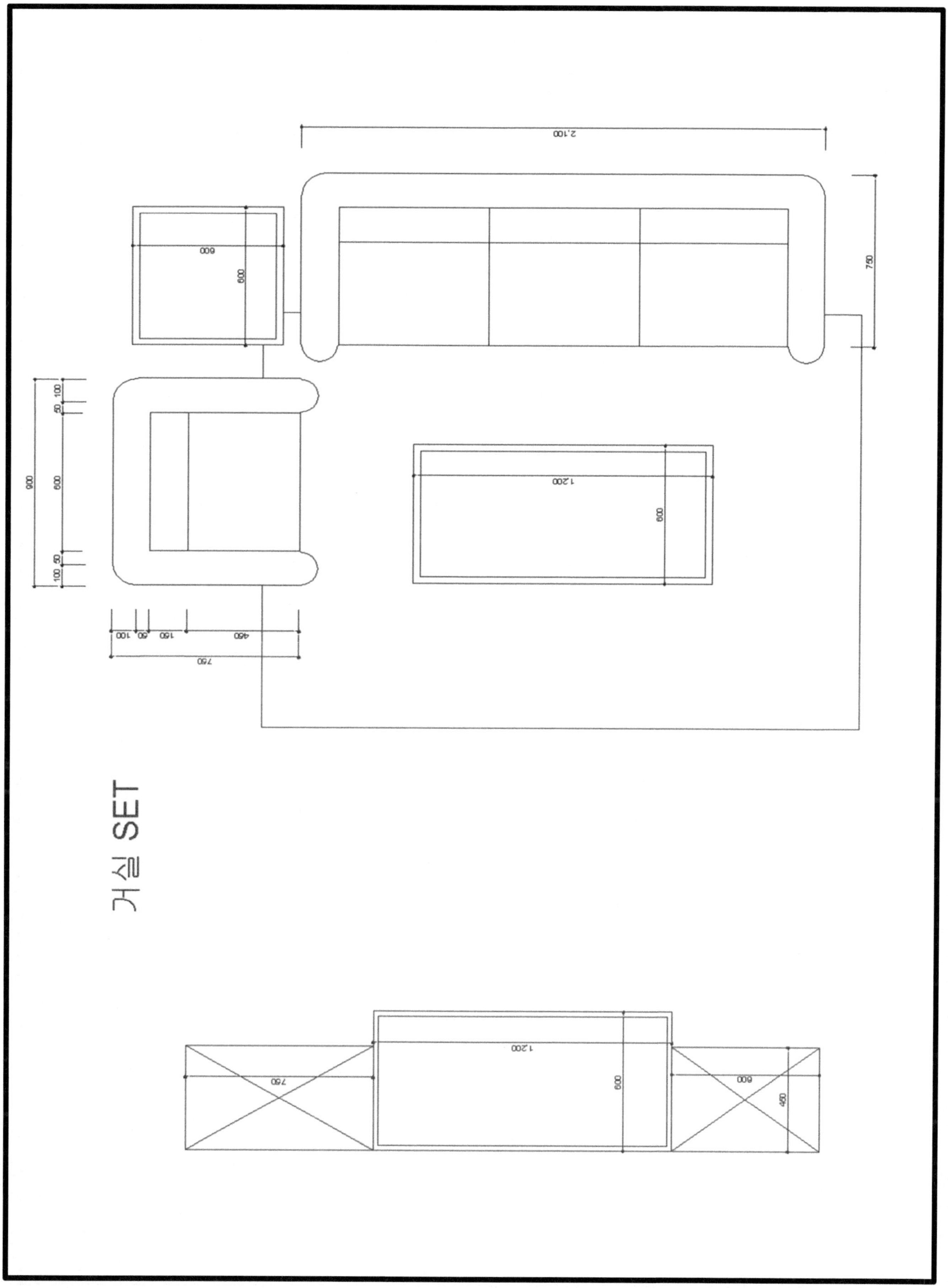

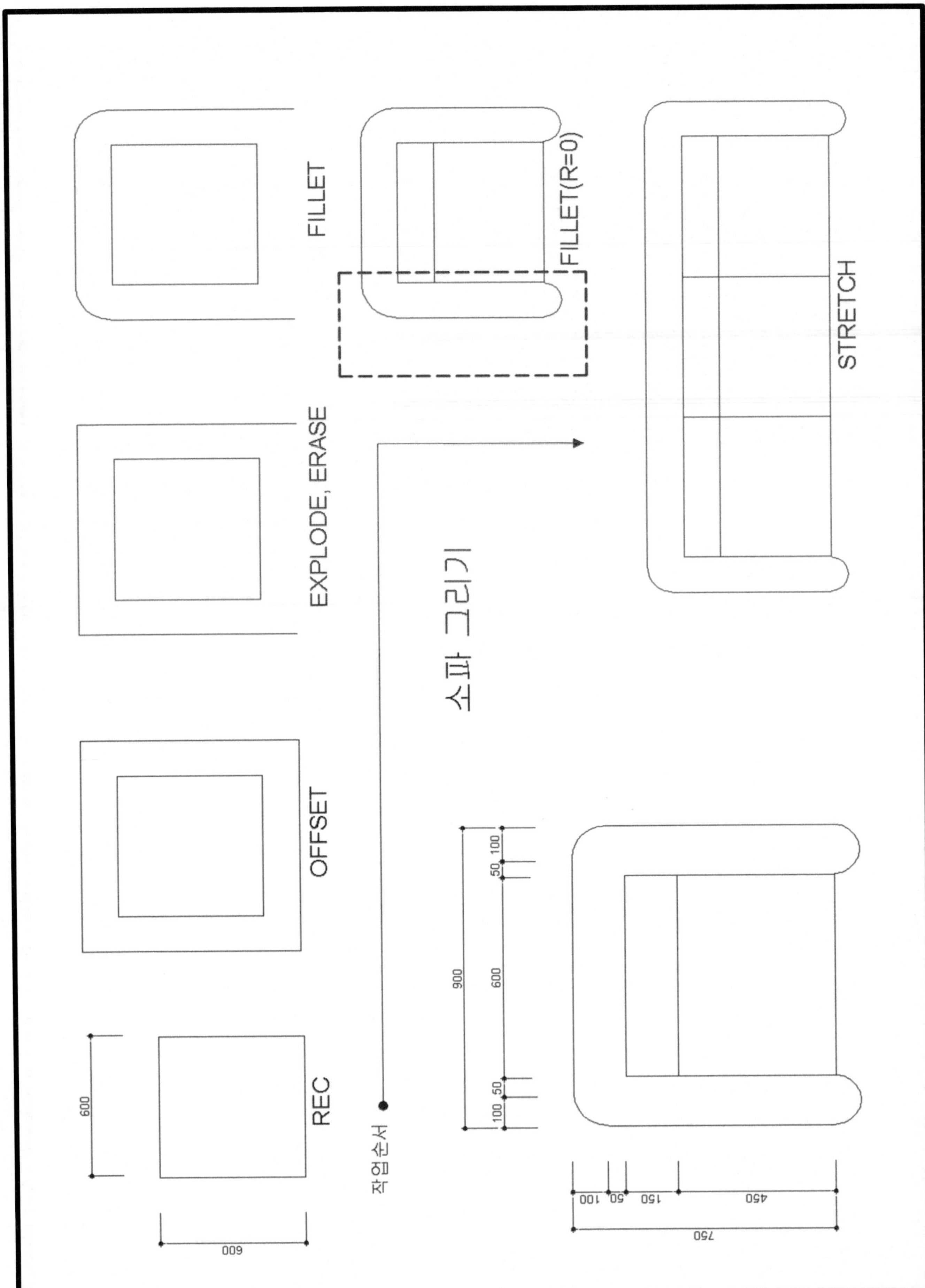
소파 그리기
작업순서
REC
OFFSET
EXPLODE, ERASE
FILLET
FILLET(R=0)
STRETCH
600
600
900
100
50
600
50
100
750
100
50
150
450

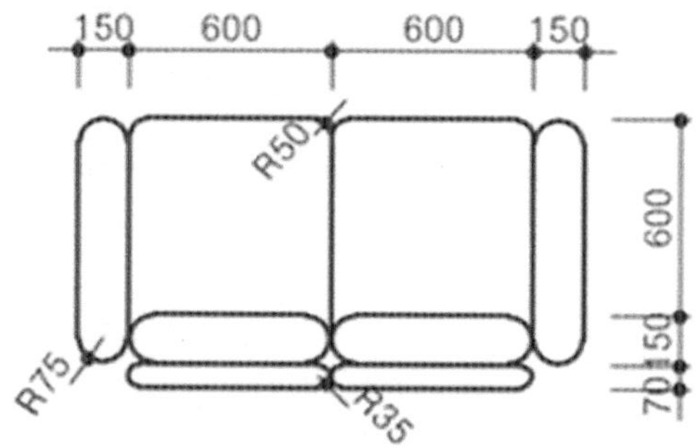

2인 소파: 1,500 × 820

① 소파의 외곽선을 그린다.
시작점(P1)에서 상대 좌표로 가로 1,500, 세로 820의 RECTANGLE을 그린 후 EXPLODE 를 실행한다.

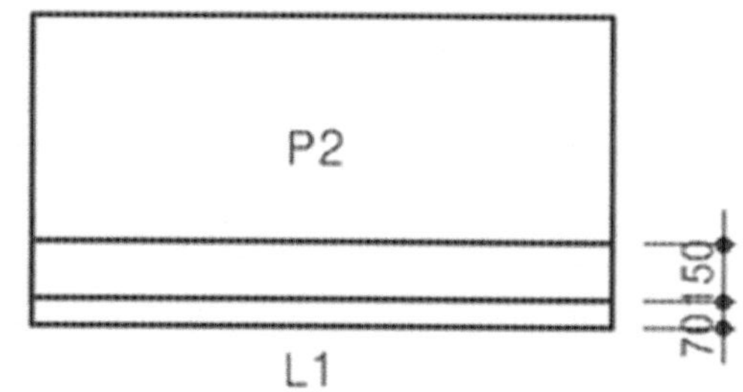

② 외곽선을 이용하여 내부선을 그린다.
사각형의 한 변(L1)을 지정된 간격으로 OFFSET 을 실행한다.

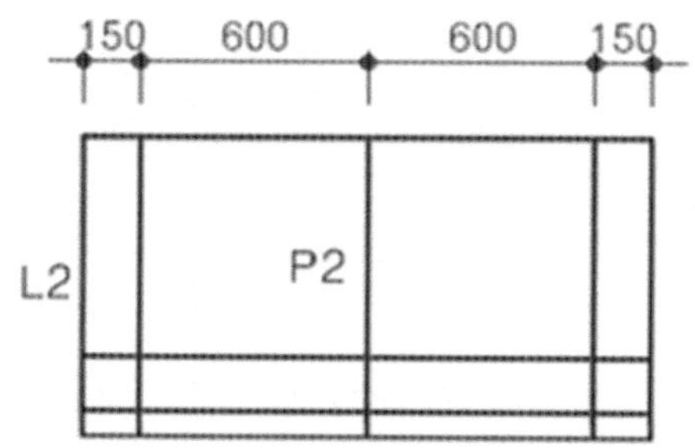

③ 외곽선을 이용하여 내부선을 그린다.
사각형의 한 변(L2)을 지정된 간격으로 OFFSET 을 실행한다.

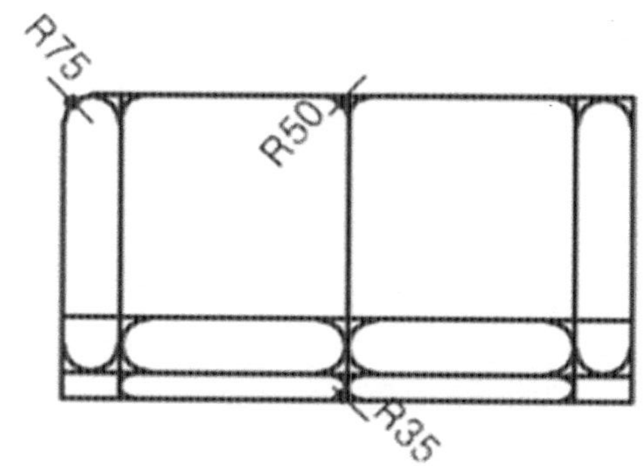

④ 모서리 부분을 FILLET으로 정리한다.
FILLET 명령의 No trim으로 설정하여 작업하면 편리하다.

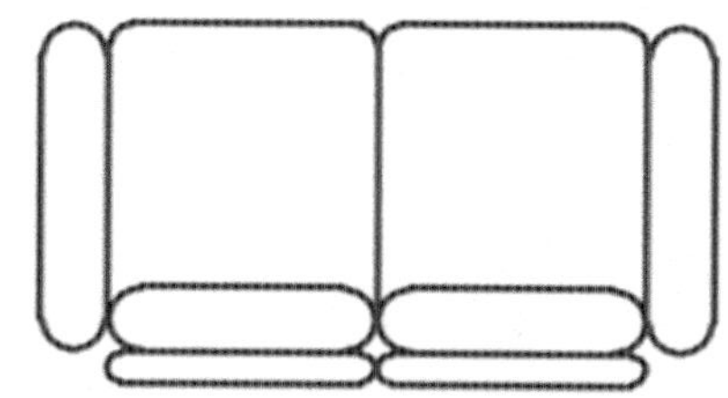

⑤ TRIM과 ERASE로 선들을 정리하여 소파를 완성한다.

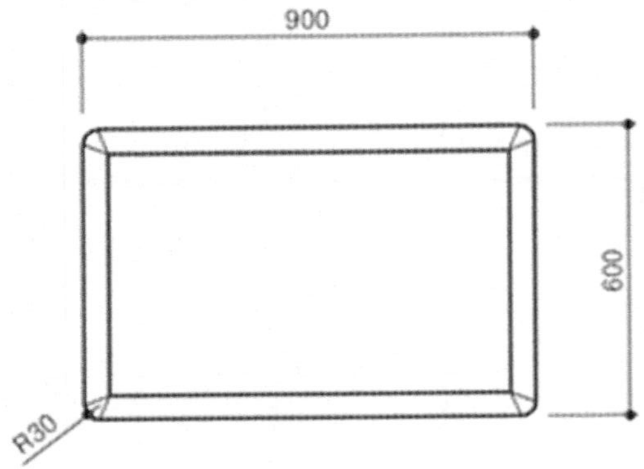

사각 테이블 : 900 × 600

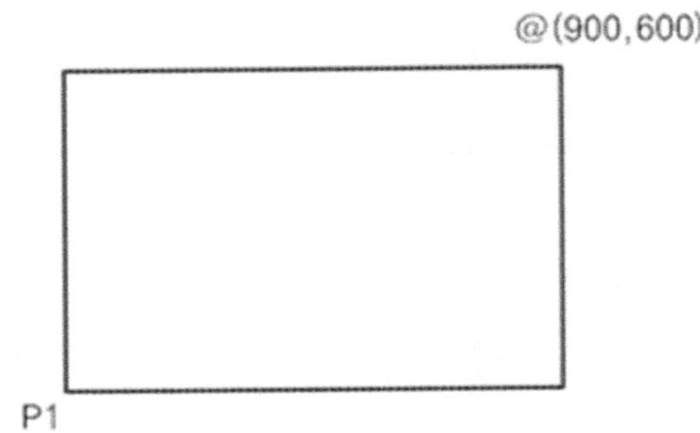

① 사각 테이블의 외곽선을 그린다.
시작점(P1)에서 상대 좌표로 가로 900, 세로 600의 RECTANGLE을 그린다.

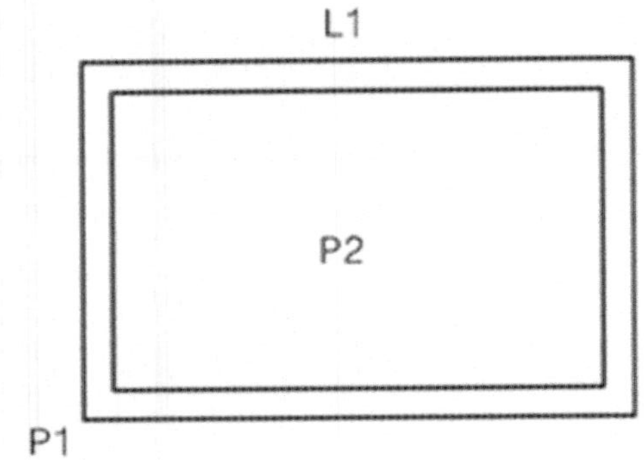

② 사각 테이블 내부선을 그린다.
사각형의 한 변(L1)에서 50의 간격으로 사각형의 내측 방향(P2)로 OFFSET을 실행한다.

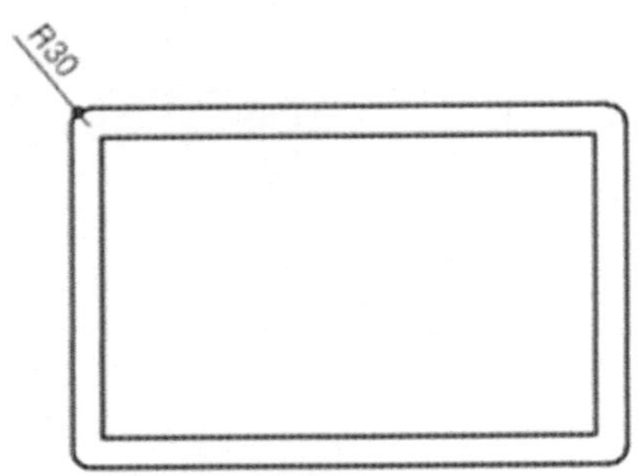

③ 사각 테이블의 외곽선의 모서리를 정리한다.
사각형의 모서리를 FILLET, 반지름 30으로 정리한다.

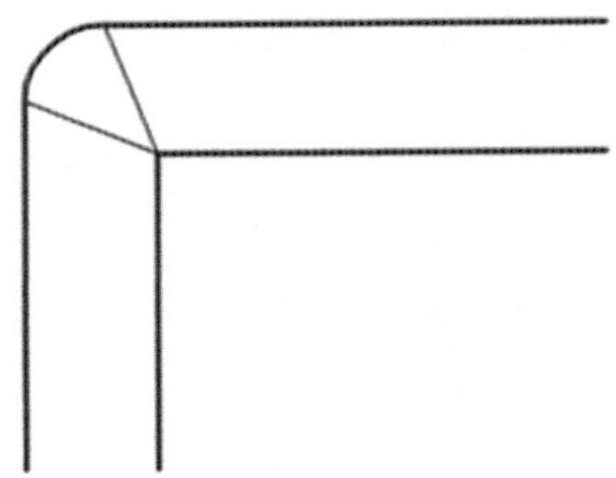

④ Osnap을 지정하고 사각 테이블의 한 모서리를 LINE으로 그림과 같이 만든다.

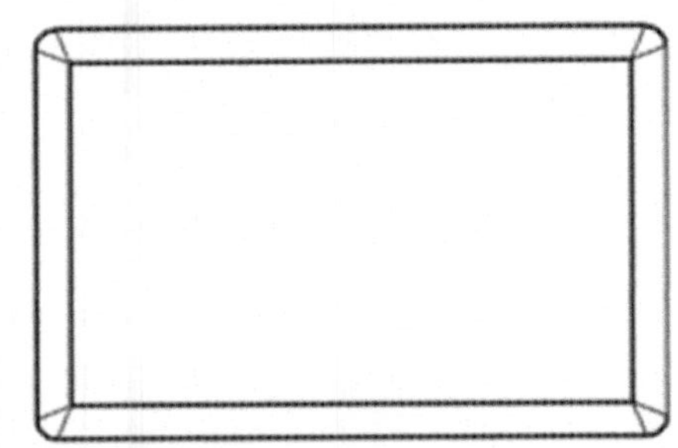

⑤ 앞에서 그린 선을 MIRROR를 이용하여 사각 테이블을 완성한다.

3.5. 욕실 평면 요소 - 세면기, 양변기, 욕조

위생도기

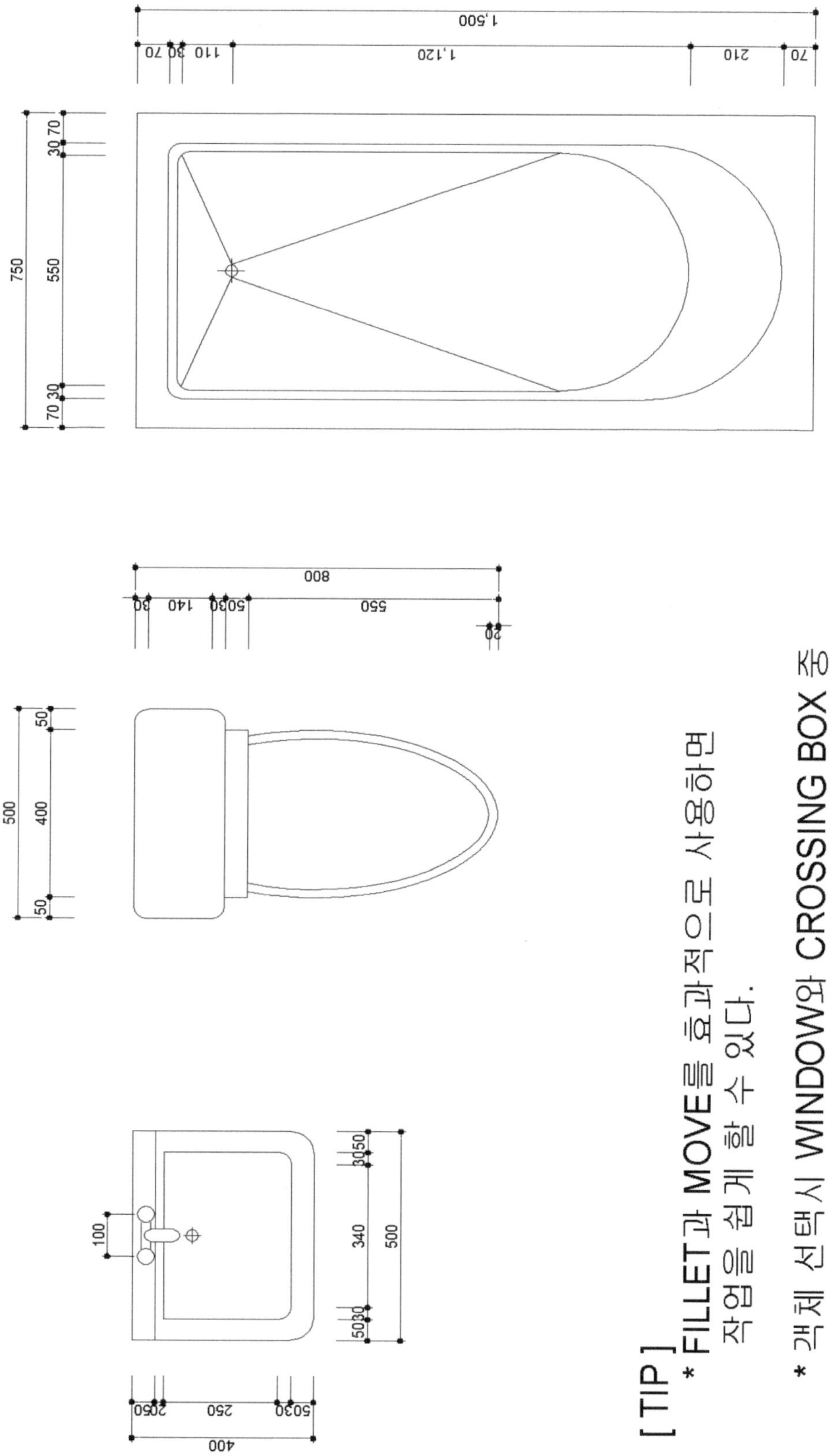

[TIP]

* FILLET과 MOVE를 효과적으로 사용하면 작업을 쉽게 할 수 있다.

* 객체 선택시 WINDOW와 CROSSING BOX 중 어떤 것이 유리한지 잘 판단한다.

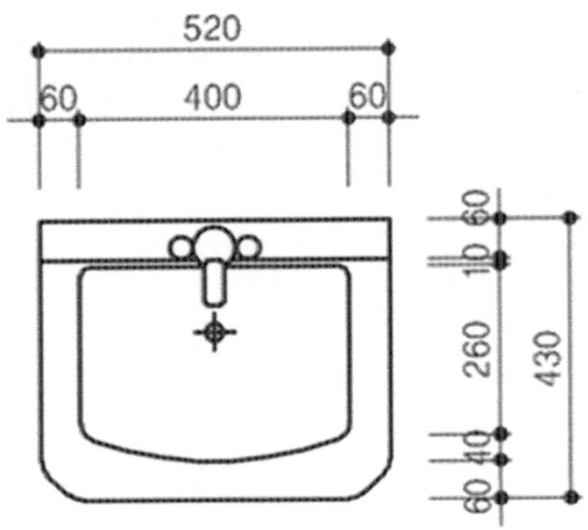

세면기: 520 × 430

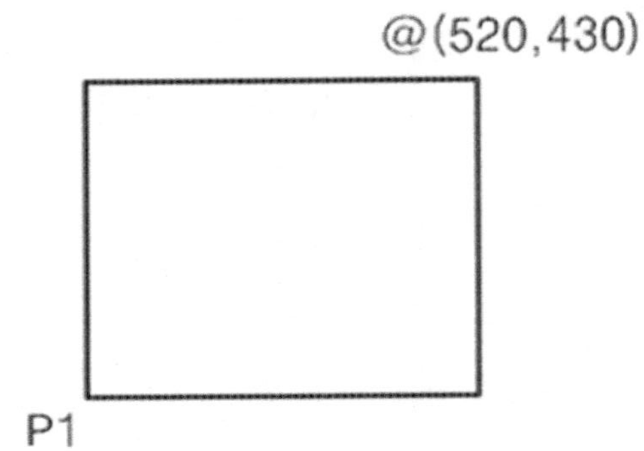

① 세면기의 외곽선을 그린다.
시작점(P1)에서 상대 좌표로 가로 520, 세로 430의 RECTANGLE을 그린 후 EXPLODE를 실행한다.

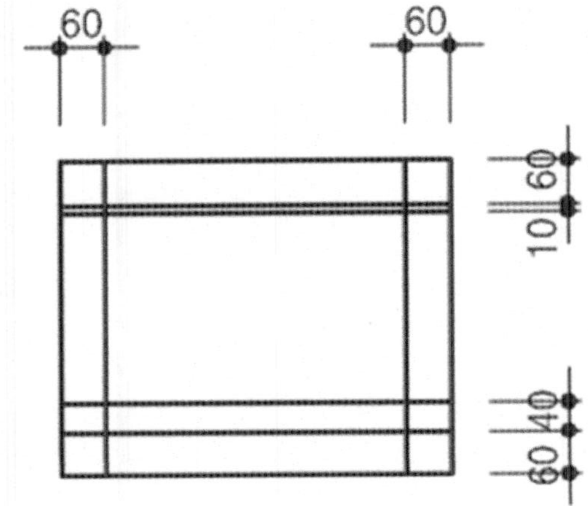

② 세면기의 내부선을 그린다.
사각형의 각 변을 지정된 간격으로 OFFSET을 실행한다.

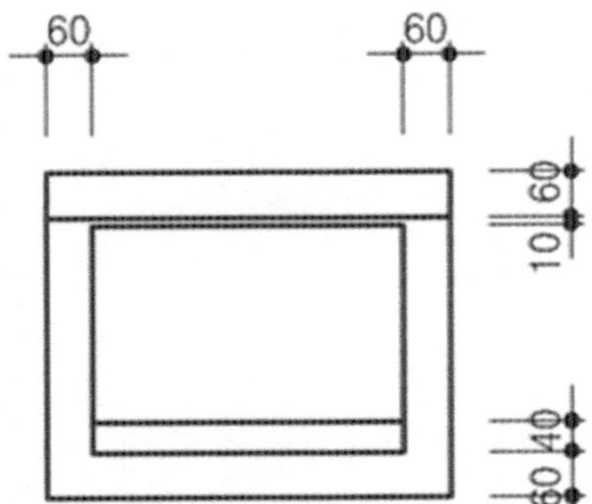

③ TRIM 명령을 이용하여 정리한다.

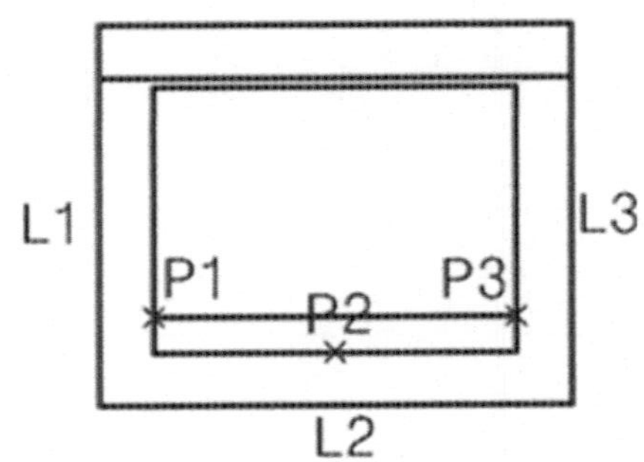

④ 세면기의 호를 그린다.
ARC, 3p(P1, P2, P3점)로 호를 그리고 TRIM, ERASE를 사용하여 정리한다.

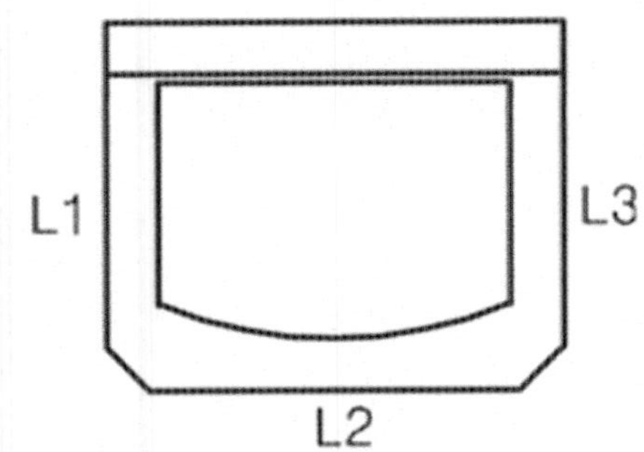

⑤ 세면기의 외부 모서리를 정리한다.
CHAMFER 명령으로 L1, L2, L3 선을 DIST 50으로 하여 외부 모서리를 정리한다.

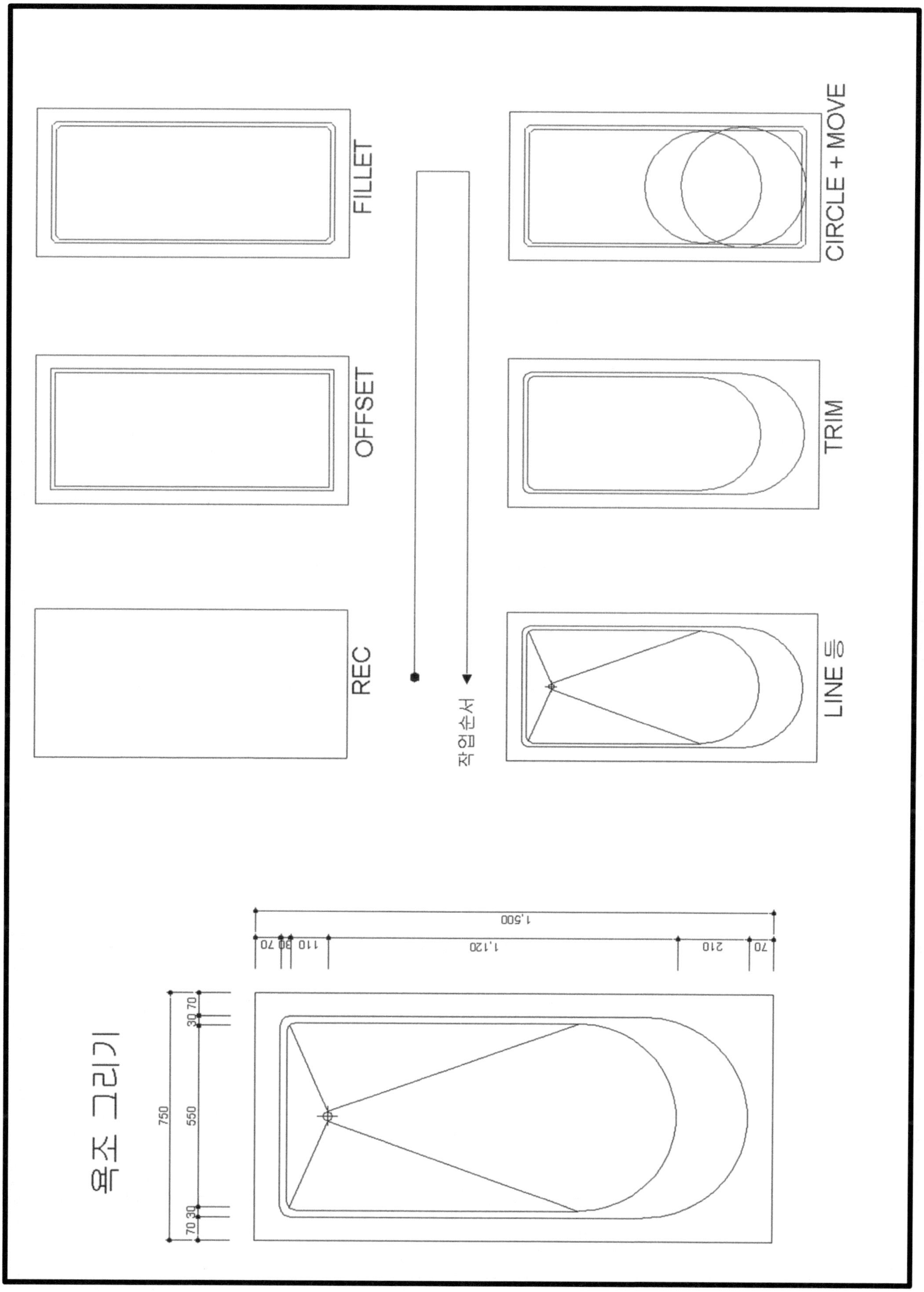
욕조 그리기
750
70
30
550
30
70
1,500
70
80
110
1,120
210
70
REC
OFFSET
FILLET
작업순서
LINE 등
TRIM
CIRCLE + MOVE

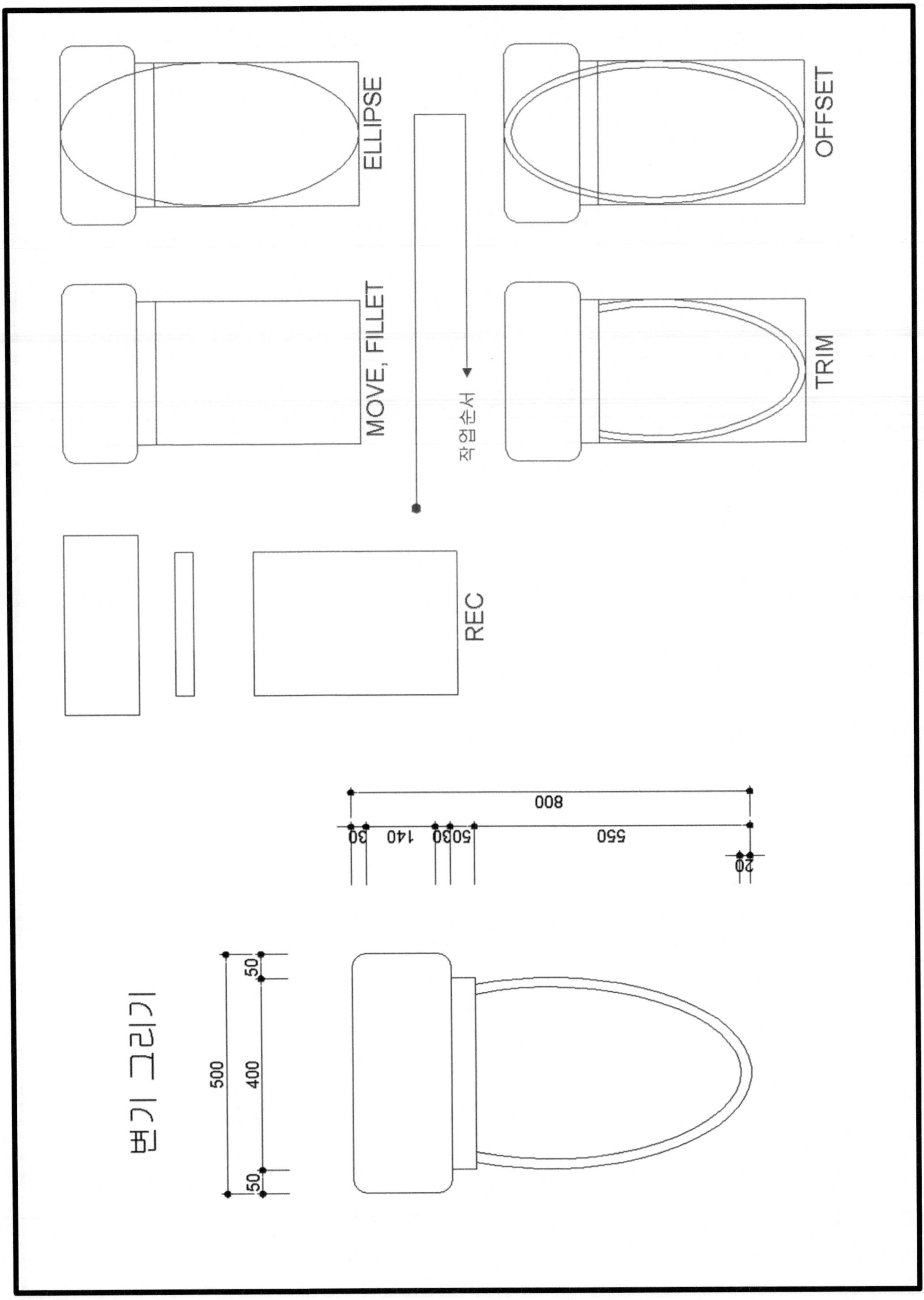
변기 그리기
500
400
50
50
800
550
30
140
30
50
20
REC
MOVE, FILLET
ELLIPSE
작업순서
TRIM
OFFSET

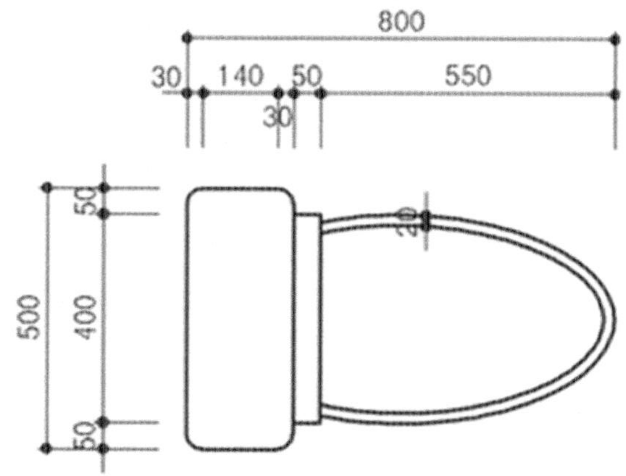

양변기: 500 × 800

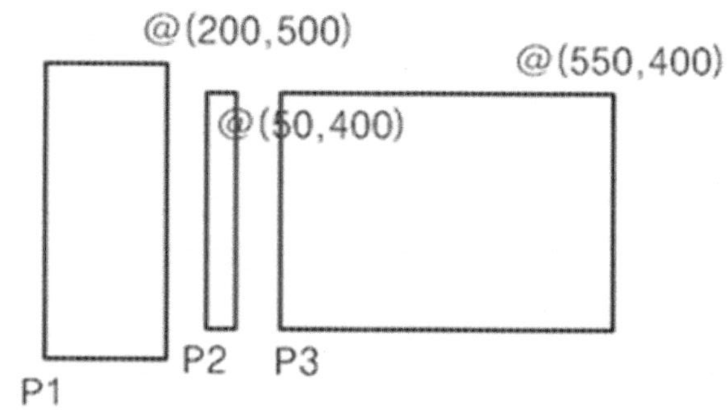

① RECTANGLE로 지정 크기의 사각형을 그린다.

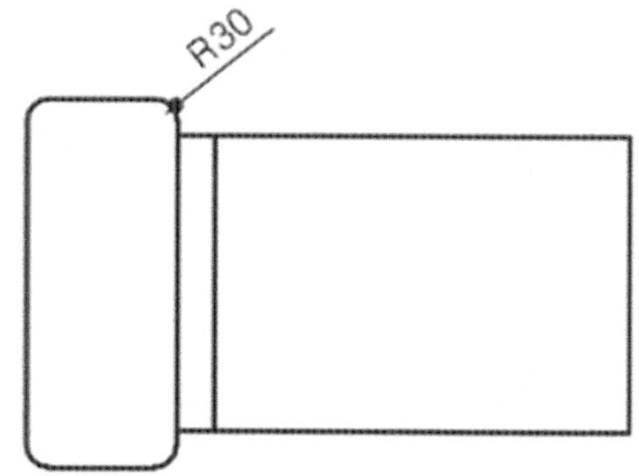

② 앞에서 그린 사각형을 MOVE하여 물탱크와 양변기 부분을 연결한다. 물탱크의 모서리를 FILLET(R=30)으로 정리한다.

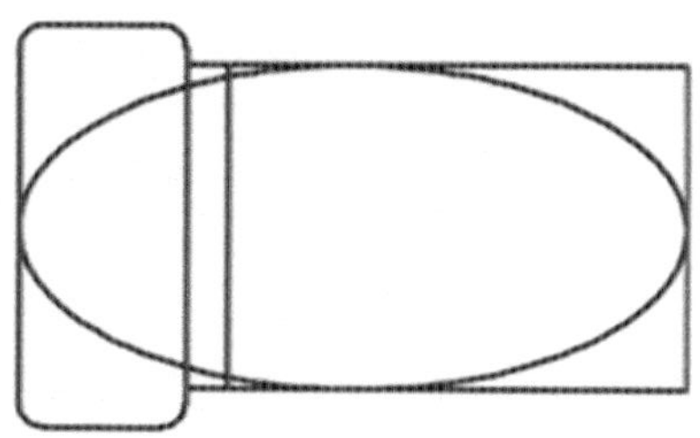

③ 양변기의 외곽 형태를 그린다.
ELLIPSE 명령으로 타원을 그려 양변기 형태를 만든다.

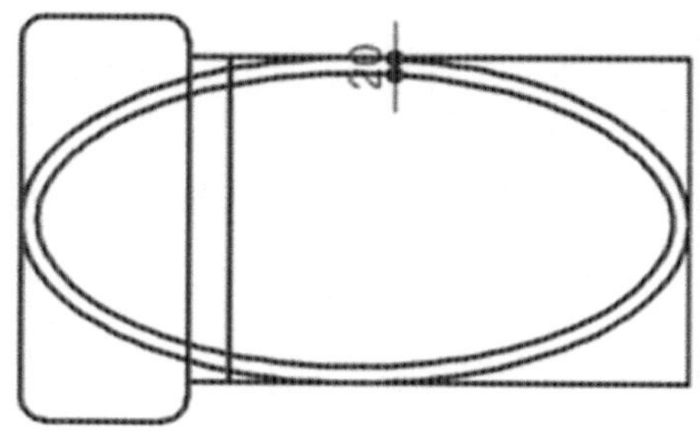

④ 양변기 뚜껑을 그린다.
지정된 간격으로 타원을 OFFSET 하여 양변기 뚜껑을 만든다.

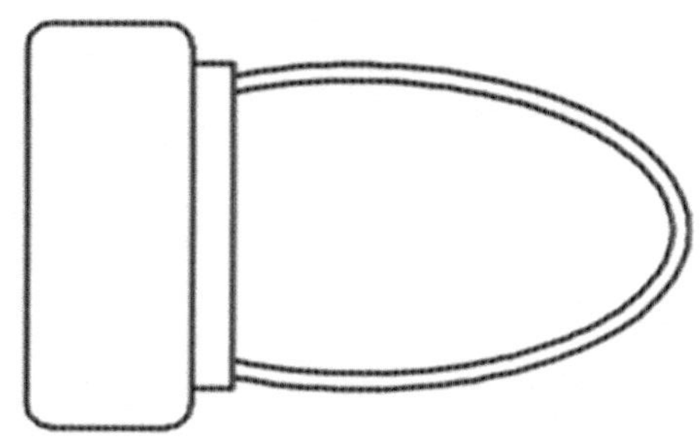

⑤ TRIM, ERASE 명령으로 불필요한 부분을 정리하여 양변기를 완성한다.

3.6. 주방 평면 요소 - 냉장고, 식탁, 싱크대(개수대, 가스레인지)

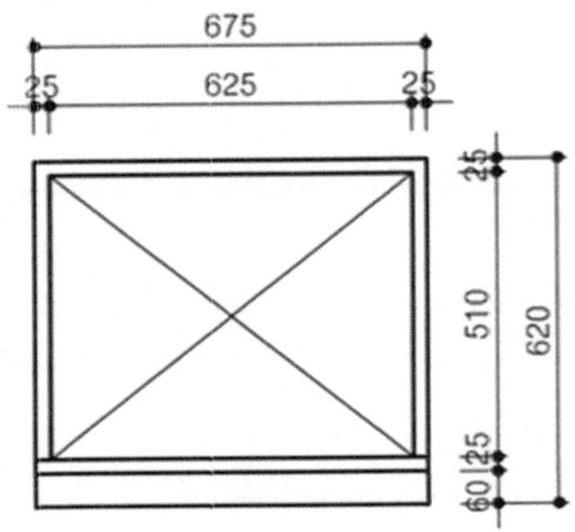

냉장고: 675 × 620

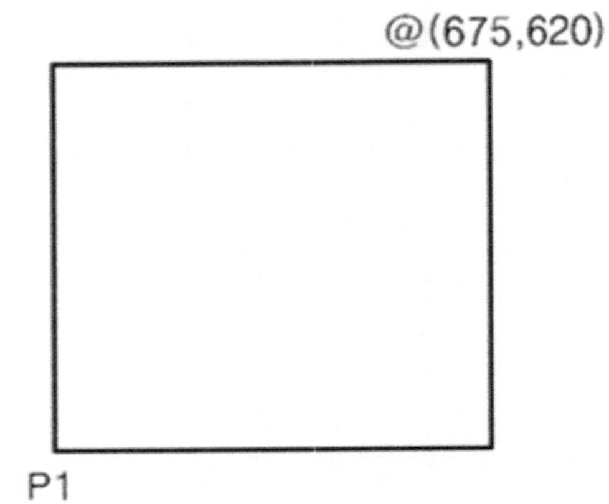

① 냉장고의 외곽선을 그린다.
시작점(P1)에서 상대 좌표를 가로 675, 세로 620의 RECTANGLE을 그린 후 EXPLODE를 실행한다.

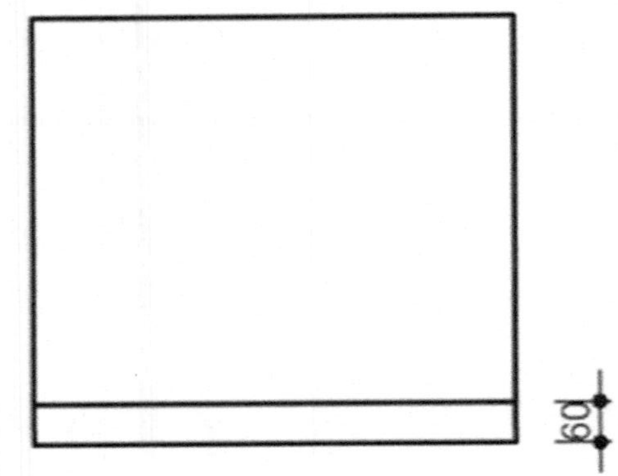

② 냉장고의 문선을 그린다.
사각형의 아랫변을 지정된 간격으로 OFFSET 한다.

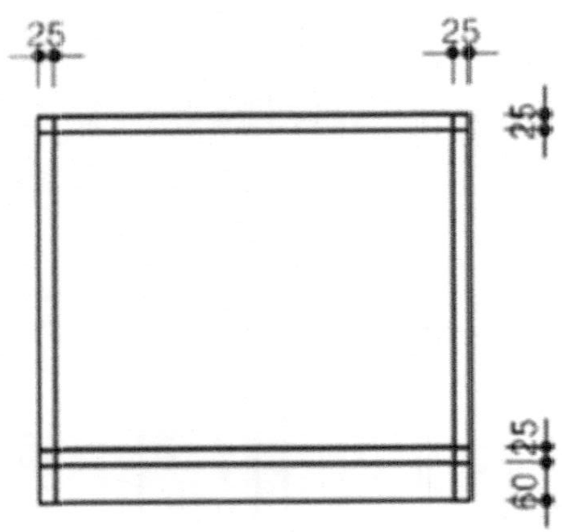

③ 냉장고의 내부선을 그린다.
지정된 간격으로 OFFSET 한다.

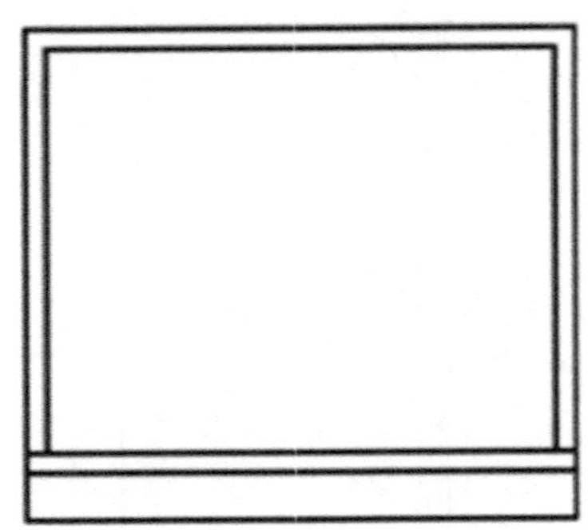

④ 내부선을 정리한다.
TRIM을 사용하여 정리한다.

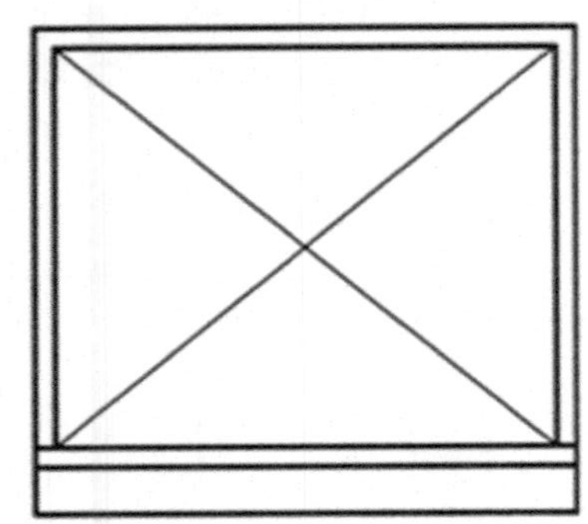

⑤ 열림 표시를 하여 완성한다.
LINE을 사용하여 내부 대각선의 선을 긋는다.

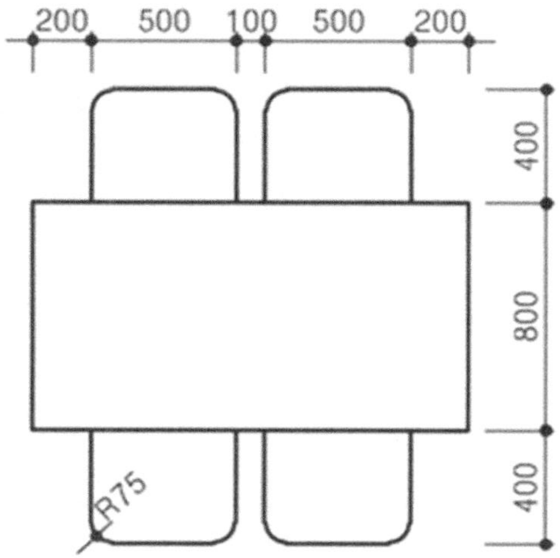

식탁 테이블: 1,500 × 800
의자: 500 × 400

① 식탁과 외곽선을 그린다.
시작점(P1)에서 상대 좌표로 가로 1,500, 세로 800의 RECTANGLE을 그린 후 EXPLODE를 실행한다.

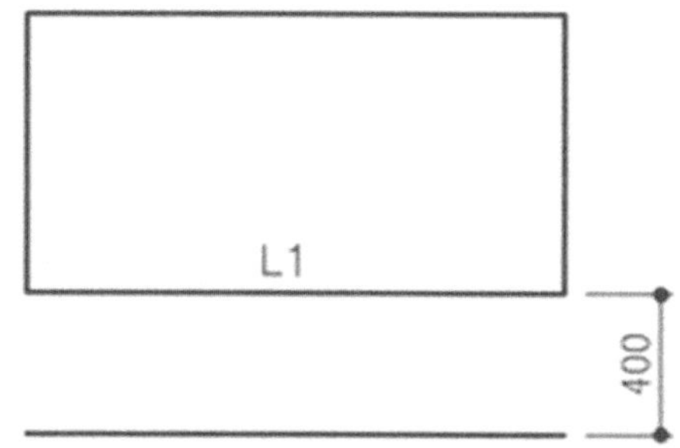

② 식탁 의자를 그린다.
사각형의 한 변(L1)을 지정된 간격으로 OFFSET 을 실행한다.

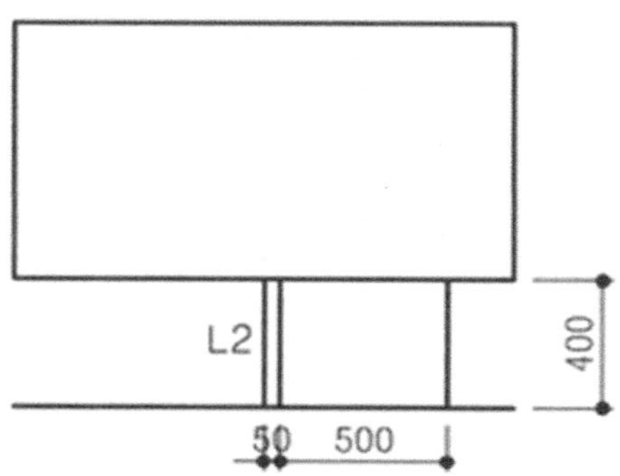

③ 식탁 의자를 그린다.
OFFSET된 LINE의 MID 지점에서 사각형의 한 변(L1)으로 수직선을 긋고(L2), 지정된 간격으로 OFFSET을 실행한다.

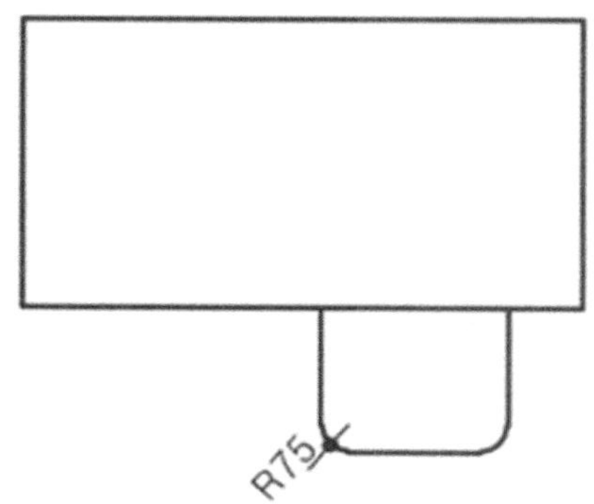

④ 의자 모서리를 FILLET을 사용하여 정리한다.
(모서리 반지름 75)

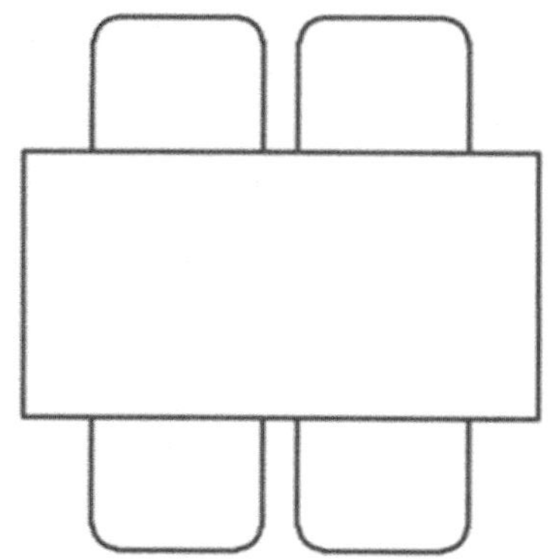

⑤ MIRROR를 사용하여 의자를 배치하고 식탁을 완성한다.

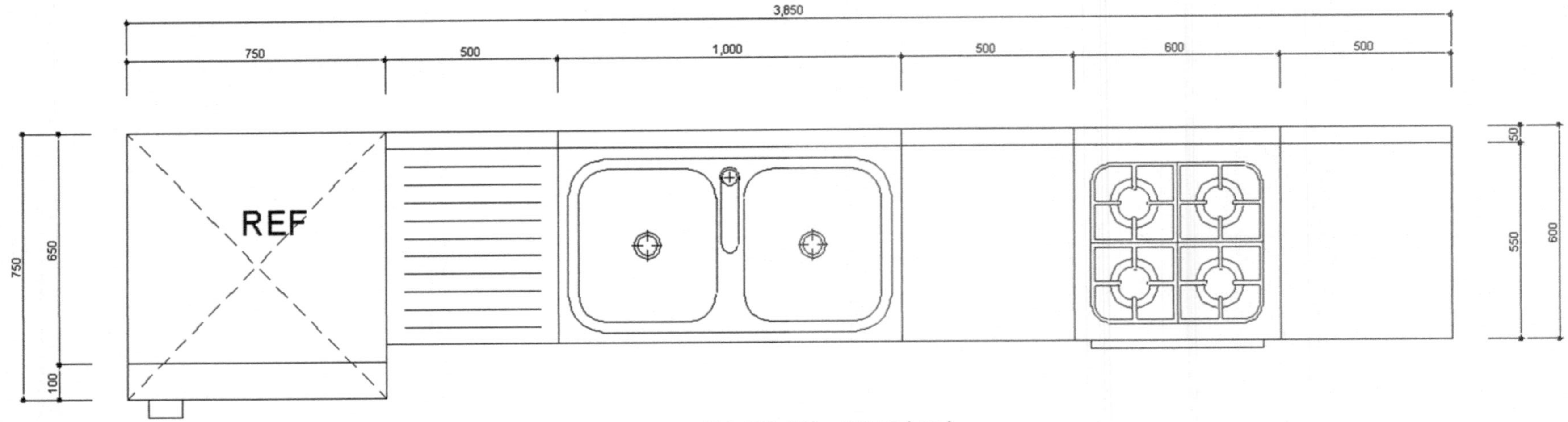

씽크대 그리기

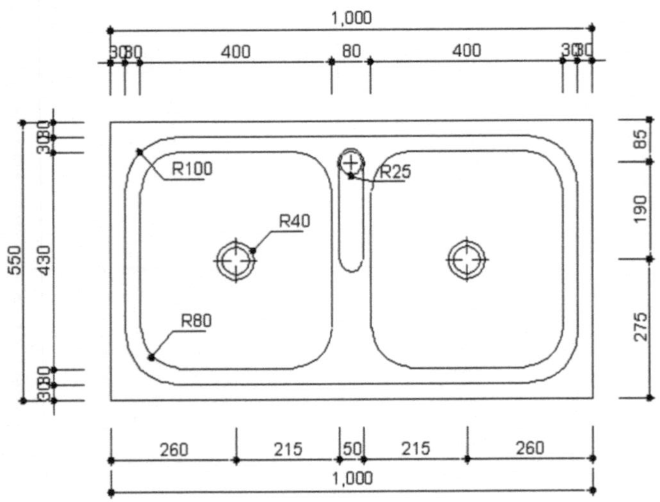

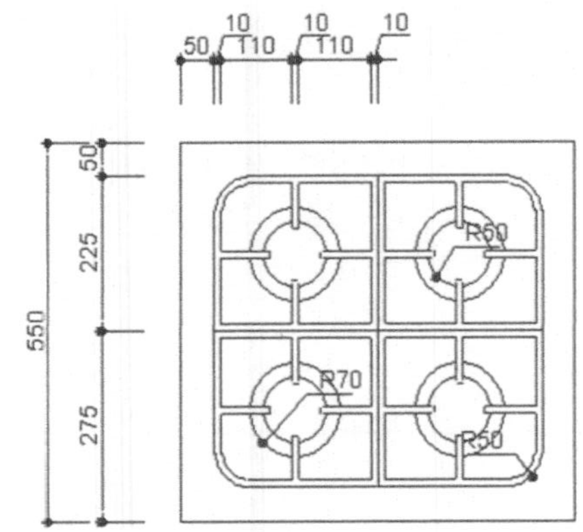

[TIP]

* 모양이 같은 것은 대칭시키는 것이 좋다.
* 대칭은 어디를 접었을 대 서로 완벽하게 마주 칠 수 있는가를 생각한다.

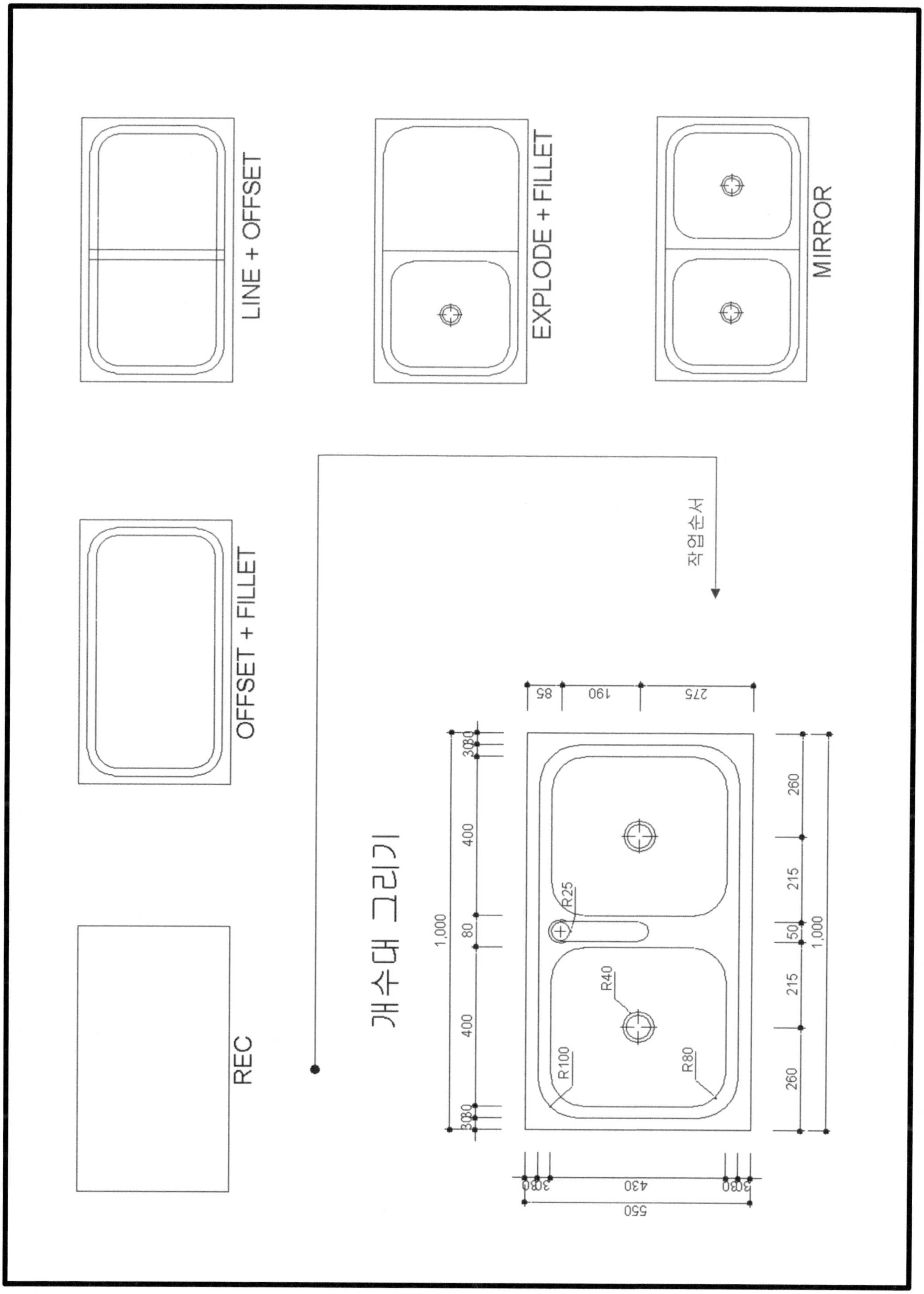

REC
OFFSET + FILLET
LINE + OFFSET
EXPLODE + FILLET
MIRROR
작업순서
개수대 그리기
R25
R40
R100
R80
1,000
400
80
400
30
30
260
215
50
215
260
85
190
275
430
550

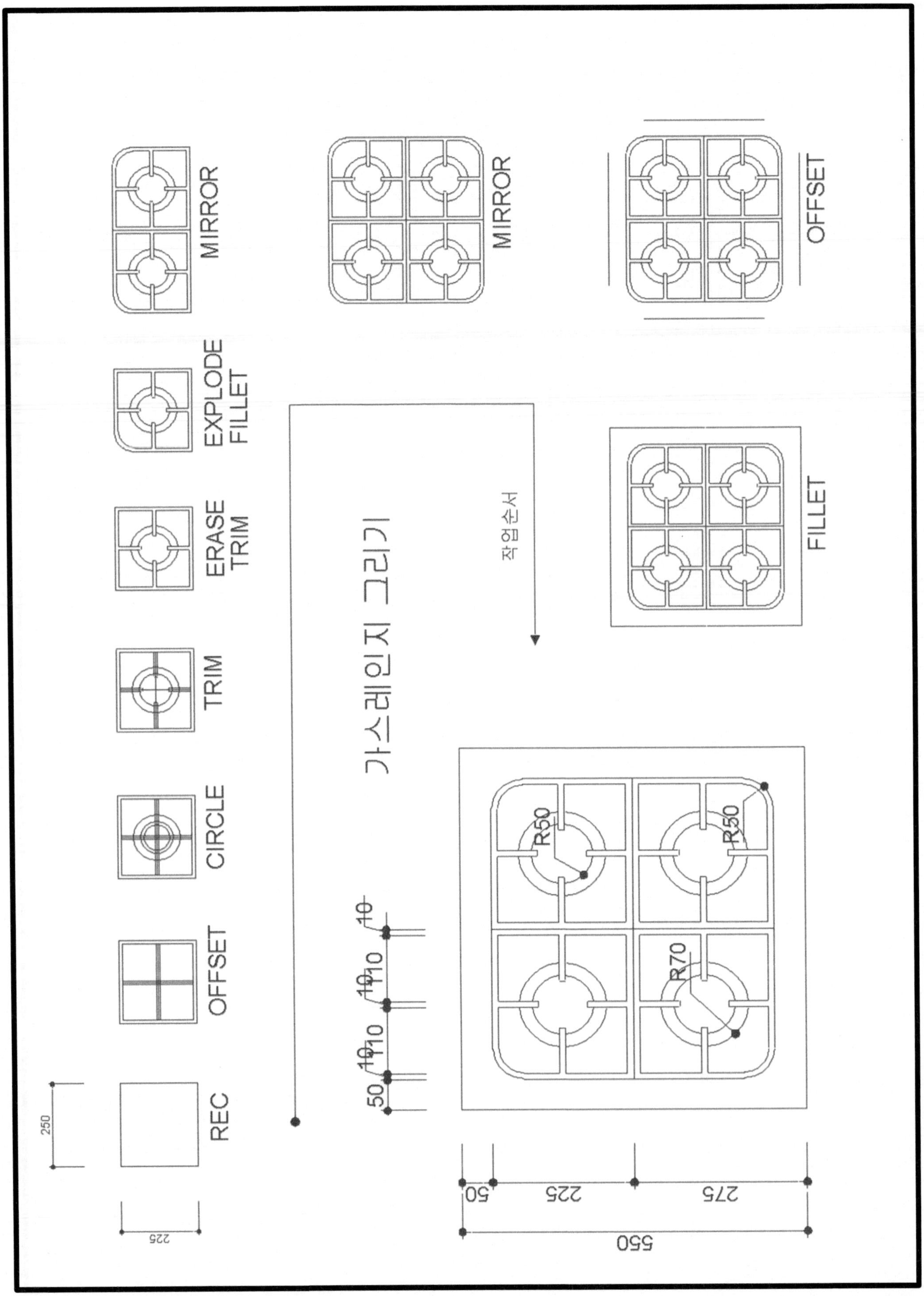
가스레인지 그리기
작업순서
REC
OFFSET
CIRCLE
TRIM
ERASE
TRIM
EXPLODE
FILLET
MIRROR
MIRROR
FILLET
OFFSET
250
225
550
50
225
275
50
10
110
10
110
10
R50
R50
R70

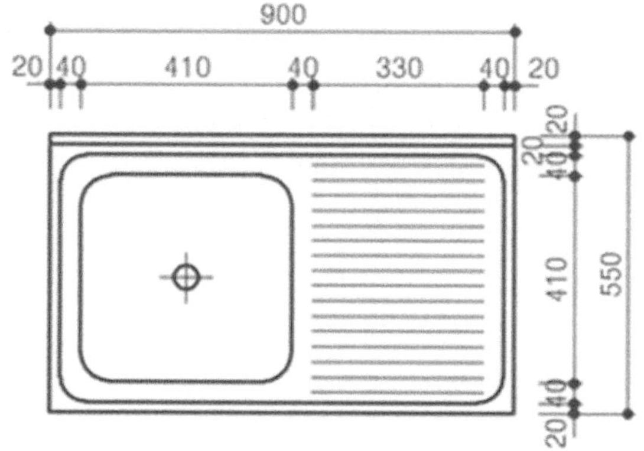

싱크대: 900 × 550

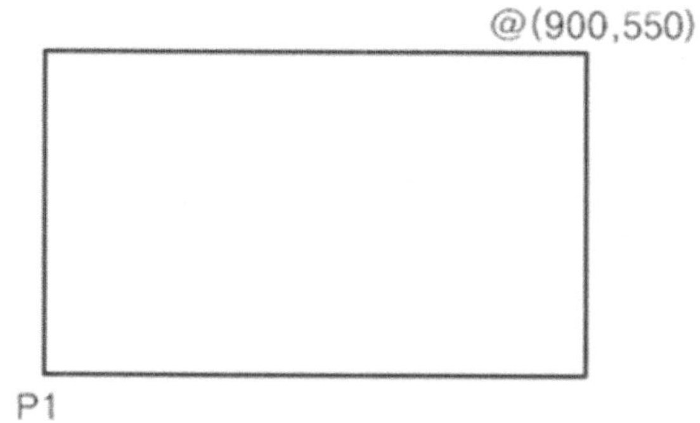

① 싱크대의 외곽선을 그린다.
시작점(P1)에서 상대 좌표로 가로 900, 세로 550의 RECTANGLE을 그린 후 EXPLODE 를 실행한다.

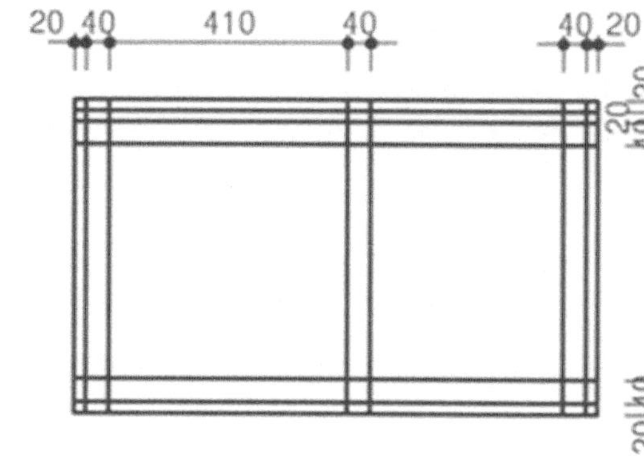

② 싱크대의 내부 선을 그린다.
내부 수조와 요철 부분 경계선, 내부 수조의 기준선을 지정된 간격으로 OFFSET 한다.

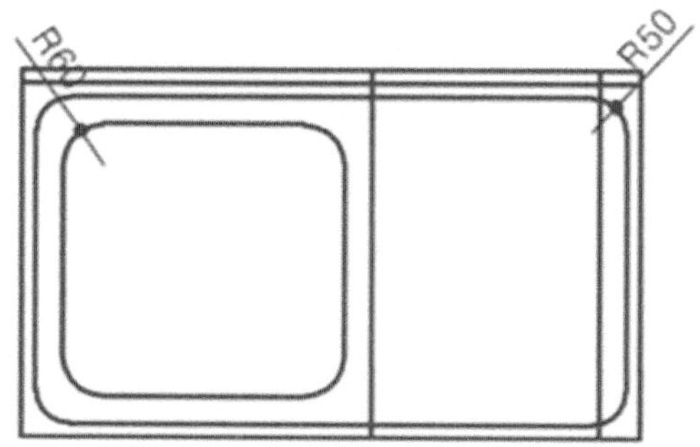

③ 싱크대 수조 및 외부 모서리를 FILLET 명령을 이용하여 정리한다.

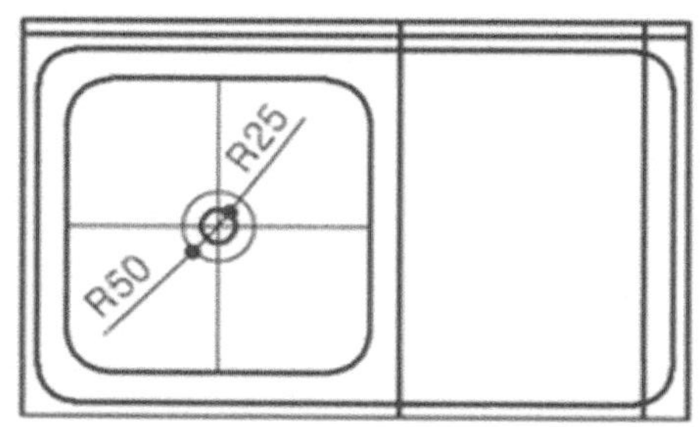

④ 반지름이 25㎜인 배수구를 그린다.
LINE으로 수조 내부에 수직 수평선을 긋고 중심에 CIRCLE R=25, R=50인 원을 그린다.

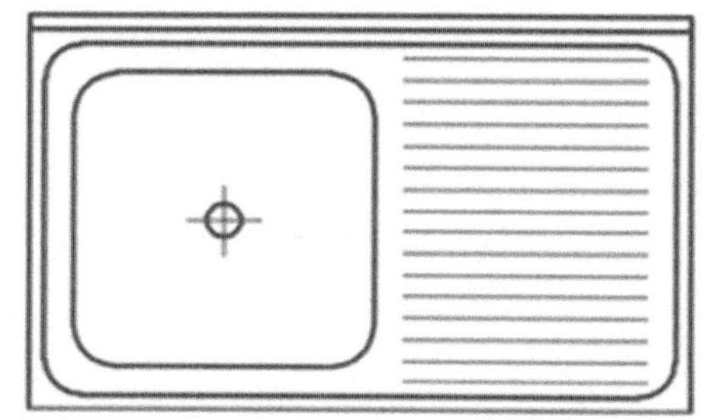

⑤ 배수구에서 불필요한 선을 TRIM, ERASE 로 정리한다.
선반의 요철 부위에 LINE을 긋고 ARRAY (Rectangular, Rows: 15, Rows offset: -30) 명령으로 배열하여 불필요한 선을 ERASE로 정리하여 완성한다.

3.7. 방 평면 요소 - 침대

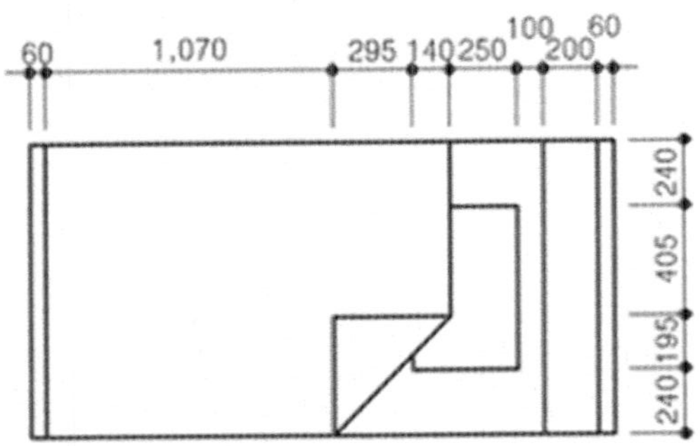

침대: 2,175 × 1,080

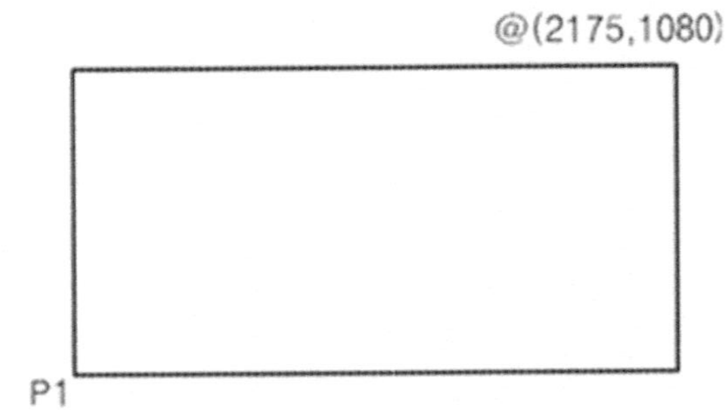

① 침대의 외곽선을 그린다.
시작점(P1)에서 상대 좌표로 가로 2,175, 세로 1,080의 RECTANGLE을 그린 후 EXPLODE를 실행한다.

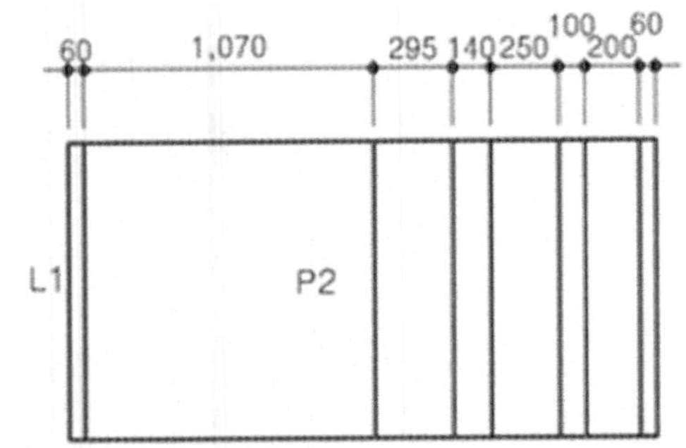

② 침대의 내부선을 그린다.
사각형의 한 변(L1)을 지정된 간격으로 OFFSET을 실행한다.

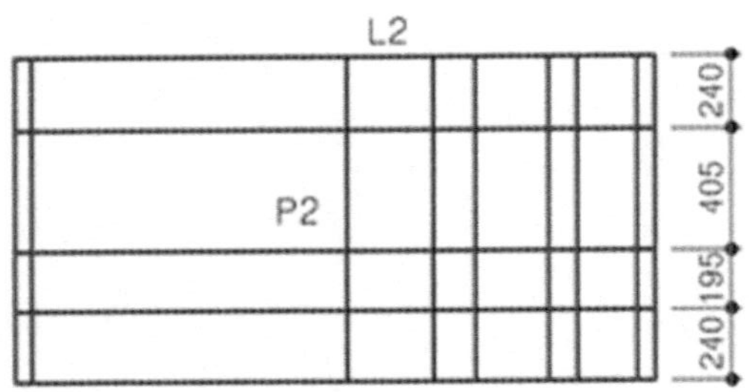

③ 침대의 내부선을 그린다.
사각형의 한 변(L2)을 지정된 간격으로 OFFSET을 실행한다.

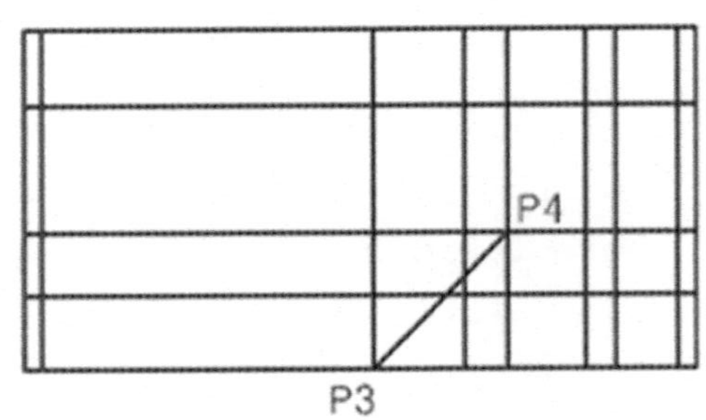

④ 침대의 내부선을 그린다.
P3과 P4를 잇는 LINE을 긋는다.

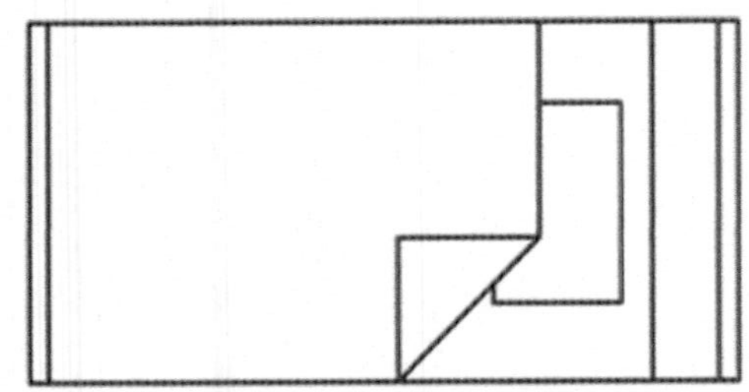

⑤ TRIM과 ERASE로 선들을 정리하여 침대를 완성한다.

3.8. 도면(절단) 기호 그리기

① 지름 15㎜인 원을 그린다.

② 원의 중심에 마름모꼴의 사각형을 그린다. POLYGON 명령을 이용하여 원보다 약간 큰 마름모를 만든다.

③ 마름모를 연결하는 수평선과 중간점에서 수직선을 긋는다.
마름모의 아래 삼각형 부분과 원의 내부를 TRIM으로 정리한다.

④ 원과 삼각형 사이의 공간을 BHATCH 명령으로 검게 칠한다.
LINE 명령으로 수평선을 긋는다.

⑤ 절단선을 표시하기 위해 LINETYPE에서 선의 종류를 CENTER로 변경하고, LTSCALE을 0.5로 조정한다.

⑥ MIRROR 명령으로 대칭 복사를 실행하고, DTEXT 명령(STYLE 굴림, 문자 높이 4㎜)으로 글자를 기입하여 완성한다.

3.9. 도면 양식 그리기

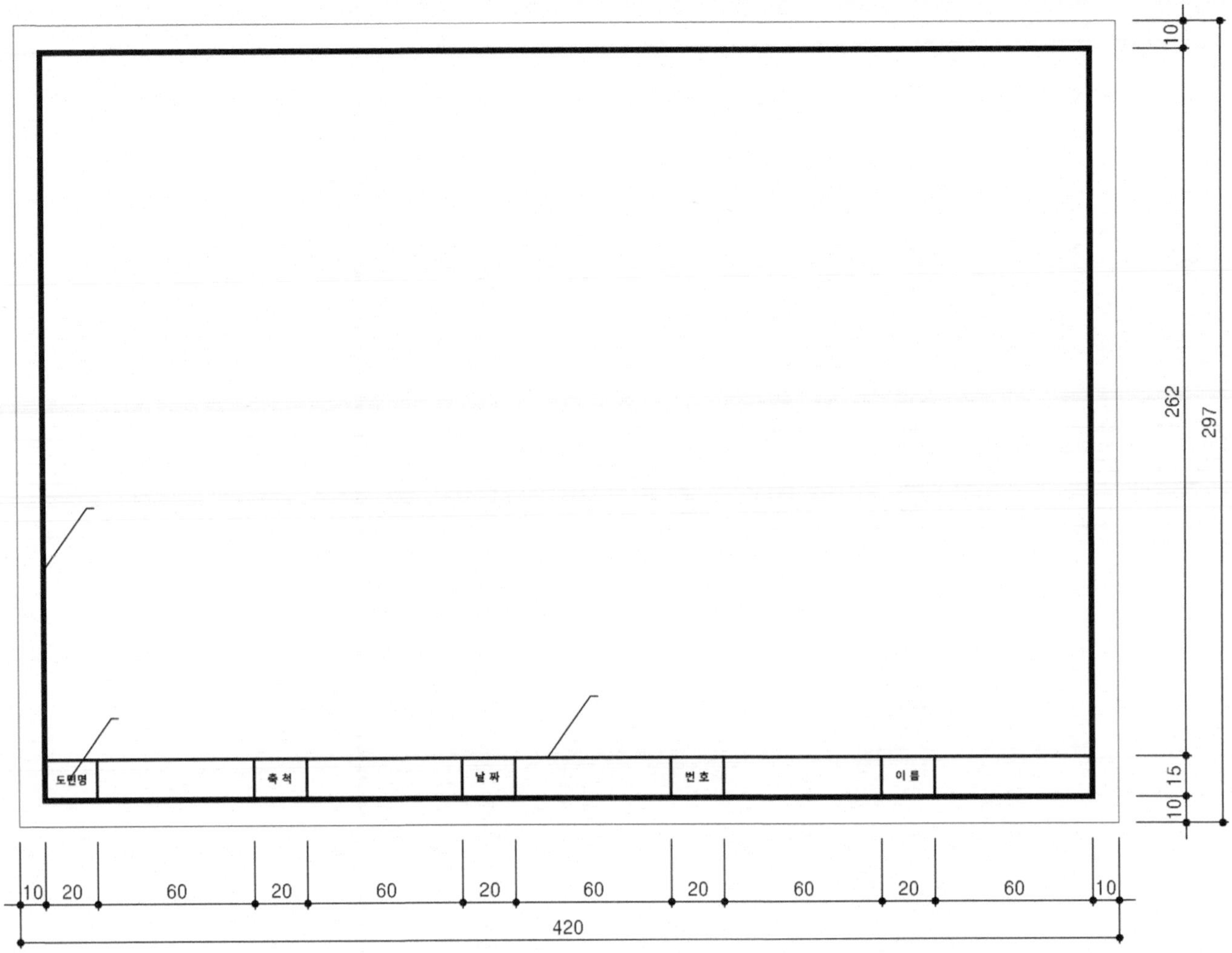

도면명
축척
날짜
번호
이름
10
20
60
20
60
20
60
20
60
20
60
10
420
10
262
297
15
10

① 외부 테두리선을 그린다.
시작점(P1)에서 상대 좌표로 가로 400, 세로 297의 RECTANGLE을 그린 후 EXPLODE를 실행한다.

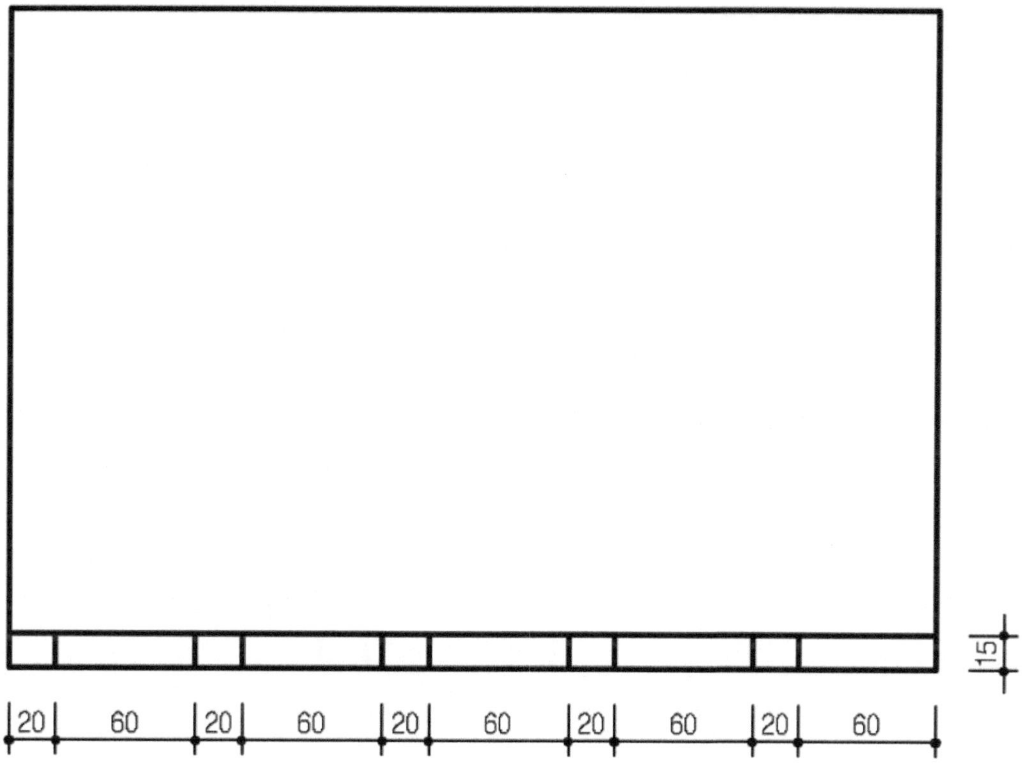

② 표제란을 그린다.
테두리선을 OFFSET한 후 FILLET과 TRIM 명령을 사용하여 치수에 맞게 표제란을 그린다.

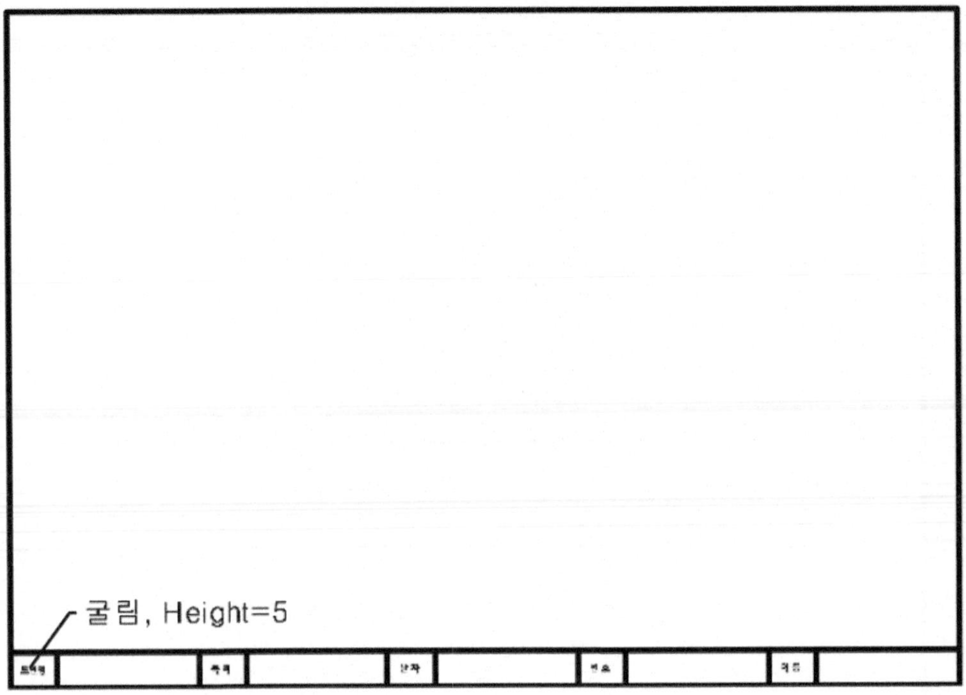

③ 표제란에 글자를 입력한다.
MTEXT 명령으로 Font Name을 굴림으로 하고, 높이 값은 5로 하여 글자를 입력한다.

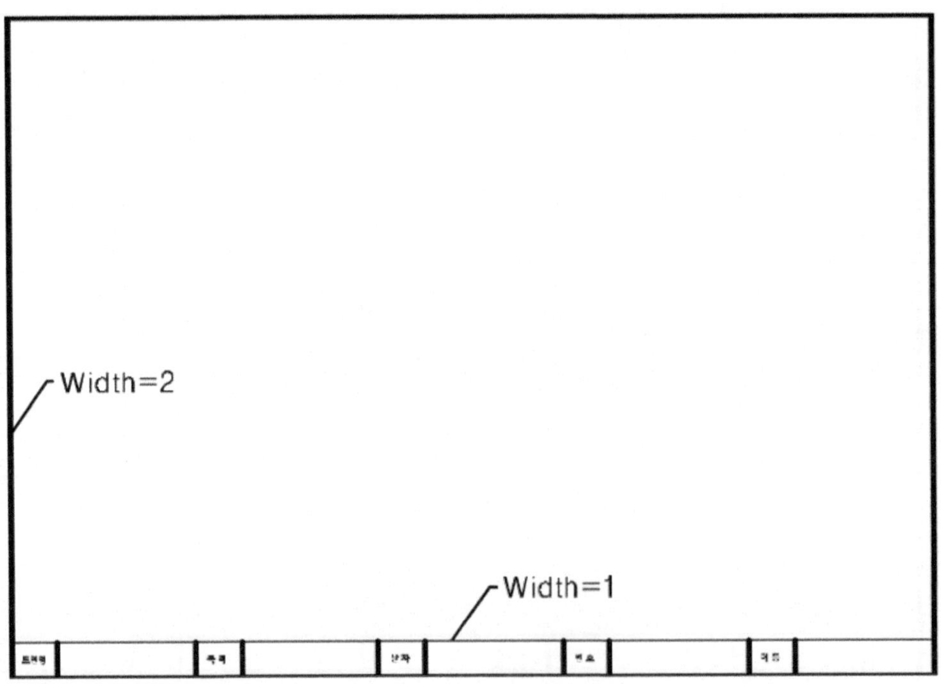

④ 테두리선과 표제란의 선을 수정하여 완성한다.
PEDIT으로 선의 두께 값을 변경한다.

Chapter

4

평면도 그리기

Chapter 4. 평면도 그리기

4.1. 평면도 작성과정

■ 평면도란?

건축물을 창틀 위에서 수평으로 잘라 하늘에서 내려다본 형태로 그린 그림(수평 투상도)을 말합니다.
실의 배치 상태와 크기, 창문의 위치, 가구의 배치상태를 나타냅니다.

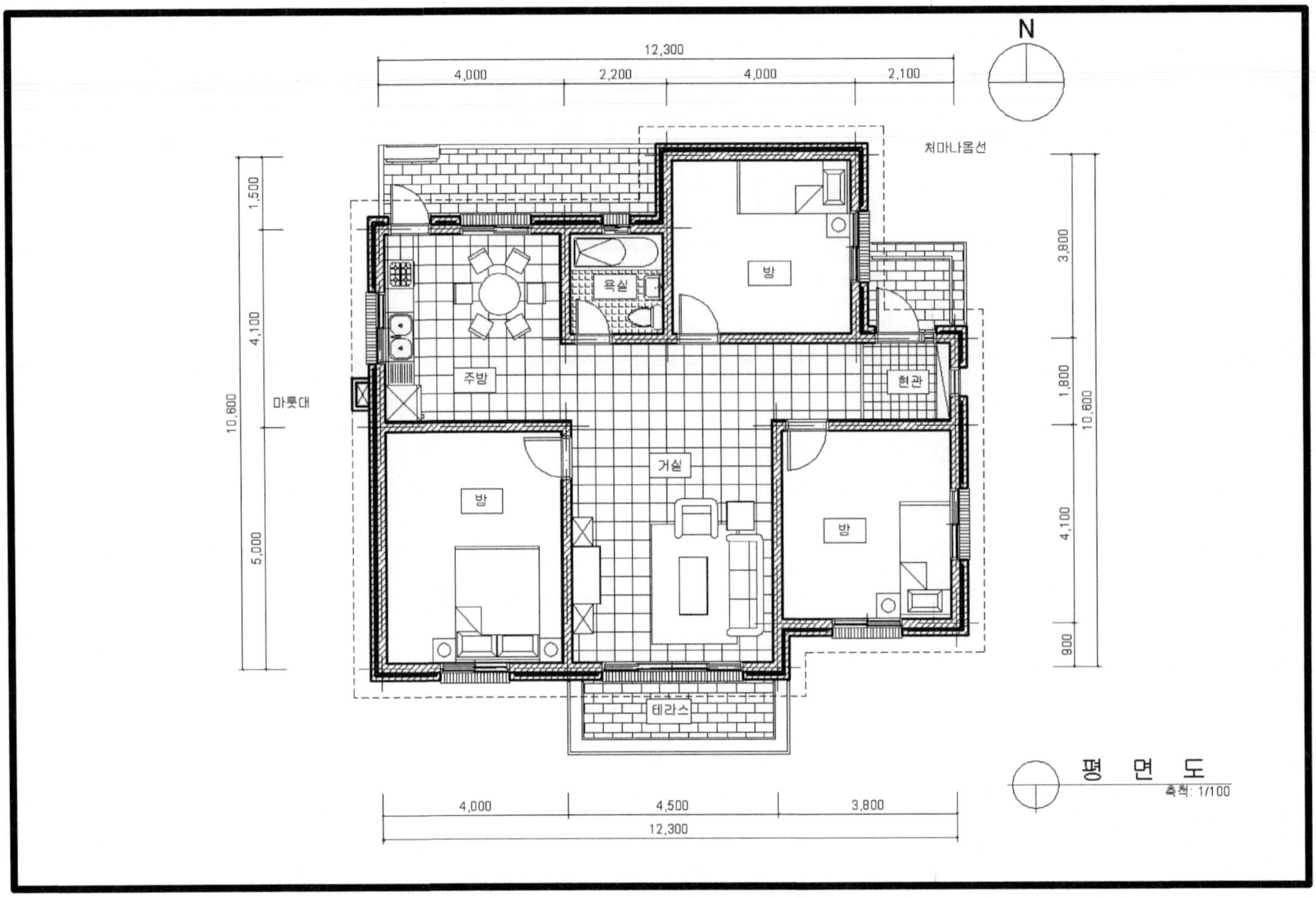

평면도의 이해

평면도는 창문 위 즉 건축물의 바닥으로부터 1.2m 정도 높이에서 수평으로 절단한 수평 투상도 입니다.

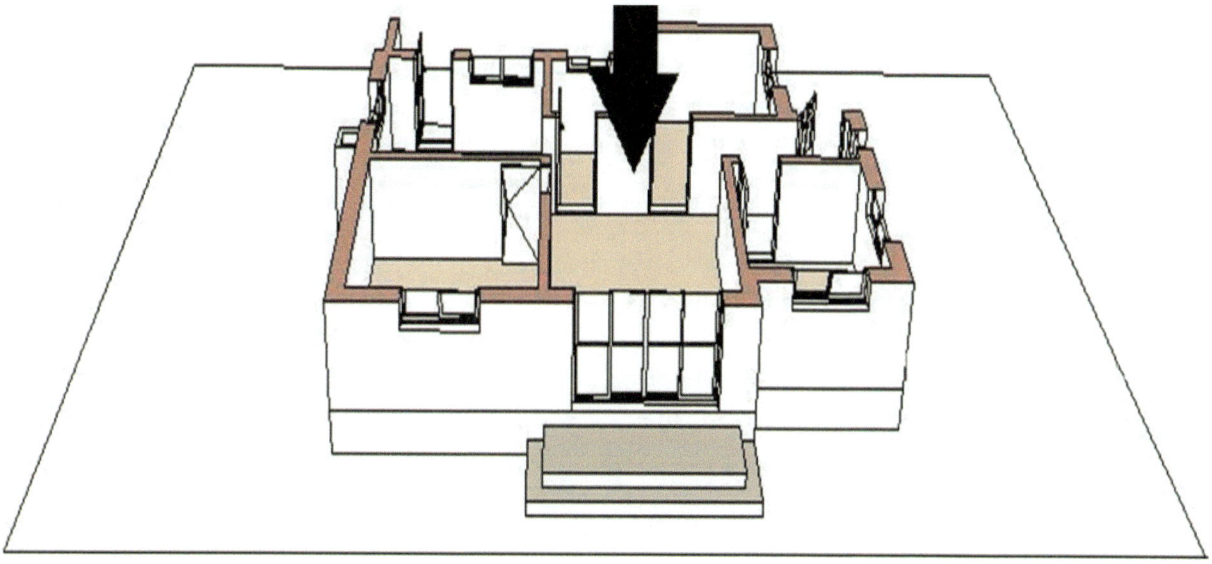

◈ 평면도에 나타낼 내용

① 실의 배치와 각 실의 크기: 침실과 거실은 30cm 단위로 기타 부엌, 식당, 욕실, 현관, 창고 등은 10cm 단위로 설계합니다.(권장)

② 기둥, 벽, 바닥을 위치

③ 개구부(창문, 문)의 위치나 크기: 문, 창문은 10cm 단위로 설계합니다.(권장) 욕실이나 화장실의 작은 창을 제외하고 2짝 미서기창은 창문 한 짝의 폭을 600이상으로 합니다.

④ 가구 및 설비의 배치

⑤ 방위 및 각종 기호 - 가급적 남쪽을 도면의 아래로 배치합니다.

◈ 주의 사항

축척에 따라 표현 정밀도가 달라지는데, 크게 그릴수록 상세하게 표현합니다. 예를 들면, 평면도가 1/200이나 1/100 축척에서는 마감재료의 표시를 하지 않으나 1/50, 1/30 축척에서는 마감재료의 표시를 상세하게 합니다.

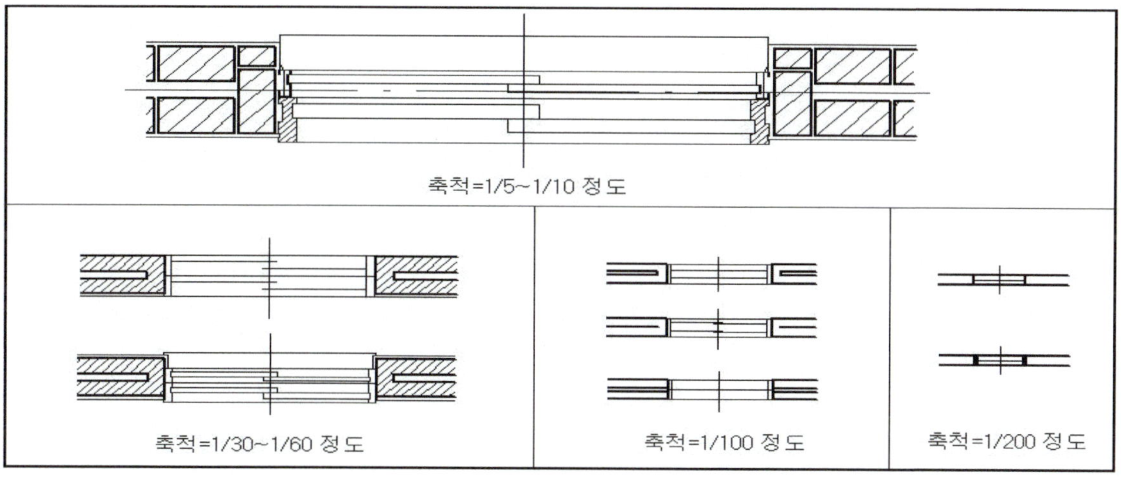

평면도 작도 순서

① 작업 환경을 설정한다.
② 벽 및 기둥의 중심선을 그린다.
③ 벽과 기둥을 그린다.
④ 창 및 출입구의 위치를 표시한다.
⑤ 미리 만들어진 창과 문의 블록을 삽입한다. - 라이브러리 사용 (블록의 모음을 "라이브러리" 라고 합니다.)
⑥ 마감 재료선을 그린다.- 1/50정도의 도면에서는 모르타르나 타일 마감선 등을 그리나 1/100 정도의 도면에서는 그리지 않습니다.
⑦ 미리 만들어진 설비 및 가구의 블록을 넣는다 - 욕조, 세면기, 양변기, 싱크대, 가구 등의 BLOCK을 [라이브러리]를 이용하여 삽입
⑧ 방의 명칭 및 도면의 명칭 등의 문자(TEXT)를 넣는다.
⑨ 바닥 모양을 그린다.(HATCH)- 욕실, 테라스, 마루 등
⑩ 치수선과 치수보조선, 치수를 넣는다.
⑩ 방위, 출입구의 화살표 등의 기호(symbol)를 넣는다.

1. 작업 환경 설정

◈ 양식 만들기

레이어, 글자, 치수선 등을 설정하고 양식을 만들어 저장합니다.

레이어는 통일되어지지 않습니다. 필요에 따라 만들어 사용하여도 좋습니다.(아래 레이어의 예 참조)

Layer 명	Color No	Linetype	대 상
CEN	1 (Red)	1점쇄선	중심선
SEC	2 (Yellow)	Continuous(실선)	벽체선
FIN	5 (Blue)	Continuous(실선)	마감선(모르타르 및 타일 마감)
WID	4 (Cyan)	Continuous(실선)	창문, 문
FUR	4 (Cyan)	Continuous(실선)	가구, 위생도기, 싱크
HAT	5 (Blue)	Continuous(실선)	해칭선, 바닥재료
DIM	7 (White)	Continuous(실선)	치수, 치수선, 치수 보조선
TEX	7 (White)	Continuous(실선)	글자
SYM	7 (White)	Continuous(실선)	각종 심벌
FORM	4 (Cyan)	Continuous(실선)	도면 양식(Form)
LAN	1 (Red)	Continuous(실선)	조경, 나무

사용할 레이어를 평면도, 단면도, 입면도 별로 미리 정하여 원형도면에 넣어두었다가 항상 일정한 레이어를 사용하는 것이 좋습니다. 또한, 같은 사무실에서는 작업 능률상 표준을 정해 직원 상호간 동일한 레이어를 사용해야 합니다.

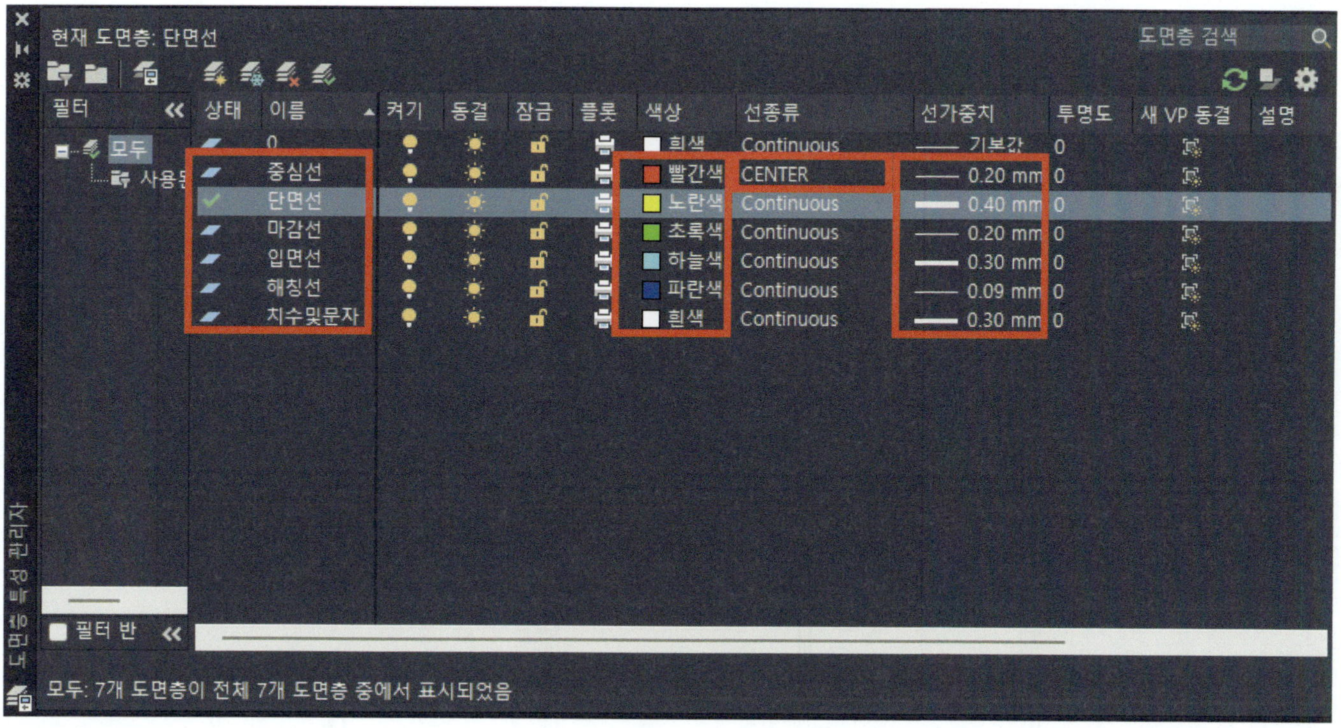

2. 중심선 그리기

① 수평, 수직의 주기준선을 그립니다.

② Offset을 이용하여 시계방향이나 반 시계방향으로 회전하며 그립니다.

③ Grip(맞물림)을 이용하여 선의 길이와 위치를 편집하세요.

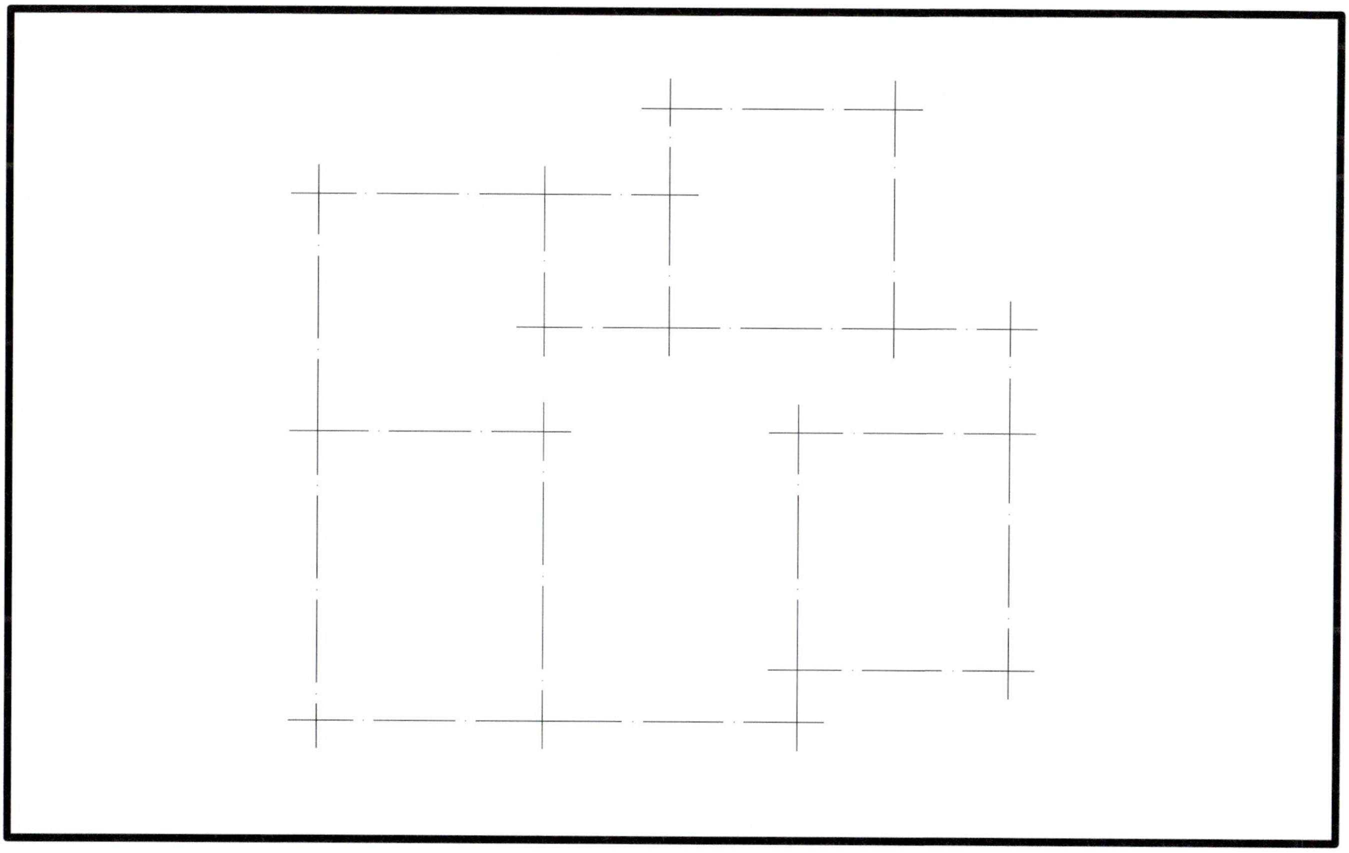

3. 벽체선 그리기

① Offset을 이용하거나 ML명령을 이용하여 벽체선을 그립니다.

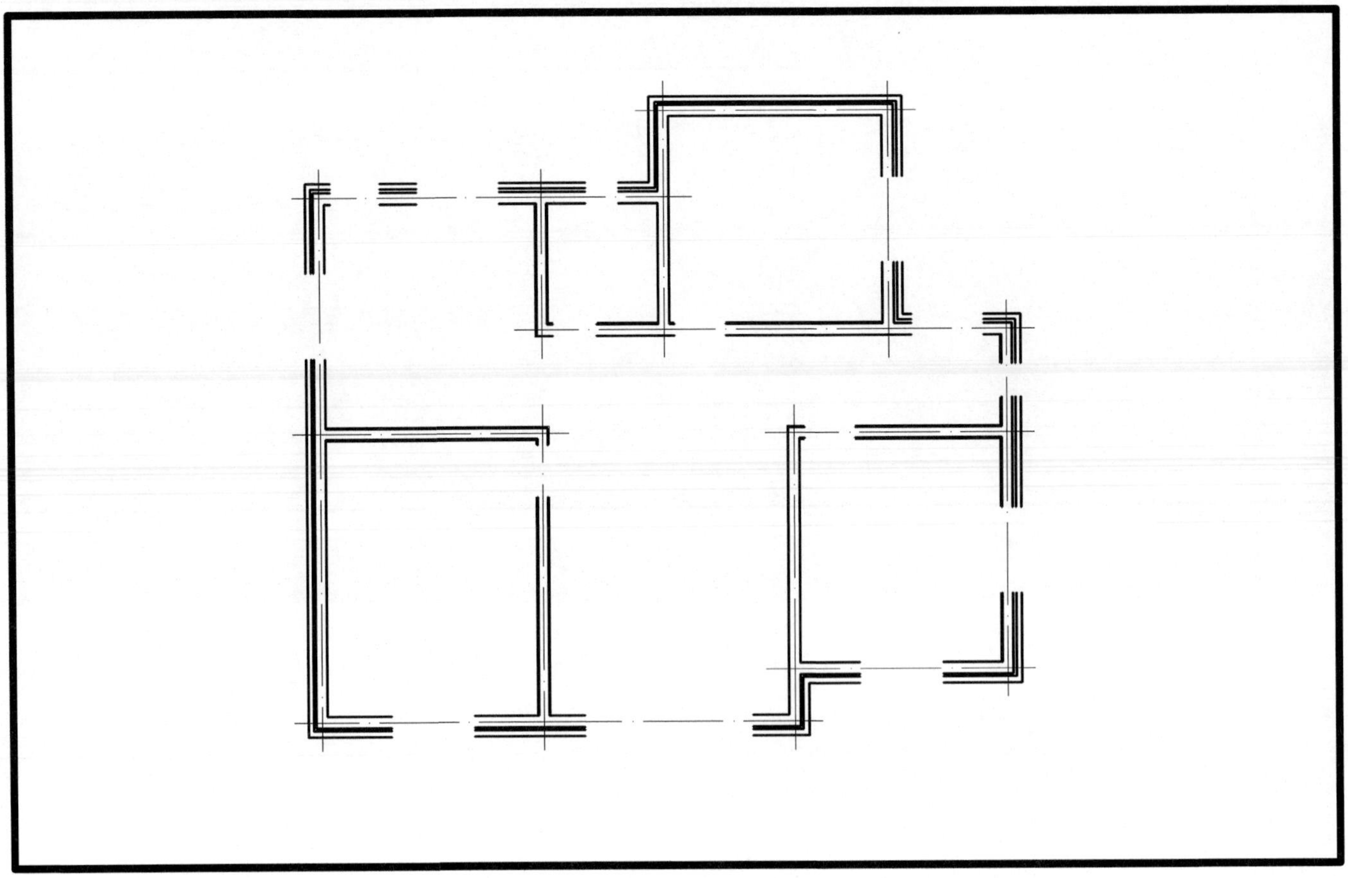

Offset을 이용한 외벽선 그리기 순서

또는

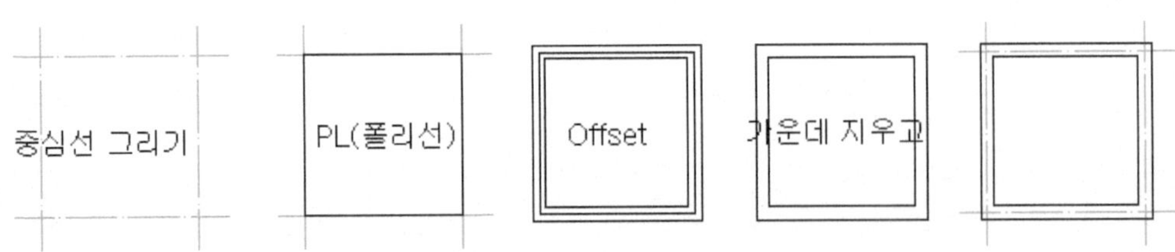

4. 창문, 문, 가구 블록 넣기

① 블록은 도면을 그리기 전에 만들어 놓습니다. 또는 라이브러리를 사용하거나 자동화 프로그램인 "캐드파워"등을 사용하여도 좋습니다.

② 만들어진 블록을 삽입합니다.

▶ 창문의 블록은 크기가 맞지 않아도 삽입(Insert<I>)할 때 축척을 고려하면 정확한 치수로 입력할 수 있습니다. 예) 평면도의 창이 1500이고 블록의 치수가 1800이라면 삽입시 축척값을 1500/1800으로 줄여 입력

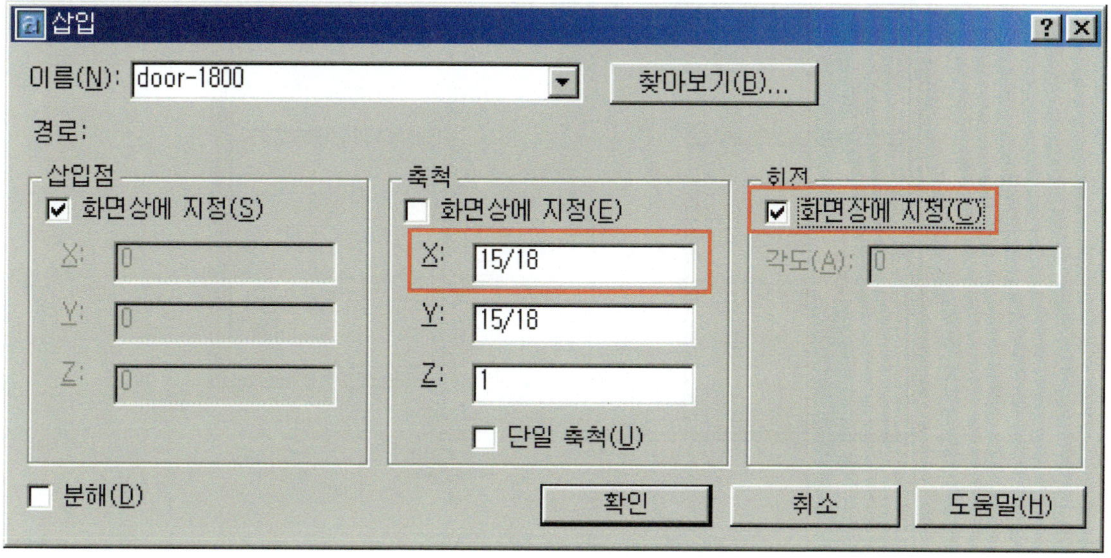

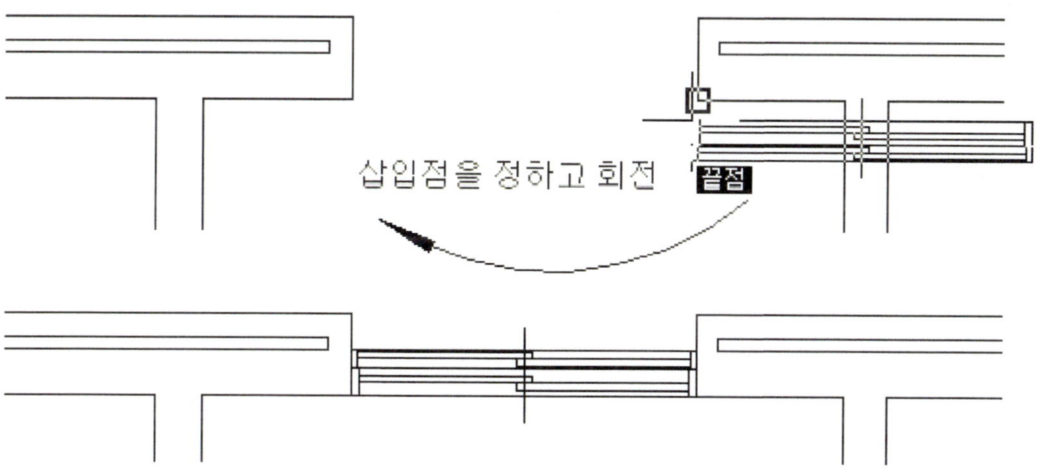

▶ 또한 정렬(Align<AL>) 명령을 사용하면 크기가 맞지 않는 창호를 맞추어 넣을 수 있습니다.(방향을 뒤집는 것도 가능)

ALIGN(명령)		-선택한 객체를 객체와 정렬 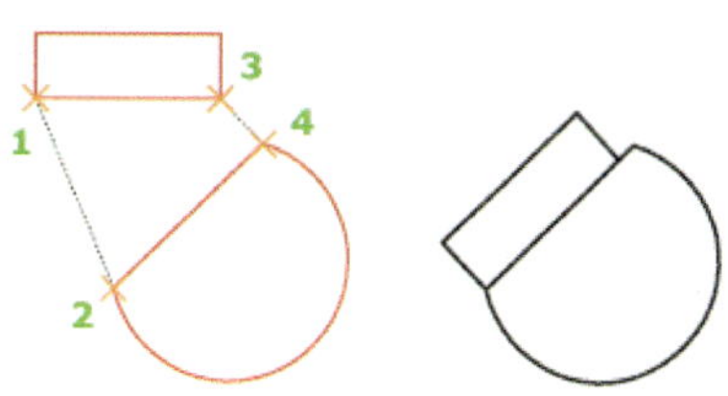
아이콘		
메뉴	수정 → 정렬	
명령행	MATCHPROP	
단축키	MA	

③ 만들어진 블록이 없는 것은 직접 그립니다.

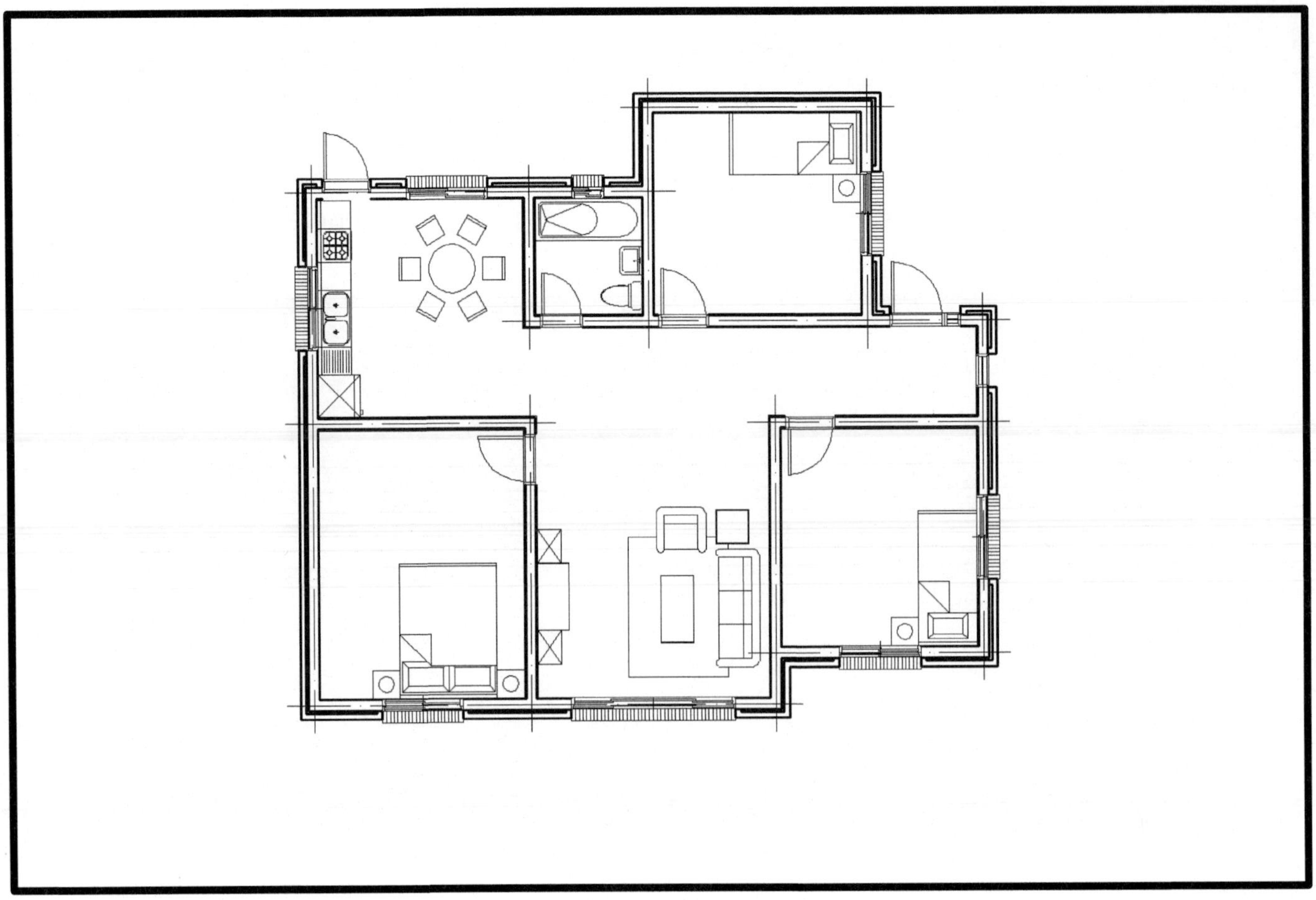

5. 문자 입력하기

① 문자의 종류는 STYLE 명령에 의해 그 유형이 미리 만들어지고 그 유형을 선택하고 문자의 높이 값을 조절하여 도면에 입력합니다.

글씨체는 설계사무소 등에서 사용하는 [캐드폰트]를 사용해도 되며 예쁜 도면을 만들 때에는 투루타입의 [굴림체]를 사용합니다.

TEXT 한글 단선체

TEXT 한글 복선체 (캐드 폰트)

TEXT 한글 단선체 (투루타입 폰트)

② 글자는 DT나 MT명령을 이용하여 입력합니다.

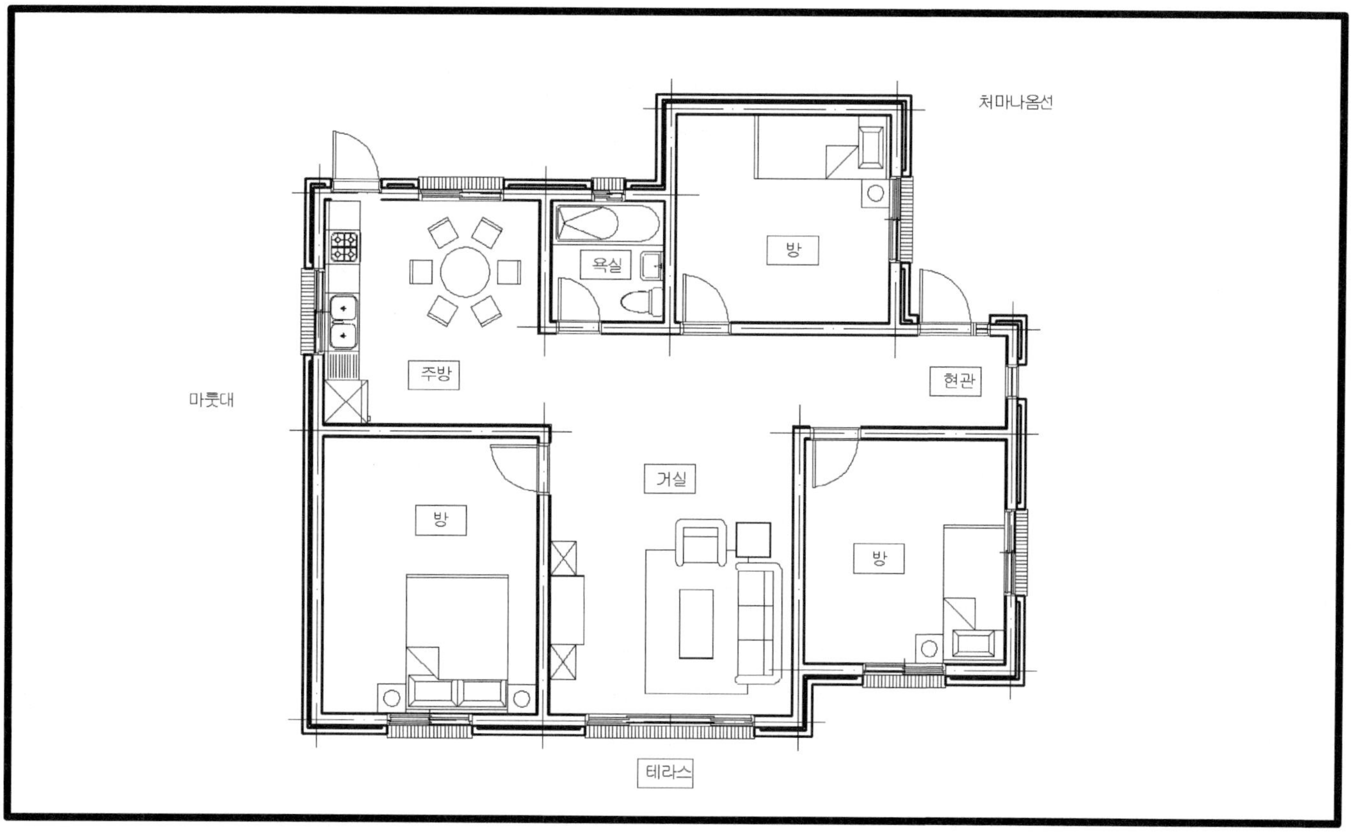

② 계단 등을 입면선으로 그립니다.

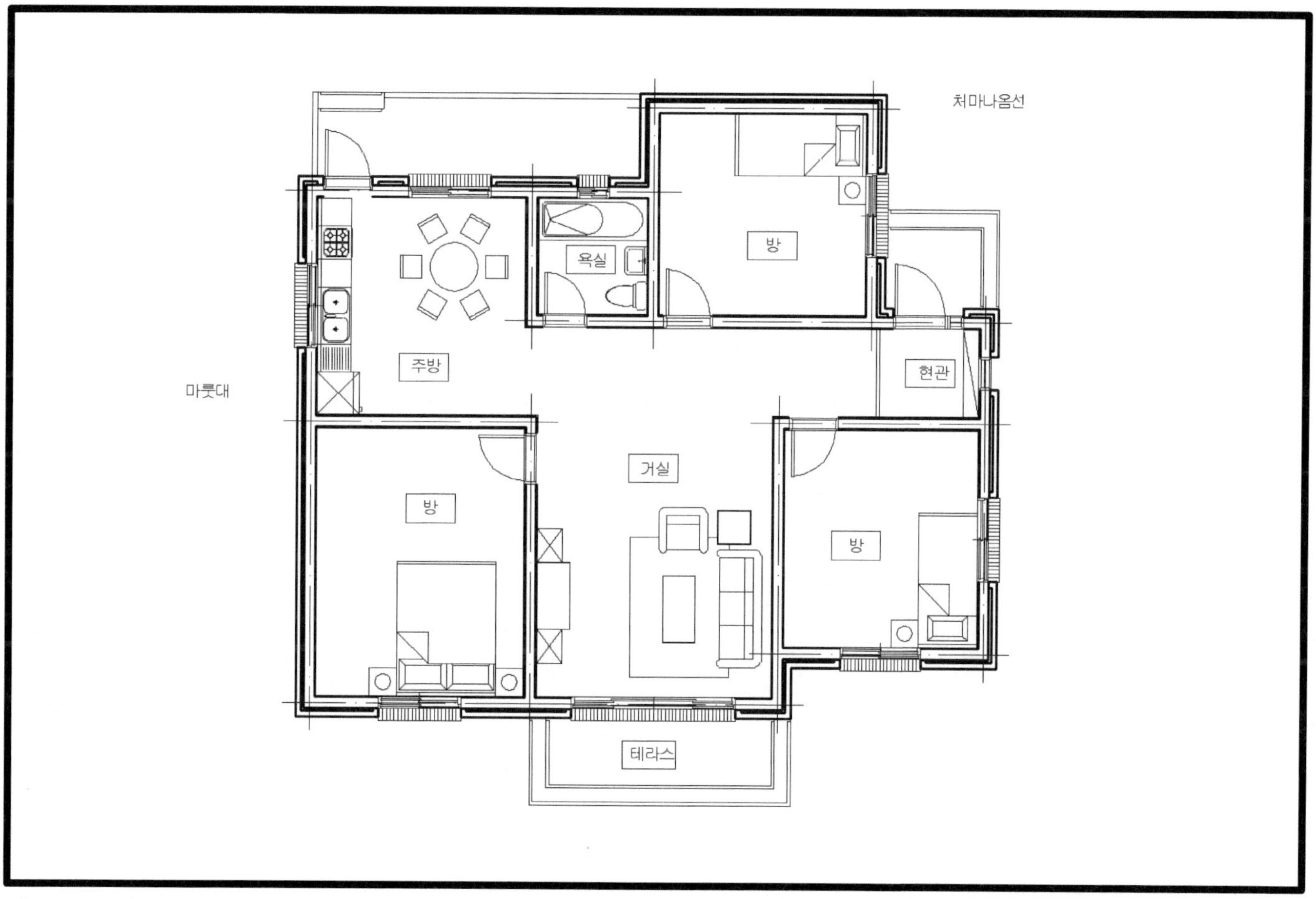

6. 벽체 및 바닥 해칭

Hatch<H>명령을 이용하여 해칭을 합니다.

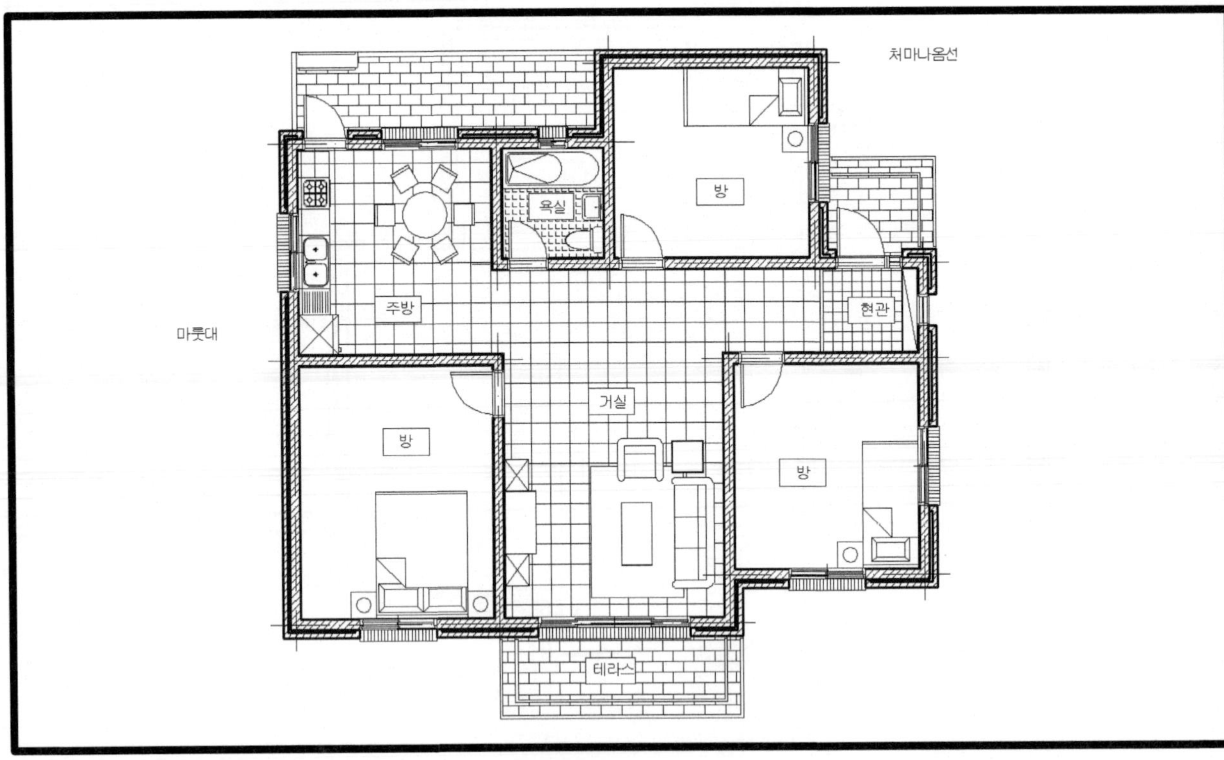

7. 치수선 그리기

치수선 그리기에 앞서 <도면그리기설정>에서 DDIM이 설정되어야 합니다.

치수를 입력하는 명령은 DLI, DCO, DBA를 이용하여 치수선을 입력합니다.

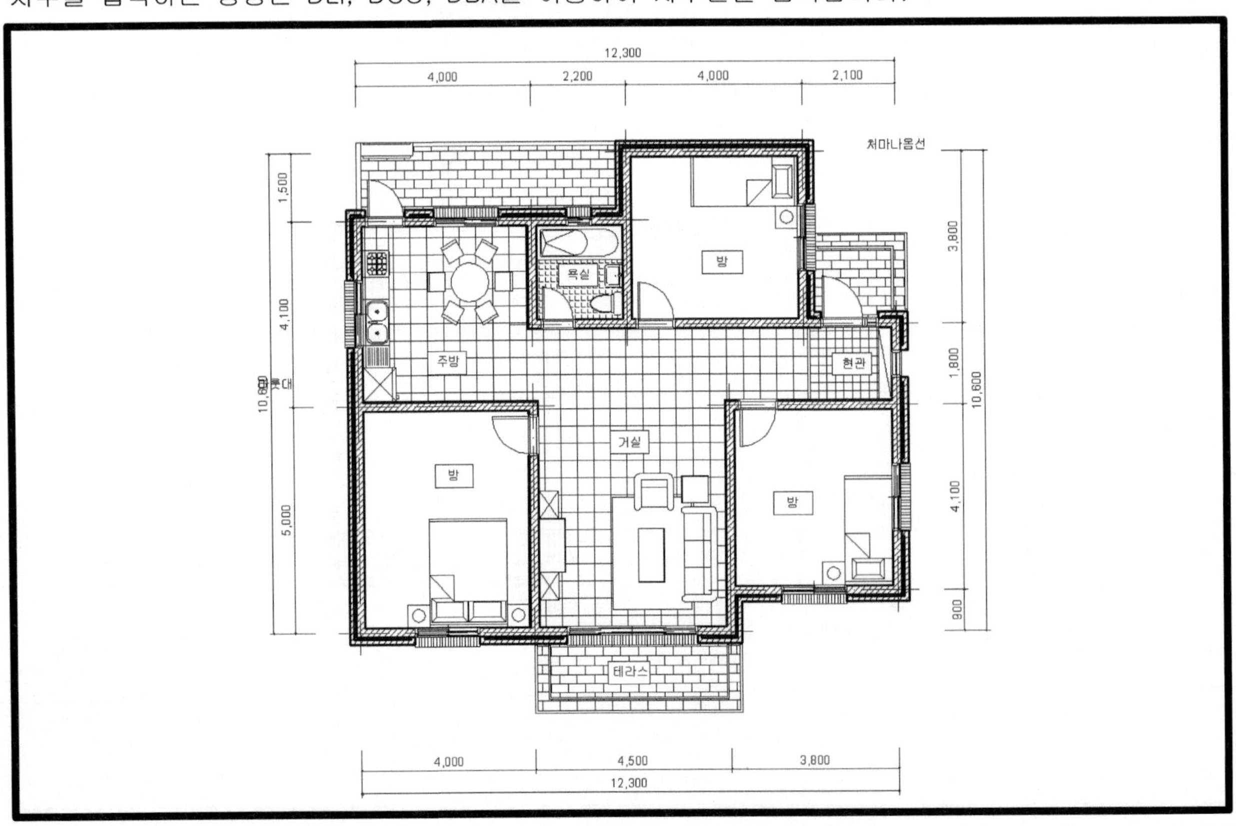

8. 각종 심볼 넣기

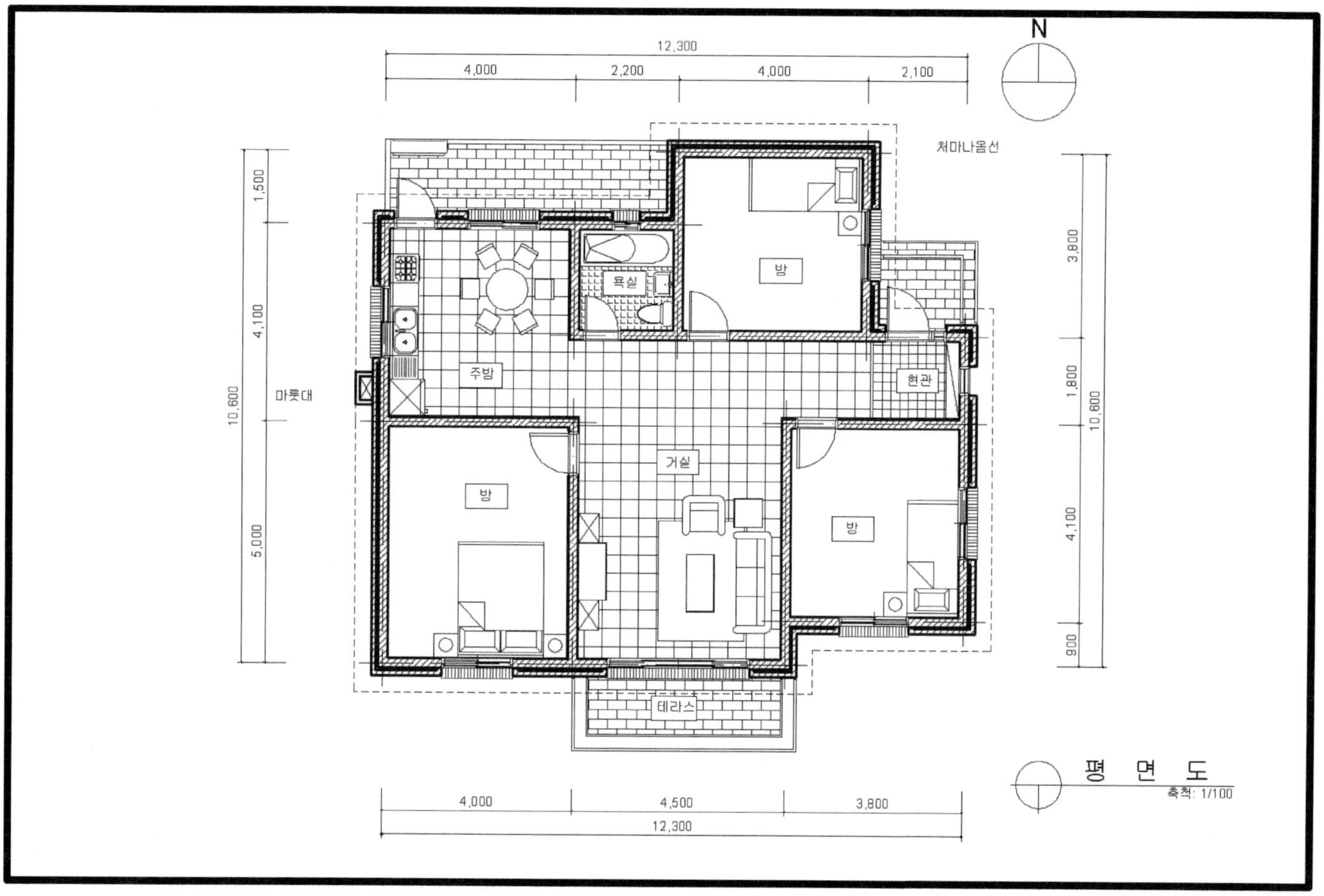

N
12,300
4,000
2,200
4,000
2,100
처마나옴선
1,500
4,100
5,000
10,600
마룻대
3,800
1,800
4,100
900
10,600
욕실
방
주방
현관
거실
방
방
테라스
평 면 도
축척: 1/100
4,000
4,500
3,800
12,300

4.2. CAD로 평면도 그리기

순서:

① 작업준비 (도면 양식 파일 삽입, 도면층 만들기, 선의 축척 설정)
② 기둥, 벽 등 설계에 기준이 되는 중심선 그리기
③ 기둥, 벽 등 그리기
④ 창, 문 그리기
⑤ 마감선 그리기
⑥ 가구, 위생기구, 주방기구 등 그리기
⑦ 줄눈, 재료 표시 등 그리기
⑧ 치수 기입하기
⑨ 문자 쓰기 (실명 쓰기, 도면의 제목과 축척 기입하기)
⑩ 출력하기

1	작업준비

1. 도면 양식 파일 삽입하기

(앞에서 그린 A3크기 도면 양식 파일(파일명 : A3.dwg)을 삽입한다. 축척은 1/60이고, 도면층은 '0' 으로 한다.)

insert

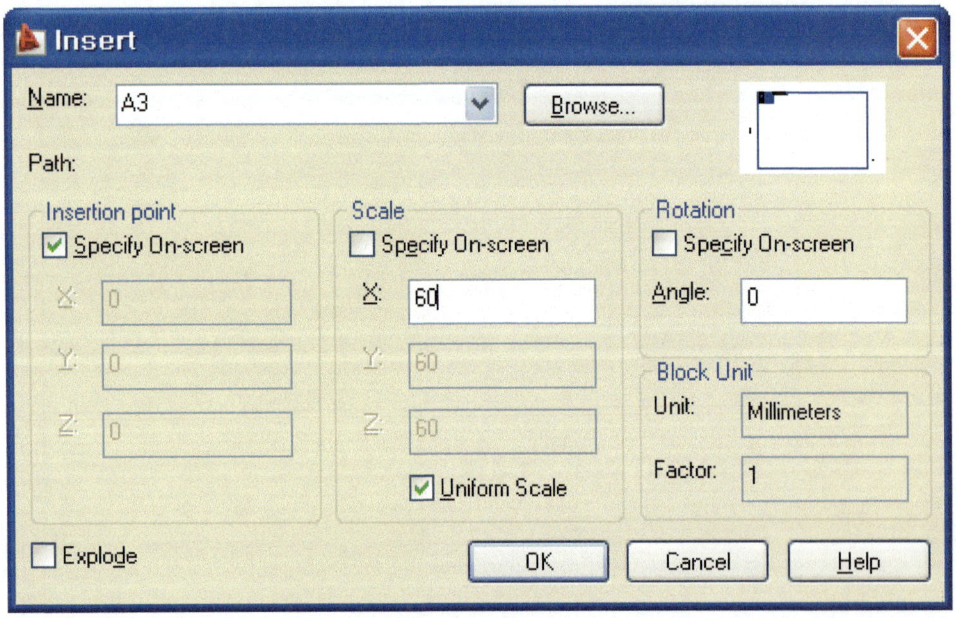

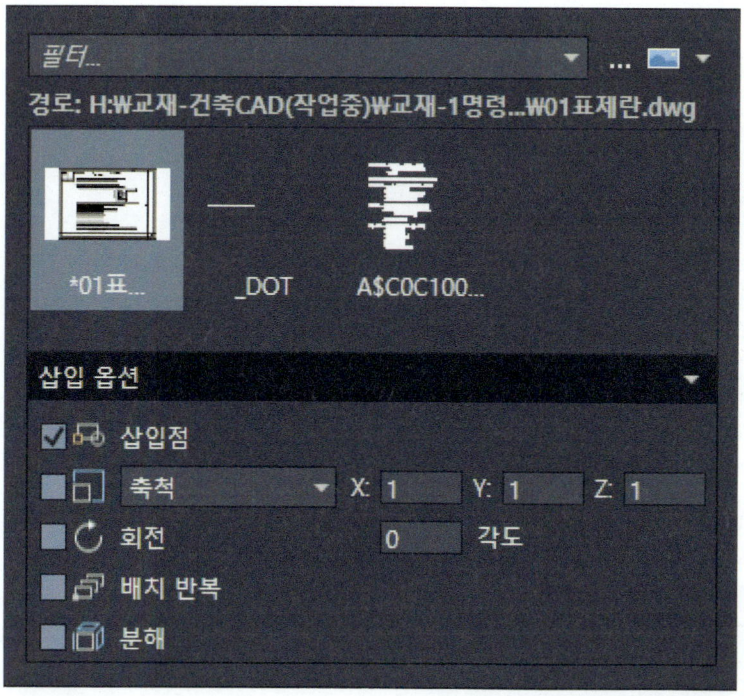

삽입될 도면 양식(A3.dwg)은 A3크기이므로 원래보다 60배 확대하여 삽입한다.

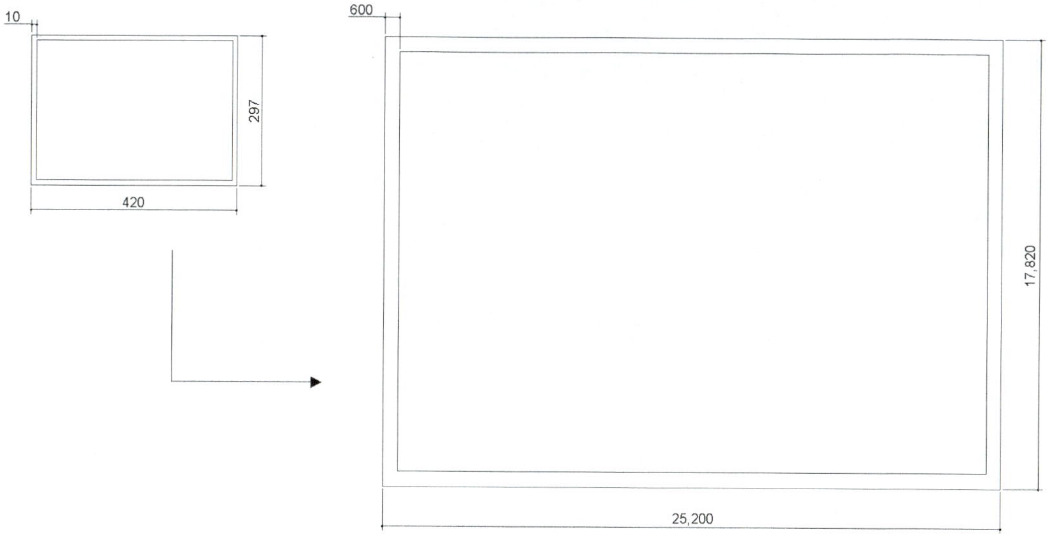

2. 사용할 도면층 만들기

layer

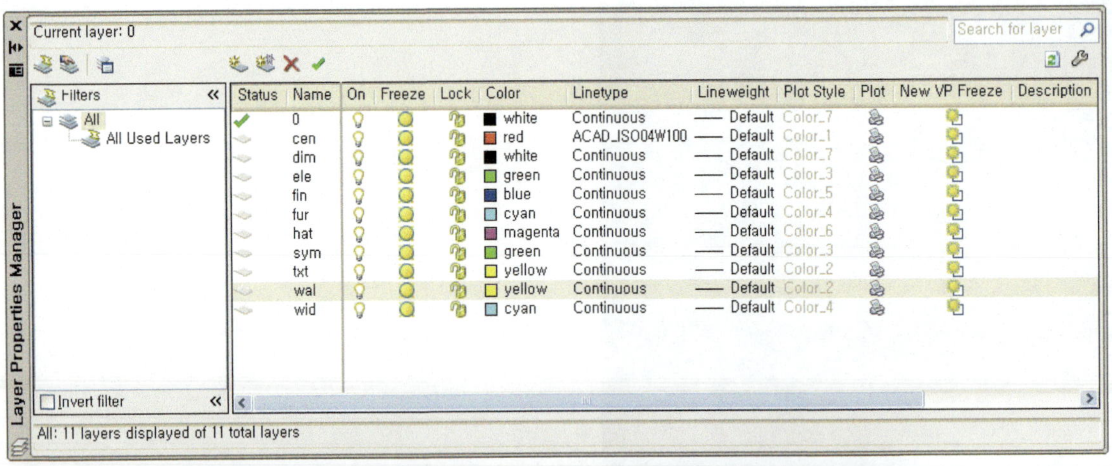

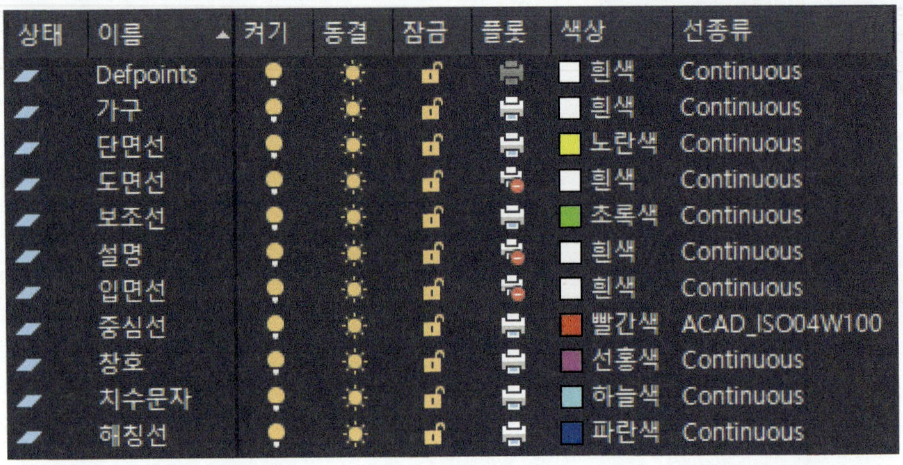

번호	도면층 이름	도면층 요소	도면층 색상	도면층 선 종류
1	CEN	중심선	빨간색(Red)	일점쇄선
2	WAL	벽선	노란색(Yellow)	실선
3	WID	문,창문	하늘색(Cyan)	실선
4	FIN	마감선	파란색(Blue)	실선
5	FUR	가구	하늘색(Cyan)	실선
6	HAT	해치	선홍색(Magenta)	실선
7	DIM	치수	흰색(White)	실선
8	TXT	문자	노란색(Yellow)	실선
9	SYM	기호,심벌	녹색(Green)	실선
10	ELE	입면선	녹색(Green)	실선

3. 중심선 도면층을 현재로 설정

4. 선 종류 축척 설정

실선 이외의 선을 사용할 경우 선 종류 축척 설정을 주어야 하는데 2가지 방법이 있다.

① ltscale 을 60 으로 설정

```
Command: ltscale
Enter new linetype scale factor <1.0000>: 60
Regenerating model.
```

② 전역 축척비율(Global scale factor)에 60 입력

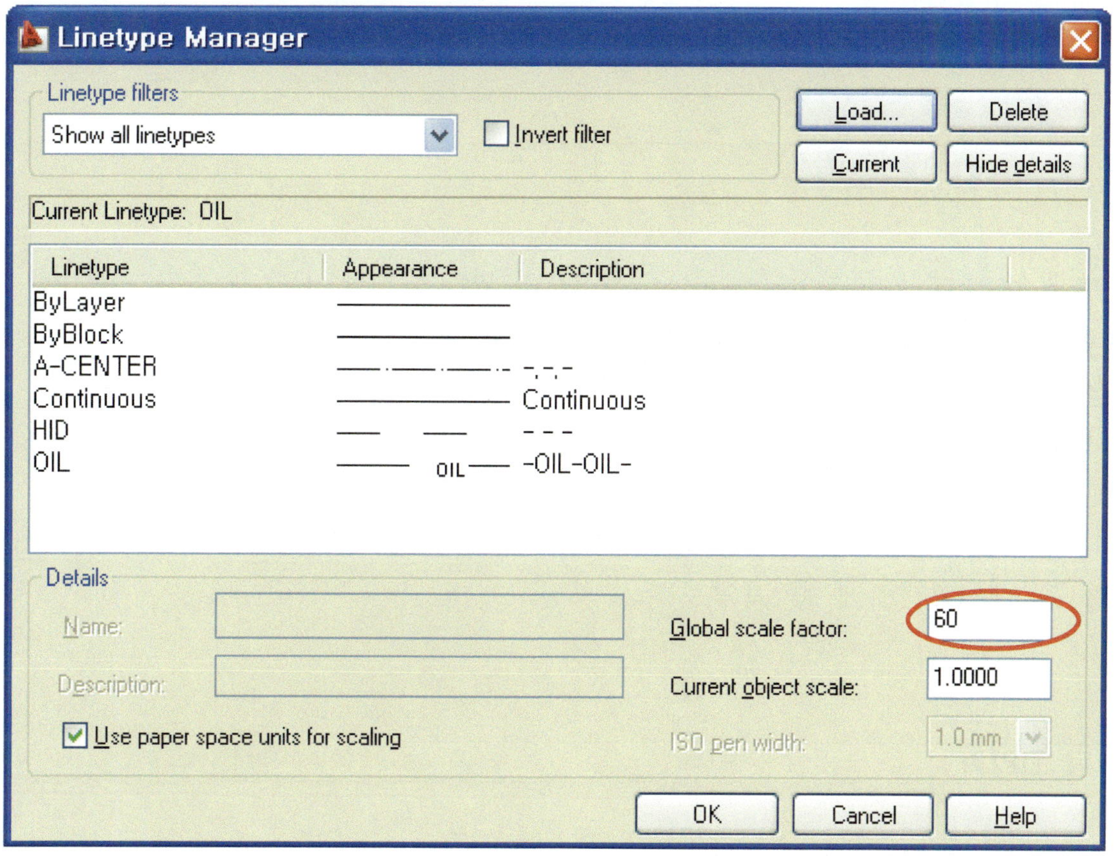

2	기둥, 벽 등 설계에 기준이 되는 중심선 그리기

1. 관련 명령어

lengthen

2. 중심선 그리기

line, offset

1) 왼쪽 벽체 간격 기준으로 수평선을 작도합니다.
2) 아래쪽 벽체 간격 기준으로 수직선을 작도합니다.
3) 1차 중심선 정리

① 수직, 수평선의 전체 길이 조절

change : 선의 길이를 조정	
Command: change	
Select objects:	/* 객체 선택 */
Specify change point or [Properties]:	/* 객체의 끝점을 변경할 위치 지정 */
	/* or [특성 옵션] 선택 */

② 수직, 수평선의 길이 조절

break : 선택한 객체를 두점을 지정하여 끊기	
Command: break	
Select object:	/* 끊기할 첫 번째 점 지정 */
Specify second break point or [First point]:	/* 끊기할 두 번째 점 지정 */

4) 오른쪽 및 위쪽 벽체 간격을 기준으로 수평선, 수직선을 작도

5) 2차 중심선 정리

6) 중심선을 보기 좋게 정리하기

① 중심선의 위치를 일정하게 할 경우

change

② 중심선의 돌출 길이를 일정하게 할 경우

lengthen

3 기둥, 벽 등 그리기

1. offset 이용 벽선 그리기 (많은 시간 소요)

1) 외벽선 그리기

외벽선은 중심선을 기준으로 양쪽으로 175mm(벽두께 350mm의 1/2)을 offset하고 외벽 바깥선을 기준으로 100,50만큼 offset하여 공간 벽선을 만든다.

2) 외벽선 도면층을 바꾼다.

- 도면층 도구 막대에서 Wal 도면층 선택.
- 또는, Modity > Match properties 이용

3) 내벽선도 같은 방법으로 완성

내벽선의 두께는 200mm로 중심선 양쪽으로 100mm씩 offset하고, Wal 도면층으로 변경

2. 벽선 정리하기

1) 중심선 도면층 off 하기

2) 벽 모서리를 fillet으로 정리

3) 벽과 벽이 만나는 부분 trim으로 정리

trim

2. mline 이용 벽선 그리기 (빨리 그림)

1) 여러 줄 디자인하기

mlstyle

① 외벽 여러 줄 이름 지정 및 구성	② 내벽 여러 줄 이름 지정 및 구성
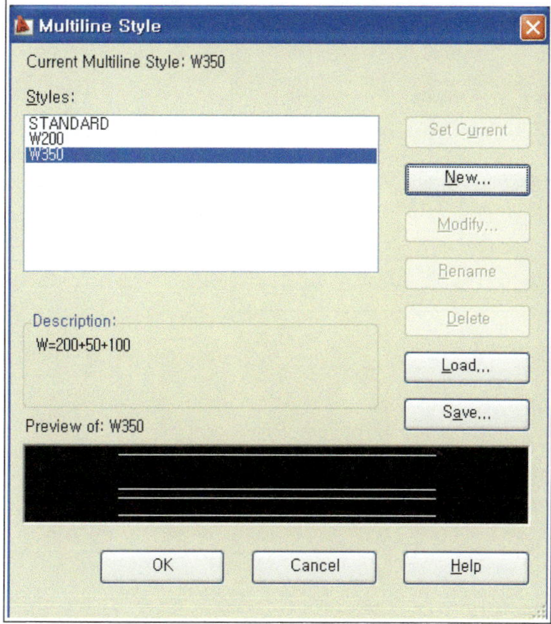	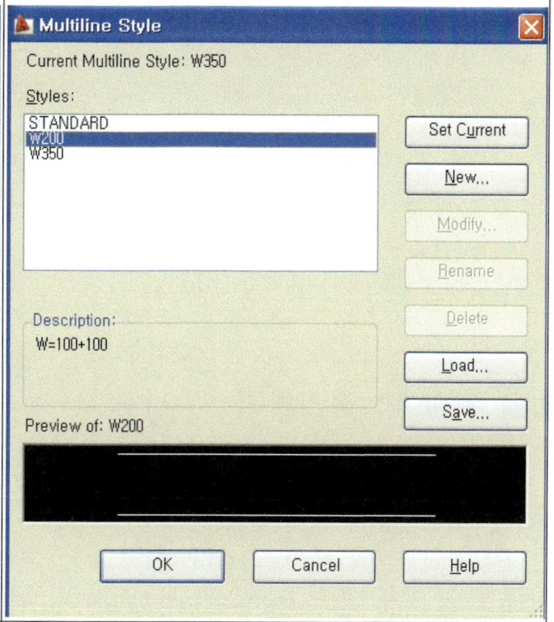

2) 여러 줄 그리기

mline

① 도면층을 WAL로 지정

② 외벽 여러 줄 그리기

③ 내벽 여러 줄 그리기

3) 여러 줄 수정하기

mledit

만약 mledit로 정리가 안되면 여러 줄을 Explode(분해)한 후 trim, Fillet 등을 이용하여 정리한다.

① 외벽과 내벽이 만나는 부분 정리	② 내벽이 교차하는 곳 정리
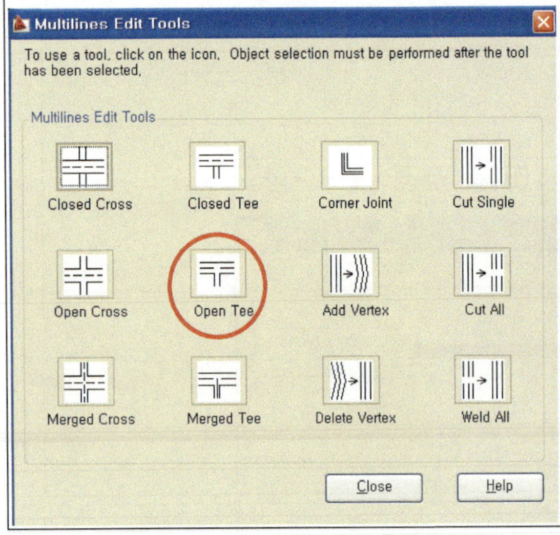	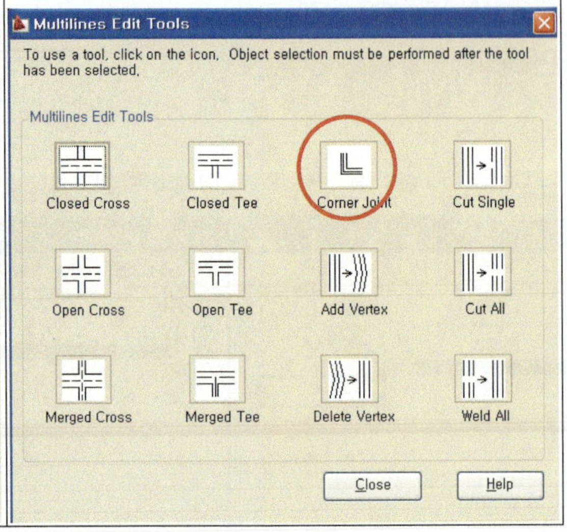

3. 문, 창문 삽입을 위한 벽 정리하기

1) 중심선 도면층 CEN 을 On 합니다.

2) 문, 창문을 삽입할 위치 만들기

① 개구부 기준선 만들기 - 중심선을 offset

② offset된 도면요소를 WAL 도면층으로 바꾸기 -matchprop

③ 정리하여 개구부를 만들기

공간 벽 마구리 정리를 위해 벽을 100mm offset 하기

4	창, 문 그리기

1. 문 블록 삽입하기

1) 문, 창 도면층을 지정

2) 삽입할 문 선택 및 삽입

D900(방), D700(화장실,주방), D1000(현관)

D900	D700	D1000
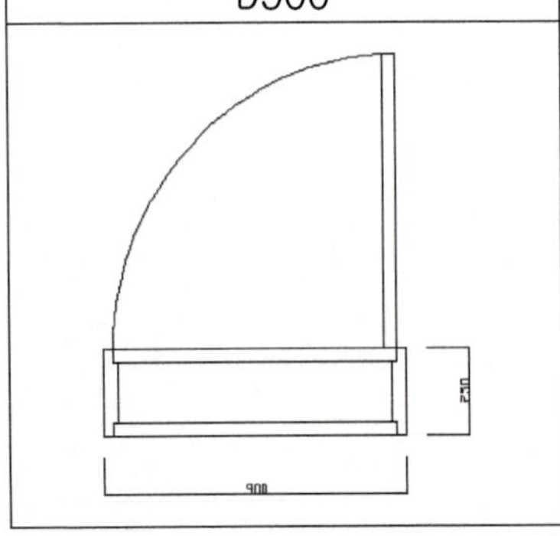	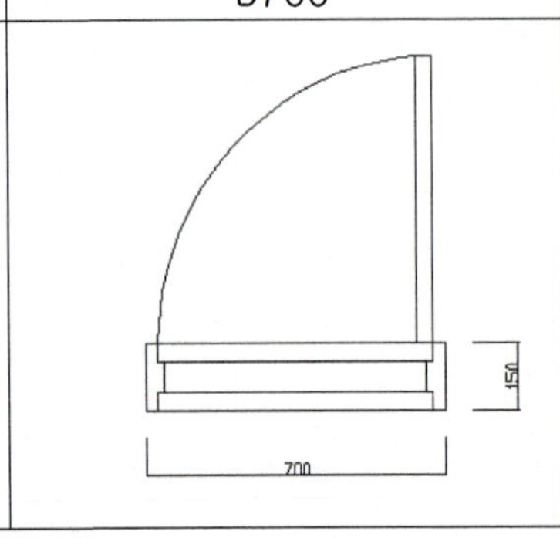	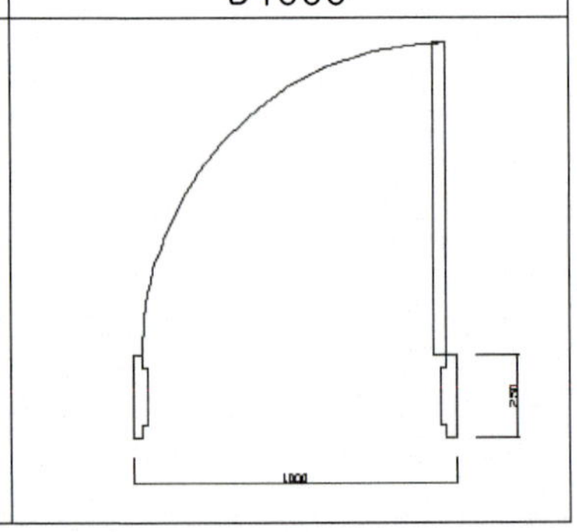

3) 삽입한 문의 수정 - 문을 explode 하여 stretch

stretch
Command: _stretch Select objects to stretch by crossing-window or crossing-polygon... /* 반드시 crossing 방법으로 객체를 선택하여야 함. */ Select objects: **c** Specify first corner: Specify opposite corner: 12 found Select objects: Specify base point or [Displacement] <Displacement>: /* 기준점 지정 */ Specify second point or <use first point as displacement>: 50 /* 늘릴 거리 지정 */

2. 창 블록 삽입하기

1) 문, 창 도면층을 지정

2) 삽입할 창 선택 및 삽입

W1000(화장실), W1050(방), W1100(주방및식당), W1500(주방및식당), W1800(방), W2000(방), W2800(거실)

3) 창문의 크기가 다를 경우 - 창을 explode 하여 stretch

4) 물 흘림 표현

외벽선 끝에서 55-65mm 정도 나오게 입면선으로 표현

5	마감선 그리기

마감선은 보통 상세도면, 1/100이하의 도면에서 마감선을 그린다.
마감선은 벽선을 이용하여 그립니다.

1. 벽선 도면층 "WAL"을 on 한다.

2. 벽선을 22mm로 offset 한다.

마감두께는 원래 18mm이나 출력시 너무 붙어 출력되는 것을 고려하여 실제 마감 두께보다 약간 더 간격을 두어 22mm로 그린다.

3. offset된 벽체선을 마감선 도면층 "FIN"으로 변경한다. - matchprop

4. 모서리를 정리한다. - fillet

6	가구, 위생기구, 주방기구 등 그리기

1. 가구 도면층 "FUR" 지정하기

2. 가구 블록 삽입하기

비교적 정확한 크기가 요구되는 세면기, 양변기처럼 종류와 크기가 하나씩 있는 경우는 스케일을 바꾸면 안 되고, 욕조, 식탁, 냉장고처럼 종류마다 크기가 다양한 경우는 삽입시 스케일 값을 조절해도 됩니다.

3. 삽입된 가구 블록 수정하기 - explode

7	줄눈, 재료 표시 등 그리기

1. 벽 재료 해치하기

1) 해치 도면층 지정하기

2) 벽선 도면층 "WAL" 만 on 하기

3) 열린 공간이 없는가를 확인한다.

열린 공간이 있으면 fillet 으로 정리한다.

4) 해치를 그린다. - bhatch

bhatch

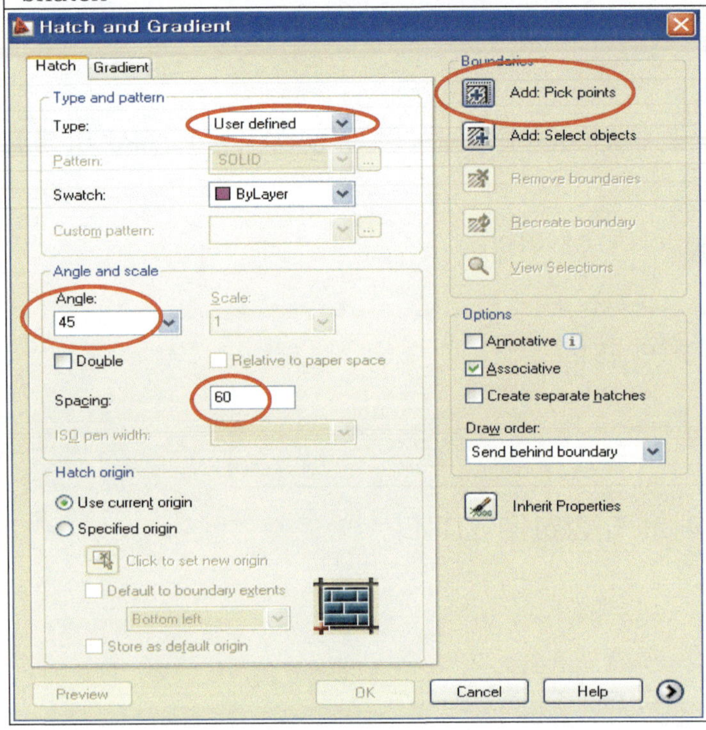

벽의 해치 표시는 출력 기준으로 경사 45도, 1mm내외의 간격으로 그린다.
여기서는 출력 스케일이 1/60이므로 미리 60배 확대하여 60mm 간격으로 그린다.

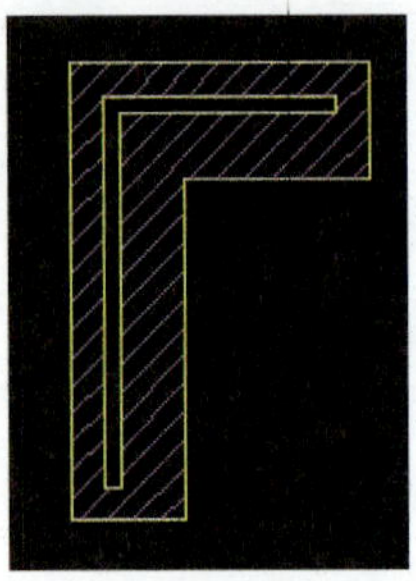

5) 모든 도면층을 on 한다.

6) 해치 수정 - 그려진 해치를 더블클릭

2. 화장실 바닥 해치하기

화장실 타일의 크기 : 100×100mm

bhatch

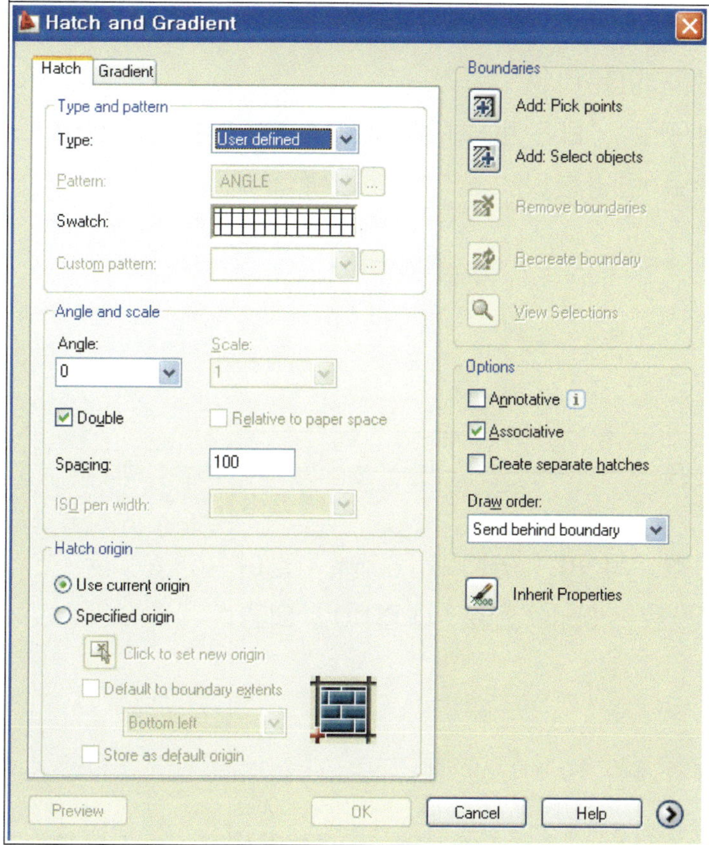

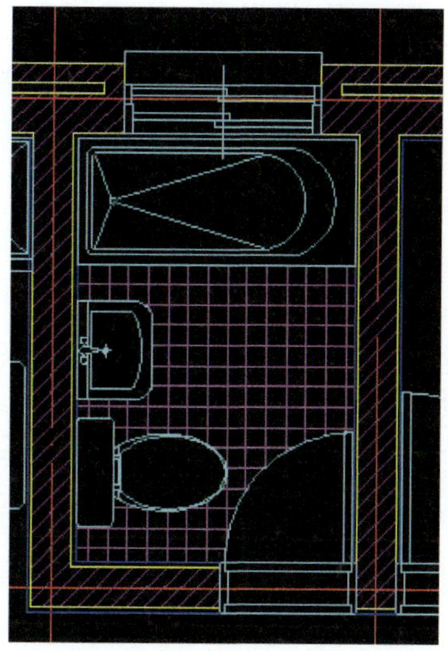

3. 바닥 재료 해치하기

해치 대화상자의 원점 지정 기능

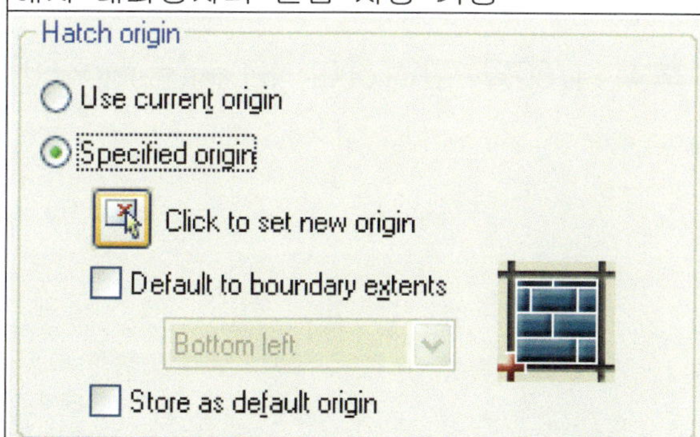

4. 베란다 그리기

① 베란다 외곽선 그리기 - 도면층 “WAL", 색상은 "Cyan"

② 베란다 해치하기 - 도면층 “HAT", 베란다 타일의 크기 : 300×300mm

③ 베란다 계단 그리기 - 단 너비 280mm로 타일 표시보다 굵게 출력하기 위해 도면층 “WAL"로 구분

5. 계단 그리기

계단 폭은 외벽의 중심선에서 1000mm를 기준으로 그린다.

단 너비는 240mm, 지하실 출입구 옹벽의 두께는 100mm로 그린다.

① 계단의 윤곽을 그린다.

중심선을 1000mm offset하여, 지하실 옹벽선을 만든다.

지하실 옹벽의 경우 입면선으로 표현해야 하므로 “ELE"로 하여야 하나 출력시 옹벽선이 더 굵게 나타나게 하기 위하여 도면층을 “WAL"로 변경한다.

② 계단을 그린다.

array , 도면층은 “ELE"

③ 내려가는 방향을 표시한다.

도면층은 “SYM"

내려가는 방향 표시 빨리 그리기 - Pline	
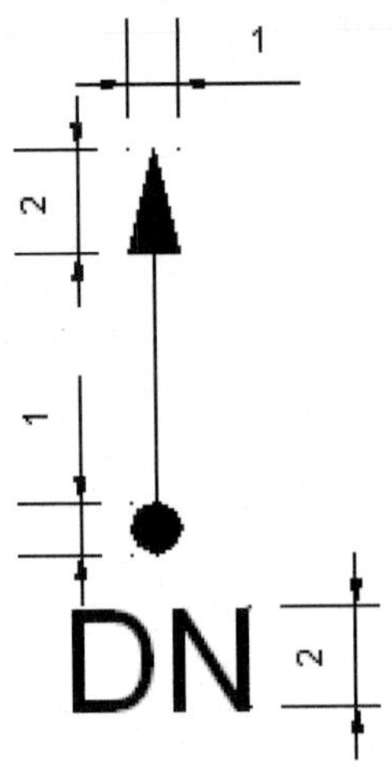 	화살표는 Pline로 시작 폭 0, 끝 폭 60mm, 길이 120mm로 그린다. 시작점은 Donut으로 내경 0, 외경 60mm로 그린다. 출력시 삼각형의 화살표는 높이 2mm, 폭 1mm, 시작점 표시는 지름 1mm 이다. 그러므로, CAD작업시에는 축척 1/60을 고려하여 각각에 ×60을 한다. (즉, 화살표 높이는 2×60=120mm, 폭은 1×60=60mm, 시작점 표시는 1×60=60mm로 그린다.)

④ DN 문자를 크기 2mm 도면층 “TXT"에 그린다. - dtext

출력시 DN 문자는 높이 2mm 기준이므로 CAD작업시에는 축척 1/60을 고려하여 120mm(=2mm×60)로 그린다.

6. 지붕 처마선 그리기

① 처마 기준선을 그린다.

외벽 중심선에서 800mm offset 한다.

② 처마선의 모서리를 Fillet 으로 정리하고 도면층 “ELE"로 변경

③ 처마기준선 라인타입을 파선으로 표현

④ 주방 바깥쪽에 캐노피를 외벽 중심선에서 1100mm offset

7. 굴뚝 그리기

굴뚝의 크기는 500×300mm, 벽돌은 0.5B(100mm)로 그린다.

8. 단면 부호 그리기

단면도를 그리기 평면상의 호출 부호를 삽입한다.

8 치수 기입하기

1. 치수 환경 설정하기

1) 치수선, 치수보조선 만들기

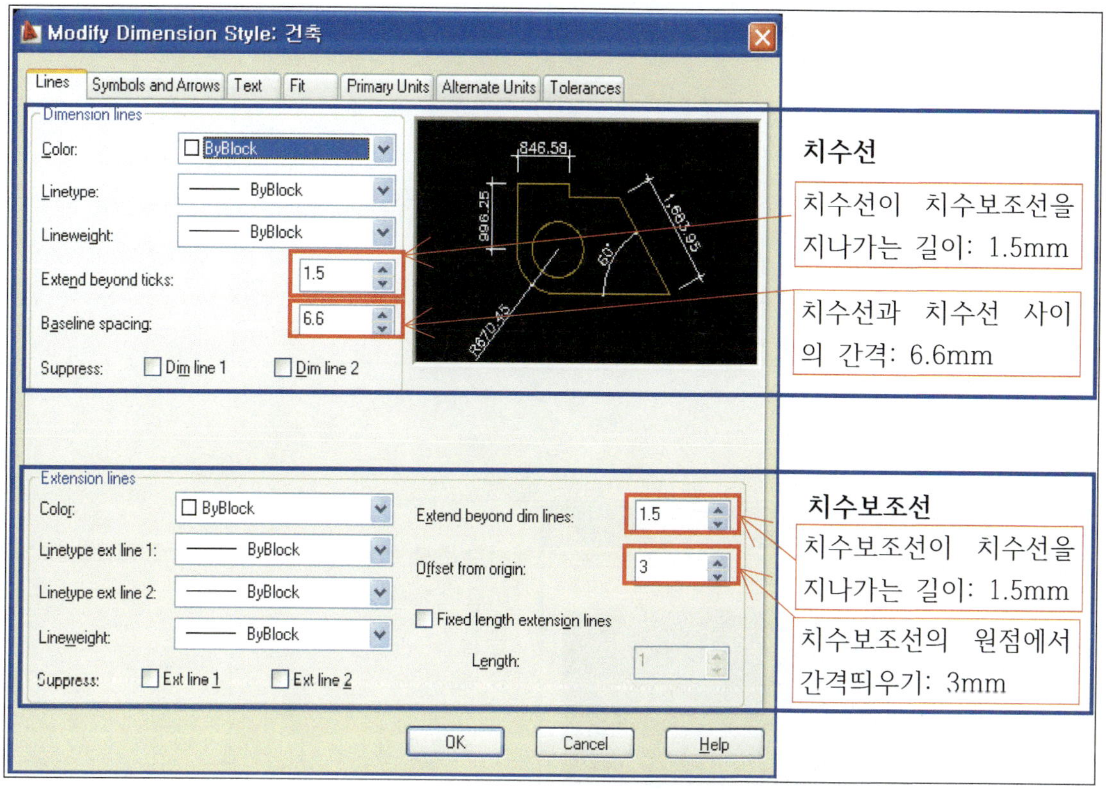

2) 화살표 만들기

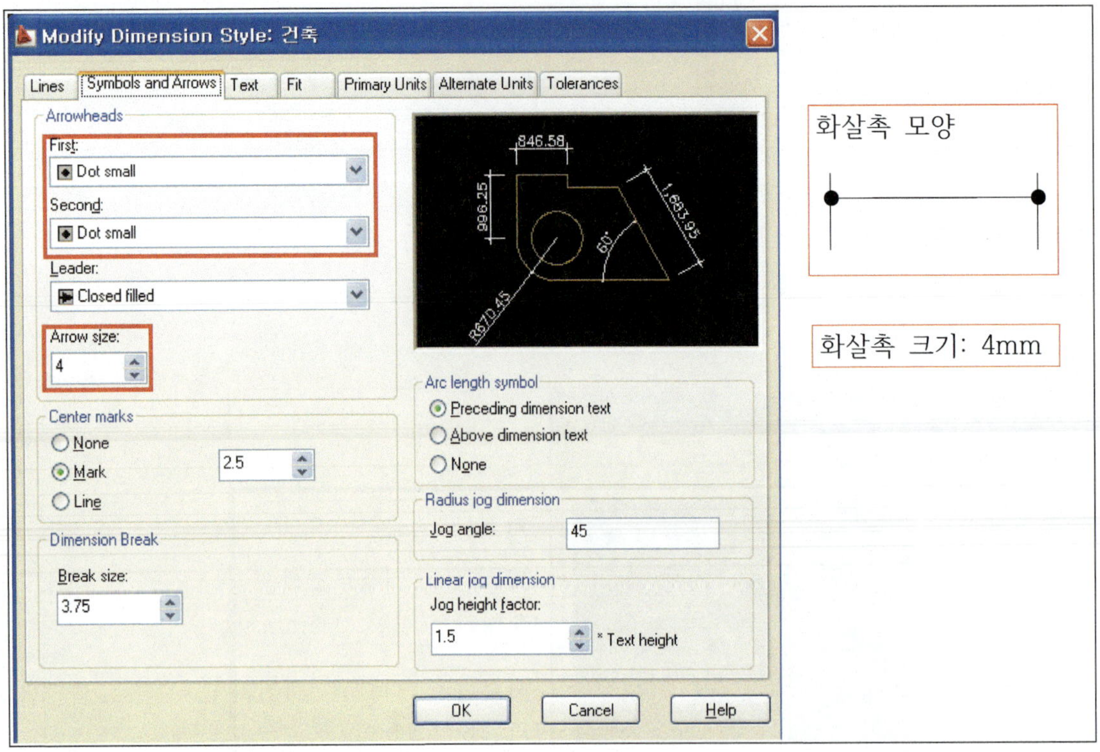

3) 치수 기입 문자 스타일 만들기

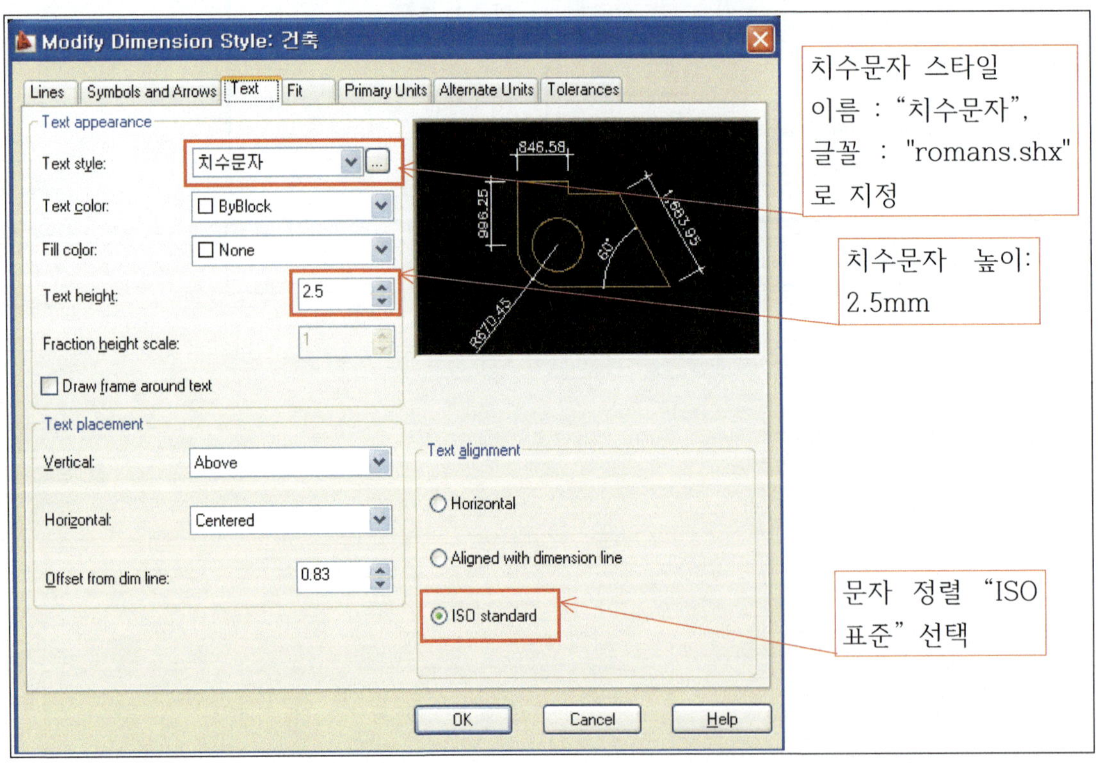

4) 맞춤 탭 클릭

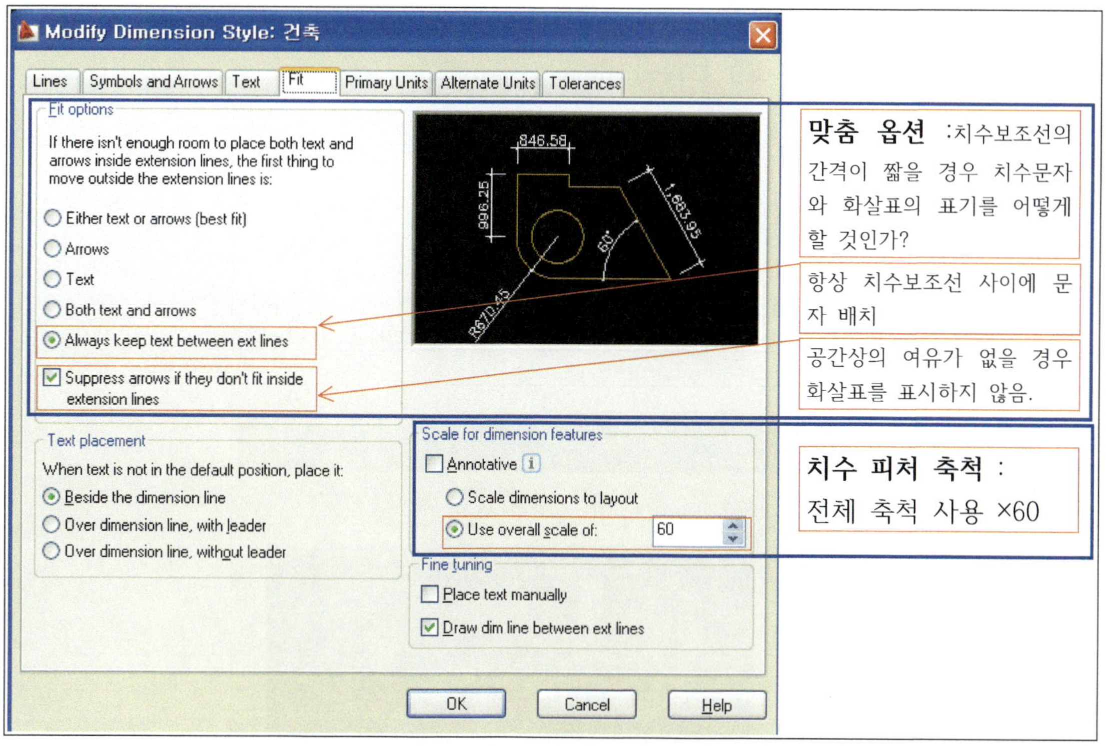

5) 1차 단위 탭 클릭

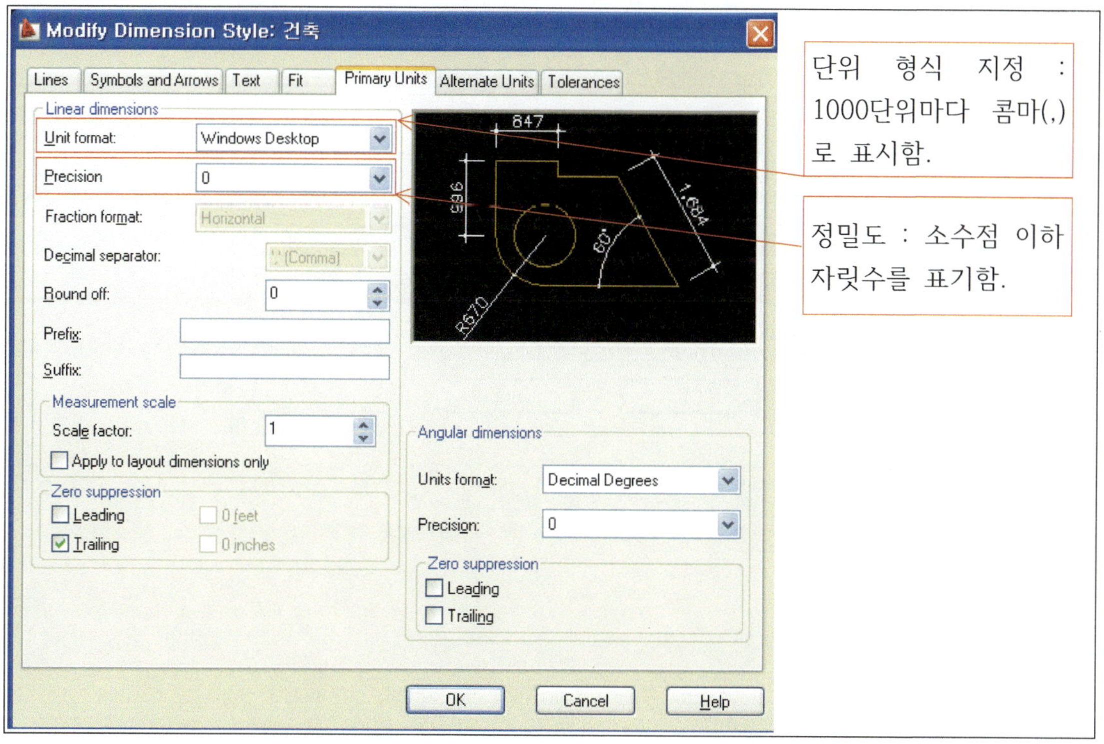

2. 필요없는 도면층 끄기

중심선, 벽선을 제외한 모든 도면층을 off 한다.

3. 치수 기입하기

1) Osnap의 endpoint 설정

2) 치수를 기입한다. - linear, continue, baseline

치수선의 위치를 일정하게......
Command: _dimlinear Specify first extension line origin or <select object>: Specify second extension line origin: Specify dimension line location or [Mtext/Text/Angle/Horizontal/Vertical/Rotated]: **@1800<180** **/*상대 좌표값 입력 */**

치수 보조선 길이 고정 옵션

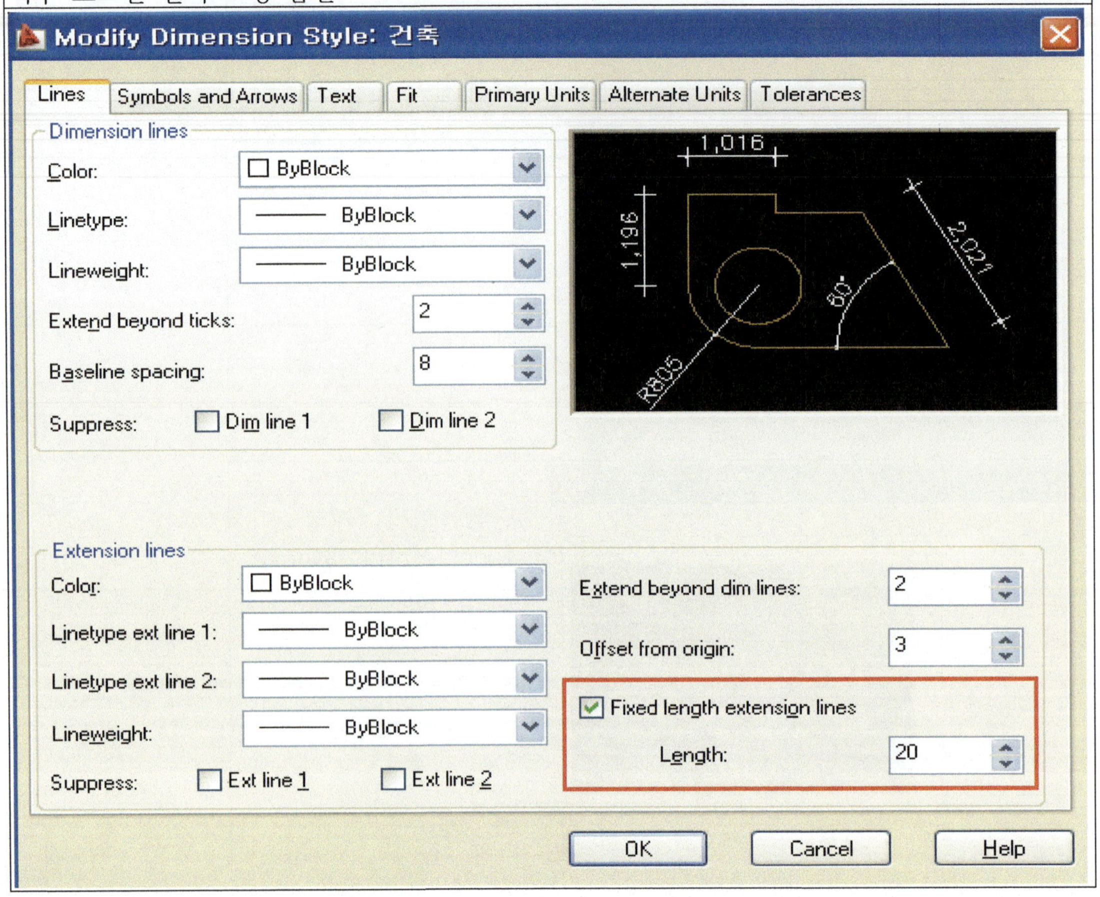

3) 치수 수정하기 - grips 기능으로 정리.

4) 창문 위치에 대한 치수 기입

객체 스냅 추적하기를 이용

9	문자 쓰기

1. 문자 스타일 만들기

글꼴
① *.shx - 두께가 없는 **벡터 글꼴** (예, romans.shx 등) - 일반적인 글꼴 ② Windows의 **트루타입 글꼴** (예, 돋움체 등) - 최근 사용하는 추세

2. 문자 도면층 지정하기

도면층 "TXT"를 현재 도면층으로 하기

3. 실명 쓰기와 실명 상자 그리기

아래와 같이 하면 정확한 도면을 그릴 수 있으나 적당한 작업자의 안목으로 그리는 것이 좋습니다.

① 실명 쓰기 - dtext

실명의 크기는 보통 출력 기준으로 3~4mm정도이다. 3mm기준으로 하면 CAD작업시에는 ×60 (축척 : 1/60)하여 180mm를 입력한다.

② 실명 상자 그리기 - Rectang, Stretch

실명 상자의 크기는 24×7mm로, CAD작업시에는 1440×420mm로 그린다.

실명 상자의 폭 설정 (1440)	실명 상자의 높이 설정 (420)
▪ 출력 기준 상자의 폭 5(실명 최대 글자수)+3(글자 간의 간격과 양쪽 여유 고려)=8글자, 8글자×3mm(1글자의 폭)=**24mm기준** ▪ 그려질 상자 폭 24mm×60(작업 스케일)= **1440mm**	▪ 출력 기준 상자 높이 3(실명의 크기)+4(실명 위아래 2mm씩 띄운다)=**7mm기준** ▪ 그려질 상자 높이 7mm×60(작업스테일)=**420mm**

실명을 블록으로 만들어 사용.....
실명도 자주 사용되므로, 상자의 크기 24×7mm로, 실명 글자의 크기 3mm로 Wblock화 한다. 사용할 경우에는 insert로 작업 스케일에 맞게 삽입하고, 이를 explode 한 후 문자를 수정하여 사용한다.

4. 실명 상자의 수정

① 실명 상자 크기 수정

▪ 실명이 실명상자보다 클 경우 주방및식당	- 실명의 가로 세로 비율 바꿈 : 0.8 - 실명 상자를 늘림 : Stretch
▪ 실명이 실명상자보다 클 경우 방	- 실명 상자를 줄임 : Stretch

② 실명 상자 안의 해치 지우기

Wipeout(객체 가리기)로 실명 상자 선택, Bring to Front(앞으로 가져오기)로 실명 선택

③ 도면 출력시 실명은 굵게, 실명 상자는 실명보다 약간 가늘게 출력하는 것이 보기 좋습니다.(실명 상자의 색상을 가는선으로 출력되는 색상으로 바꾼다.)

5. 도면명 쓰기

도면명은 많이 사용하므로 블록으로 만들어 사용하는 것이 편리하다.

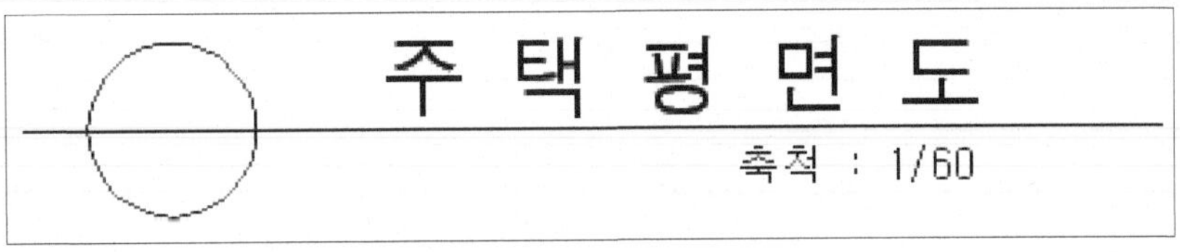

① "TXT" 도면층으로 지정한다.

② 부호를 그린다.

원 지름 16mm 기준, CAD작업시 960mm(=16mm×60)로 그린다. 적정한 길이로 수평선을 그린다.

③ 도면명 쓴다.

도면명 크기는 6mm 기준, CAD작업시 360mm로 그린다.

도면 타이틀의 문자체.....
도면 타이틀은 복선체로 쓰거나 굵게 표현되는 명조체 등올 쓰는 것이 일반적이다.

④ 축척은 쓴다.

축척의 크기는 3mm 기준, CAD작업시 180mm로 그린다.

6. 표제란 쓰기

문자의 크기는 3mm 기준으로 CAD작업시 180mm(=3mm×60)으로 한다.

문자 정렬 방식은 "M"옵션으로 지정하여 문자를 쓴다.

창호 부호 그리기
창호 부호는 그림에서 처럼 위에는 재질과 용도를 나타내는 기호를 아래에는 구분 번호를 표기한다. 부호 문자의 크기는 2.5~3mm 기준이고, 원의 반경은 4~5mm 정도로 그린다.

10 출력하기

1. Plot 실행

용지 크기 - A3, 플로터 대상 - 한계, 축척 - 사용자 1 : 60

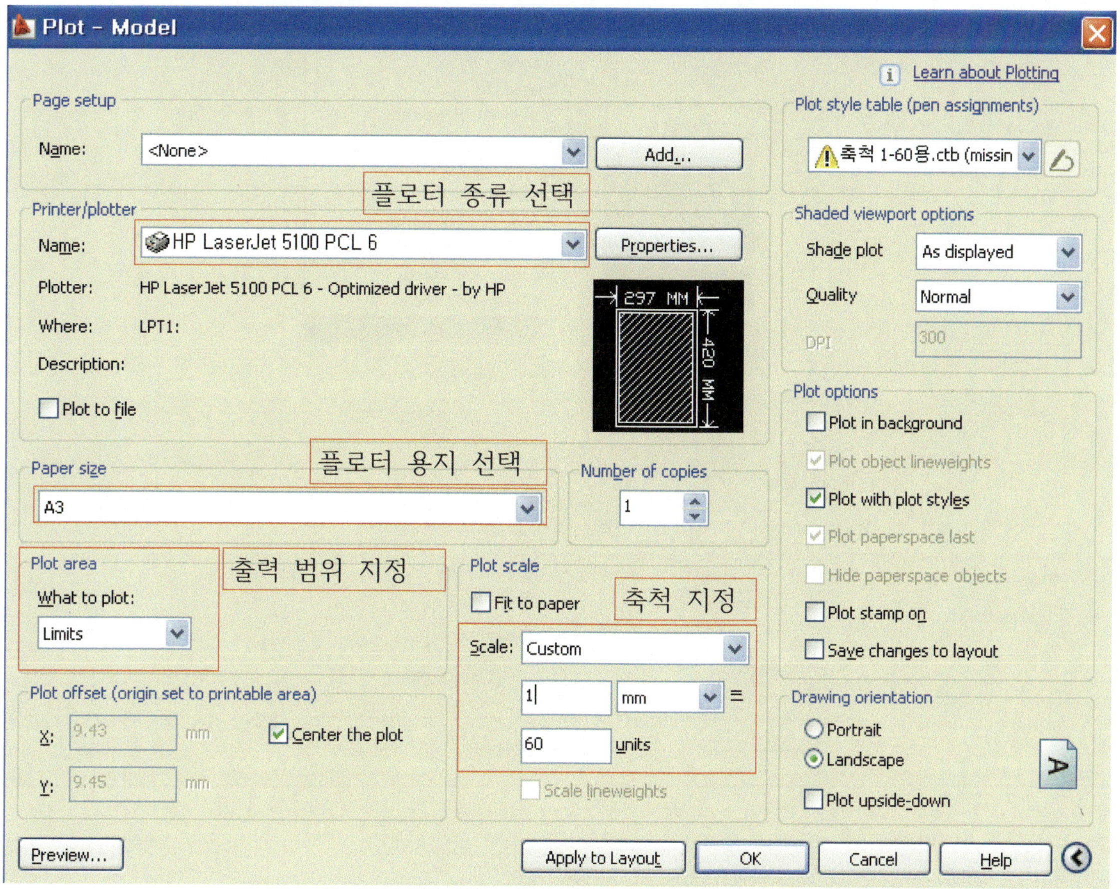

<table>
<tr><td colspan="2">출력 범위 지정 방법.....</td></tr>
<tr><td>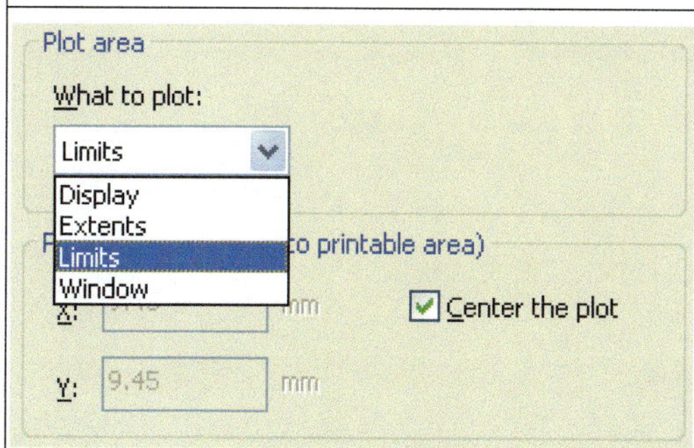
</td><td>-한계[Limits] : limits명령으로 지정한 범위
-화면표시[Display] : 화면에 보이는 객체만 출력, 특정 부분을 확대하여 출력할 경우 사용.
-범위[Extents] : 작업 화면에 그려진 객체를 꽉 차게 출력, 한 파일에 한 개의 도면만 있는 경우 가장 효율적이다.
-윈도우[Windows] : 윈도우 버튼을 선택하여 화면상에서 지정한 영역만 출력, 한 파일에 여러 개의 도면이 있는 경우 사용.</td></tr>
</table>

2. 출력할 선 굵기 설정

① Plot style table 에서 New 선택

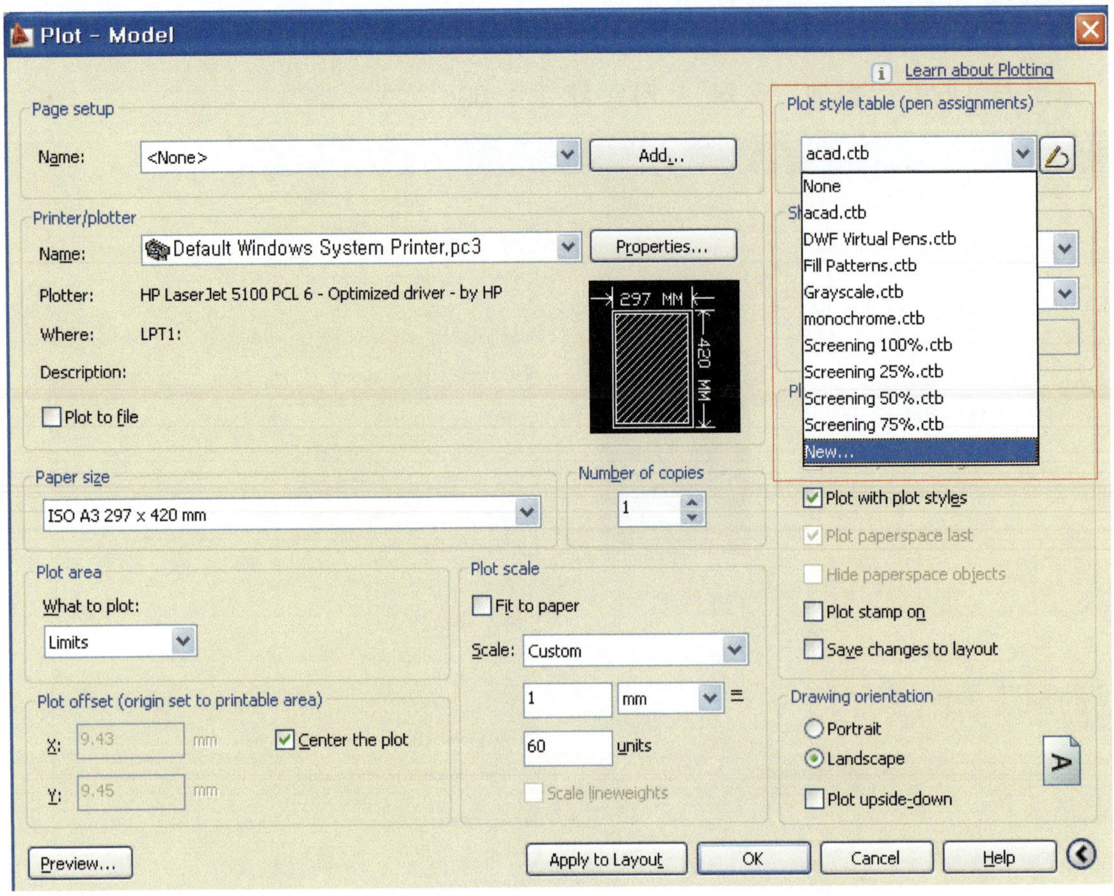

② "Start from scratch" 선택

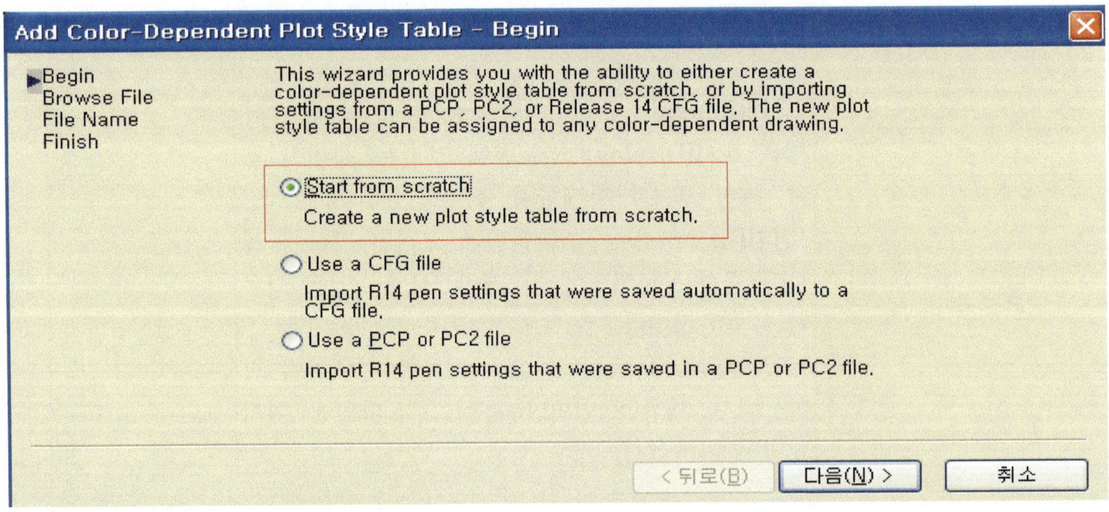

③ "A3 축척 출력용 " 입력

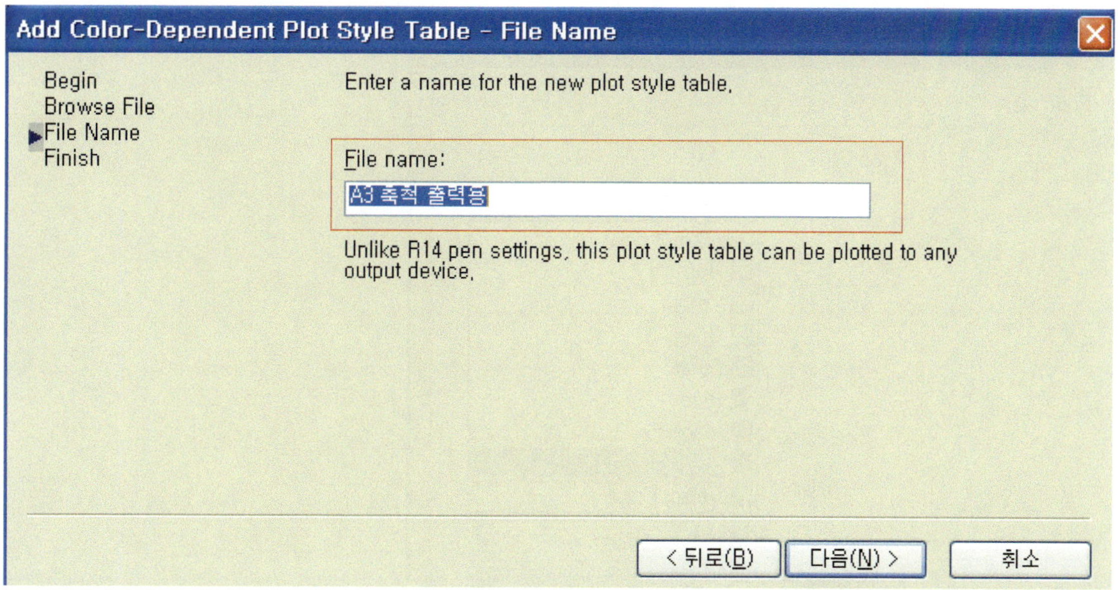

④ "Plot Style Table Editor" 선택

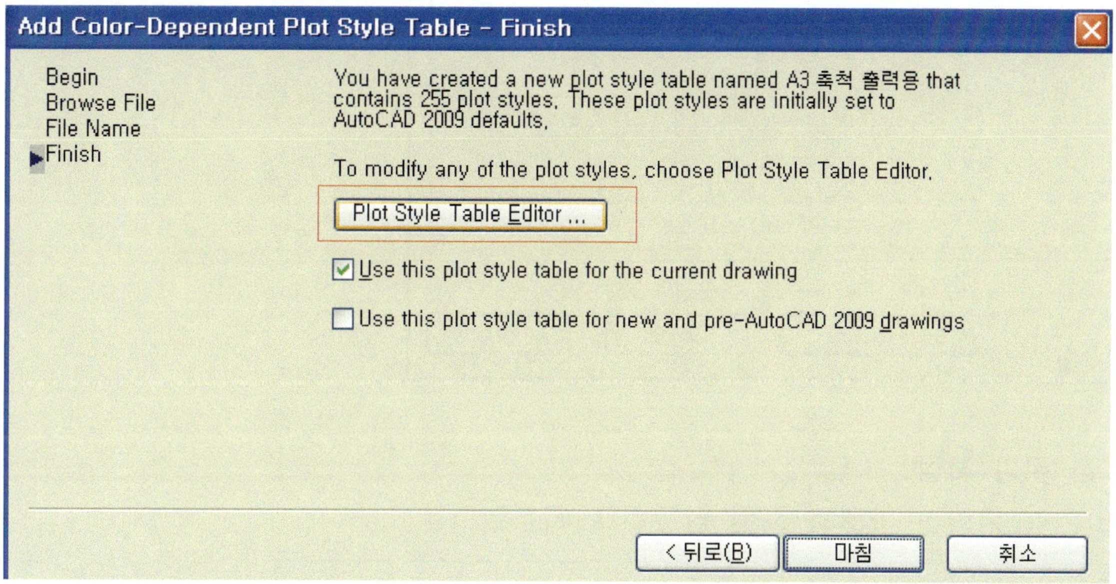

⑤ 흑백 프린터를 고려하여 Color1 에서 Color7 까지 “Black" 지정.

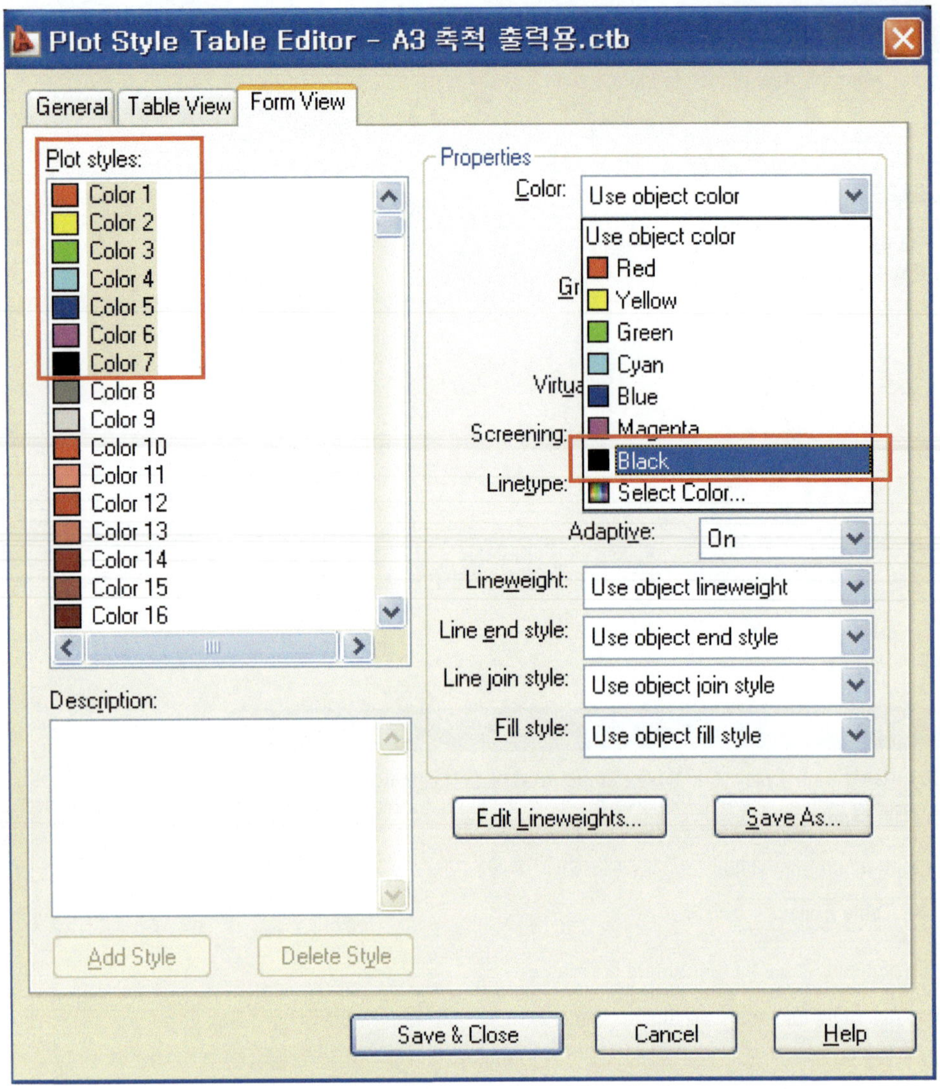

⑥ 색상에 따른 선 굵기 지정.

축척별 색상에 따른 선굵기는 아래의 표를 참고하여 지정한다.

색상에 따른 선 굵기.....

구분	도면층 요소	1/100 출력	1/60 출력	전산응용건축제도기능사 단면상세도(1/40), 입면도(1/50)
1-Red	중심선	0.1	0.1	0.2
2-Yellow	벽선, 문자	0.3	0.3	0.4
3-Green	기호, 심벌, 입면선	0.15	0.2	0.2
4-Cyan	문, 창문, 가구	0.1	0.13	0.3
5-Blue	마감선	0.05	0.09	0.1
6-Magenta	해치	0.1	0.1	-
7-White	치수	0.1	0.15	0.3

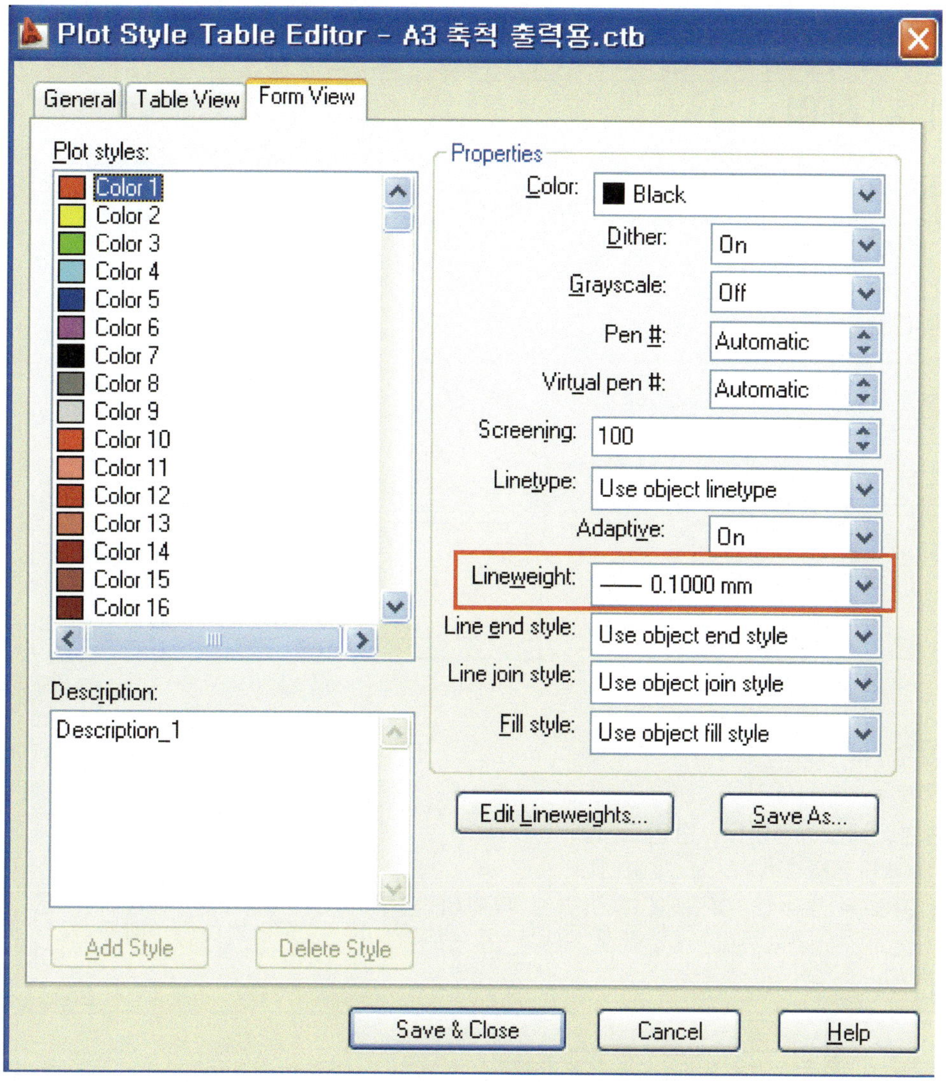

3. 출력 결과를 미리보기, 이상이 없으면 출력하기

기초상식	얼마나 정교하게 그릴 것인가?

설계도면의 정밀도에 관하여

도면은 작게 그릴 수록 단순하게 그려야 합니다.

작은도면, 예를 들어 축척 1/100~1/400 일 때 섬세하게 그리면 선과 선이 붙어 검게 출력이 됩니다. 즉 출력해서 선이 붙었다면 단순화 해야 합니다.

1. 축척 1/5~1/20 정도의 도면- 디테일 등

가공되어지는 부재들의 상세한 모양을 파악하는 도면

부재의 모양과 마감재료, 고정철물 등을 실제치수대로 상세하게 그립니다.

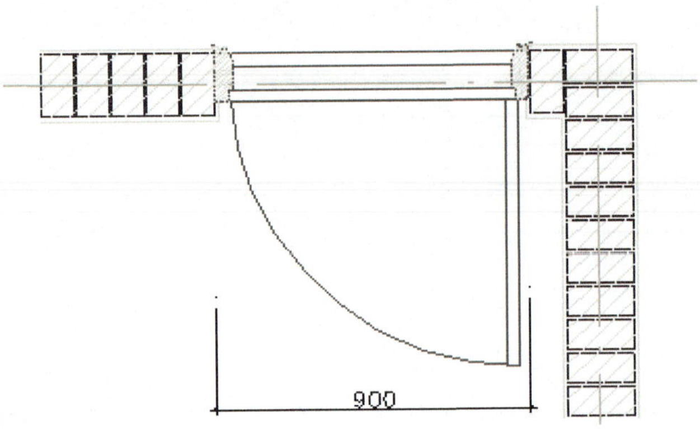

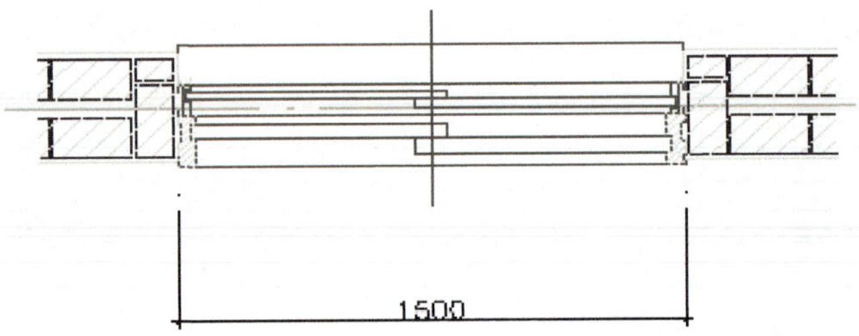

2. 축척 1/30~1/60정도- 부분단면상세도, 평면도, 단면도 등

전체의 모양을 파악하는 도면- 마감재료를 단순하게 그립니다.

1/50 도면은 스케일로 재보고 시공하는 도면이 아닙니다. 여기에 무엇이 있구나 하는 정도만 표현하는 도면으로 전체를 살피는 도면입니다. 부재의 치수를 정확하게 그린다고 의미가 없는 도면입니다. 예를 들어 두께가 얇은 재료는 출력할 때 선이 붙어버립니다. 그럴 때는 일부러 더 두껍게 그려 도면을 보는 사람이 착오를 일으키지 않게 해야합니다

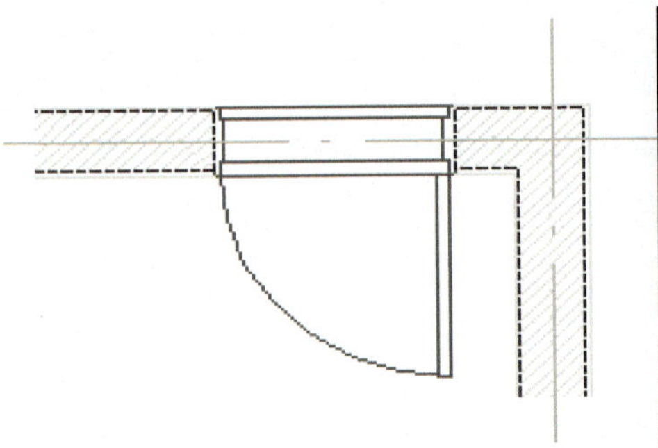

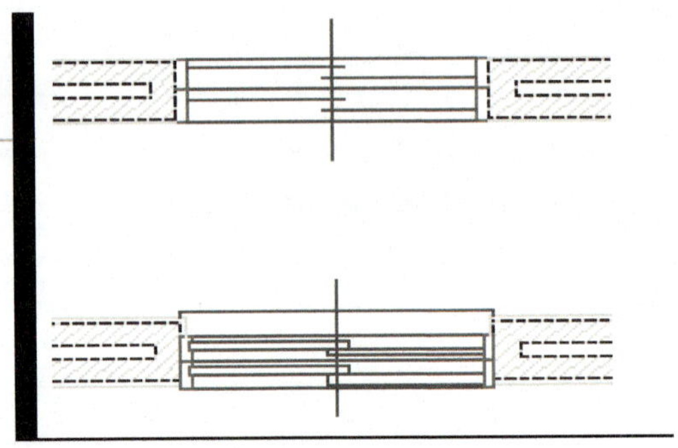

3. 축척 1/100~1/500 정도의 도면- 평면도, 배치도, 단면도 등

배치나 동선을 파악하기 위한 도면- 마감재료를 생략합니다.

평면이나 단면에서 문틀도 생략할 수 있습니다.

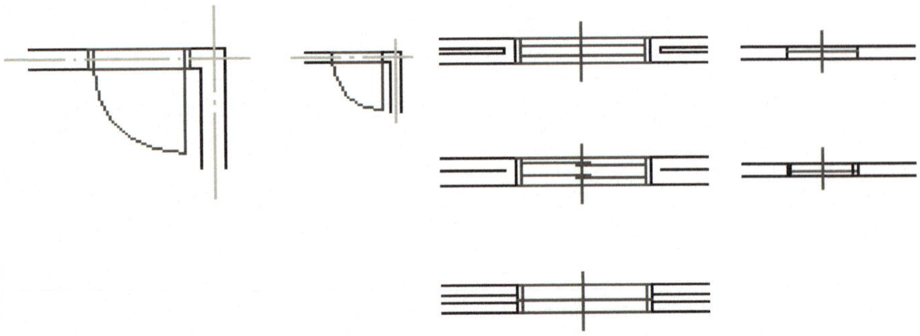

기초상식 벽체의 중심선에 관하여(중심선은 벽체 중심에)

● 평면도에서 벽체 중심선의 위치에 관하여

1.5B 공간벽에서 벽체의 중심선에 관한 규정이 분명하게 정해진 곳이 없습니다. 제도책에도 불분명합니다.

아래와 같이 2가지가 혼용되고 있는 현실입니다.

2가지를 혼용해도 별로 문제는 없지만 그것은 혼란을 부르는 문제이기도 합니다. 시험에서는 어떤 경우로 그려도 됩니다. 2가지가 혼용되고 있습니다.

① 내측 내력벽의 중심에 있는 경우- (이유: 도면 작성이 편리하여 현장도면에서 많이 사용합니다.)

② 전체 벽의 중심에 있는 경우- (이유: 건축법에 있는 원칙 입니다.)

■ 내측 내력벽의 중심에 있는 경우(X)

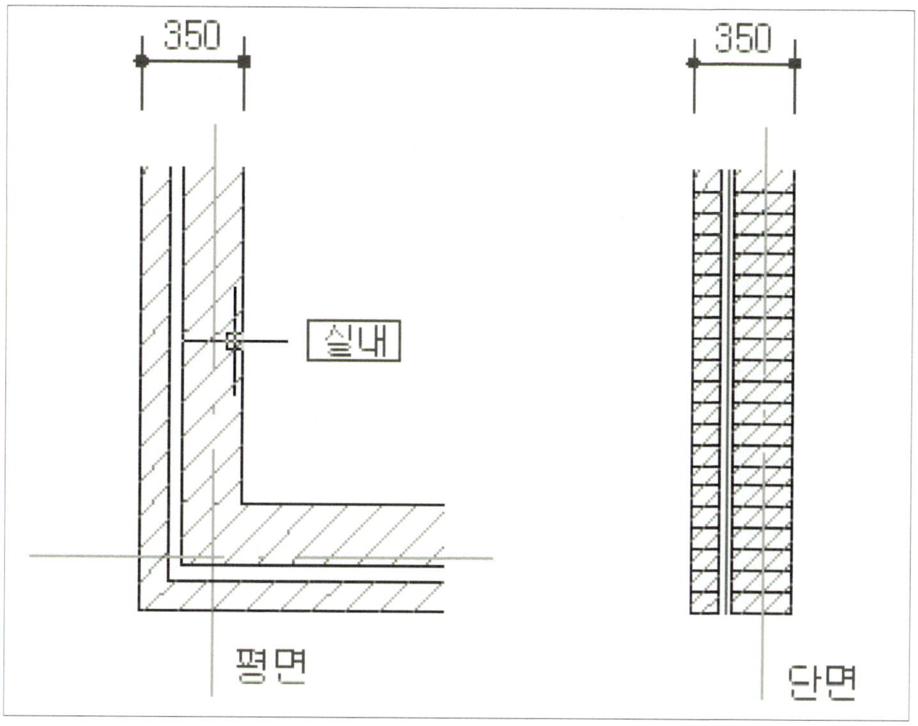

■ 벽 전체의 중심에 있는 경우(O)

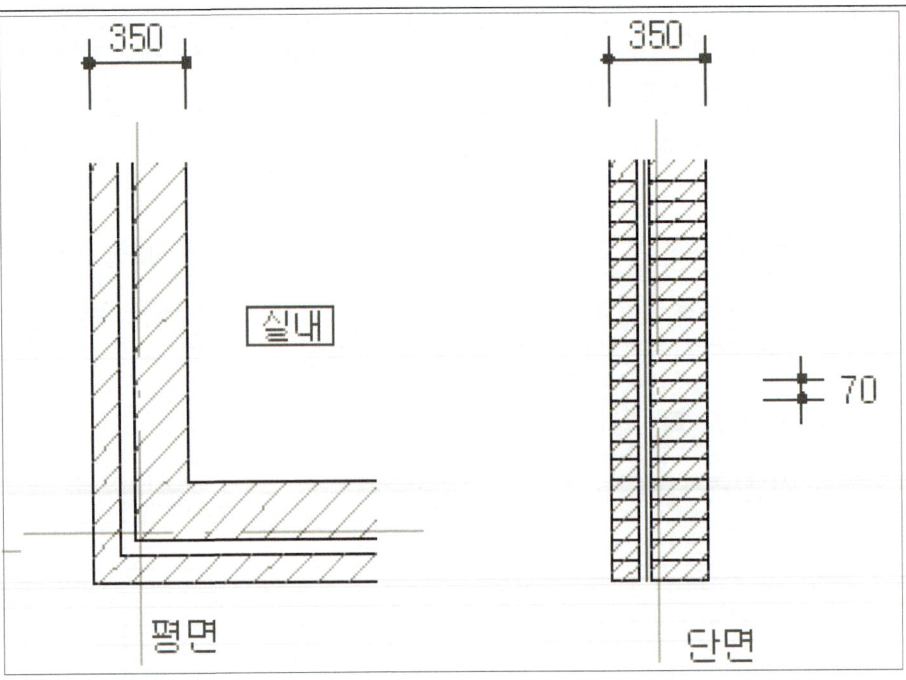

<건축법에 있는 중심선 규정>

◆ 건축법에서 건축면적을 산정하는 방법을 보면
건축물(지표면으로부터 1m 이하에 있는 부분을 제외)의 외벽(외벽이 없는 경우에는 외곽 부분의 기둥)의 중심선으로 둘러싸인 부분의 수평 투영면적으로 한다. 다만 태양열을 주된 에너지원으로 이용하는 주택의 경우 그 건축 면적의 산정 방법은 건축물의 외벽 중 내측 내력벽의 중심선을 기준으로 한다.(영 119조 1항 2호, 규칙 43조 2)

◆ 건축법에서 바닥면적의 산정방법을 보면
건축물의 각층 또는 그 일부로서 벽, 기둥, 기타 이와 유사한 구획의 중심선으로 둘러 쌓인 부분의 수평 투영면적으로 한다.(영 제 119조 1항 3호)

위의 규정에서 보듯이 벽체의 중심선은 벽의 가운데 있어야 합니다.(태양열 주택만 예외)
그러나 현실적으로는 내벽의 중심에 중심선이 있어도 **묵인**하고 있는 실정입니다.

(◆ 필기시험에서는 벽체의 중심선은 벽의 중심에 있는 것으로 출제하고 있습니다.)

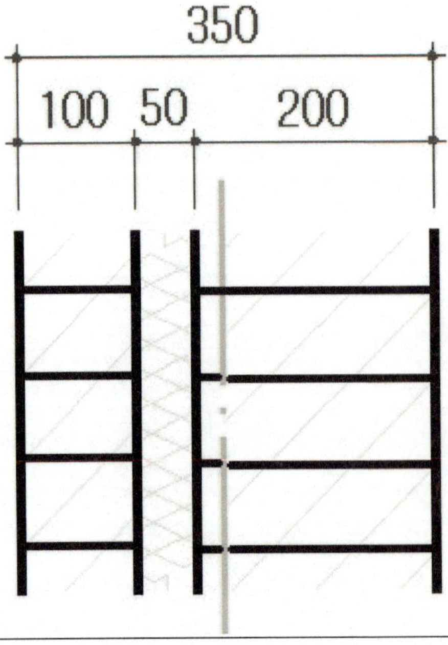

4.3. 평면도 처음부터 끝까지 따라하기

평면도 그리기

- 평면도를 A3용지에 축적(SCALE)=1/60으로 작도.
- 외벽 : 1.5B 공간쌓기 (붉은벽돌 0.5B, 단열재 50mm, 시멘트벽돌 1.0B)
- 내벽 : 1.0B 시멘트벽돌 쌓기
- 처마나옴 : 벽체 중심에서 600mm
- 창호 : 목재창호로 하되 2중창인 경우 외부창호 알루미늄 샷시

작도 순서 : (1) 벽체 중심선 그리기 (중심선을 그리고 벽체 간격을 Offset 한다)
(2) 벽체 그리기 (벽체 중심선에서 벽체 두께를 Offset 한다)
(3) 벽체 정리하기 (창호의 크기 및 위치를 정한다)
(4) 마감선 그리기
(5) 창호 그리기
(6) 가구 그리기 (위생도기, 주방 기구 및 실내 가구를 배치한다)
(7) 해칭하기
(8) 치수, 문자 기입하기 (재료표시를 하고 각 실의 용도를 기입한다)

평면도 작도 순서

도면층(LAyer) 설정 : - 1번(Red-중심선-일점쇄선:acad_iso04w100), 중심선
- 2번(Yellow-단면선-실선), 하중을 받는 구조체(콘크리트, 벽돌)
- 3번(Green-보조선-실선), 마감재료 또는 구조체가 아닌 재료의 단면선
- 4번(Cyan-치수,문자-실선), 치수 및 문자
- 5번(Blue-해칭선-실선), 단면의 재료 또는 입면의 무늬
- 7번(White-입면선-실선), 절단된 뒷부분의 보이는 선

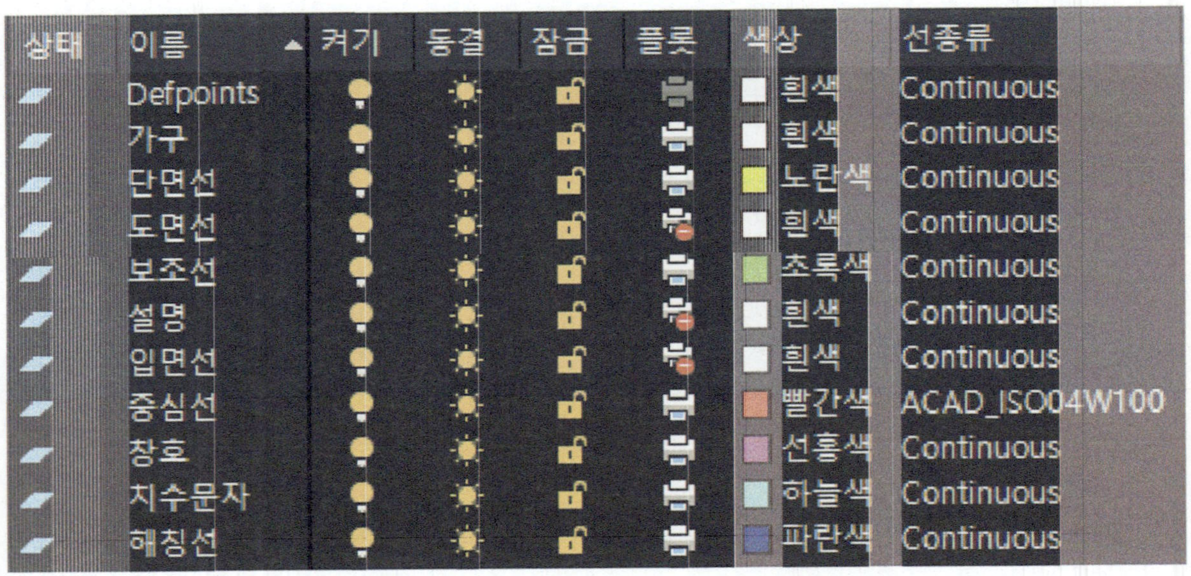

상태	이름	켜기	동결	잠금	플롯	색상	선종류
	Defpoints					흰색	Continuous
	가구					흰색	Continuous
	단면선					노란색	Continuous
	도면선					흰색	Continuous
	보조선					초록색	Continuous
	설명					흰색	Continuous
	입면선					흰색	Continuous
	중심선					빨간색	ACAD_ISO04W100
	창호					선홍색	Continuous
	치수문자					하늘색	Continuous
	해칭선					파란색	Continuous

도면층(LAyer) 설정

1. 용지의 크기 및 축척은 도면이 인쇄될 크기에 따라 적당하게 정한다.
2. 용지 크기 설정 : - RECtang [A3용지 크기 = 가로:420, 세로:297]
3. 테두리선 작도 : - RECtang 선을 안쪽으로 Offset(10mm)
4. 용지 크기 확대 : SCALE(명령)으로 60배 확대

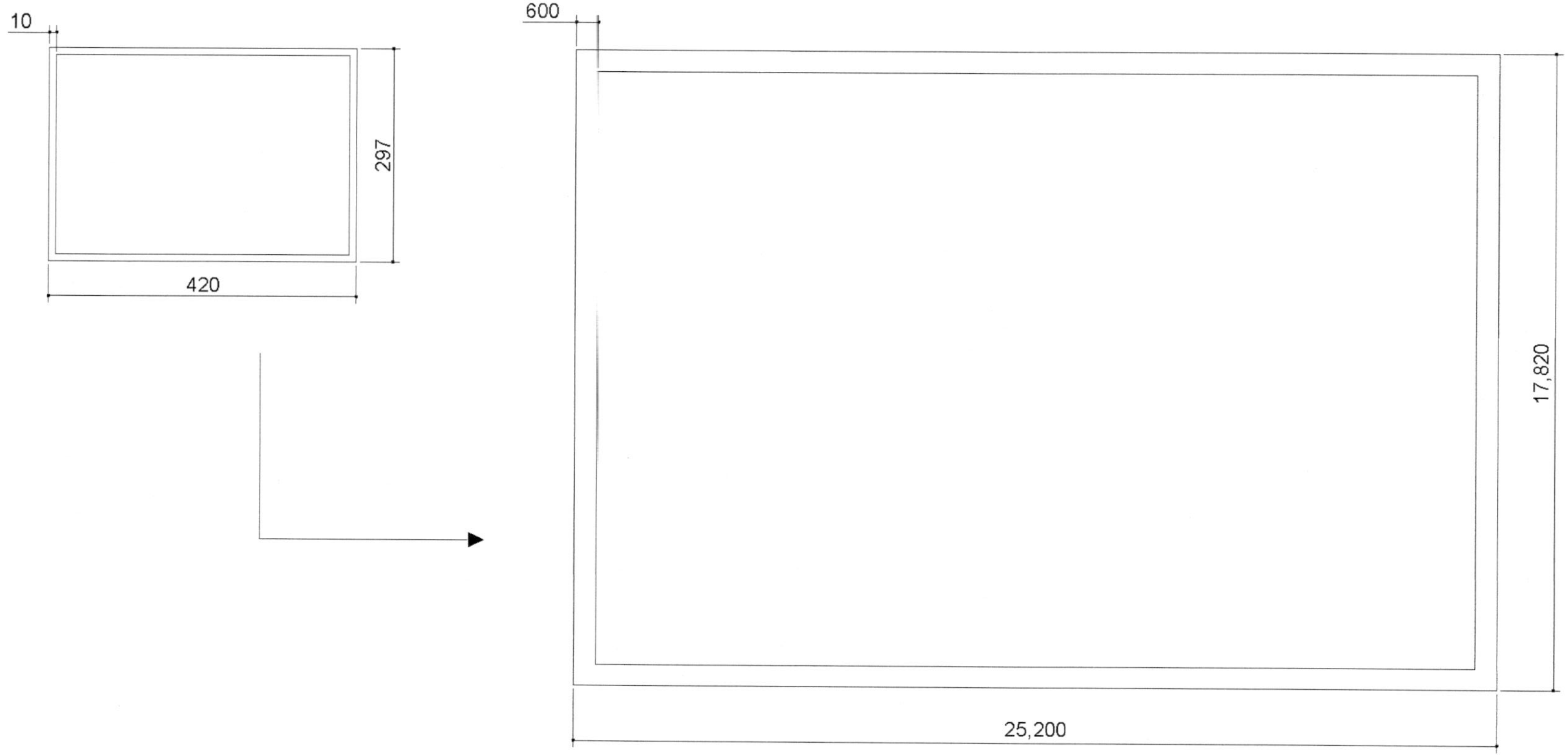

도면층은 (W-도면선) Layer로 변경

용지 크기 설정

벽체 중심선 그리기 (외벽)

도면층은 (R-중심선) Layer로 변경

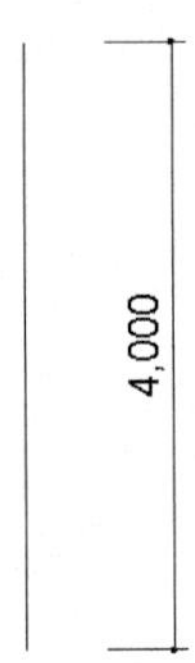

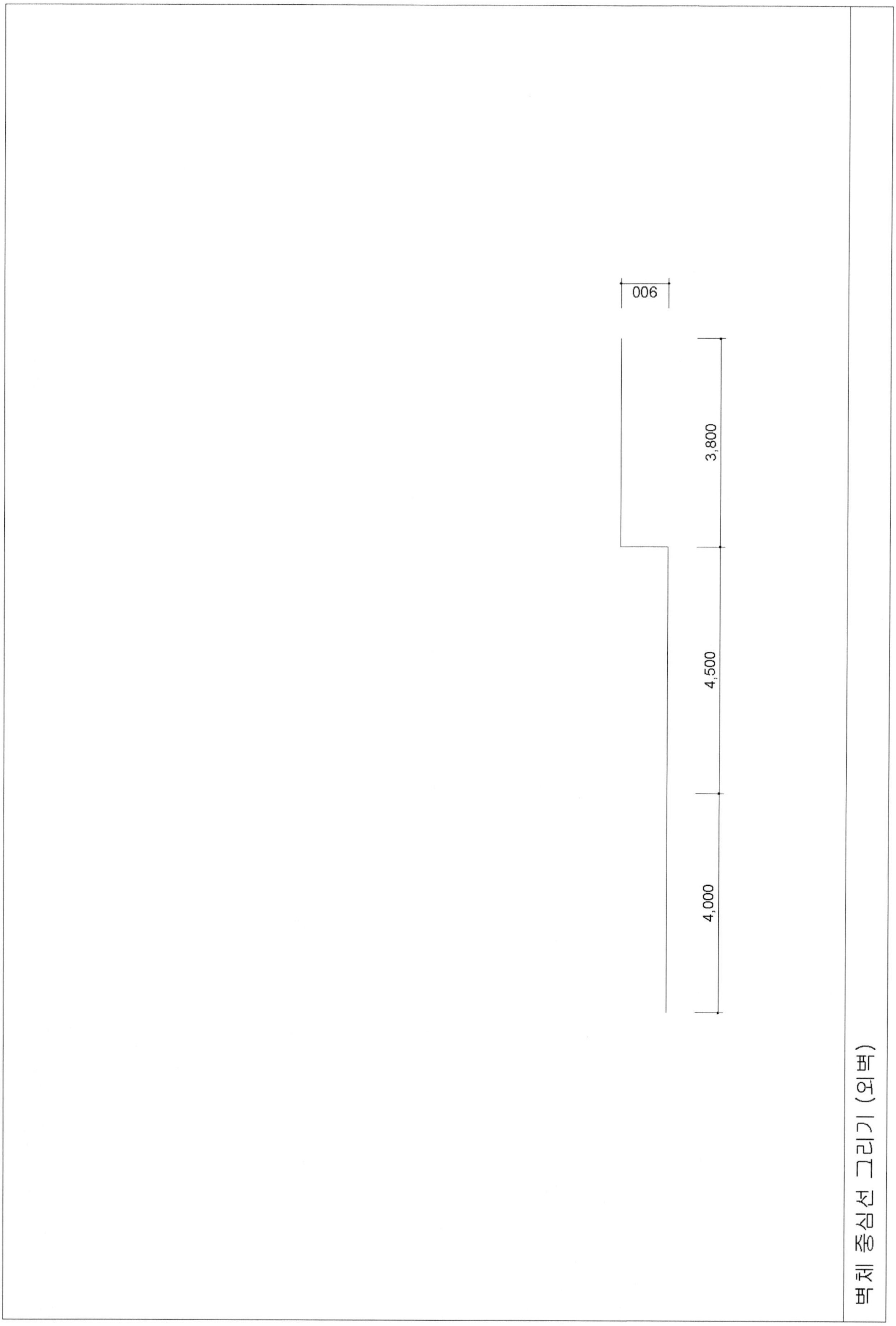
900
3,800
4,500
4,000
벽체 중심선 그리기 (외벽)

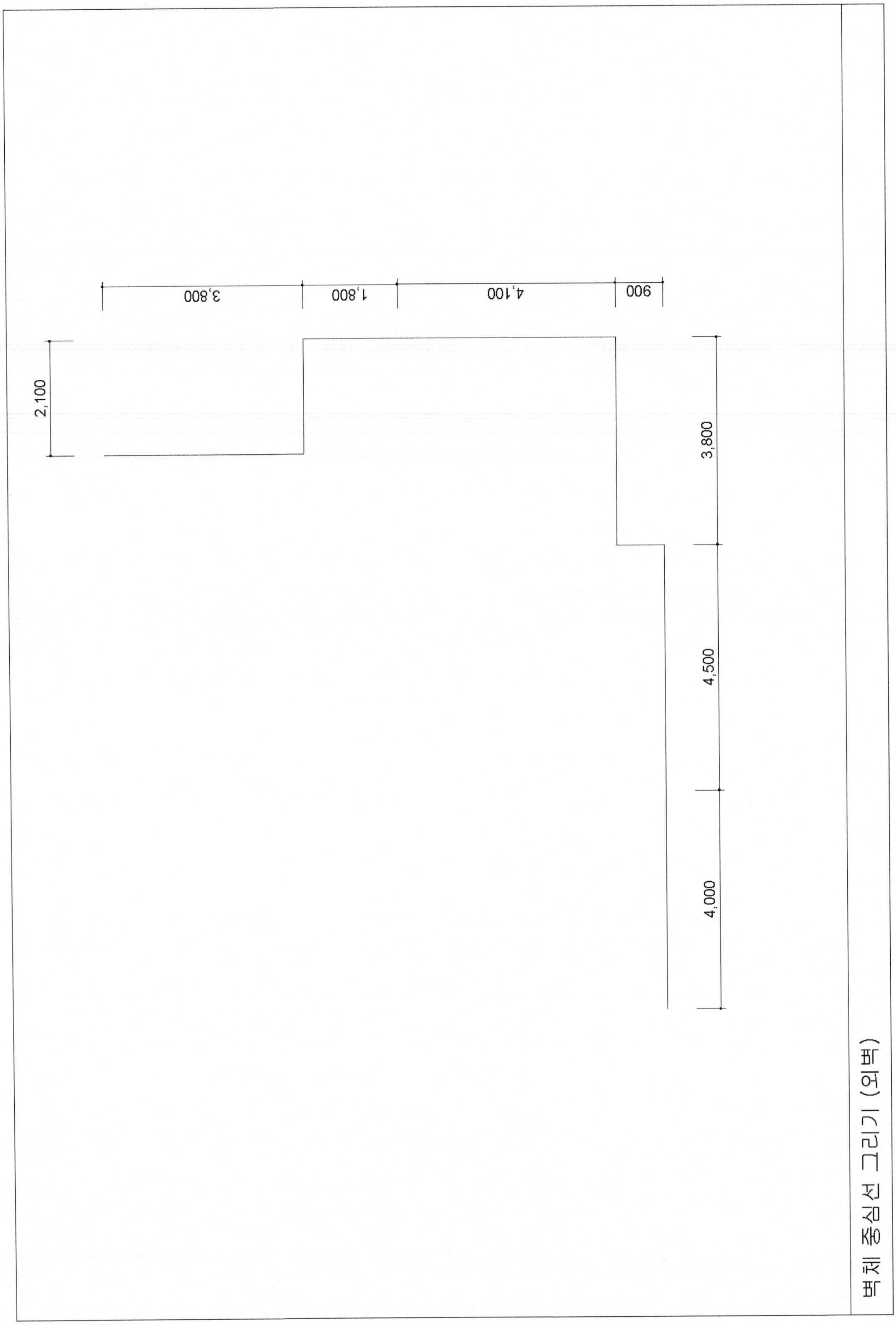
3,800
1,800
4,100
900
2,100
3,800
4,500
4,000
벽체 중심선 그리기 (외벽)

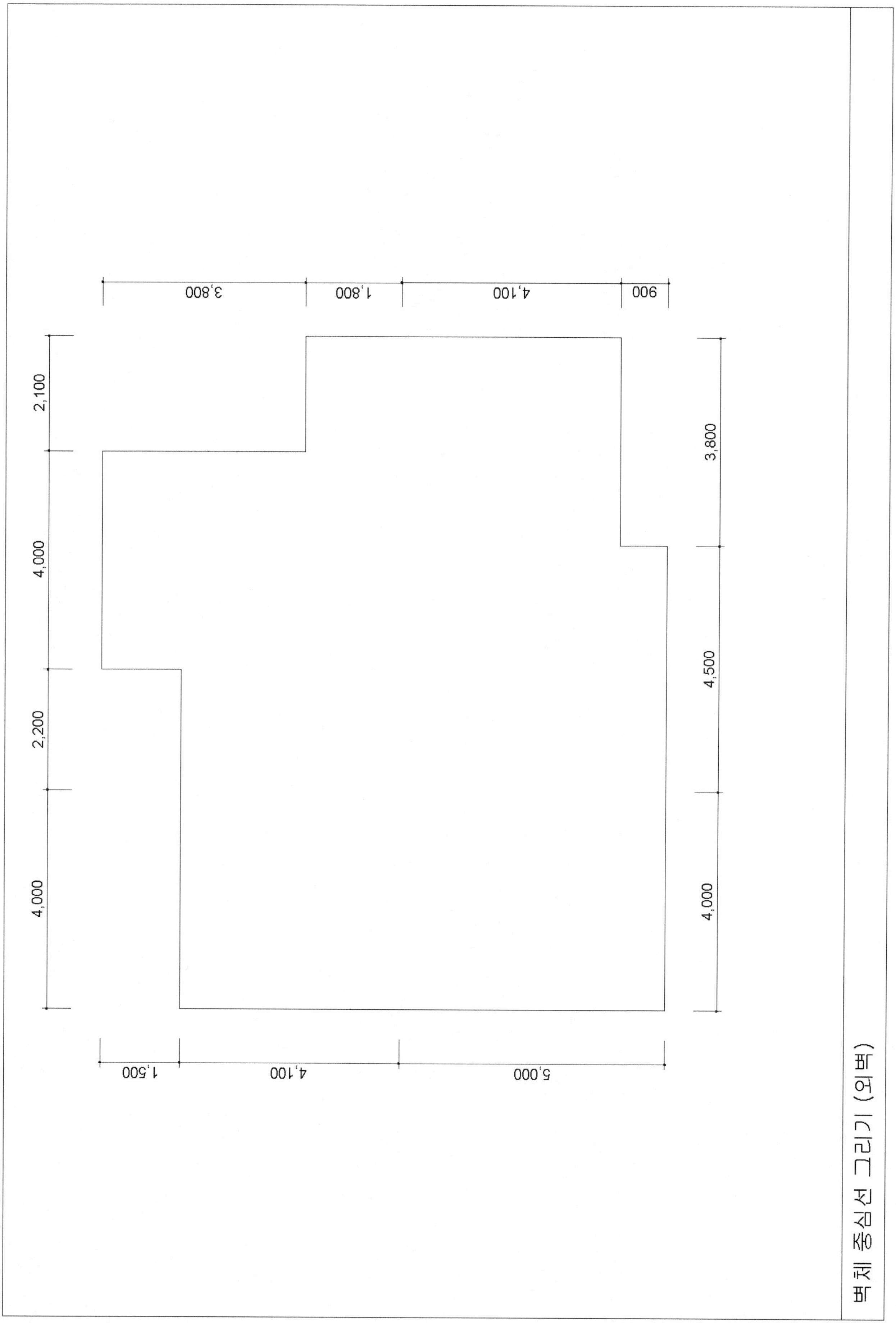
벽체 중심선 그리기 (외벽)
2,100
4,000
2,200
4,000
3,800
4,500
4,000
3,800
1,800
4,100
900
1,500
4,100
5,000

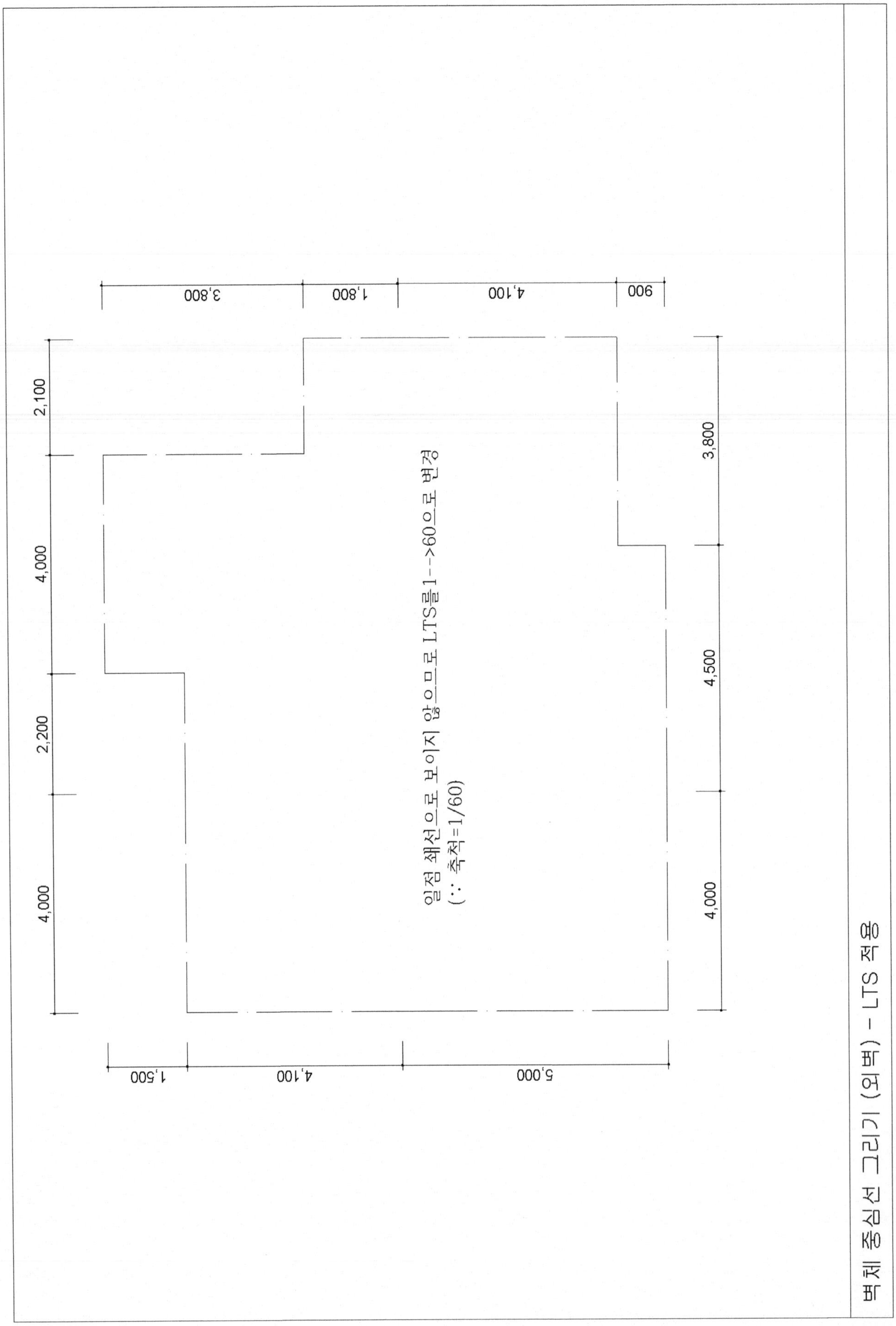

벽체 중심선 그리기 (외벽) - LTS 적용
일점 쇄선으로 보이지 않으므로 LTS를1-->60으로 변경
(∵ 축척=1/60)
2,100
4,000
2,200
4,000
3,800
4,500
4,000
3,800
1,800
4,100
900
1,500
4,100
5,000

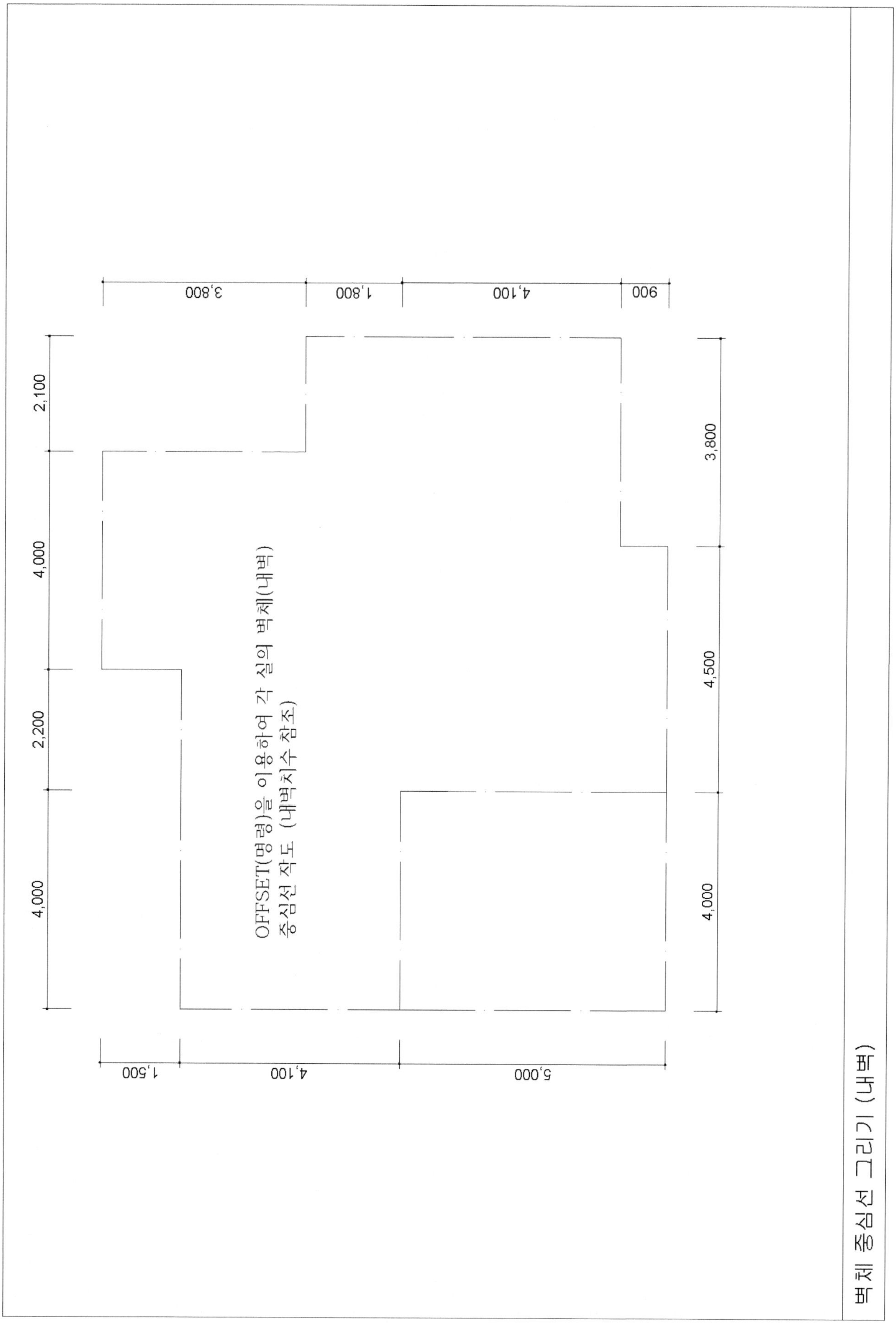
OFFSET(명령)을 이용하여 각 실의 벽체(내벽) 중심선 작도 (내벽치수 참조)
벽체 중심선 그리기 (내벽)
2,100
4,000
2,200
4,000
3,800
1,800
4,100
900
3,800
4,500
4,000
1,500
4,100
5,000

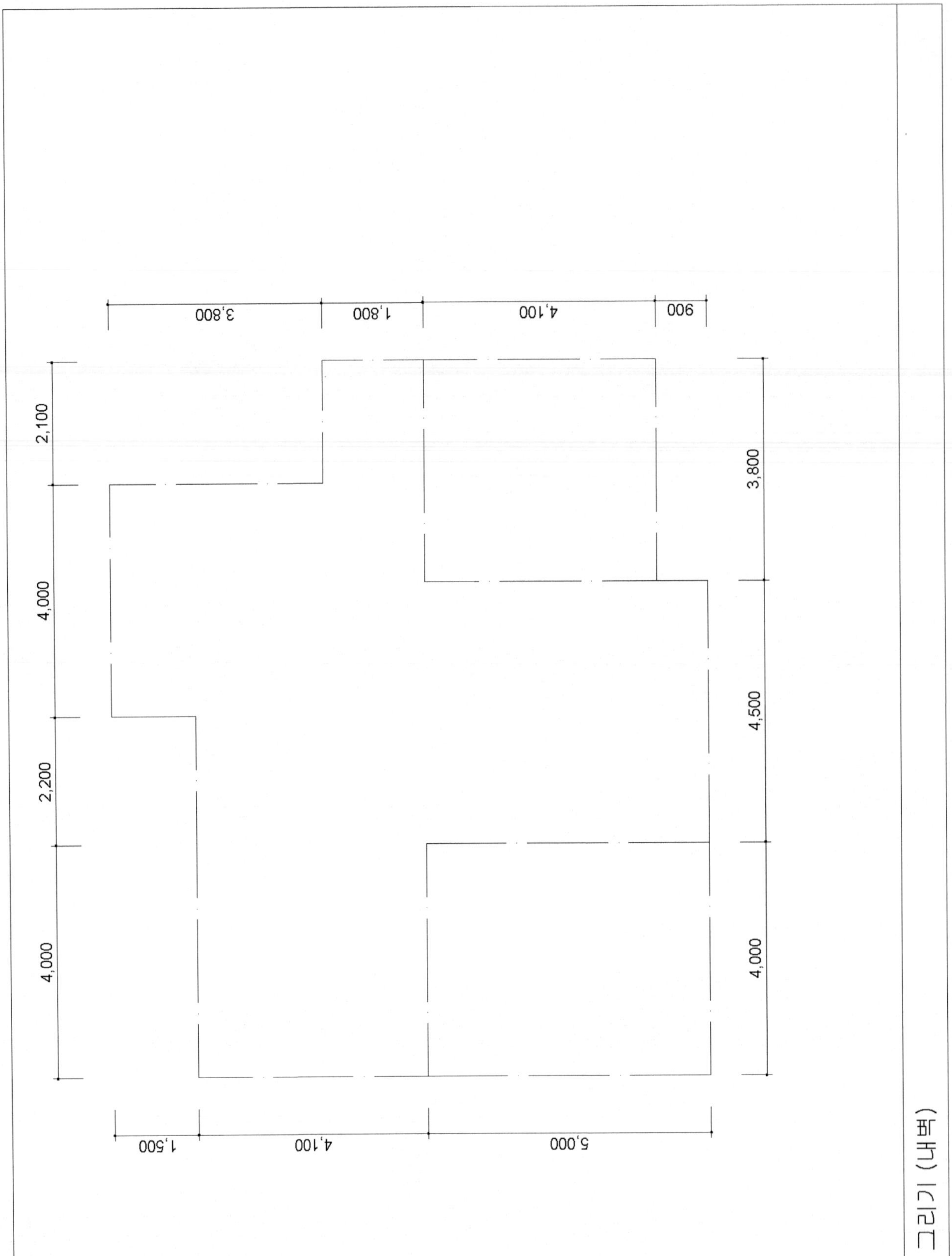

벽체 중심선 그리기 (내벽)
3,800
1,800
4,100
900
2,100
4,000
2,200
4,000
3,800
4,500
4,000
1,500
4,100
5,000

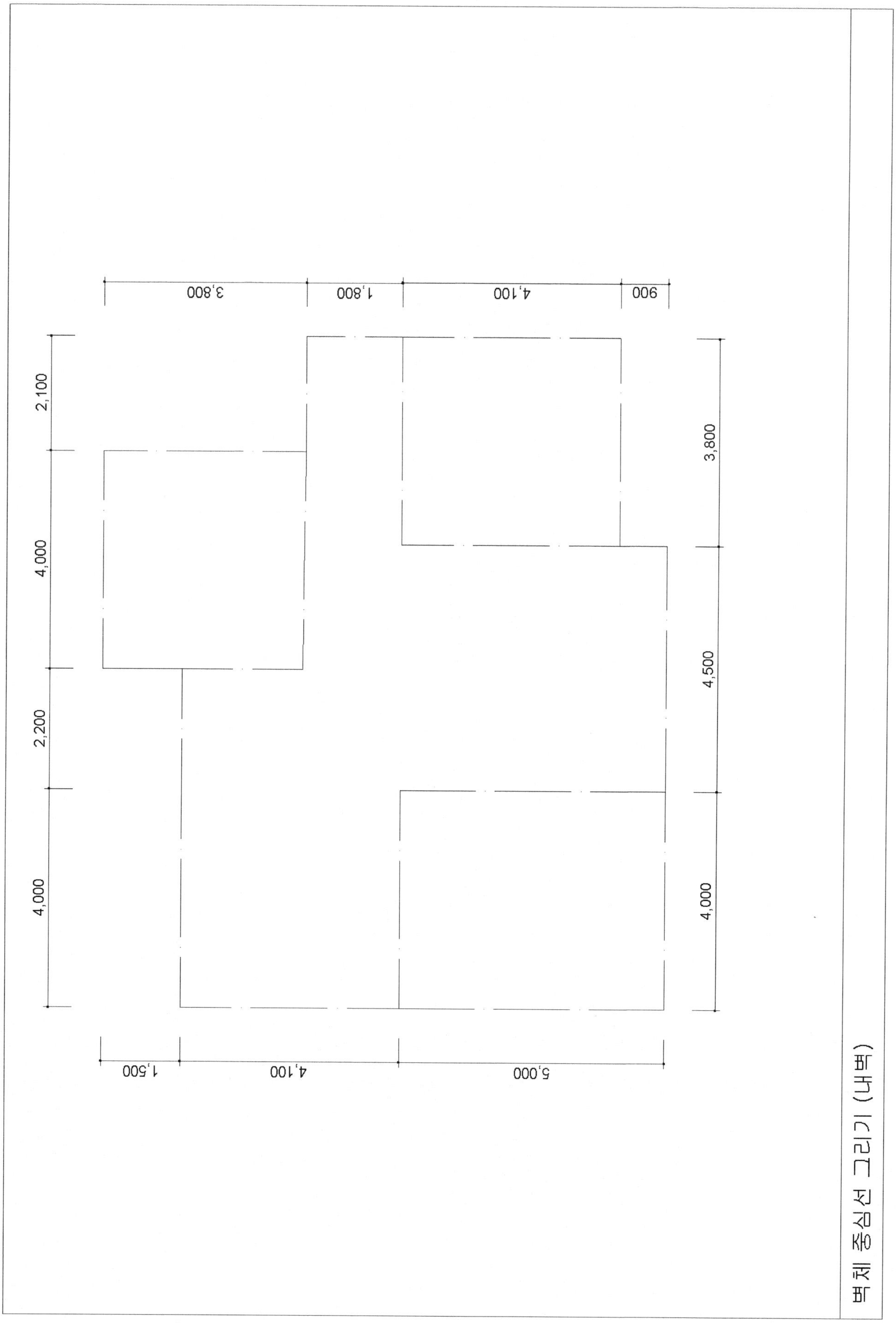
벽체 중심선 그리기 (내벽)
3,800
1,800
4,100
900
2,100
4,000
2,200
4,000
3,800
4,500
4,000
1,500
4,100
5,000

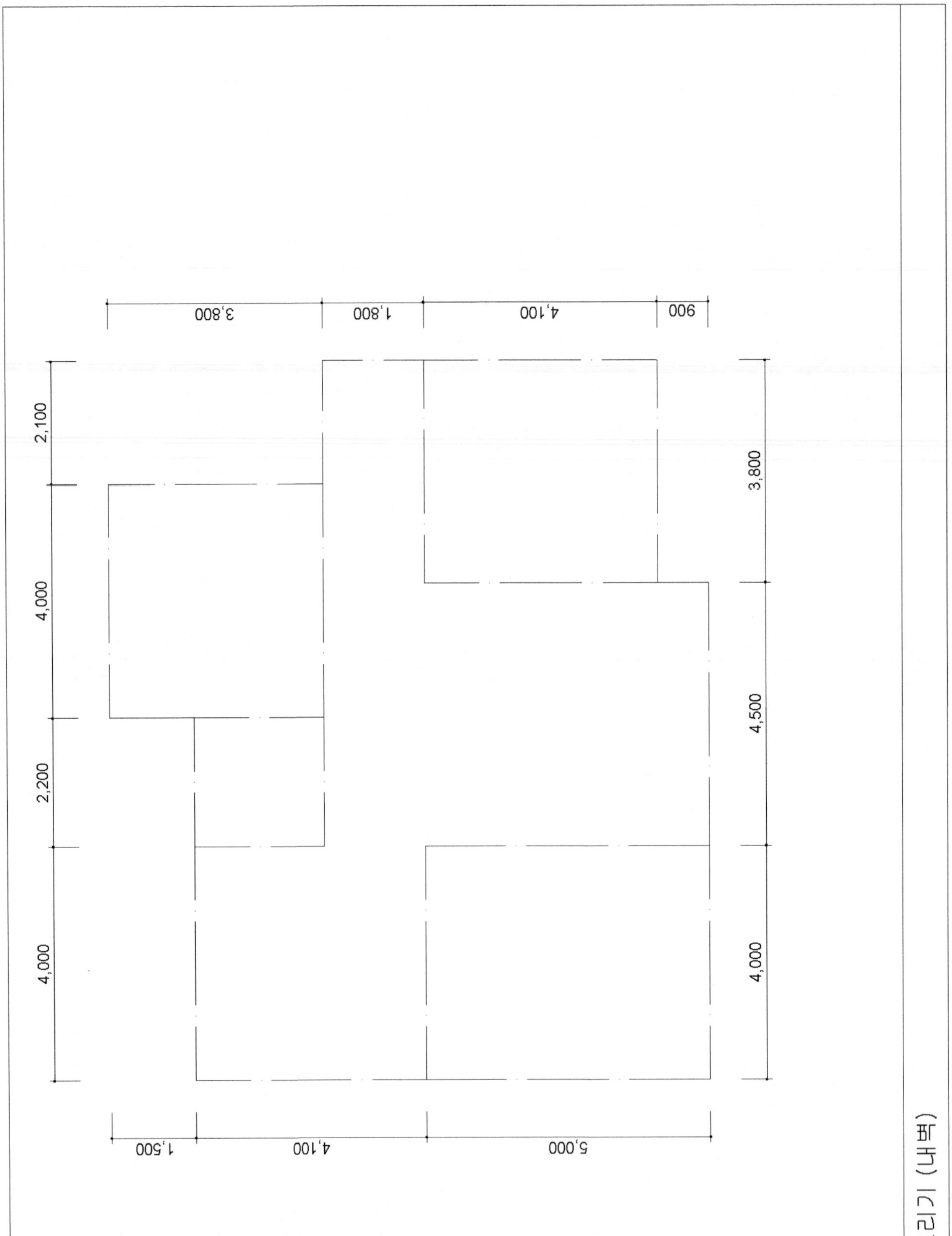
벽체 중심선 그리기 (내벽)
3,800
1,800
4,100
900
2,100
4,000
2,200
4,000
3,800
4,500
4,000
1,500
4,100
5,000

각 모서리의 교차선을 500 더 늘린다.

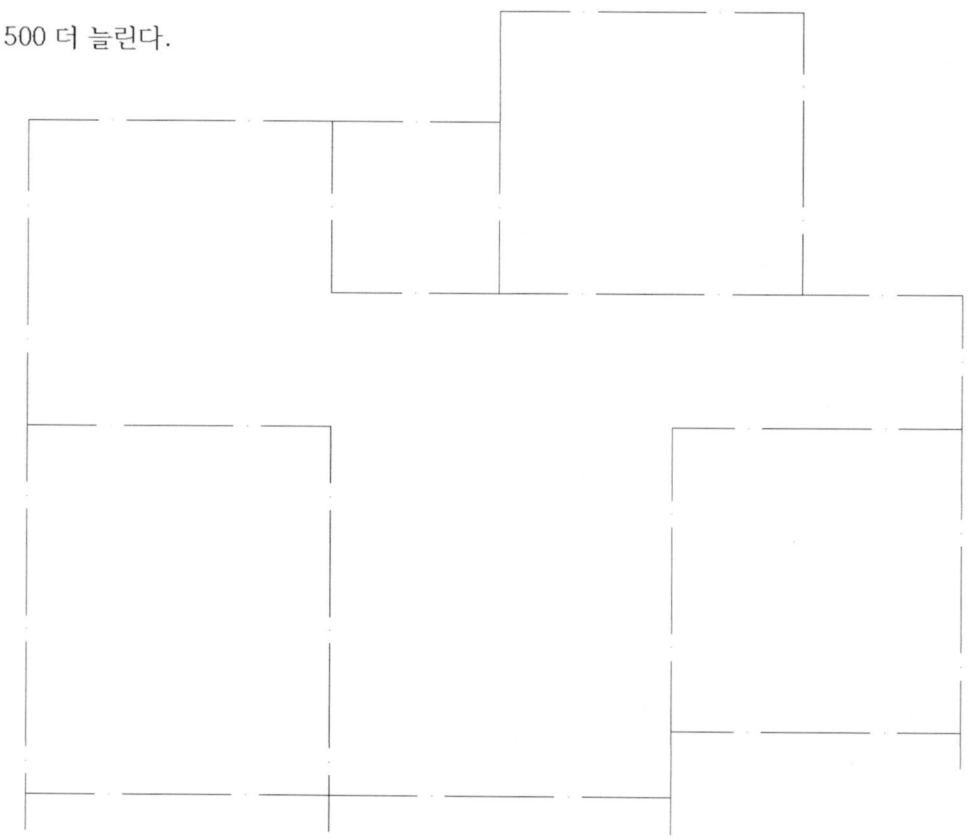

벽체 중심선 그리기 (교차선)

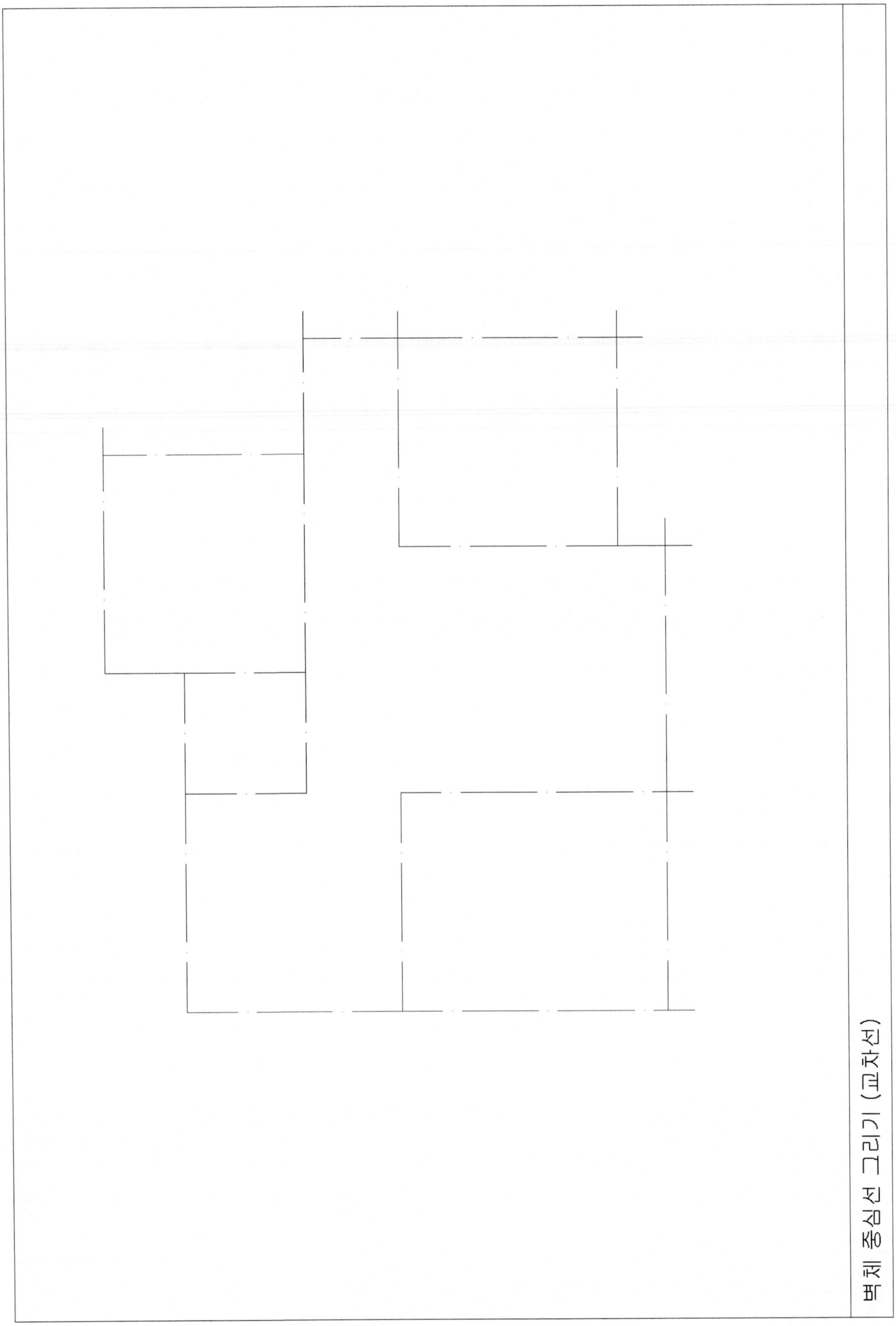
벽체 중심선 그리기 (교차선)

벽체 중심선 그리기 (교차선)

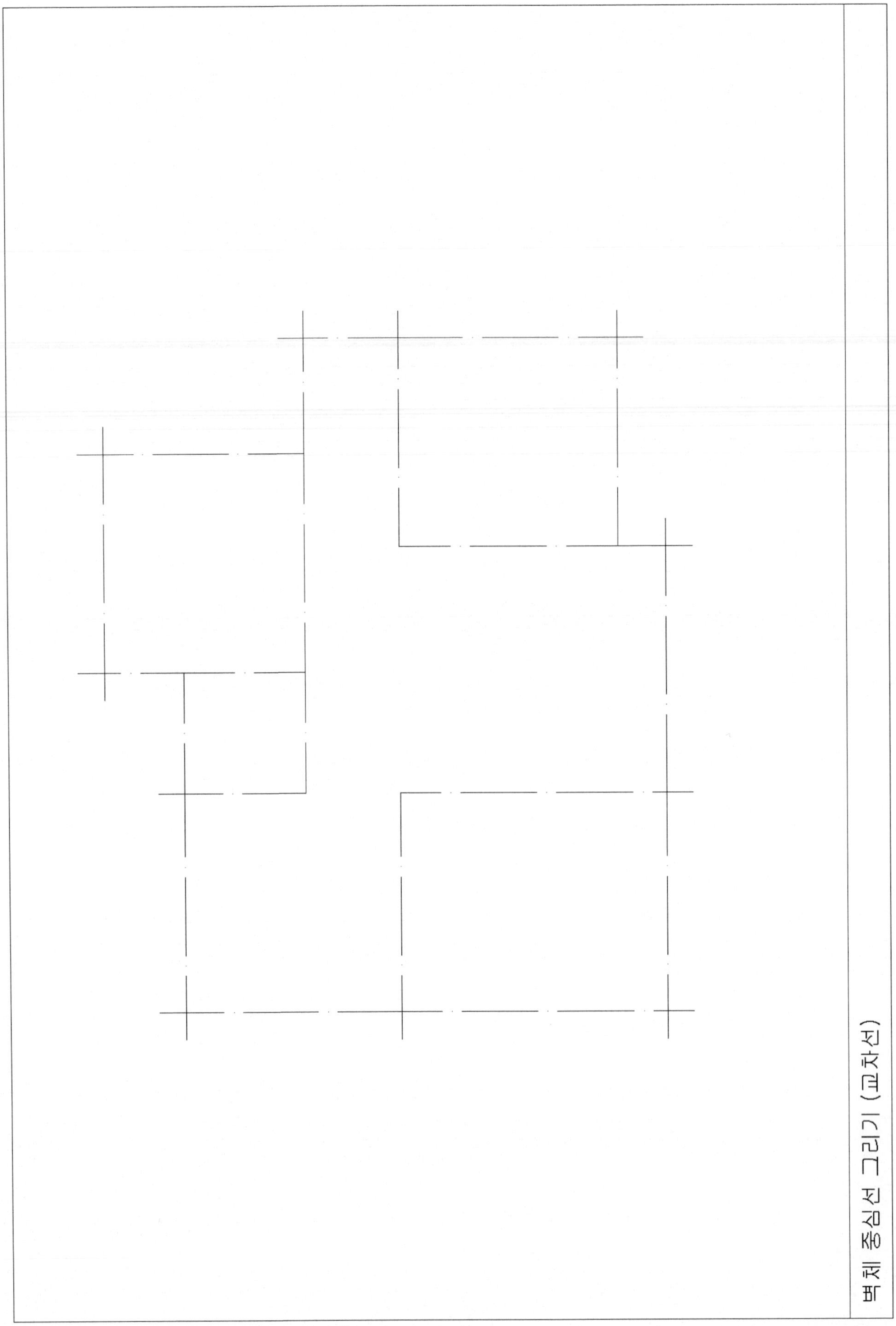
벽체 중심선 그리기 (교차선)

벽체 중심선 그리기 (교차선)

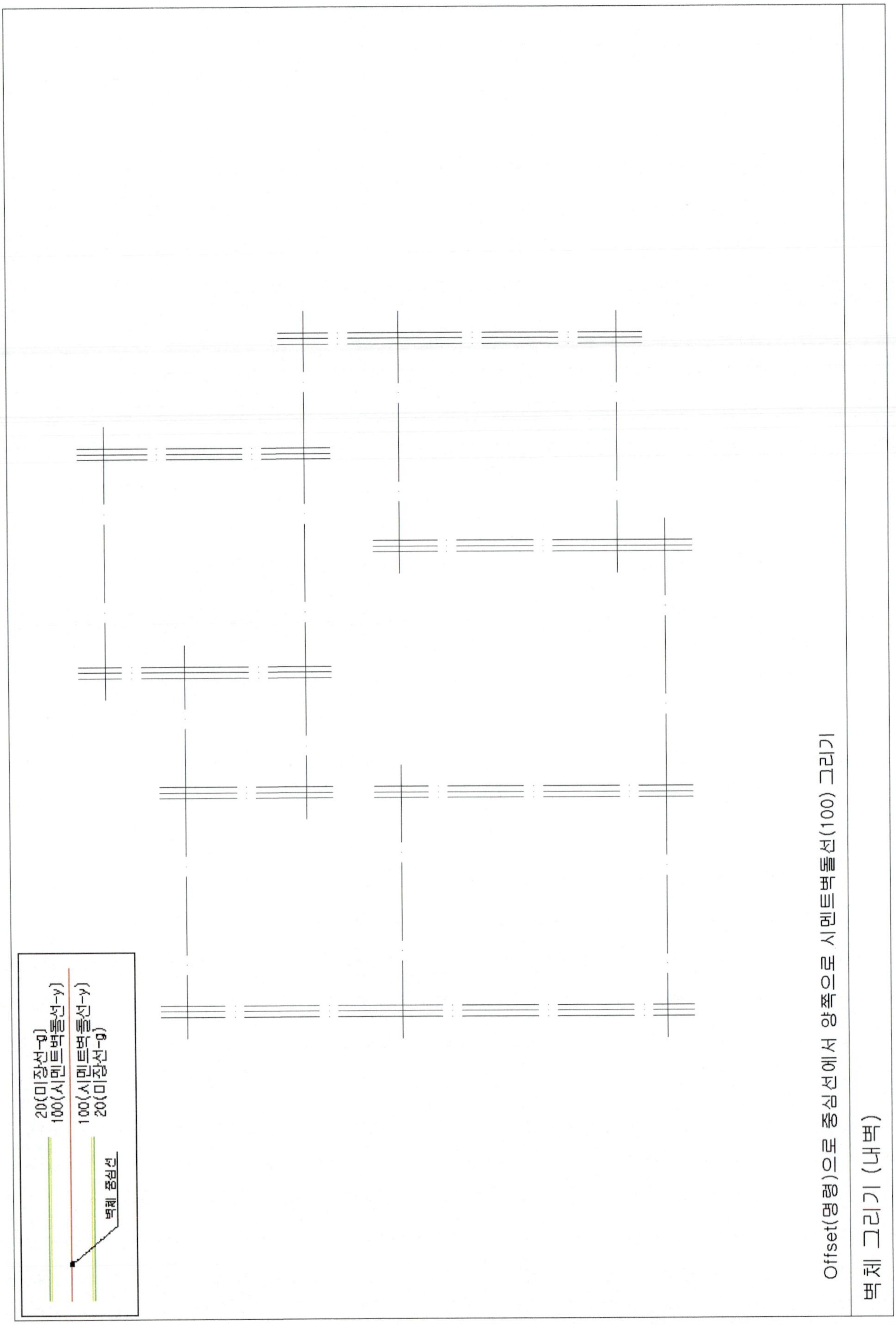
벽체 그리기 (내벽)
Offset(명령)으로 중심선에서 양쪽으로 시멘트벽돌선(100) 그리기
20(미장선-g)
100(시멘트벽돌선-y)
100(시멘트벽돌선-y)
20(미장선-g)
벽체 중심선

벽체 그리기 (내벽)
Offset(명령)으로 중심선에서 양쪽으로 시멘트벽돌선(10C) 그리기

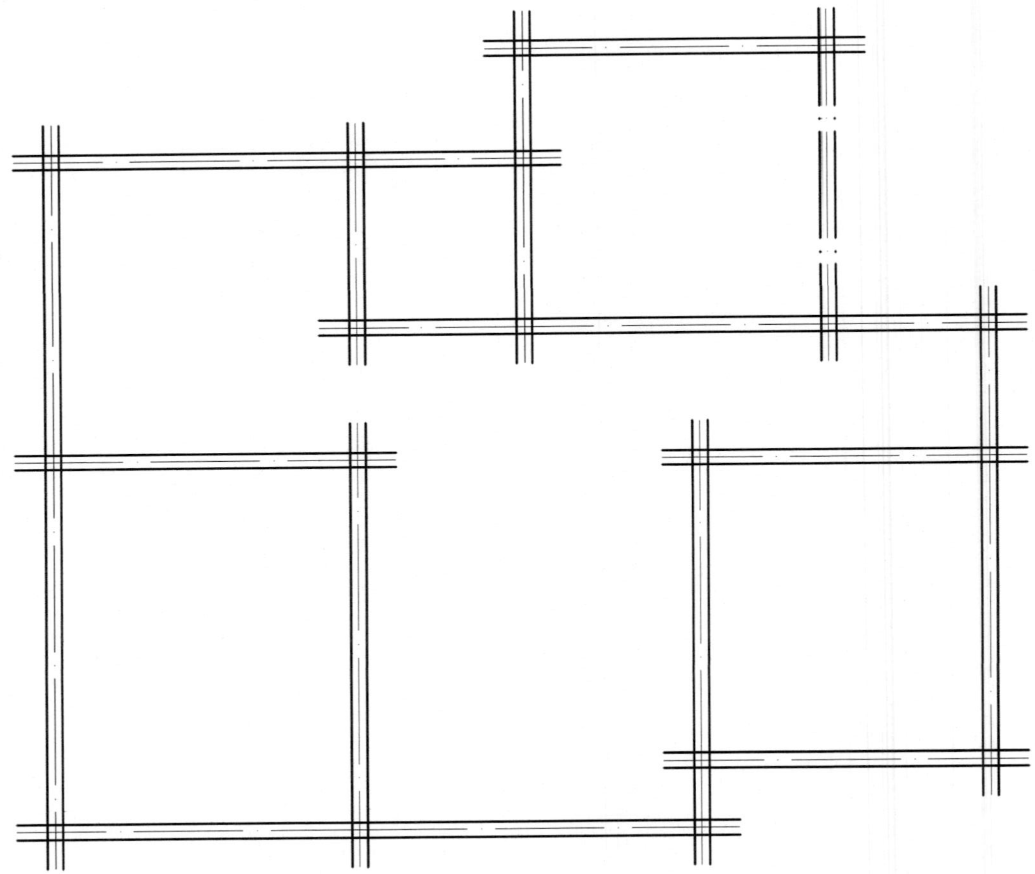

시멘트벽돌선(100) 을 (R-중심선) Layer에서 (Y-단면선) Layer로 변경

벽체 그리기 (내벽)

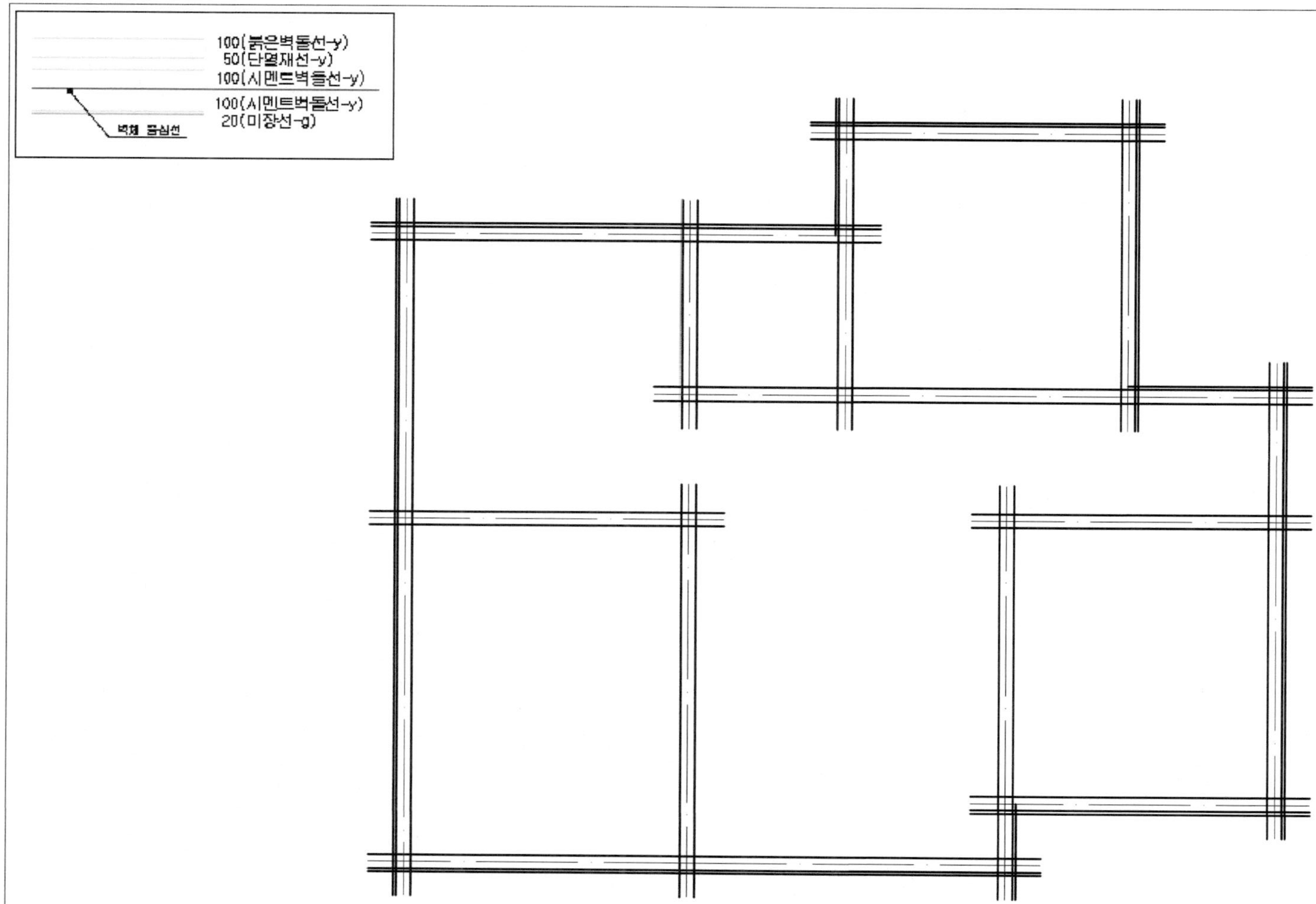

OFFSET(명령)으로 외벽의 시멘트벽돌선에서 바깥으로 단열재선(50) 그리기

벽체 그리기 (외벽)

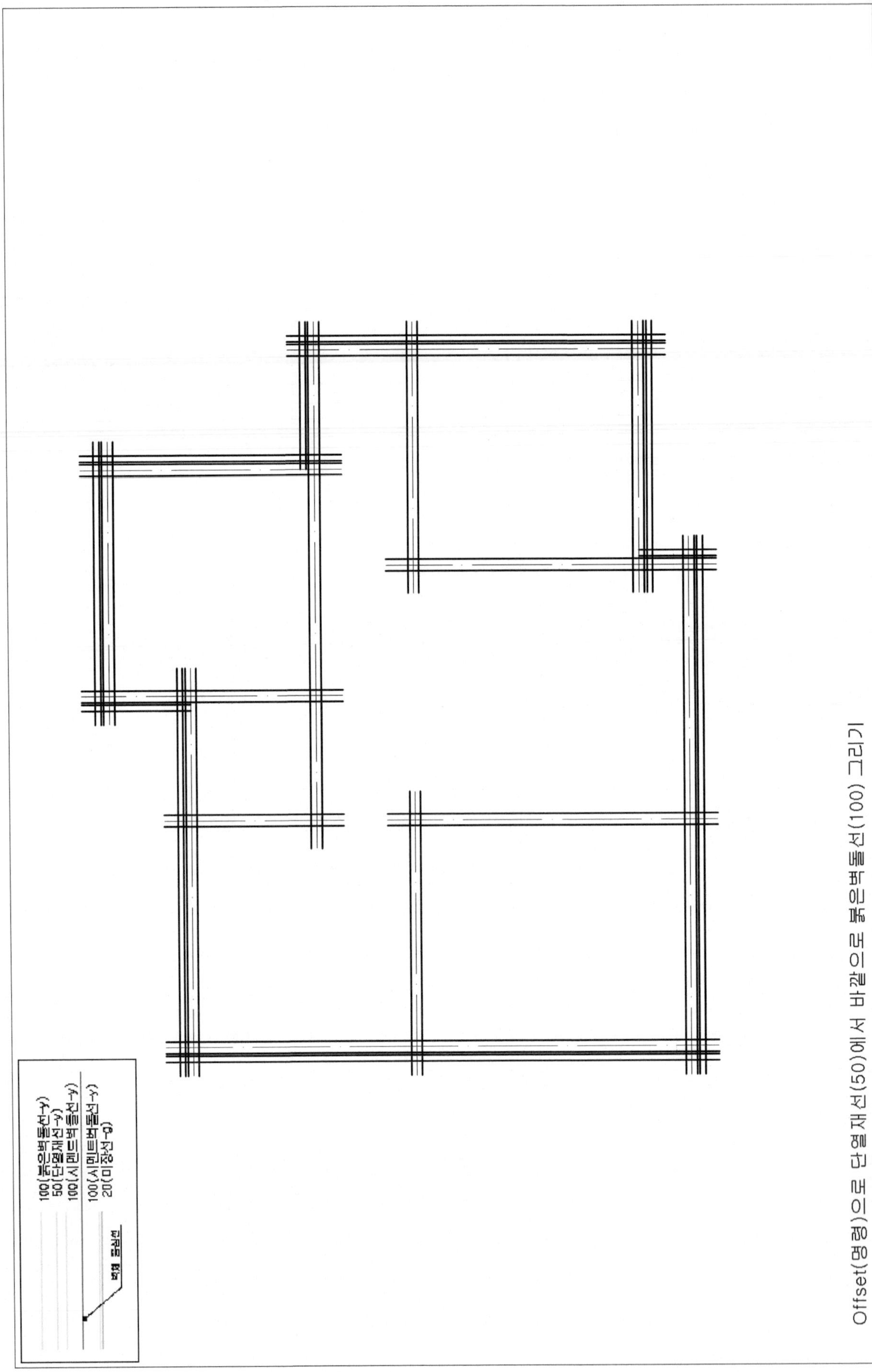

벽체 그리기 (외벽)

Offset(명령)으로 단열재선(50)에서 바깥으로 붉은벽돌선(100) 그리기

벽체 정리하기 (교차벽 정리)

모서리 부분은 중심선을 제외하고 FILLET(명령)으로 정리

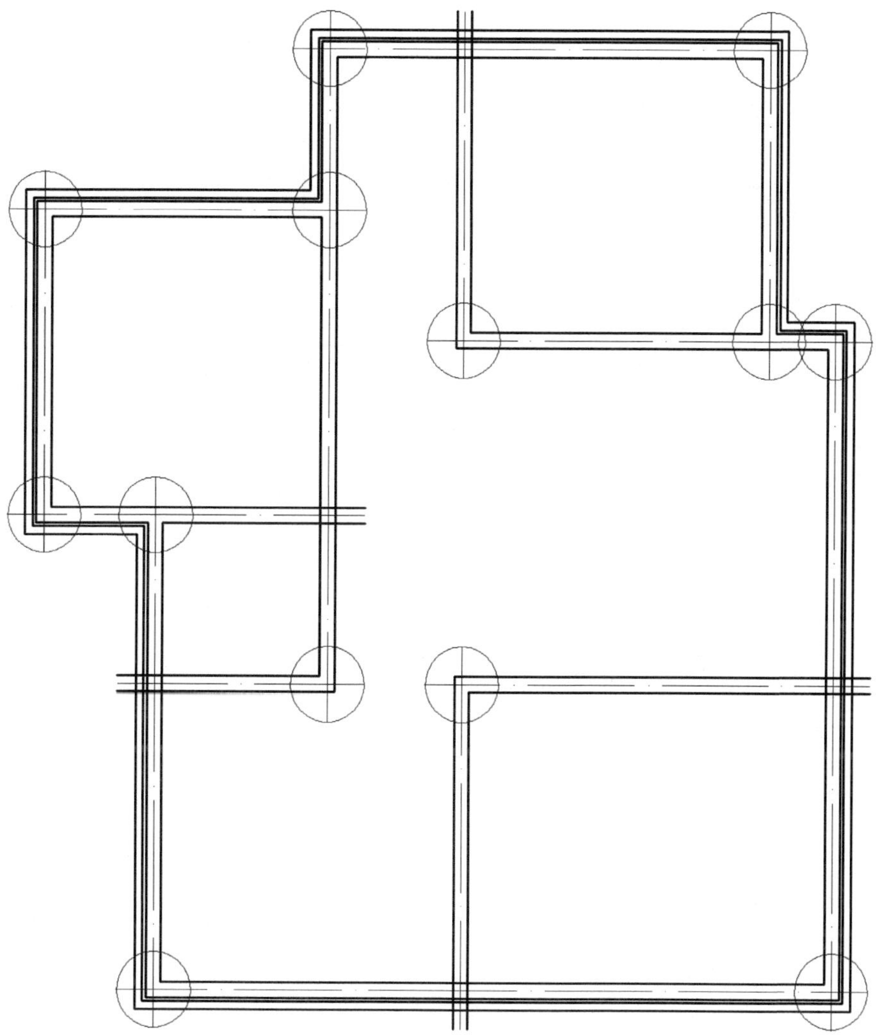

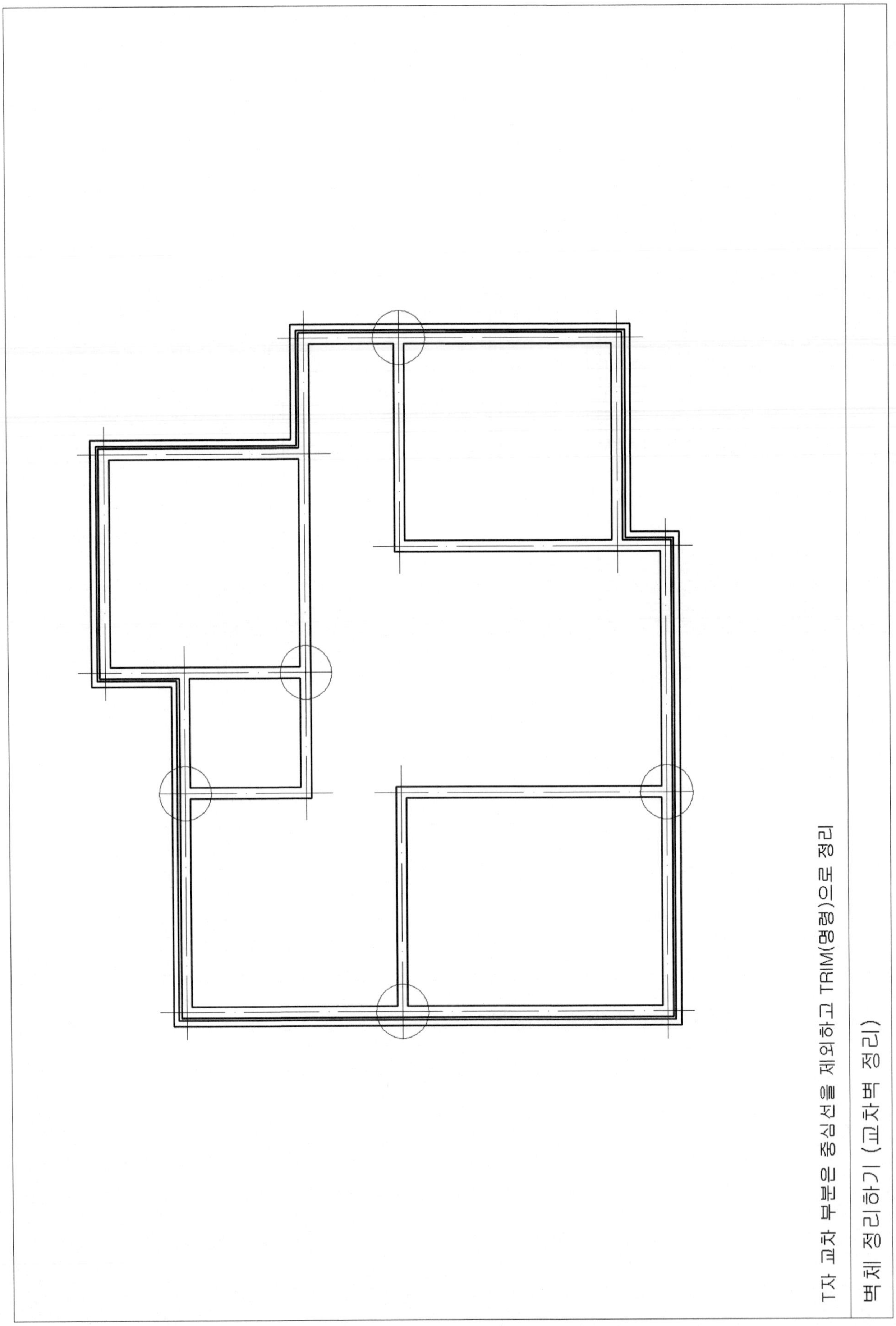
T자 교차 부분은 중심선을 제외하고 TRIM(명령)으로 정리
벽체 정리하기 (교차벽 정리)

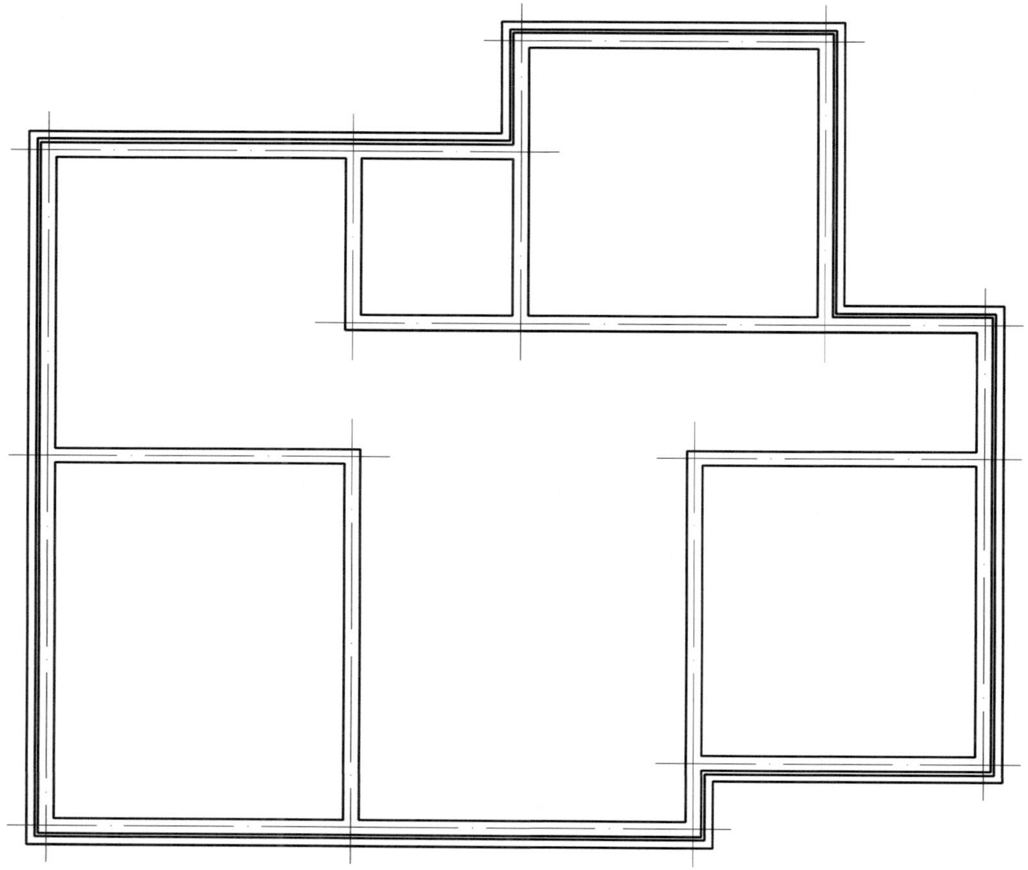

창문, 문 등 개구부의 위치를 표시
창문은 각 실에 맞는 창의 크기를 설정하여 벽의 가운데에 으도록 벽체 중심선을 이용하여 OFFSET(명령)으로 작도
문은 벽체에 가까운 족에 붙도록 벽체 중심선에서 200 Offset 한 후 문의 크기인 900을 다시 Offset

창호 그리기 (창호 위치 설정)

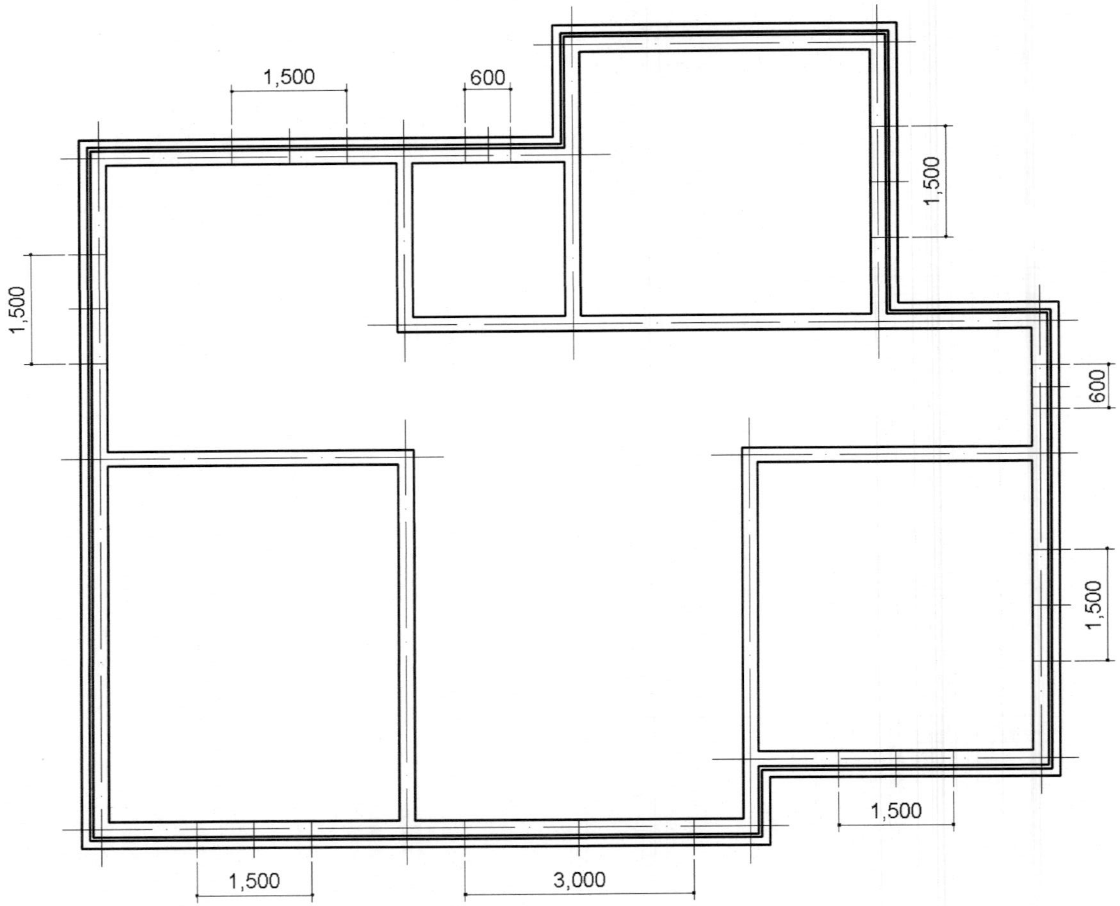

창문은 각 실에 맞는 창의 크기를 설정하여 벽의 가운데에 오도록 Osnap(중간점)을 이용하여 OFFSET(명령)으로 작도
일반창(1500), 거실창(3000), 욕실창(600)

창호 그리기 (창문 위치 설정)

창호 그리기 (창문 위치 벽체 절단)

각 실에 맞는 창문의 크기를 설정한 후 중심선을 제외하고 TRIM(명령)으로 삭제
일반창(1500), 거실창(3000), 욕실창(900)

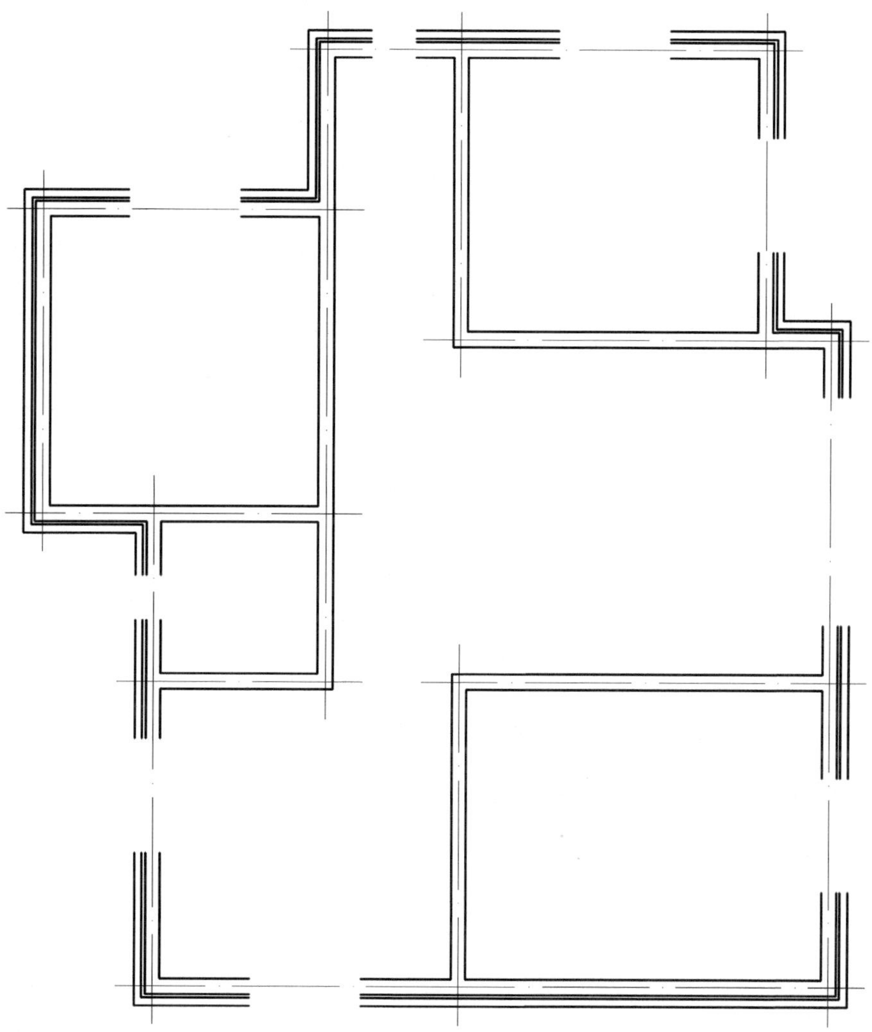

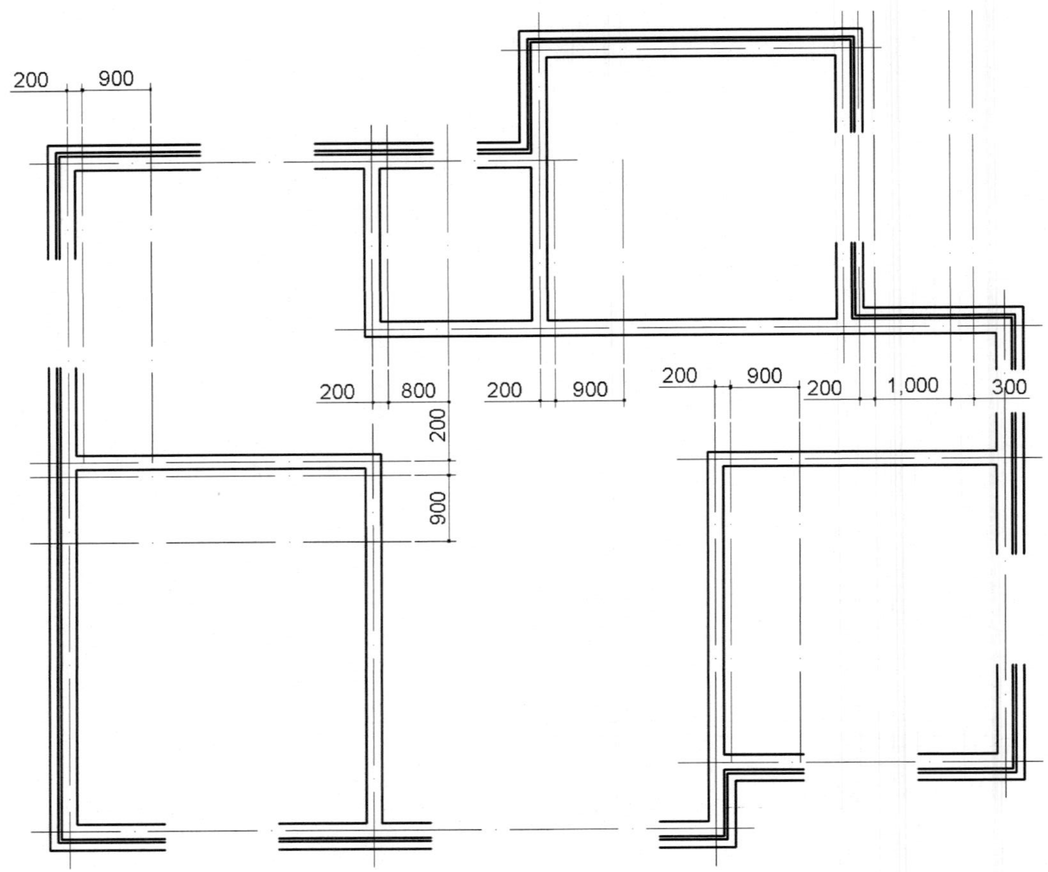

문은 벽체에 가까운 쪽에 붙도록 벽체 중심선에서 200 Offset 한 후 문의 크기인 900을 다시 Offset
일반문(900), 욕실문(800), 현관문(1000)

창호 그리기 (문 위치 설정)

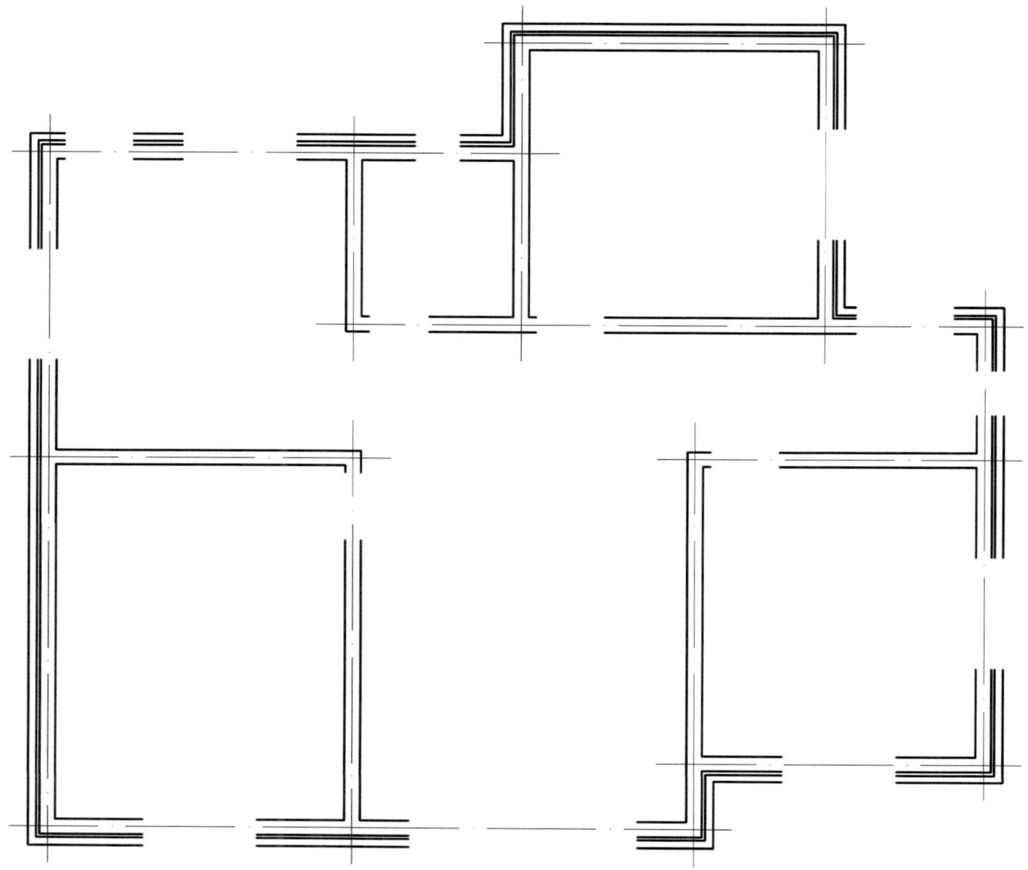

각 실에 맞는 문의 크기를 설정한 후 중심선을 제외하고 TRIM(명령)으로 삭제
일반문(900), 현관문(1000), 욕실문(800)

창호 그리기 (문 위치 벽체 절단)

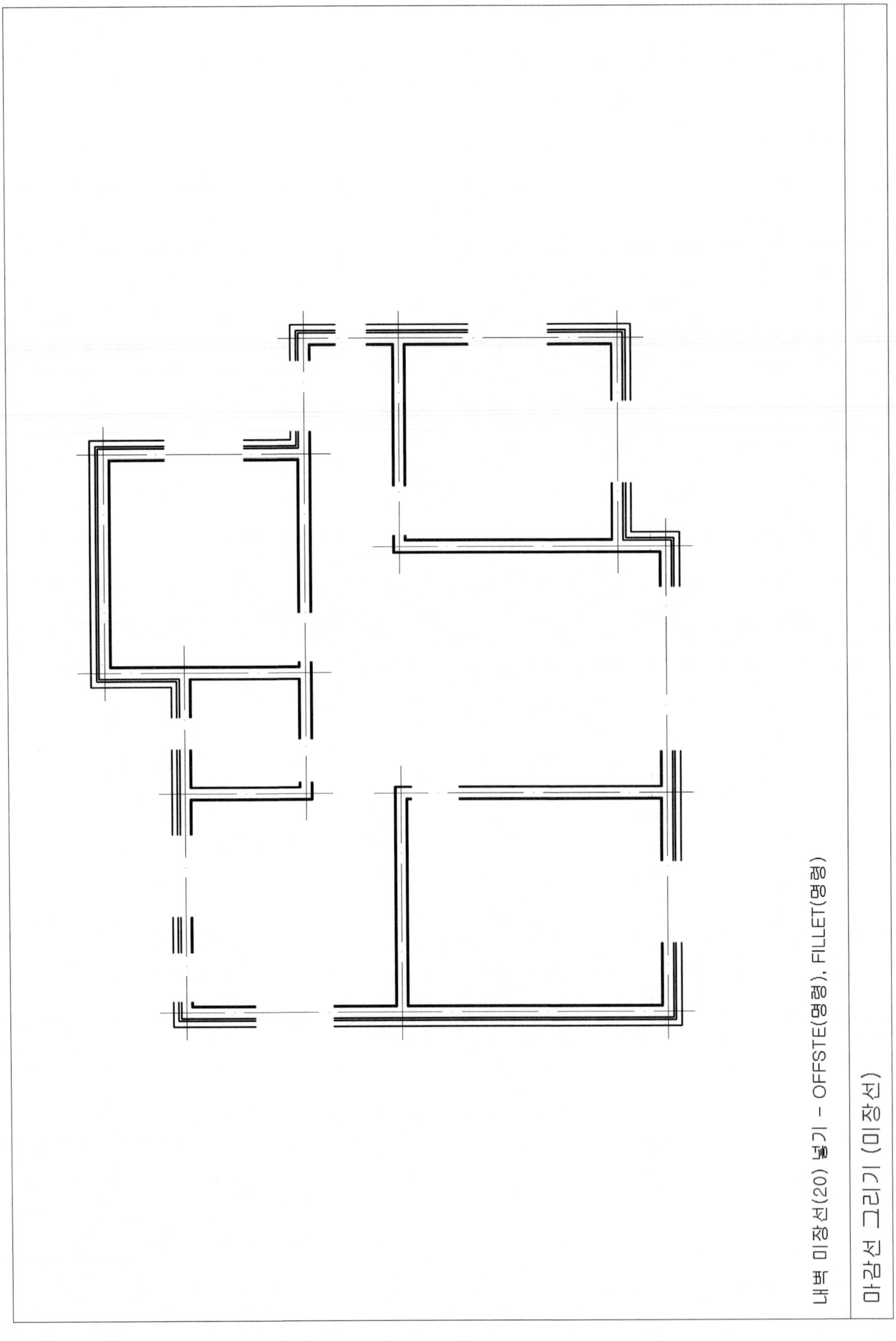
마감선 그리기 (미장선)
내벽 미장선(20) 넣기 - OFFSTE(명령), FILLET(명령)

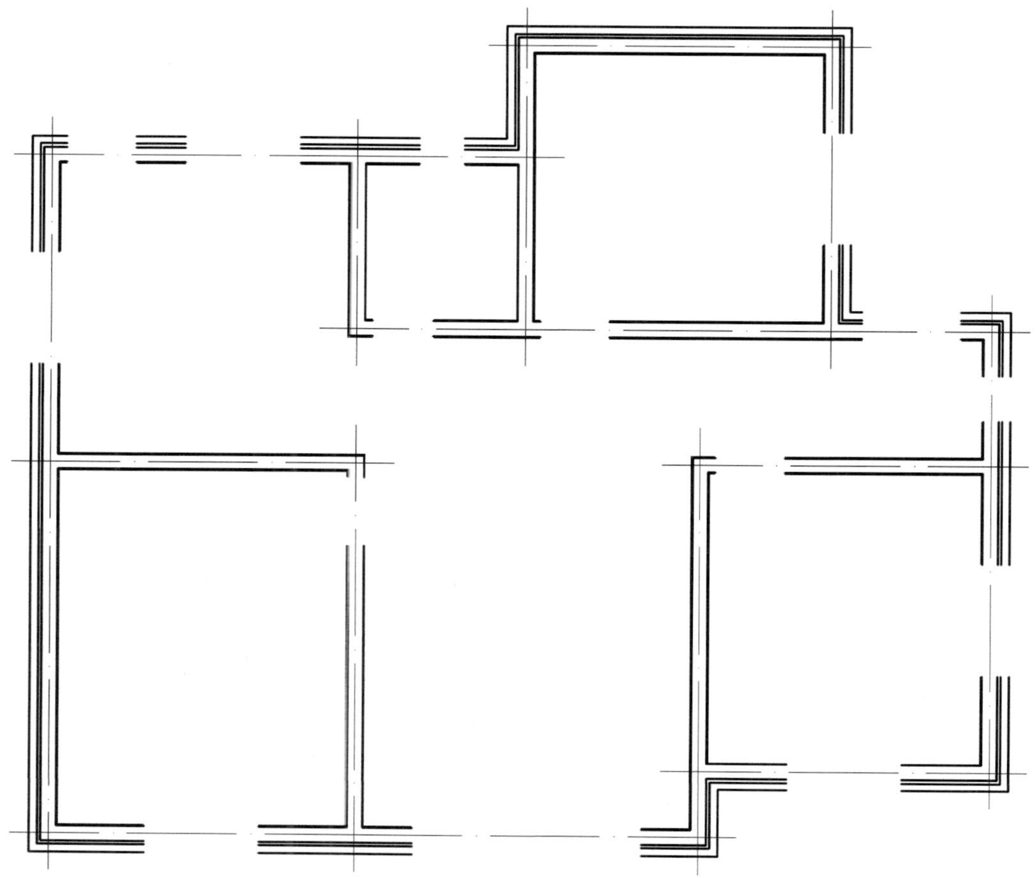

미장선(20) 을 (Y-단면선) Layer에서 (G-보조선) Layer로 변경

마감선 그리기 (미장선)

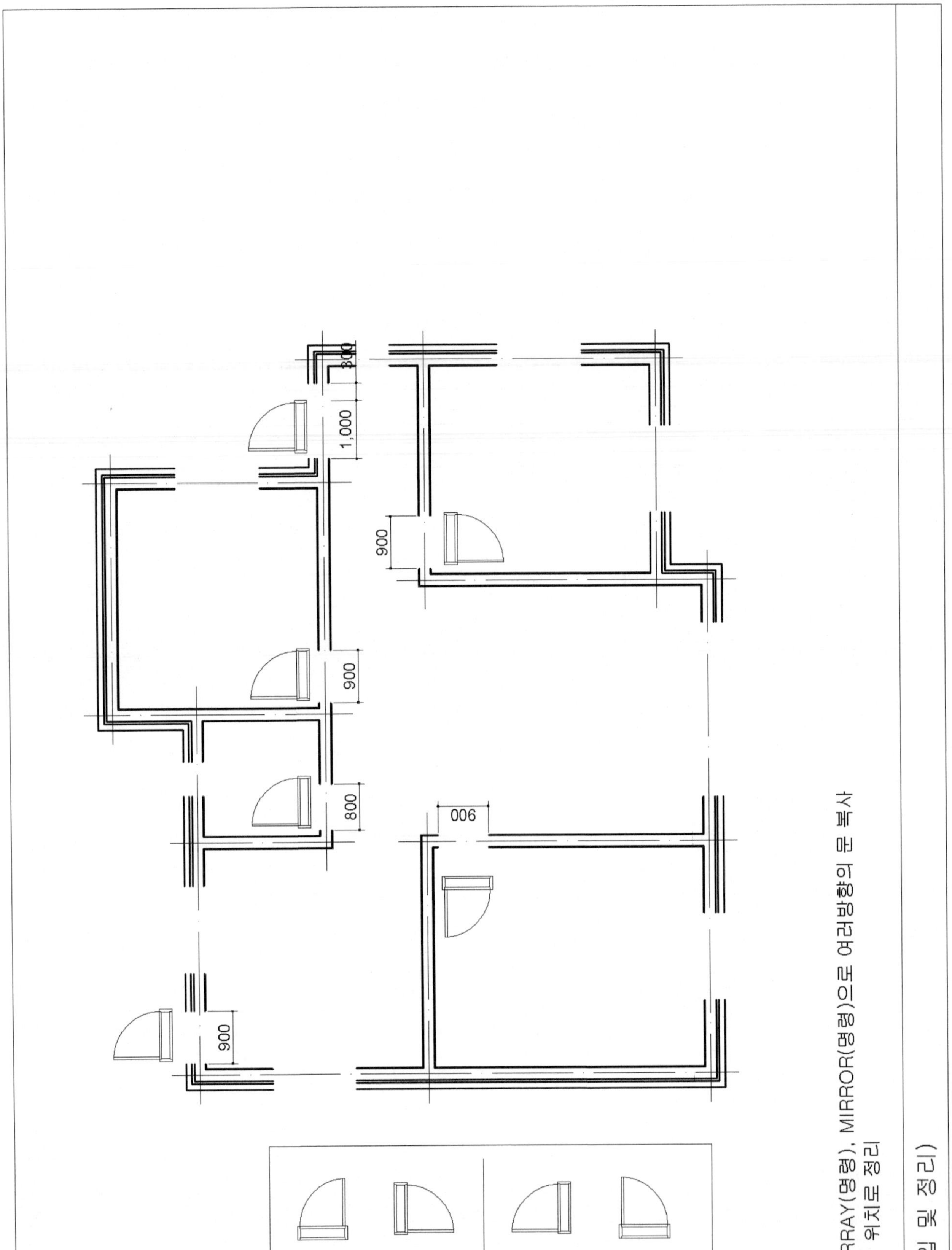
창호 (문 삽입 및 정리)
삽입한 문을 ARRAY(명령), MIRROR(명령)으로 여러방향의 문 복사
복사한 문을 각 위치로 정리
800
1,000
900
900
800
900
900

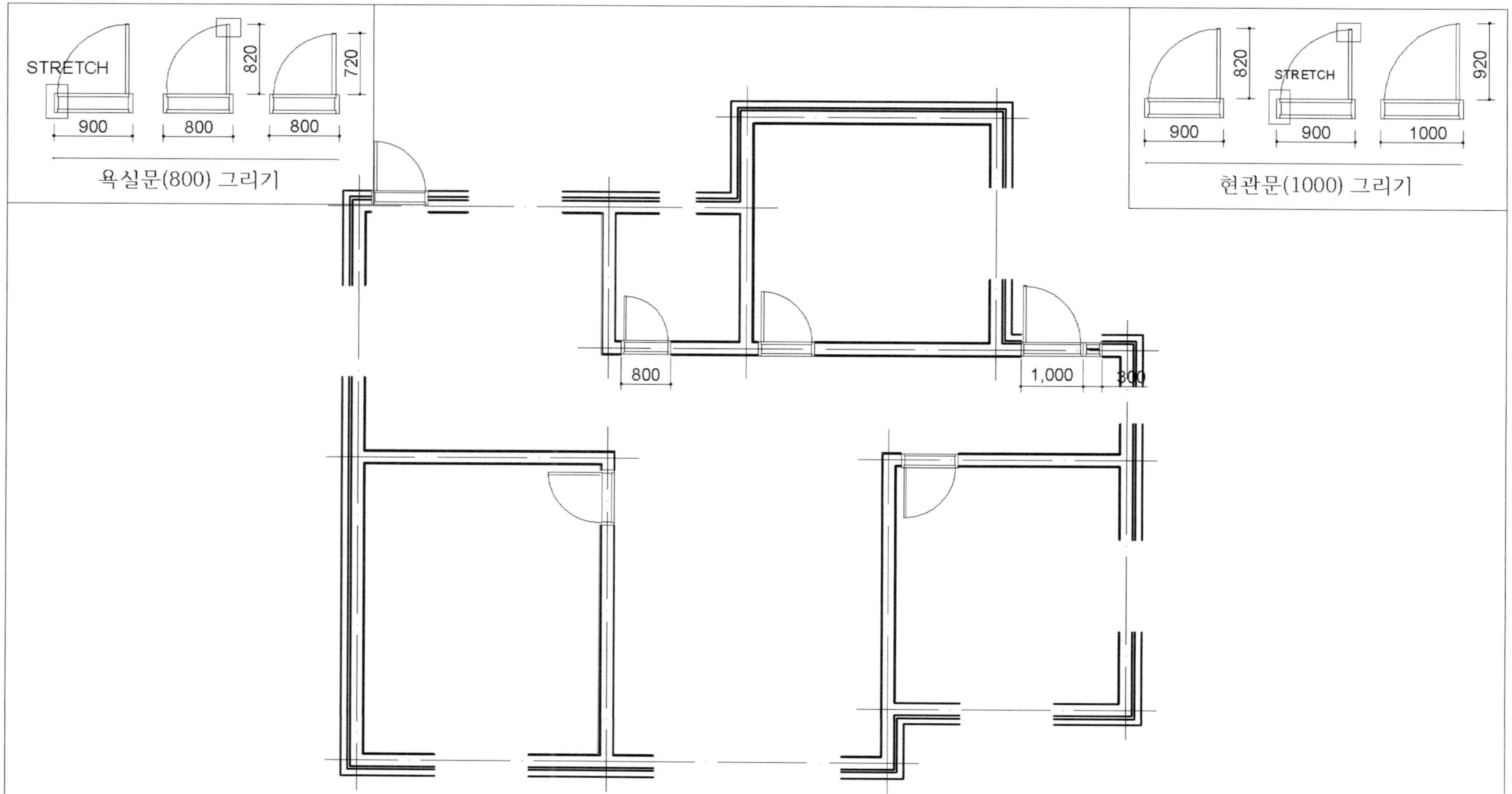

현관문(1000)과 욕실문(800)은 새로 그리지 않고 일반문(900)을 STRETCH(명령)으로 수정 후 정리

창호 (문 Stretch)

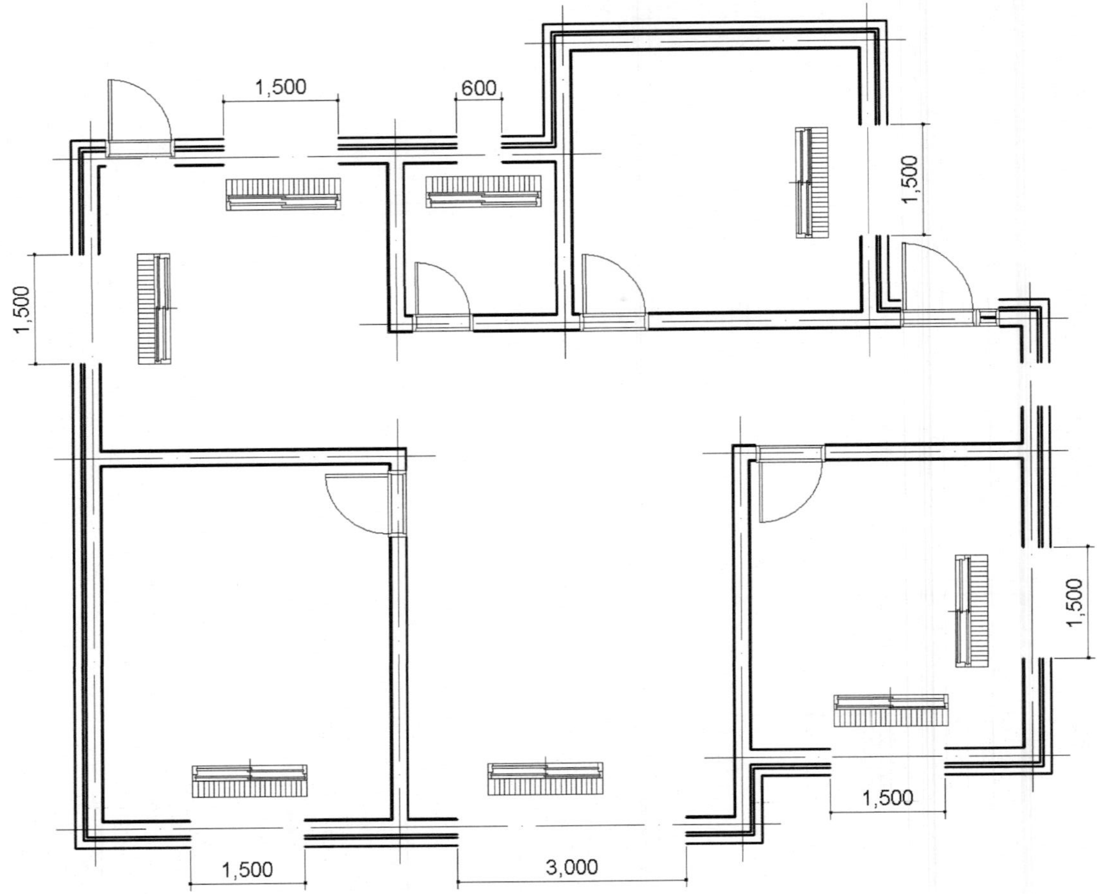

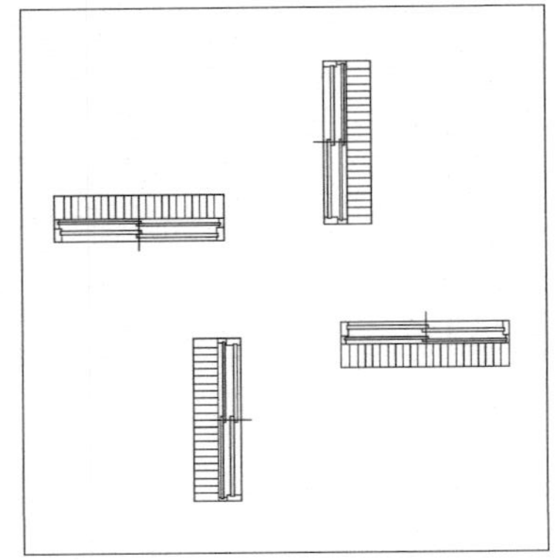

삽입한 창문을 ARRAY(명령), MIRROR(명령)으로 여러방향의 창문을 복사
복사한 창문을 각 위치로 정리

창호 (문 Stretch)

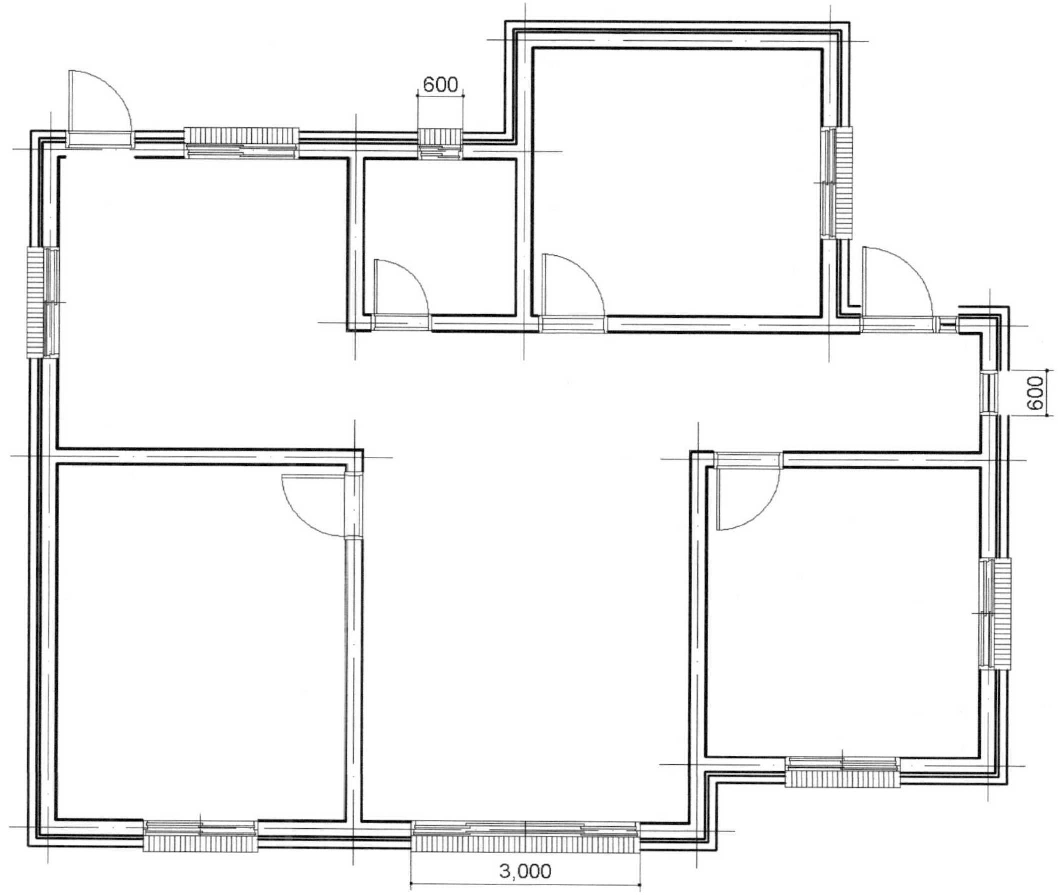

거실전창(3000)과 욕실창(600)은 새로 그리지 않고 일반창(1500)을 STRETCH(명령), MIRROR(명령)으로 수정 후 정리

창호 (창문 Stretch)

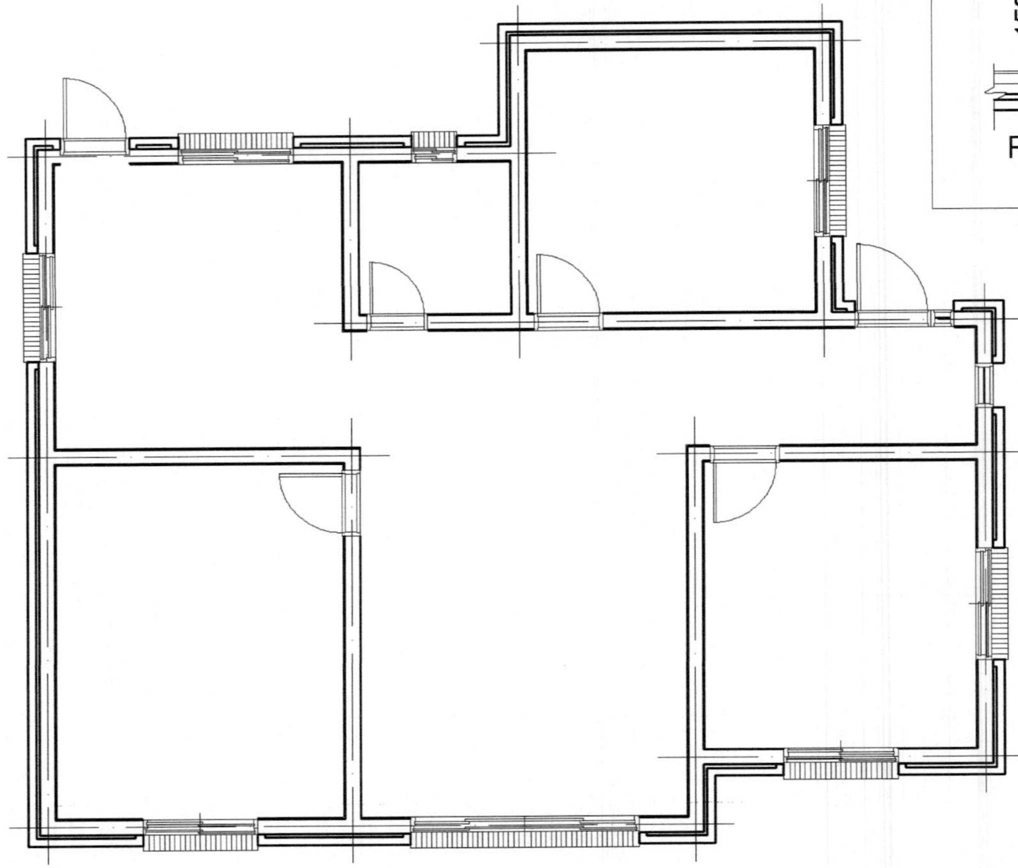

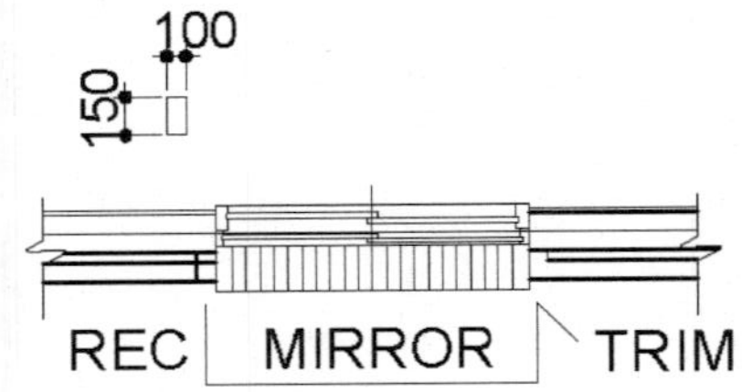

- 현재의 LAyer를 (Y-단면선) Layer로 전환.
- 외벽의 붉은 벽돌을 창문 주위에 쌤돌(벽돌 한장:190*90)로 만들어 끼움.
- REC(100,150)으로 만들어 COPY(명령), MIRROR(명령)을 이용하여 생성 후 TRIM(명령)으로 정리.

창쌤 작도

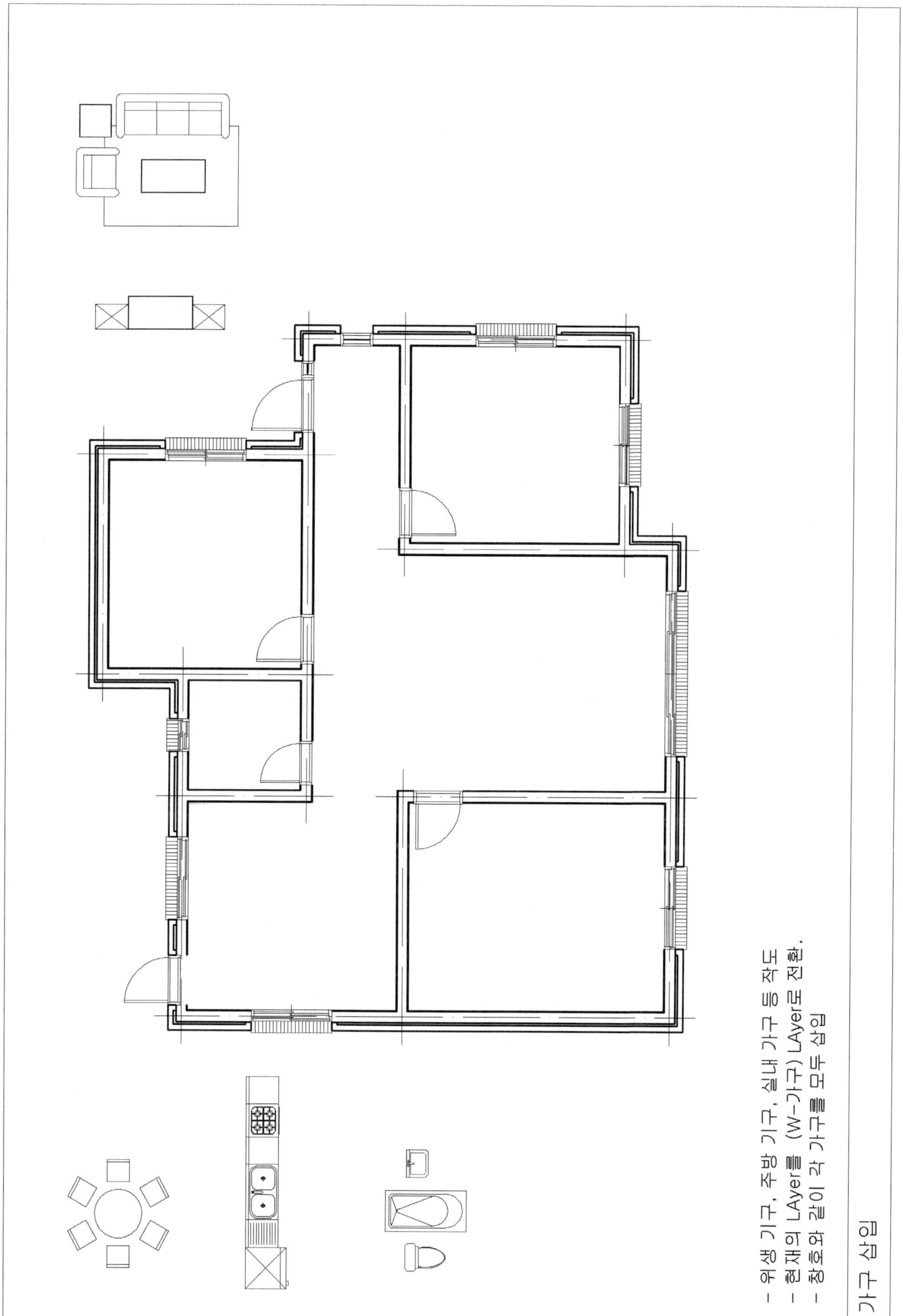
가구 삽입
- 위생 기구, 주방 기구, 실내 가구 등 작도
- 현재의 LAyer를 (W-가구) LAyer로 전환.
- 창호와 같이 각 가구를 모두 삽입

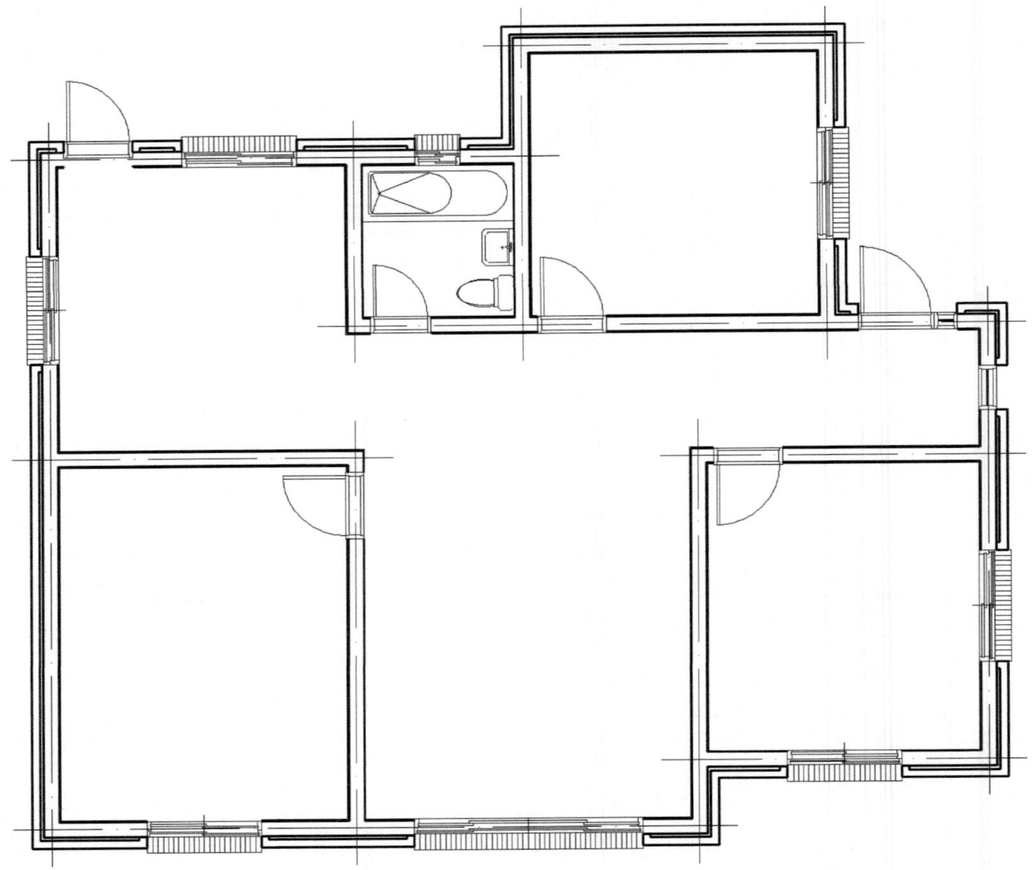

INSERT(명령)을 이용하여 가구를 삽입한 후에는 EXPLODE(명령)으로 분해하고, STRETCH(명령)을 이용할 때에는 선택 범위를 항상 Crossing(걸치기) 옵션을 사용하여 설정한다.

화장실 가구 정리

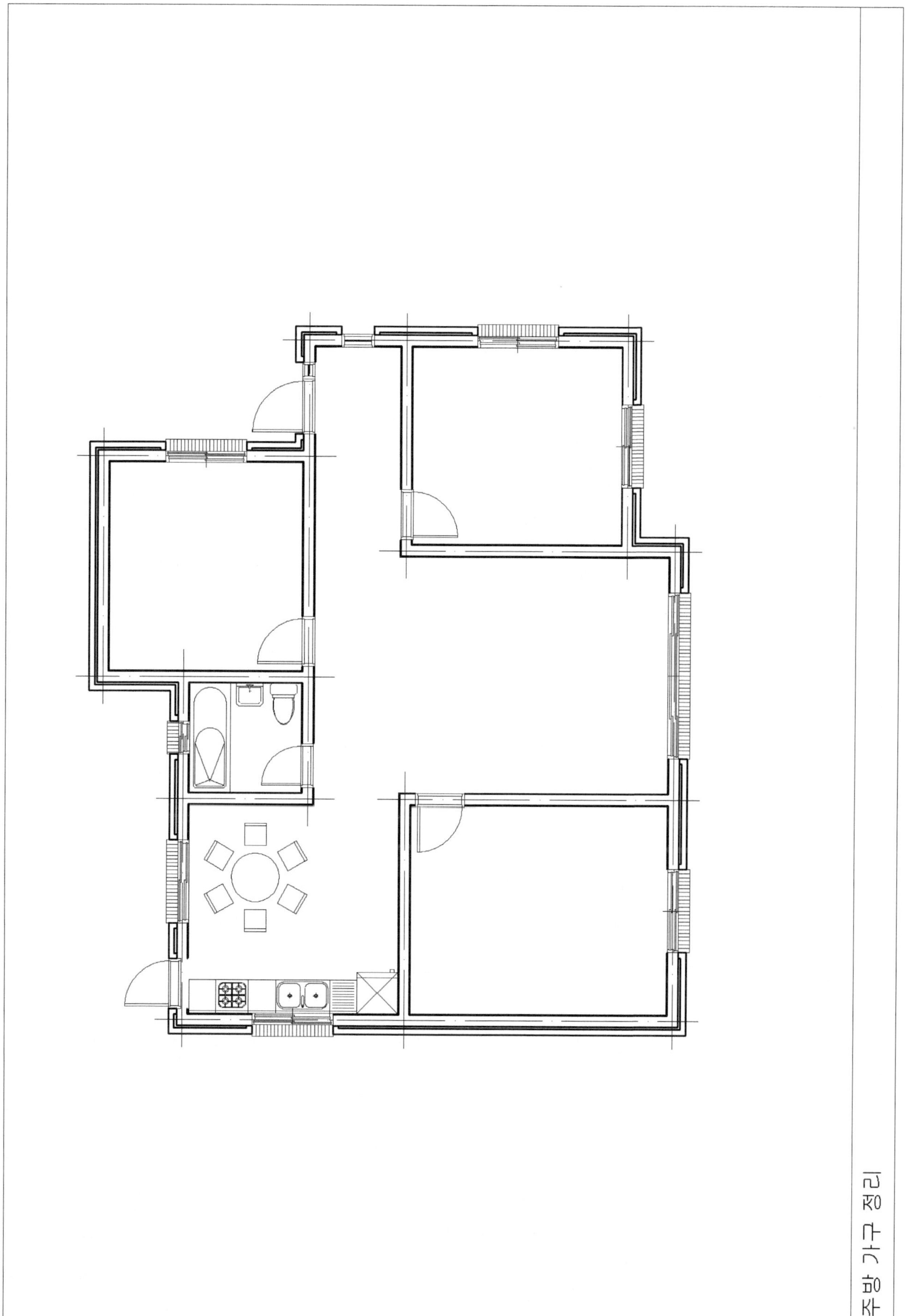
주방 가구 정리

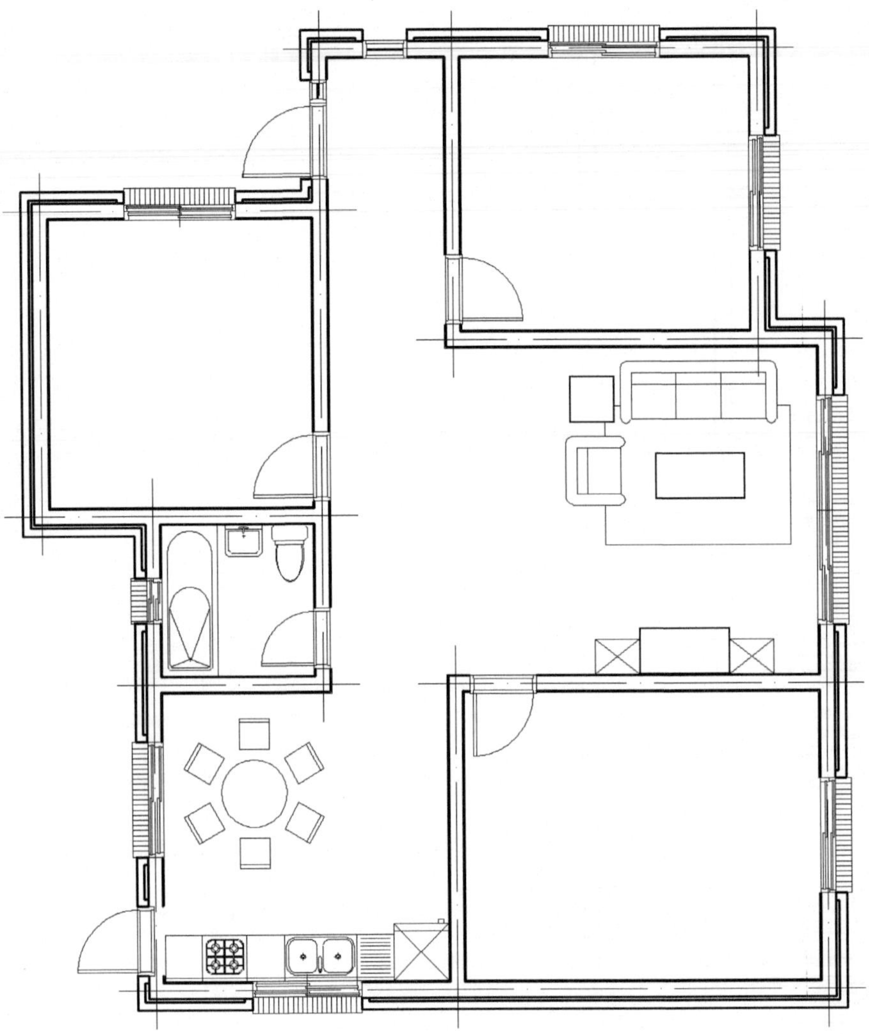

거실 가구 정리

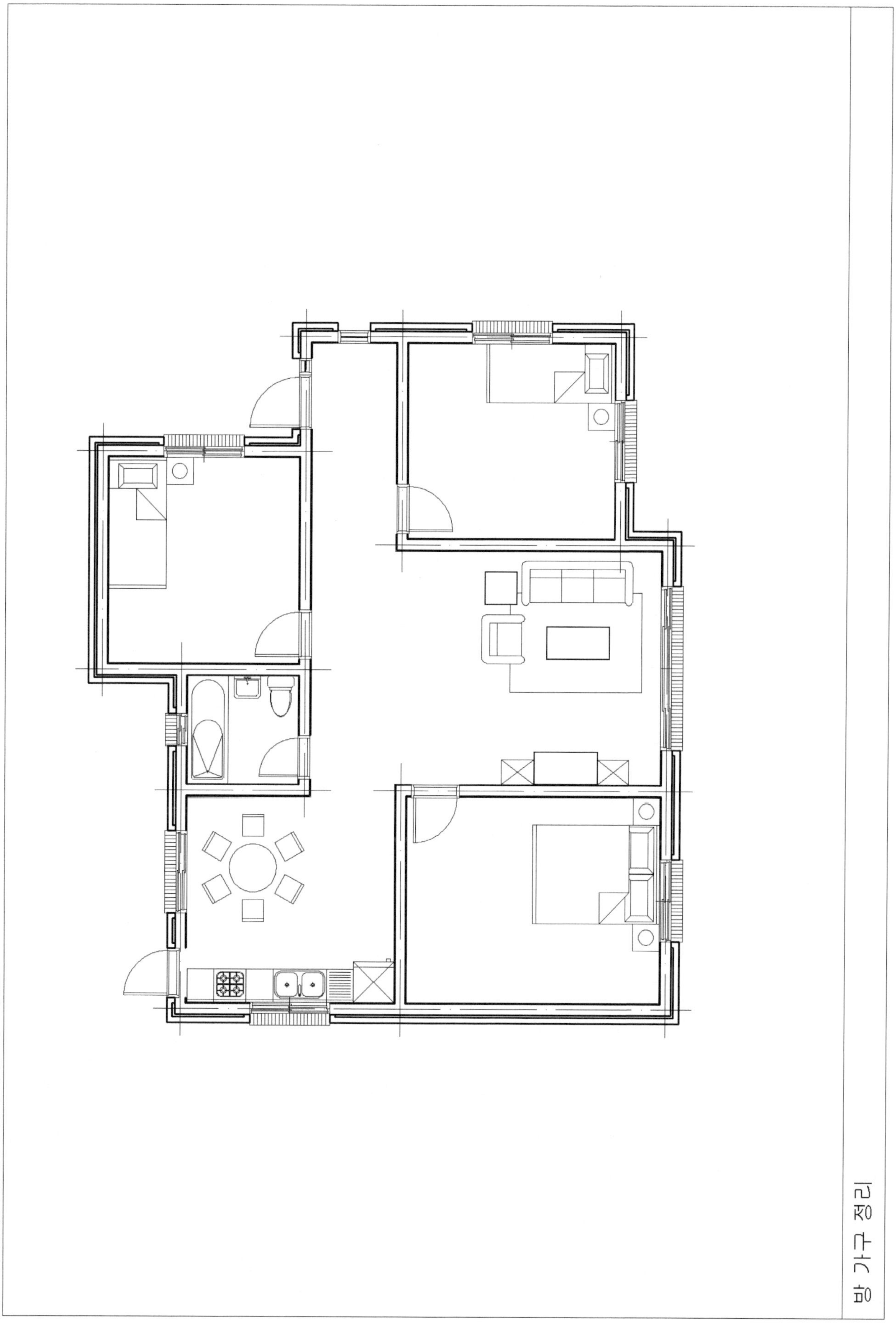
방 가구 정리

- 각 실의 명칭을 기입
- 각 실명을 Txet(H=200,R=0)로 한번에 기입하고 Move로 제자리에 정리.
- 현재의 LAyer를 (Y-치수문자) LAyer로 전환. - 테라스, 현관 부분의 입면선을 Line, REC, Fillet 등으로 정리.

문자 기입

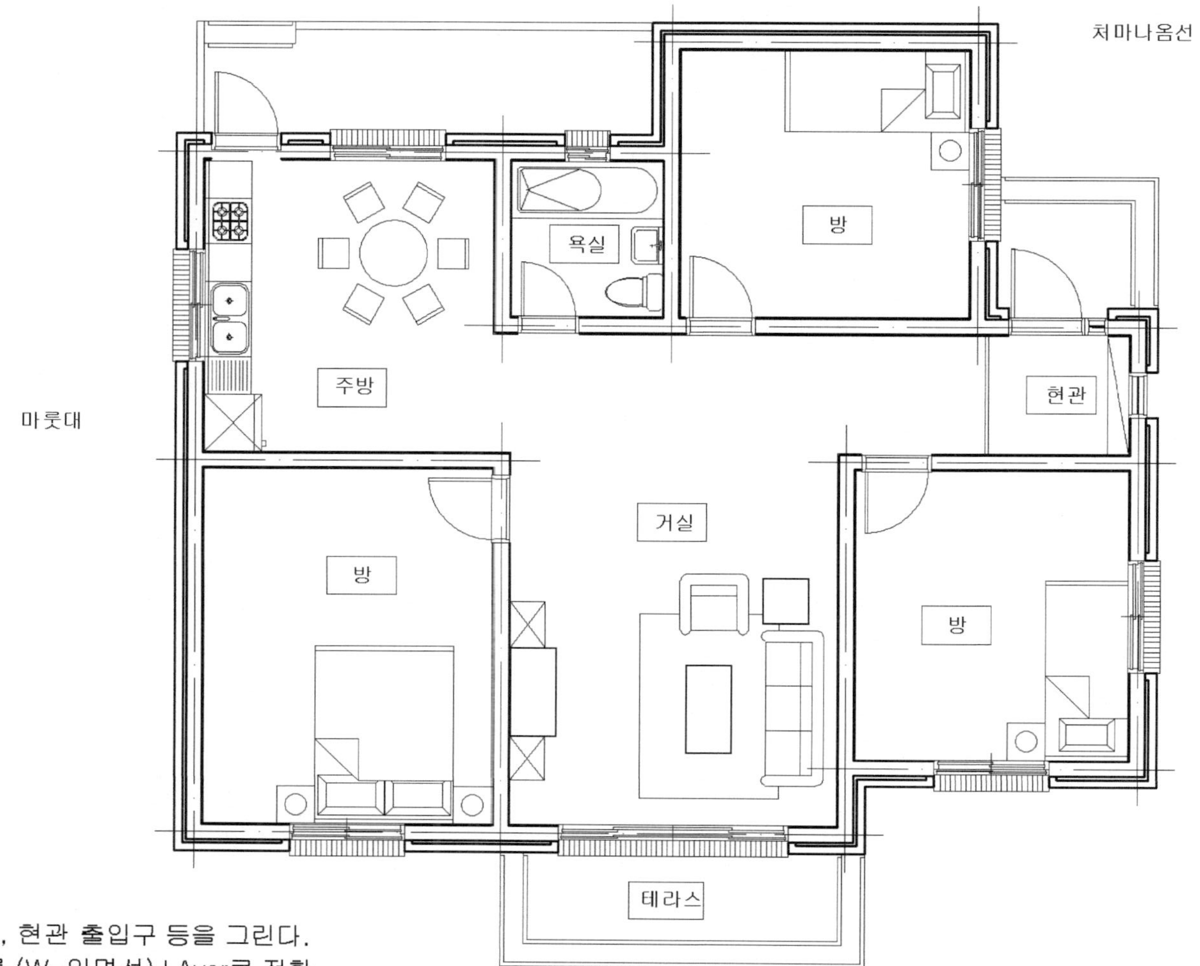

- 계단 및 테라스, 현관 출입구 등을 그린다.
- 현재의 LAyer를 (W-입면선) LAyer로 전환.
- 벽체의 중심선을 동결 시킨 후 작업하는 것이 유리
- 테라스, 현관 부분의 입면선을 Line, REC, Fillet 등으로 정리.

입면선 정리

- 현재의 LAyer를 (B-해칭선) LAyer로 전환.
- 벽체의 중심선을 동결 시킨 후 작업하는 것이 유리

벽체 해칭

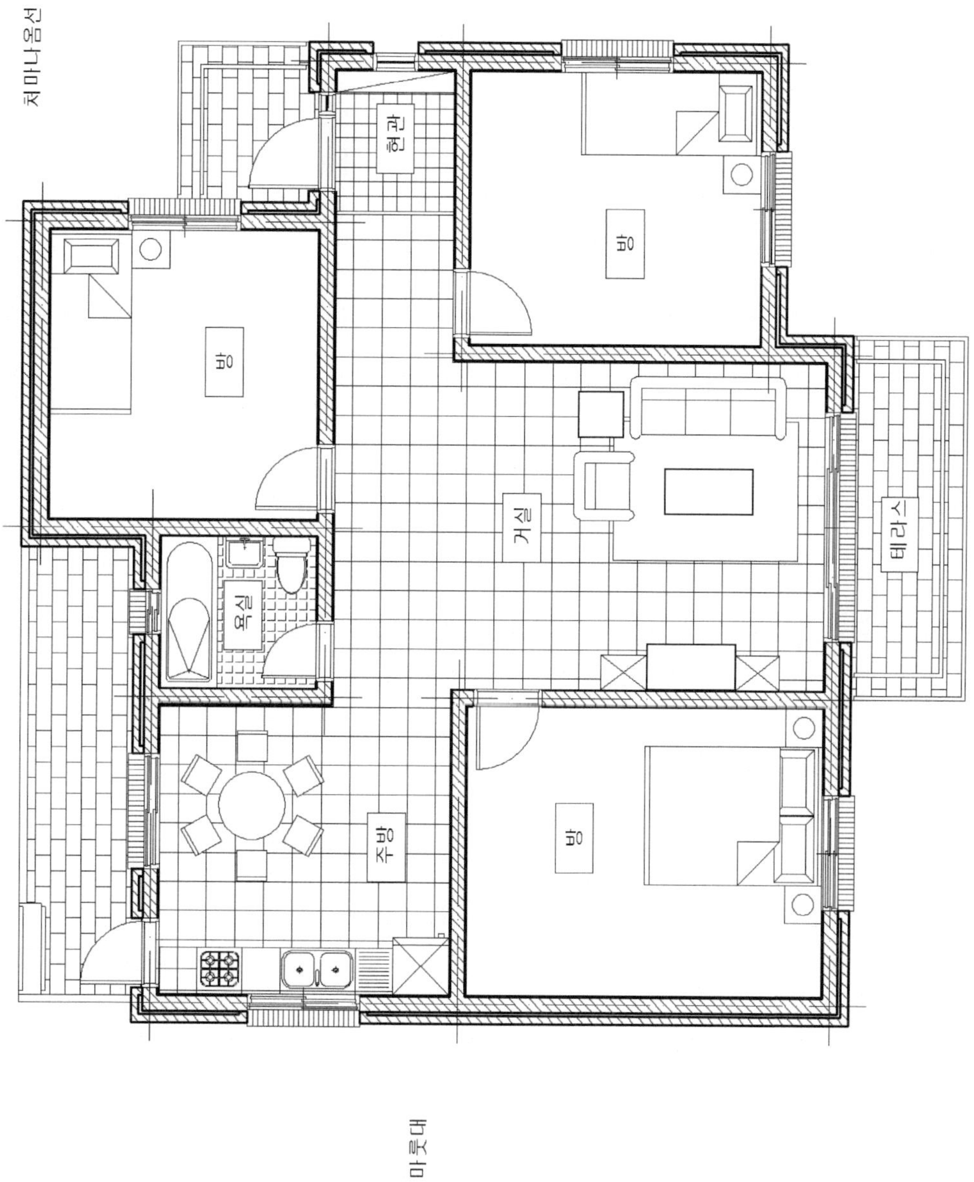

바닥패턴 해칭

테라스, 현관 타일, 욕실 타일, 거실,주방 부분을 알맞은 스케일이 되도록 미리보기 기능을 사용해서 해칭.

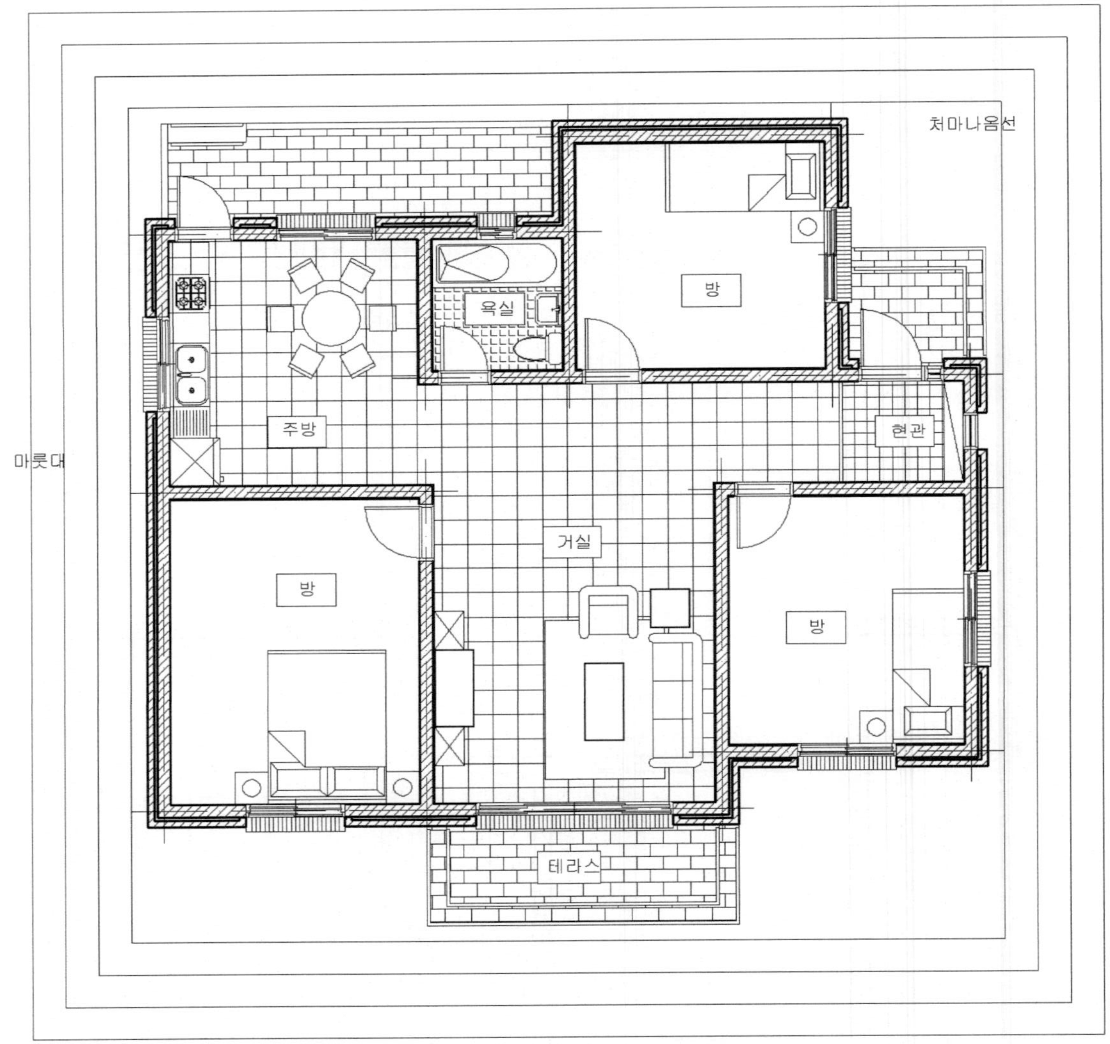

1.치수 기입(보조선) : - 현재 5번 LAyer를 4번 LAyer로 전환 후 1,7번 Layer를 제외한 나머지 모든 LAyer를 동결.
- 벽체 중심선을 둘러싸는 임의의 사각형1(보조선임)을 REC로그려 400으로 Offset해 2,3 작도.

치수기입 보조선

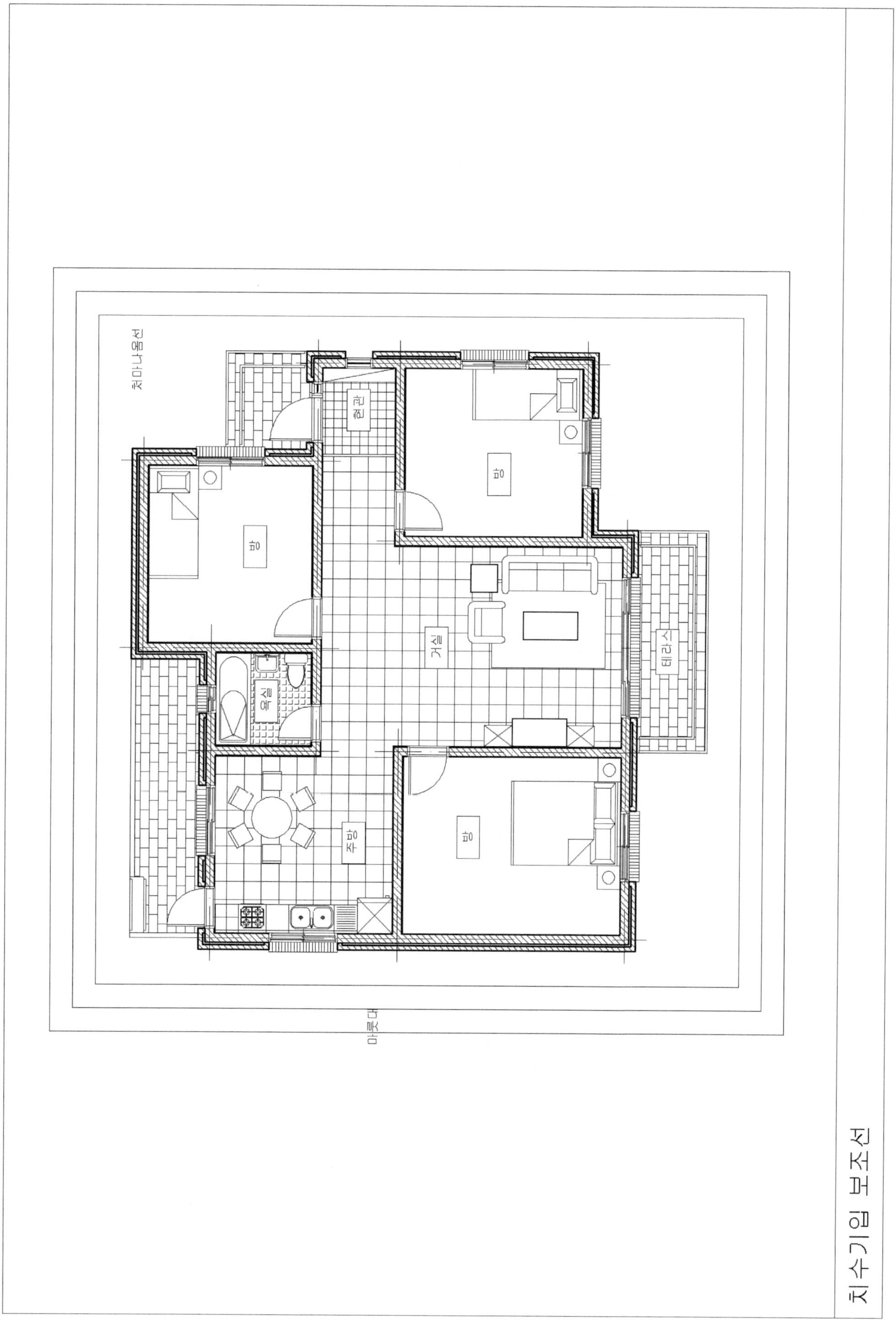
처마나옴선
현관
방
방
거실
테라스
욕실
주방
방
마룻대
치수기입 보조선

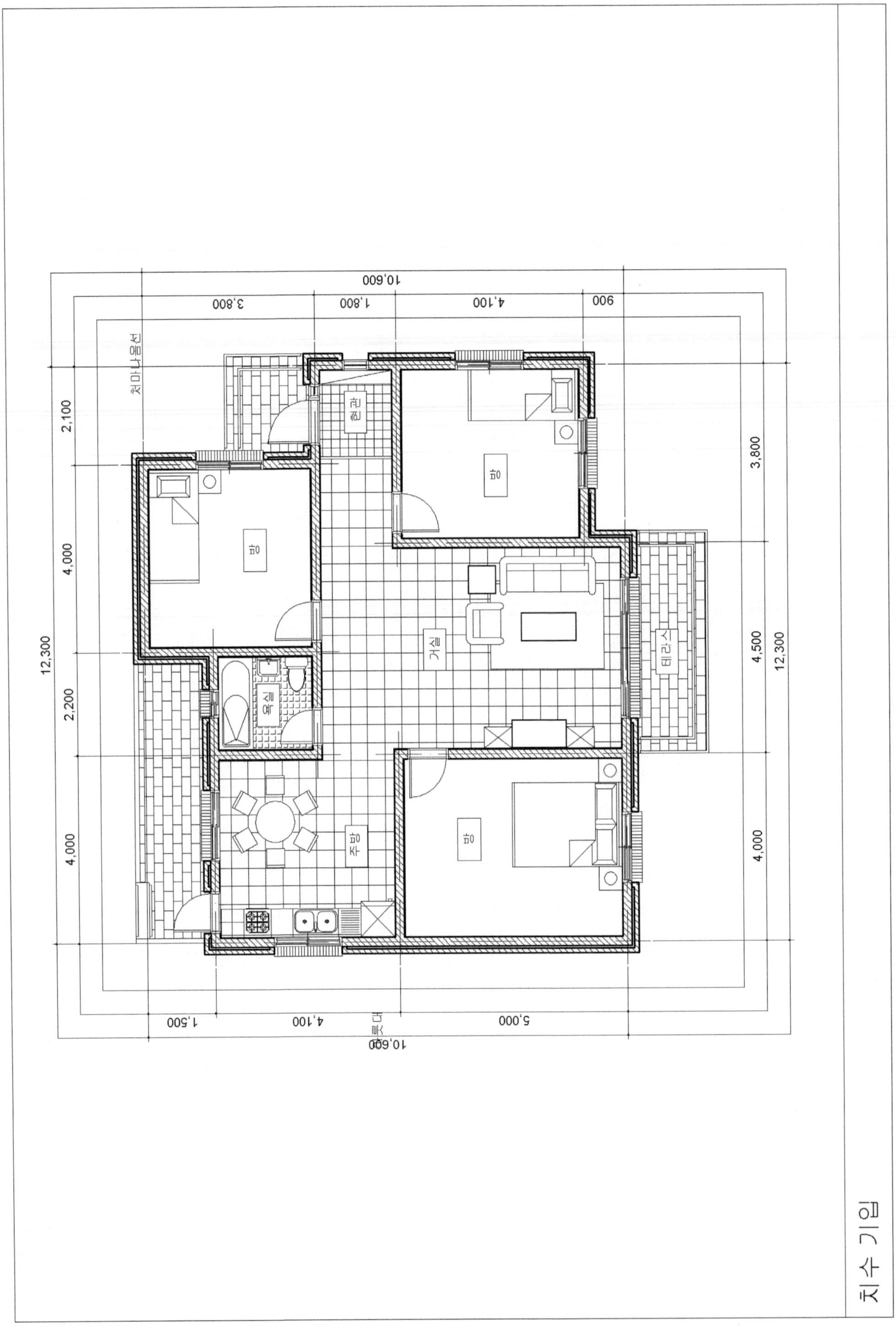
치수 기입
10,600
3,800
1,800
4,100
900
처마나옴선
현관
방
거실
테라스
욕실
주방
2,100
4,000
2,200
12,300
3,800
4,500
5,000
1,500

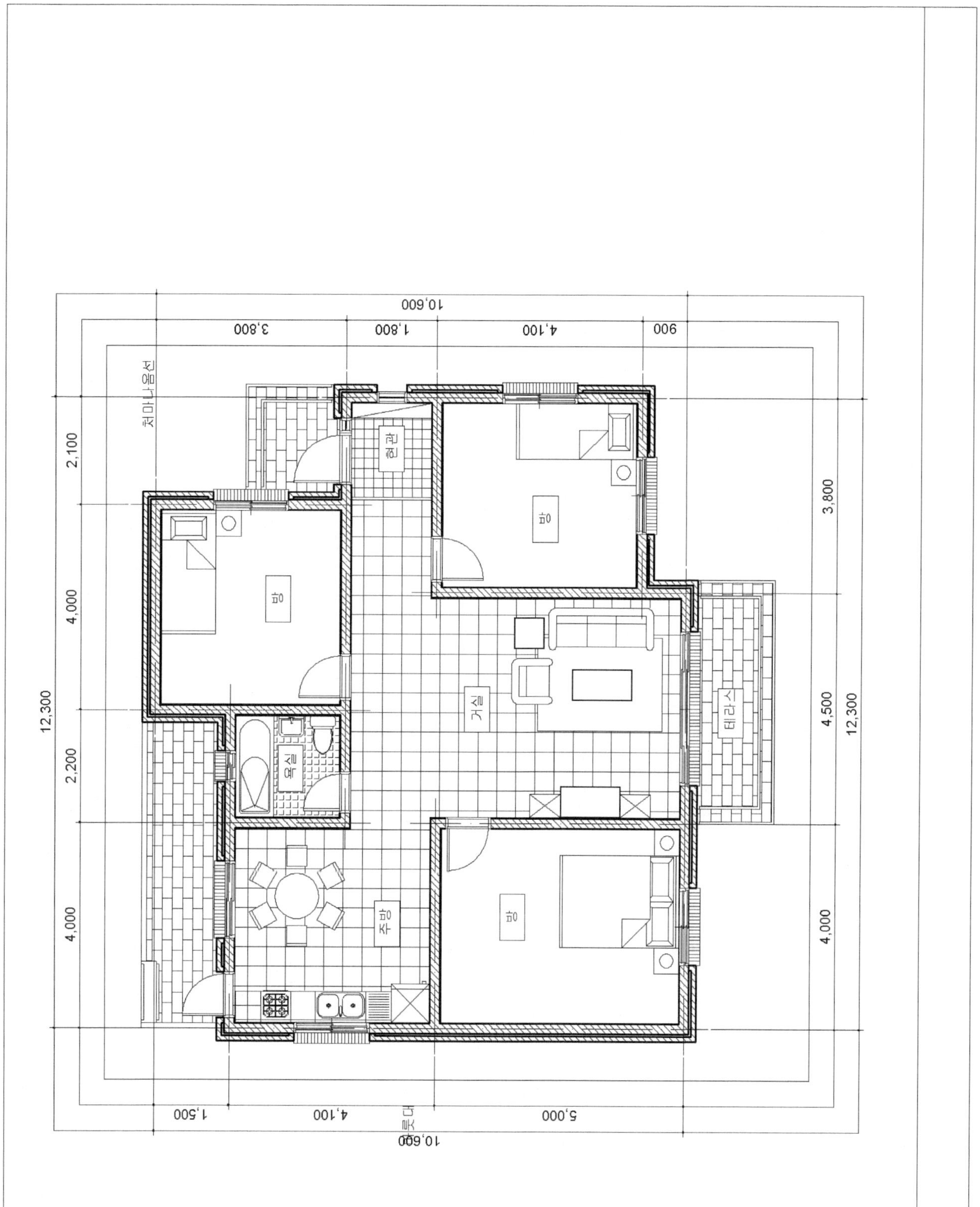
치수 기입
10,600
3,800
1,800
4,100
900
2,100
4,000
2,200
12,300
3,800
4,500
4,000
1,500
5,000
처마나옴선
현관
방
거실
욕실
주방
테라스

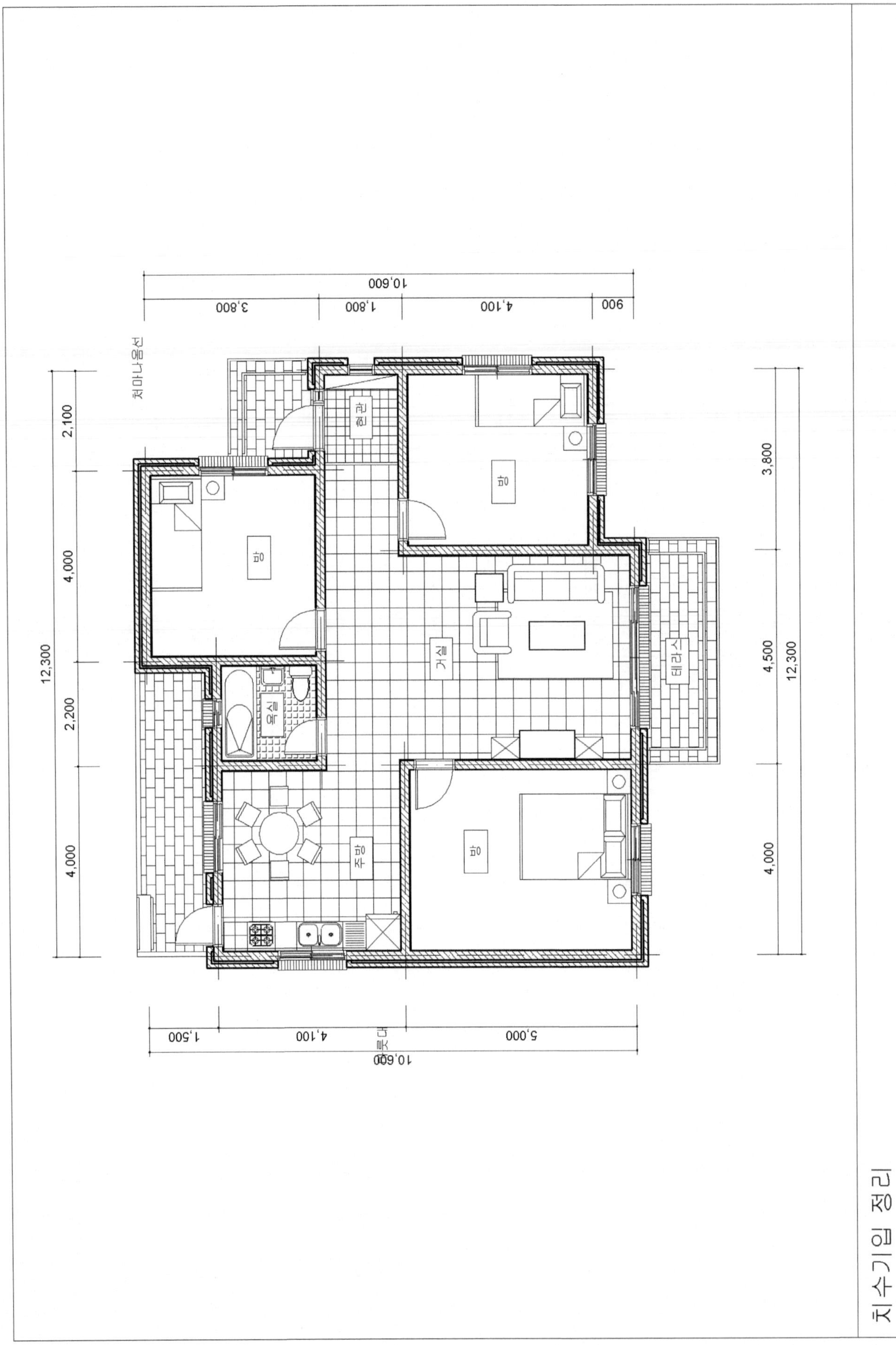
치수기입 정리
10,600
3,800
1,800
4,100
900
처마나옴선
현관
방
방
거실
테라스
욕실
주방
방
다용도
1,500
4,100
5,000
10,600
2,100
4,000
2,200
4,000
12,300
3,800
4,500
4,000
12,300

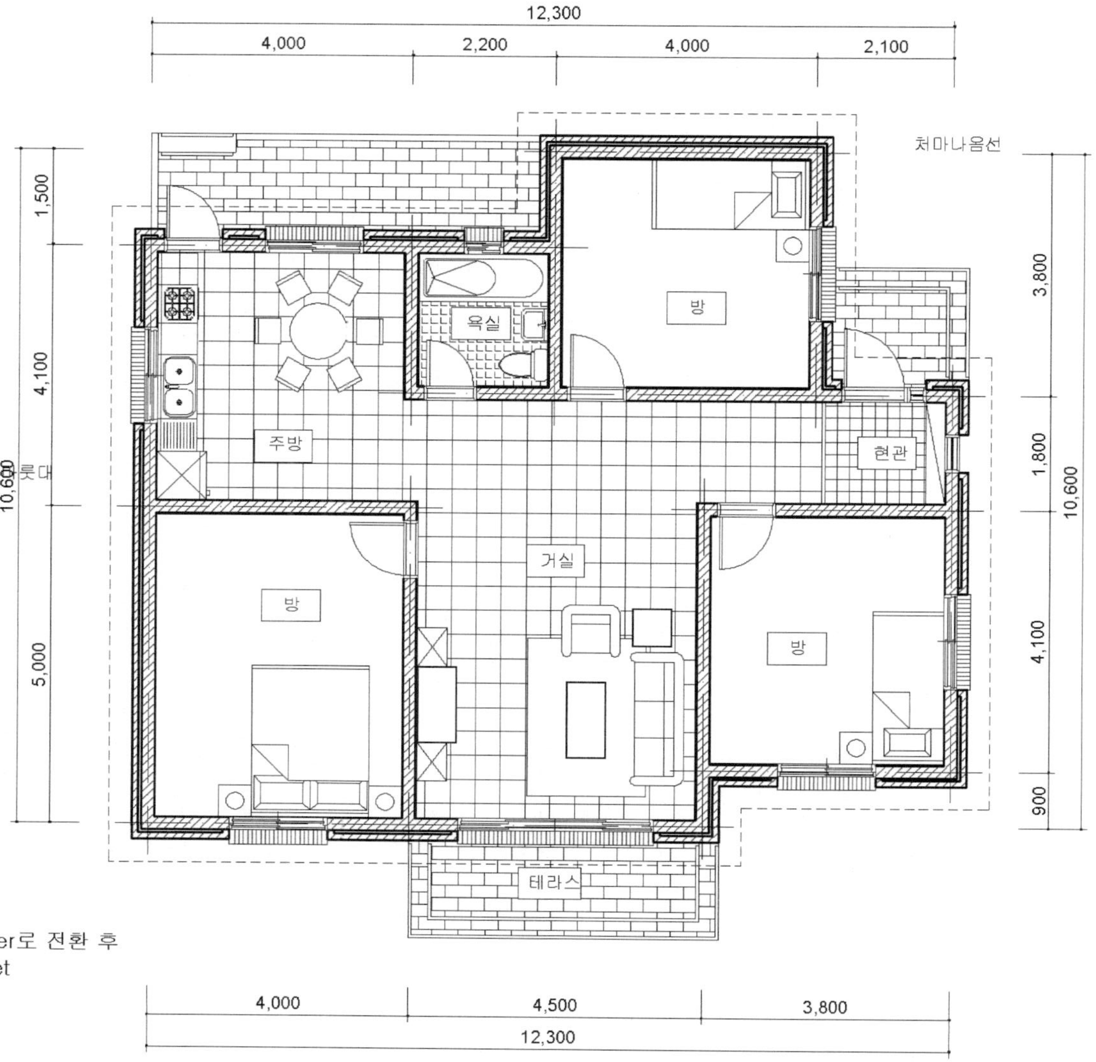

- 처마선을 숨은선으로 표시
- 현재의 LAyer를 (W-입면선) LAyer로 전환 후
- 벽체 중심선으로 부터 600 Offset
- dashed가 되도록 Scale을 조정

처마선

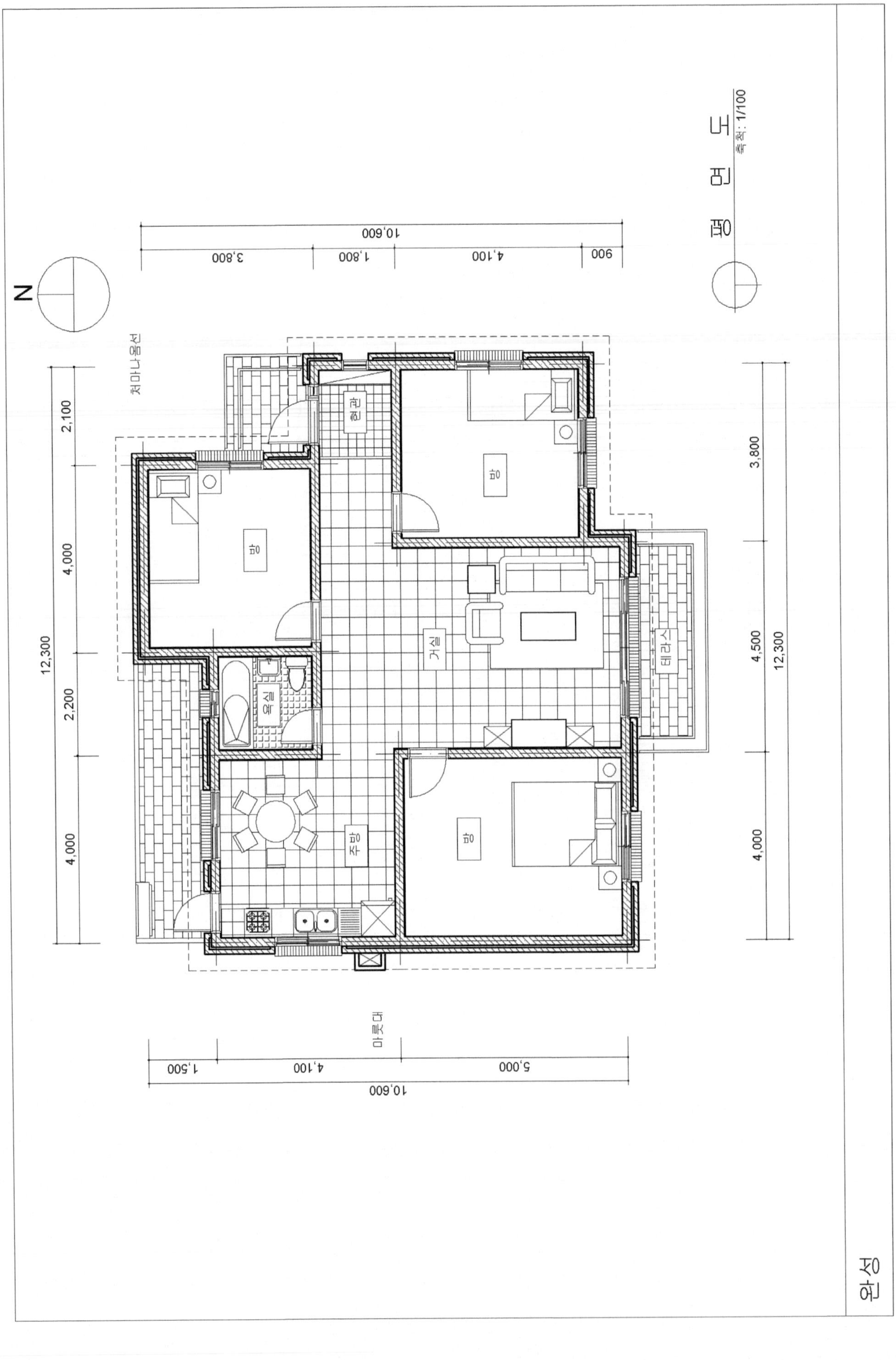
평 면 도
축척: 1/100
완성
N
거실
방
현관
욕실
주방
테라스
처마나옴선
10,600
3,800
1,800
4,100
900
5,000
1,500
12,300
2,100
4,000
2,200
4,500

4.4. 각종 평면도

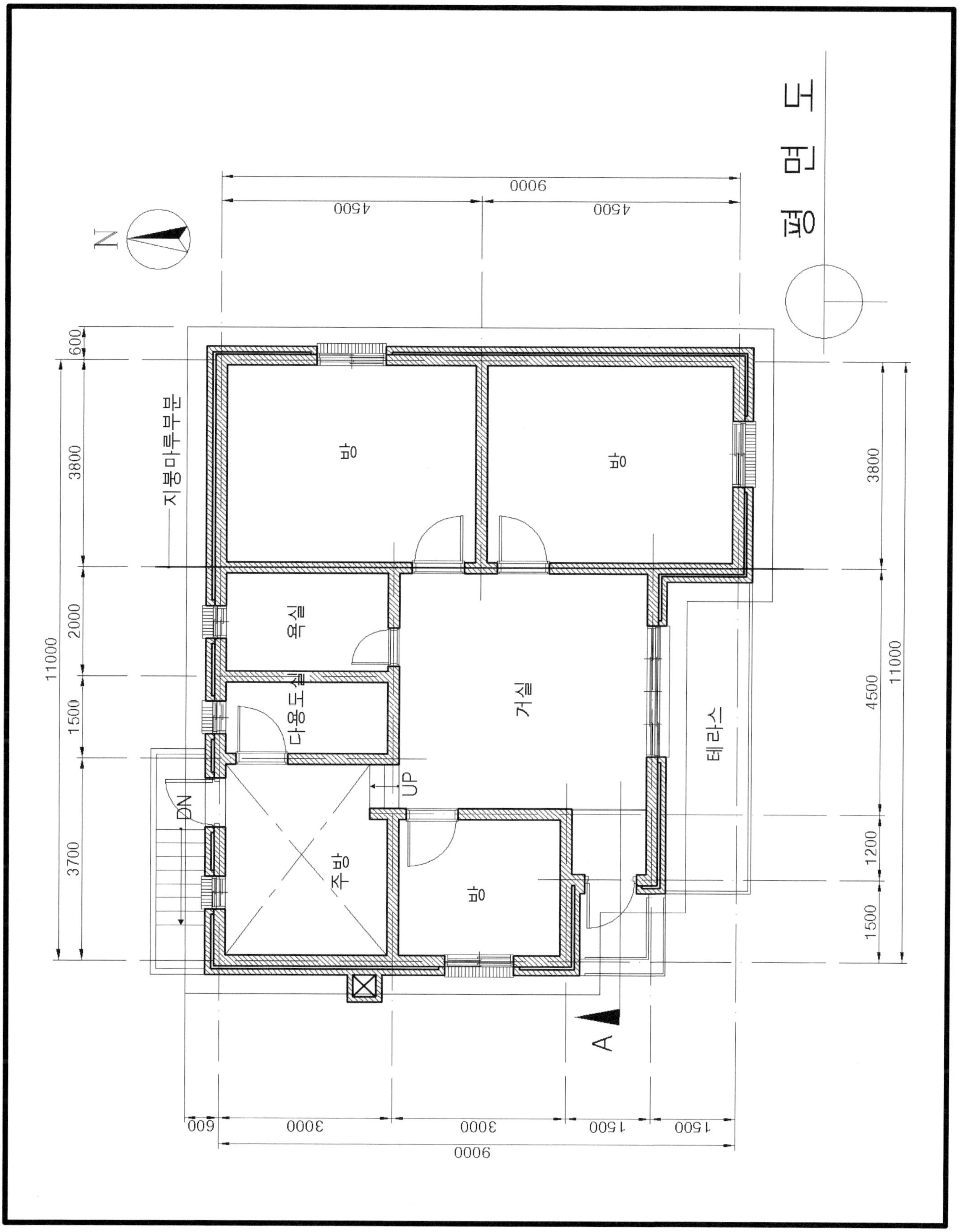

평면도
N
9000
4500
4500
방
방
지붕마루부분
욕실
다용도실
거실
테라스
주방
UP
DN
A
600
3800
2000
1500
3700
11000
4500
1200
3000

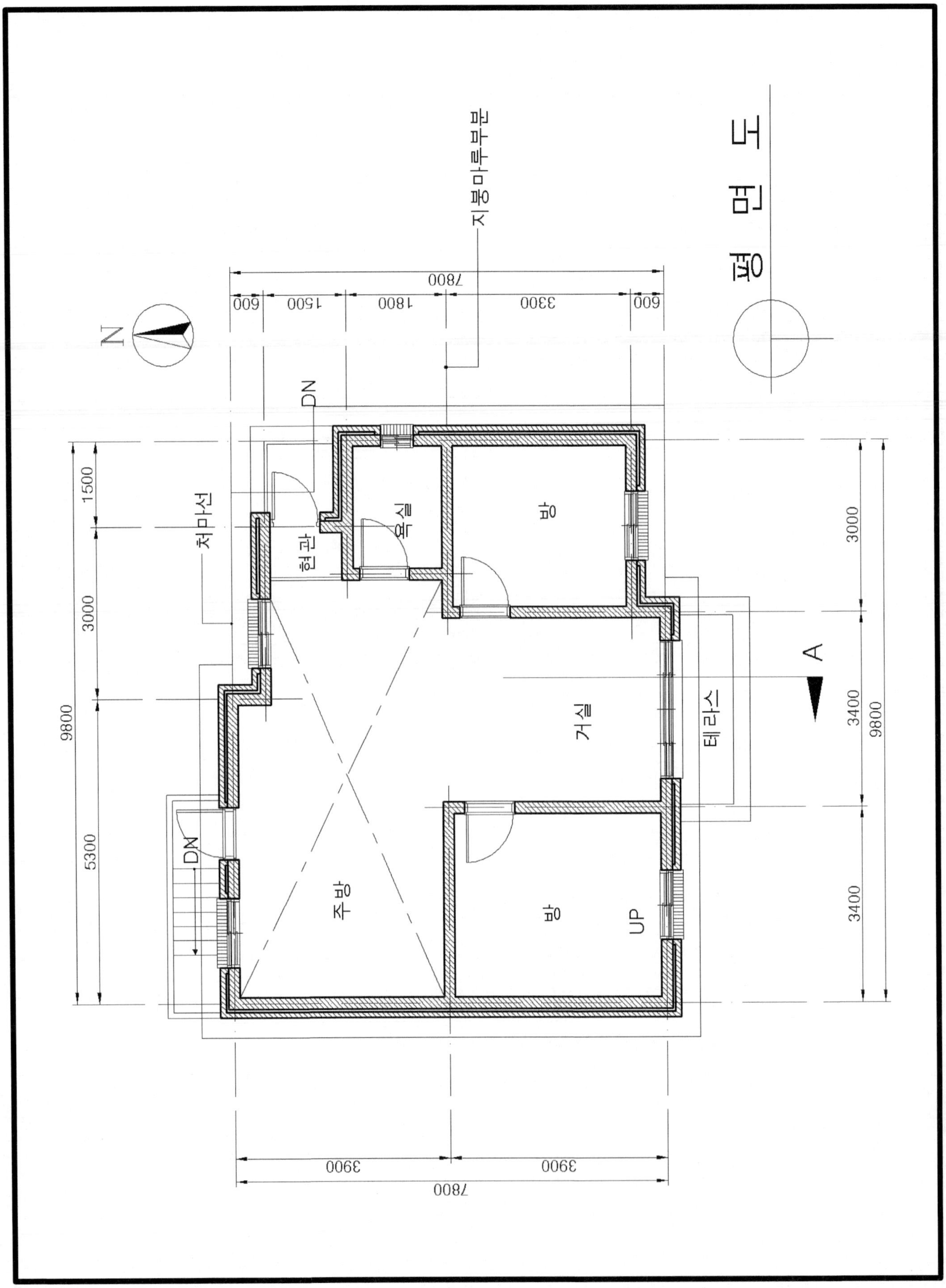
평면도
지붕마루부분
처마선
현관
욕실
방
거실
테라스
주방
방
DN
DN
UP
A
N
7800
600
1500
1800
3300
600
9800
1500
3000
5300
3000
3400
3400
9800
3900
3900
7800

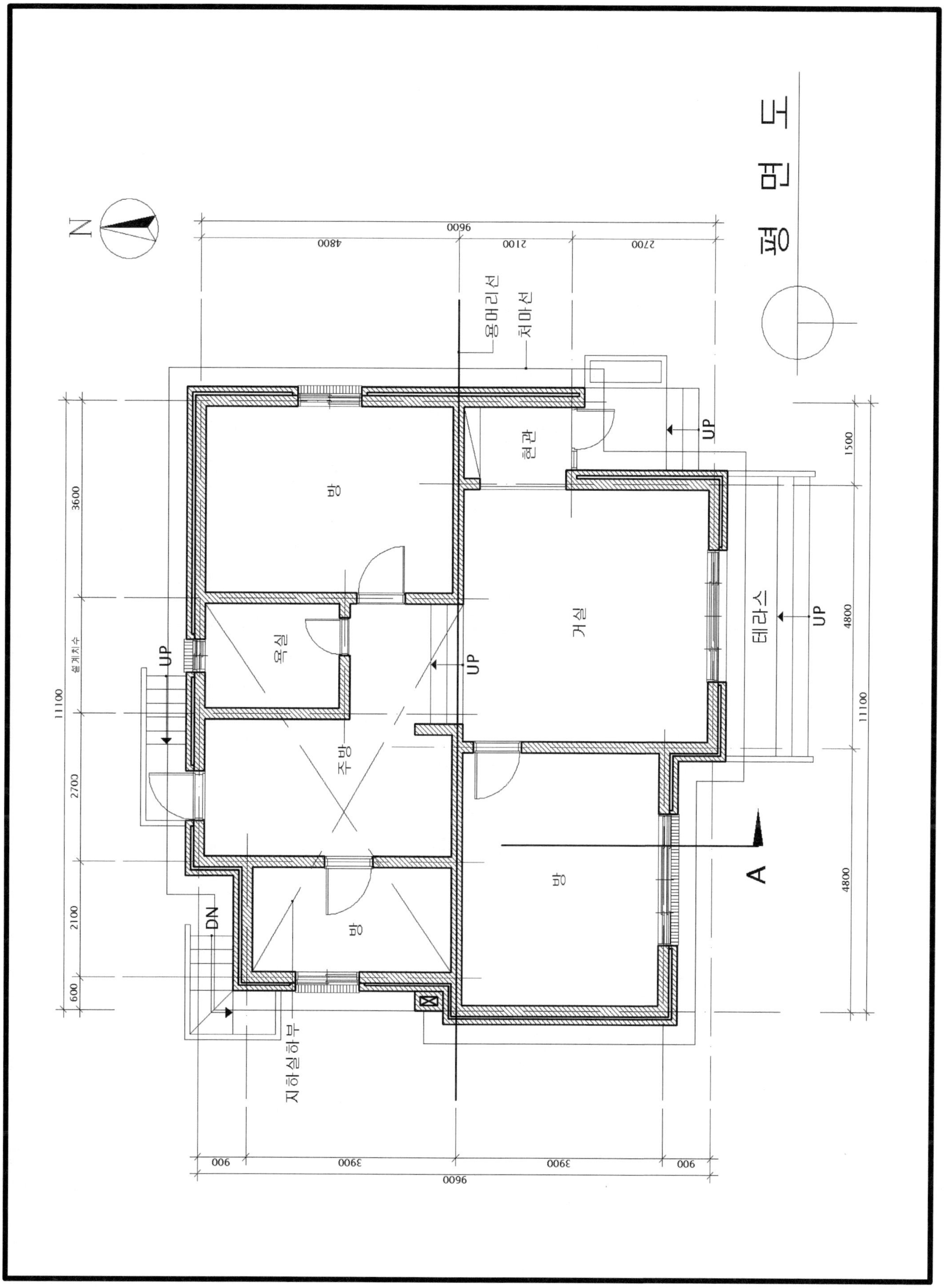
평 면 도
N
용머리선
처마선
현관
방
거실
욕실
주방
방
방
테라스
지하실하부
UP
UP
UP
UP
DN
A
9600
4800
2100
2700
11100
3600
2700
2100
600
1500
4800
4800
11100
900
3900
3900
900
9600

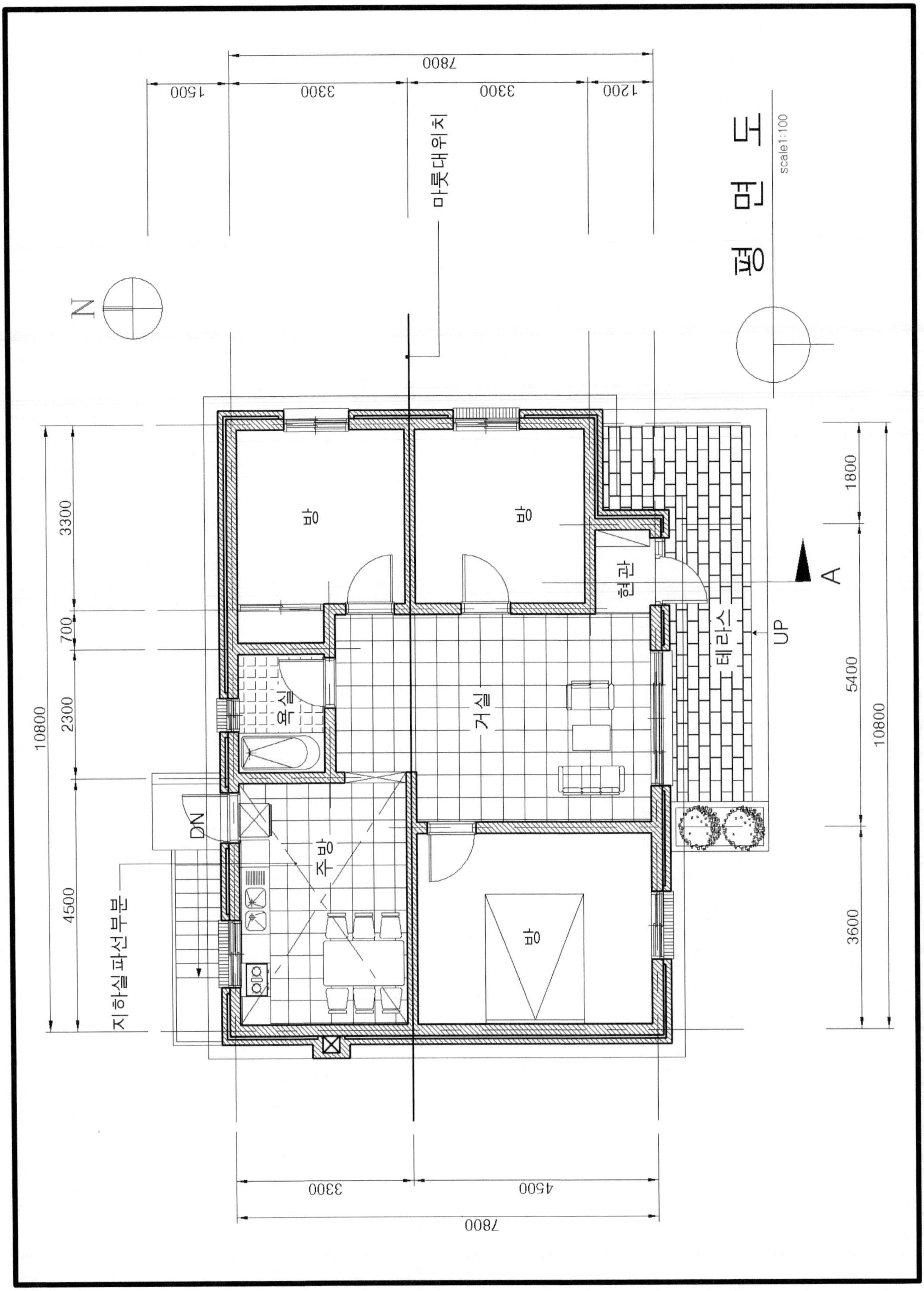

평면도
scale1:100
마룻대위치
지하실 파선부분
방
방
방
거실
욕실
주방
현관
테라스
DN
UP
A
N
7800
1500
3300
3300
1200
10800
3300
700
2300
4500
1800
5400
3600
4500

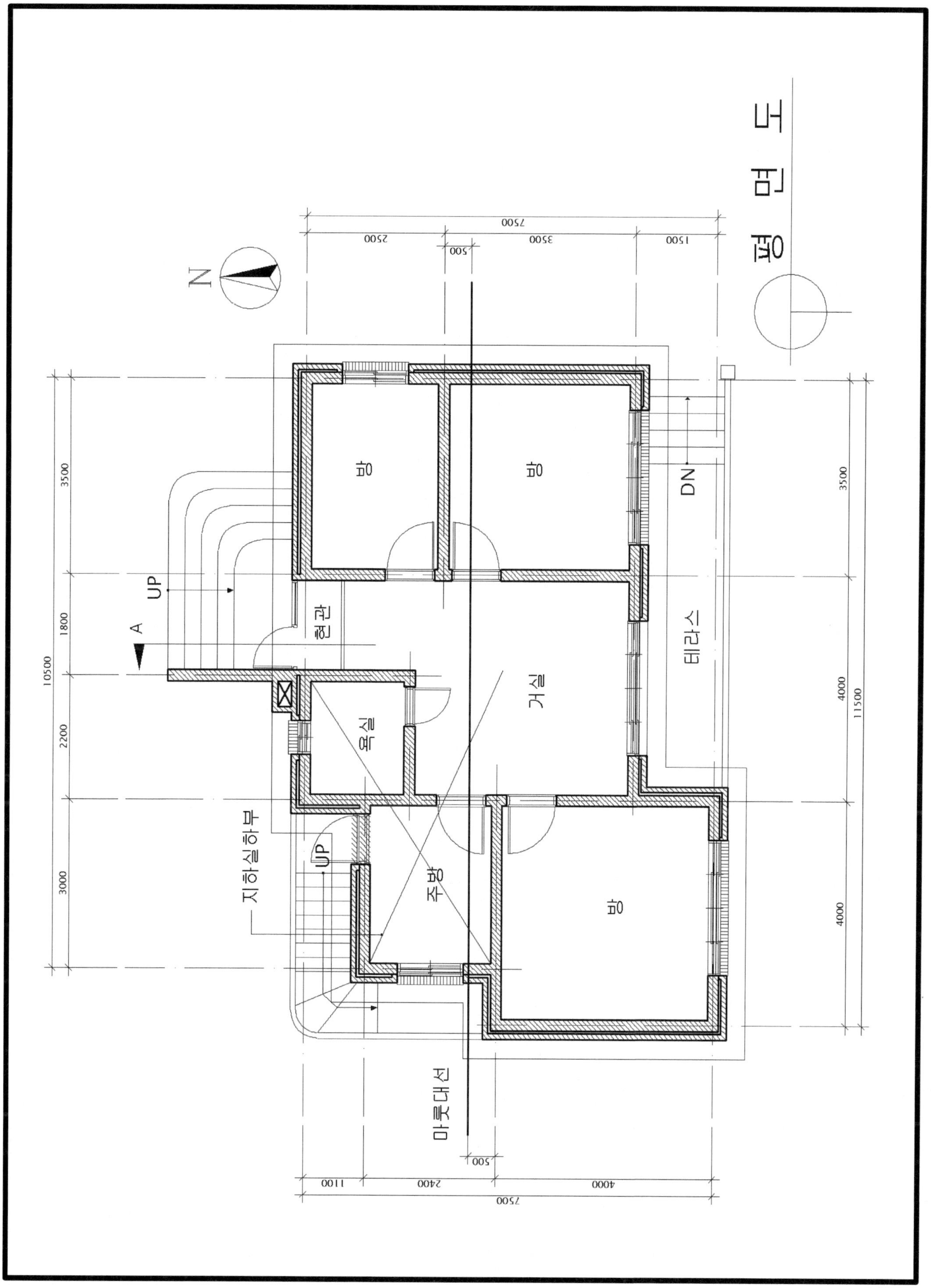
평면도
N
방
방
방
현관
거실
욕실
주방
테라스
지하실하부
마룻대선
UP
UP
DN
A
7500
2500
500
3500
1500
10500
3500
1800
2200
3000
11500
3500
4000
4000
1100
2400
500
4000
7500

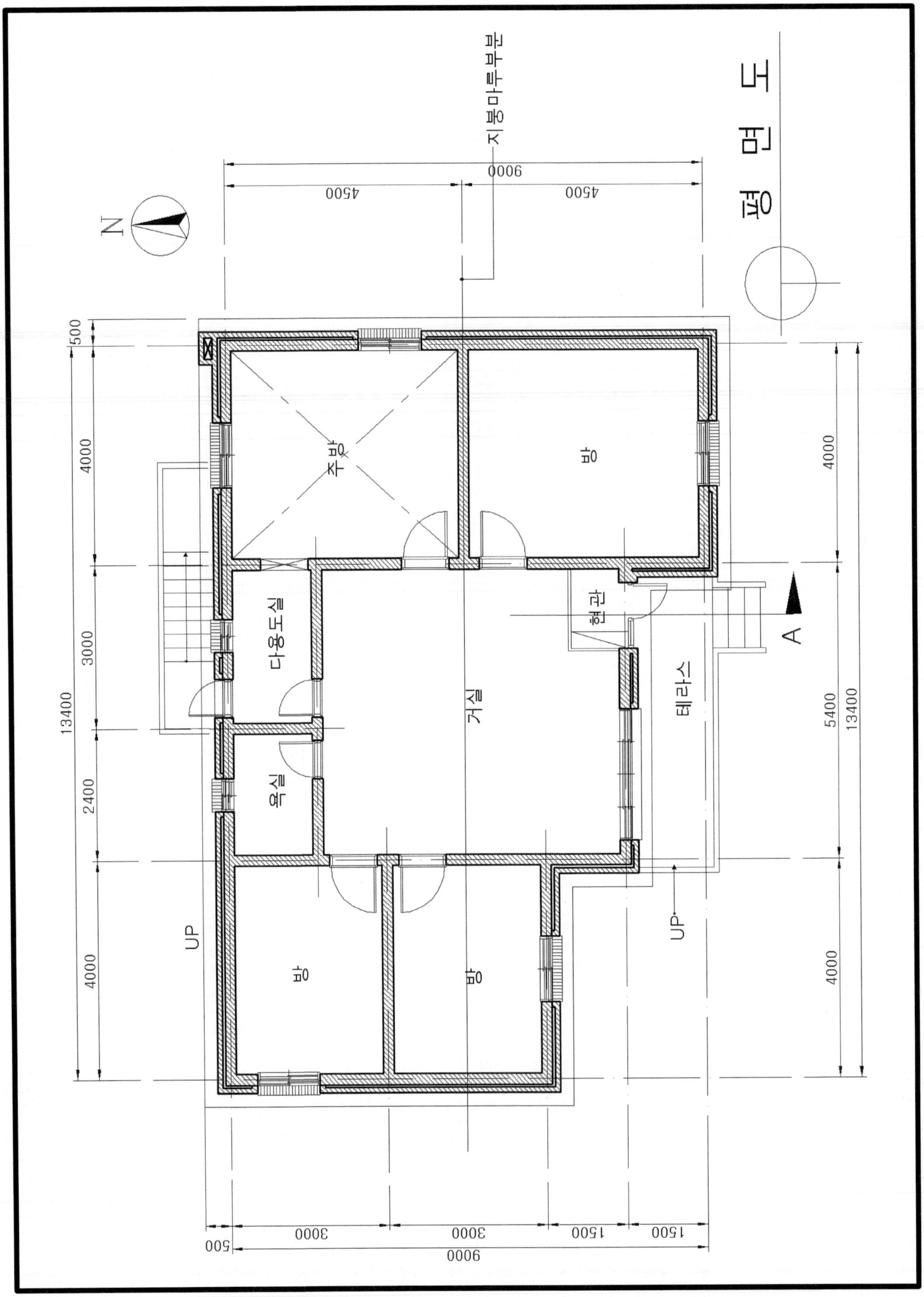
평면도
지붕마루부분
주방
방
다용도실
욕실
거실
현관
테라스
UP
A
N
9000
4500
13400
4000
3000
2400
5400
1500
500

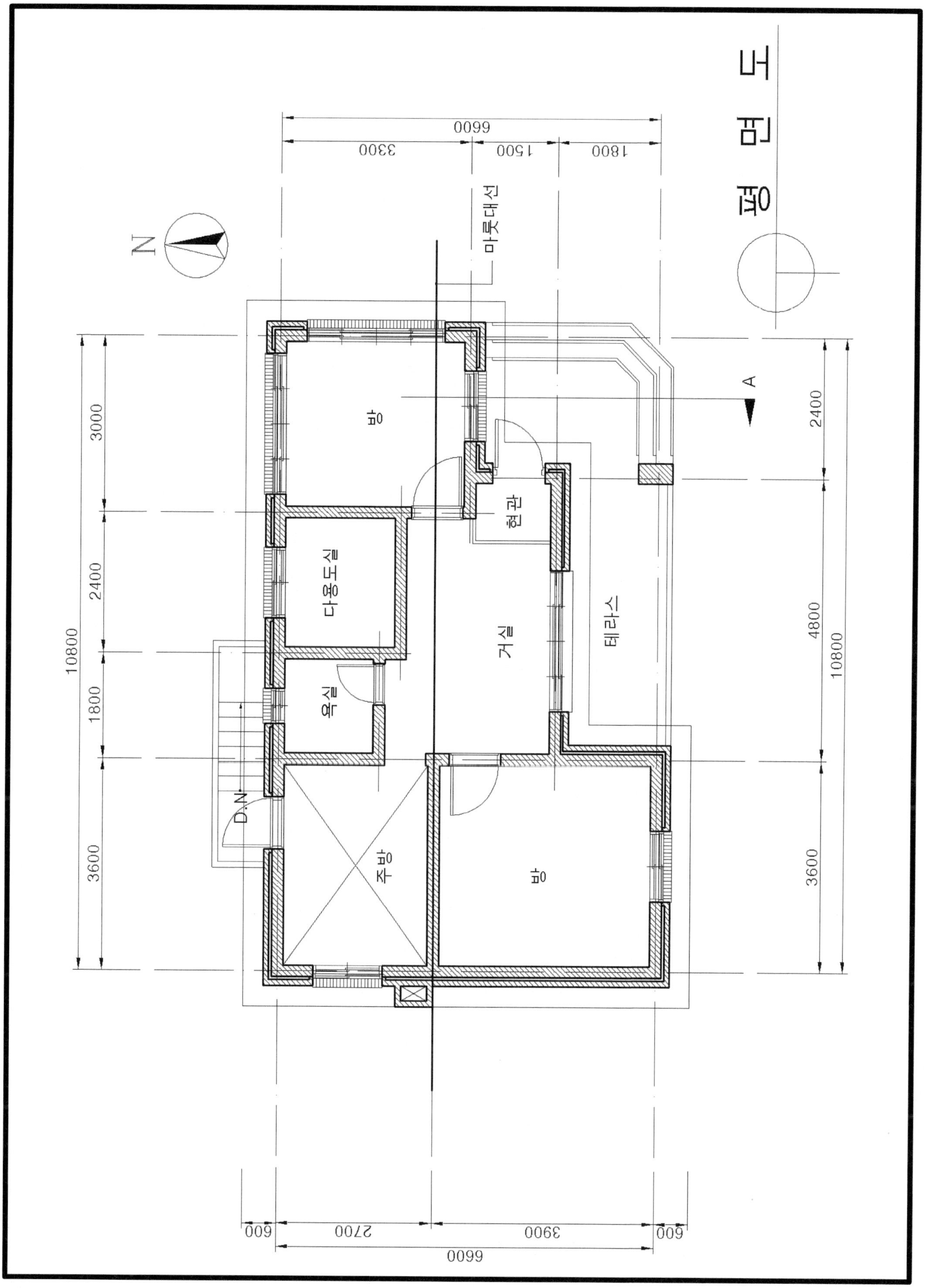
평면도
마룻대선
N
A
방
현관
다용도실
거실
테라스
욕실
주방
방
D.N
6600
3300
1500
1800
3000
2400
1800
3600
10800
2400
4800
3600
10800
600
2700
3900
600
6600

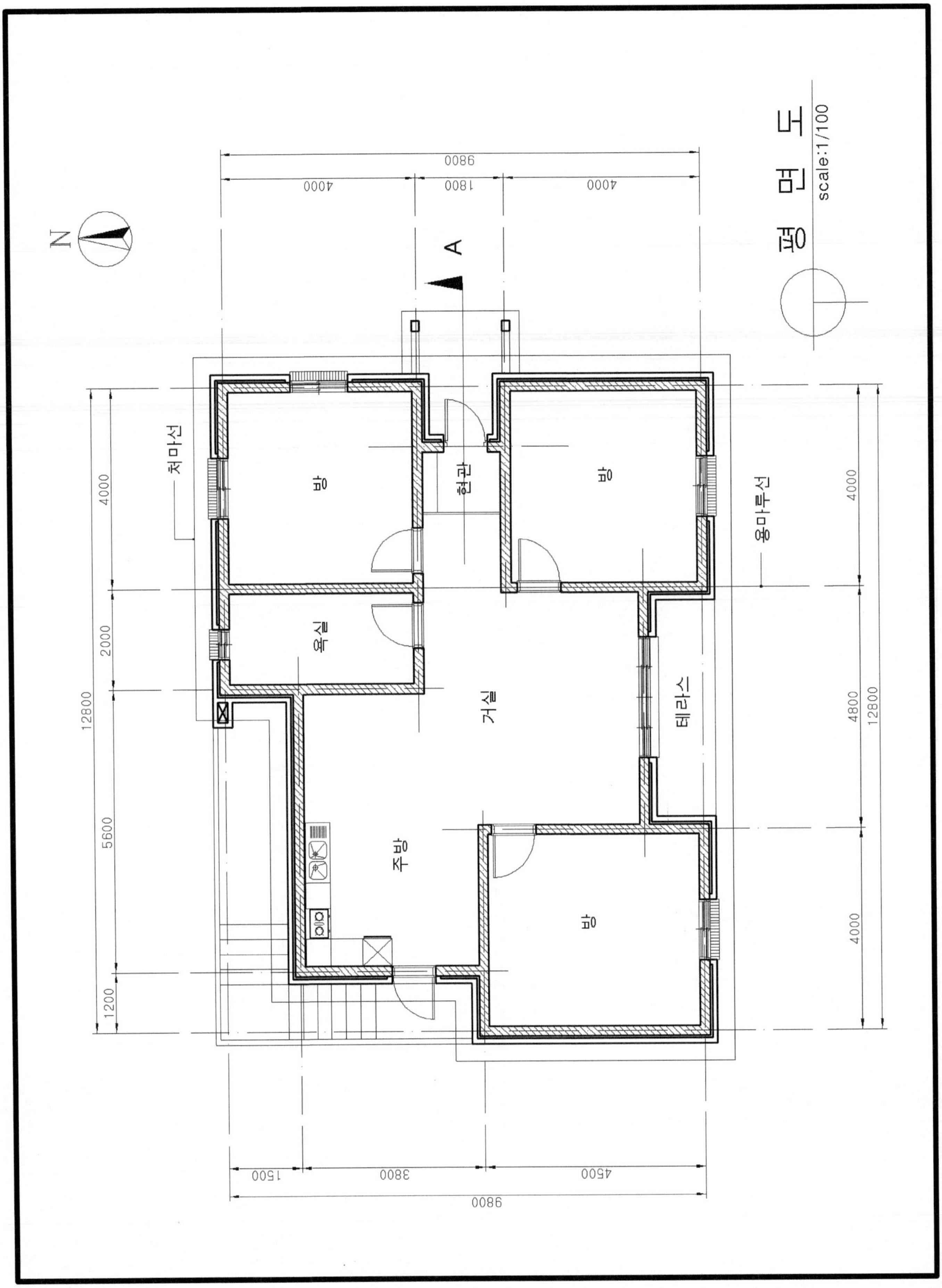
평 면 도
scale:1/100
N
A
방
방
방
현관
욕실
거실
주방
테라스
처마선
용마루선
9800
4000
1800
4000
12800
4000
2000
5600
1200
4800
1500
3800
4500

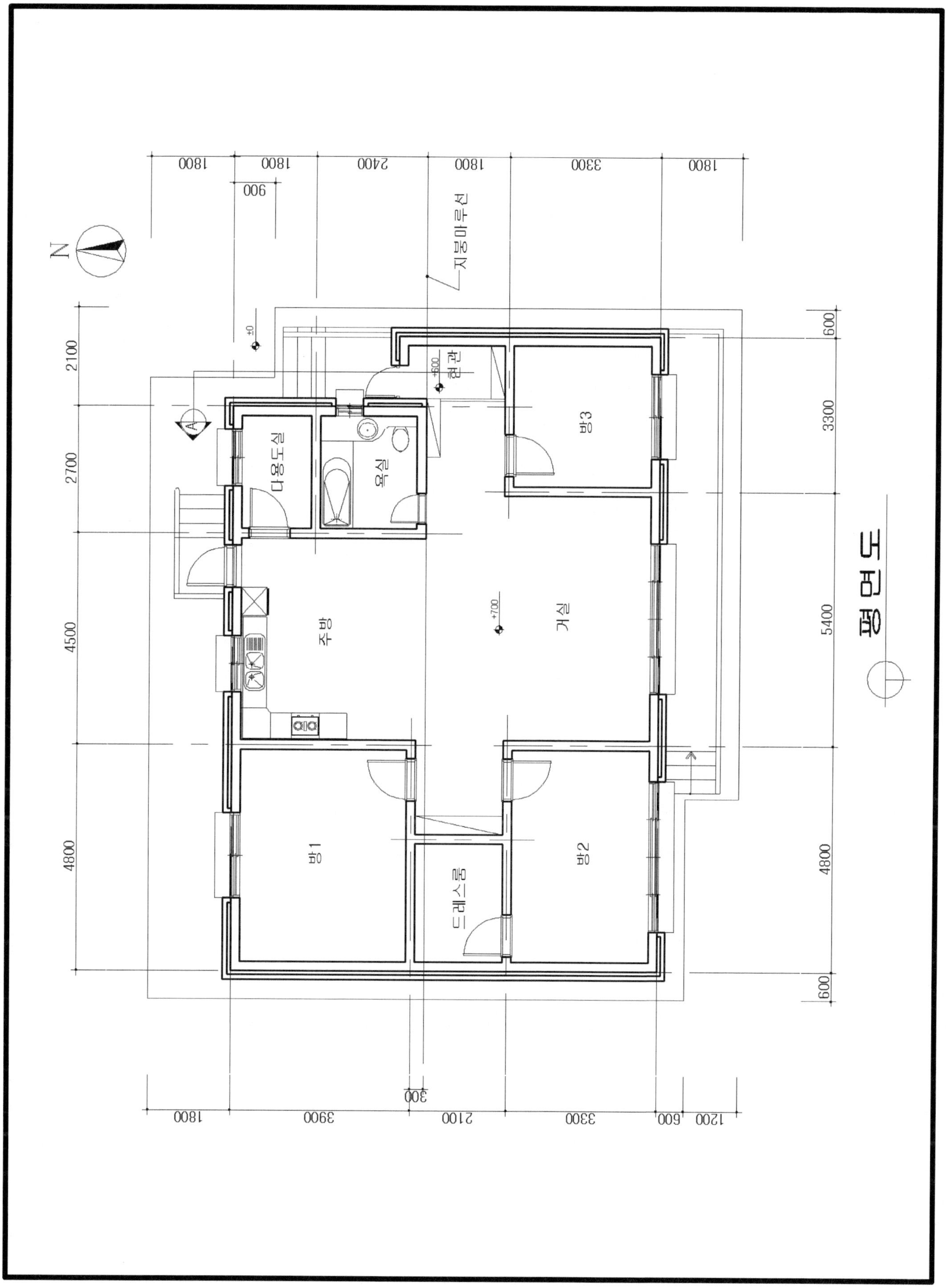
평면도
거실
주방
방1
방2
방3
욕실
다용도실
드레스룸
현관
지붕마루선
N
1800
900
2400
3300
2100
2700
4500
4800
5400
600
3900
300
1200
+700
+600
±0

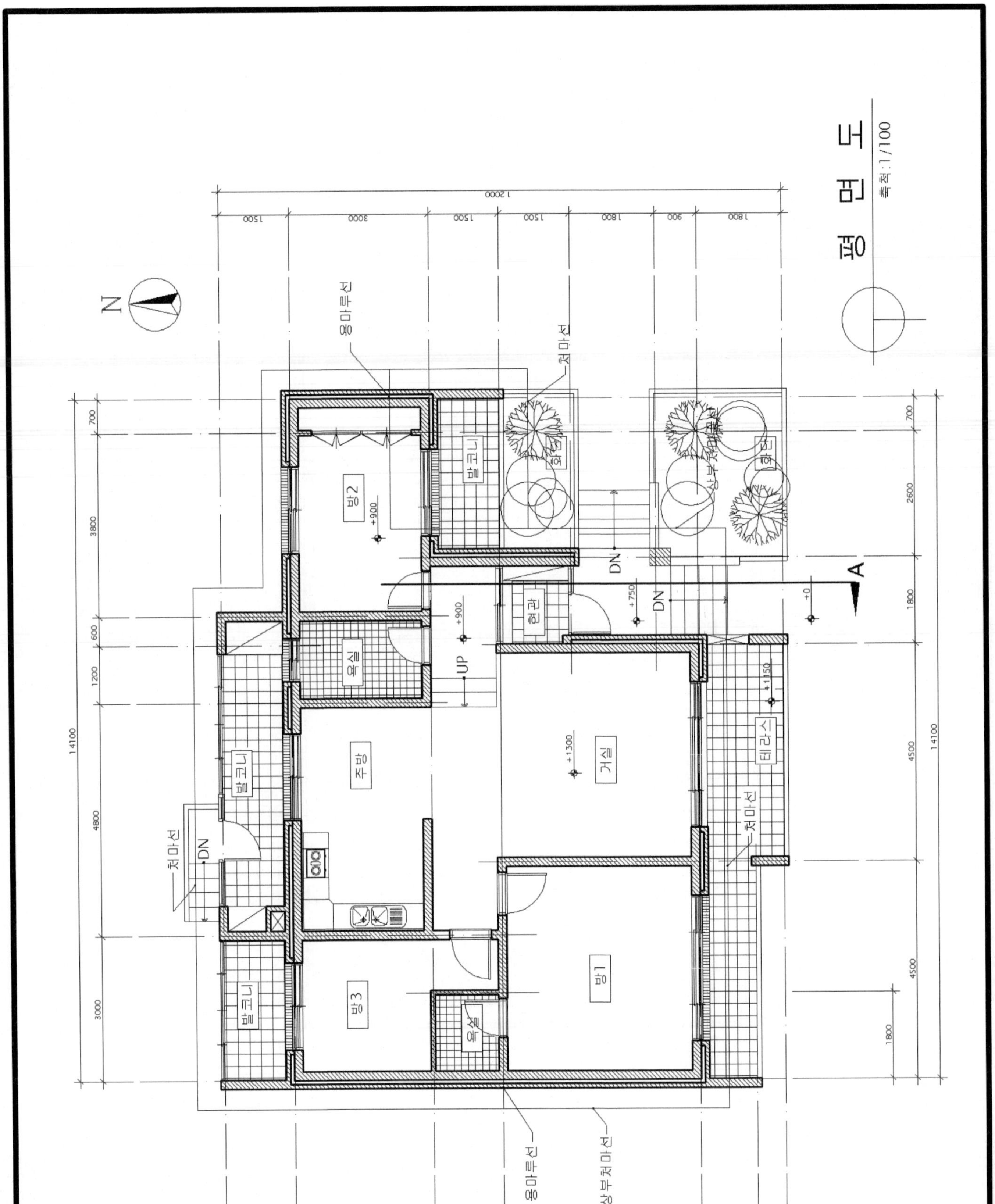
평면도
축척:1/100
N
방2
방1
방3
주방
거실
욕실
현관
발코니
테라스
화단
처마선
용마루선
상부처마선
UP
DN
A
+900
+750
+0
+1300
+1150
12000
14100

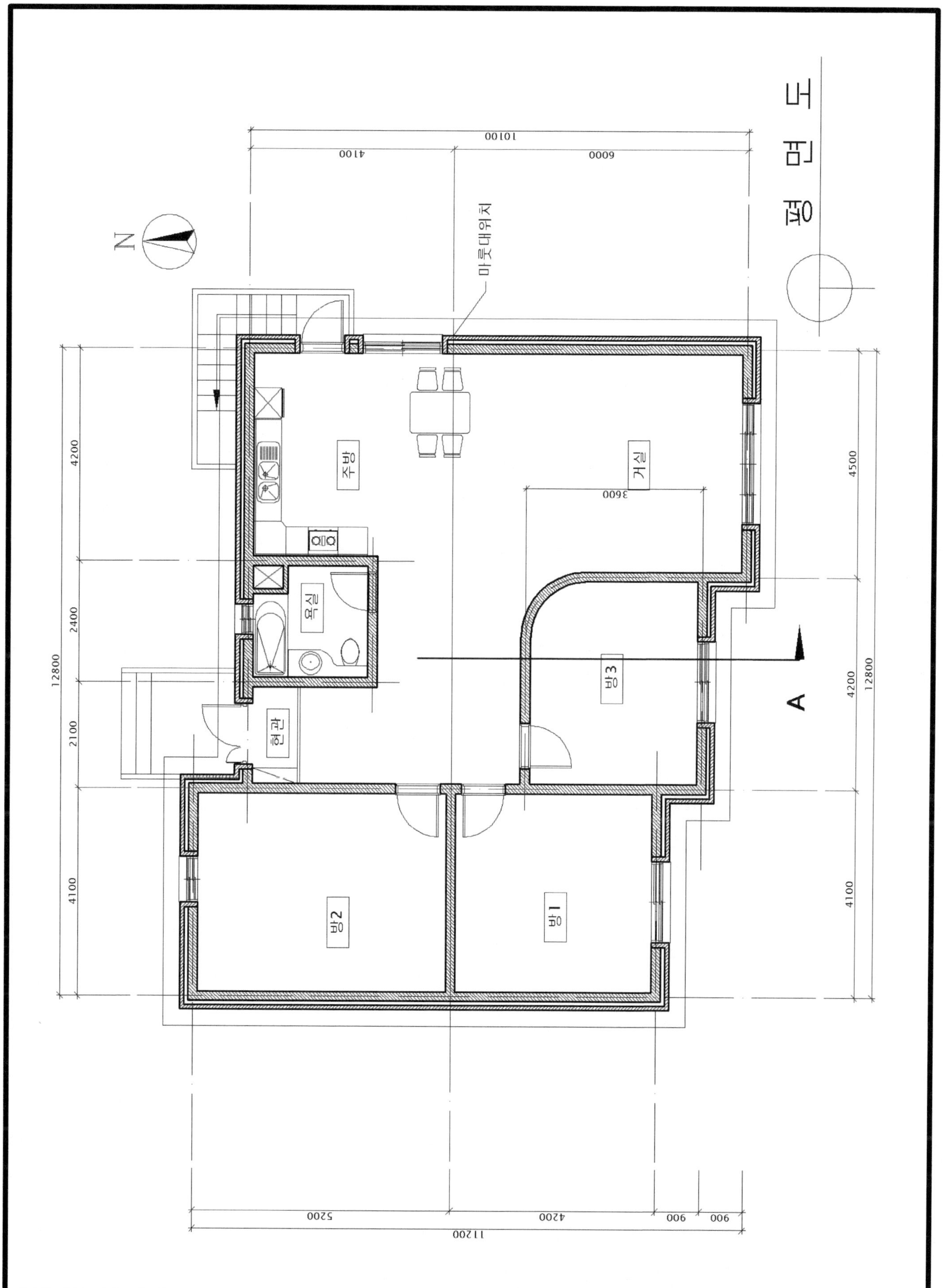
평면도
N
마룻대위치
주방
거실
욕실
현관
방1
방2
방3
A
10100
4100
6000
3600
12800
4200
2400
2100
4100
4500
4200
4100
11200
5200
4200
900
900

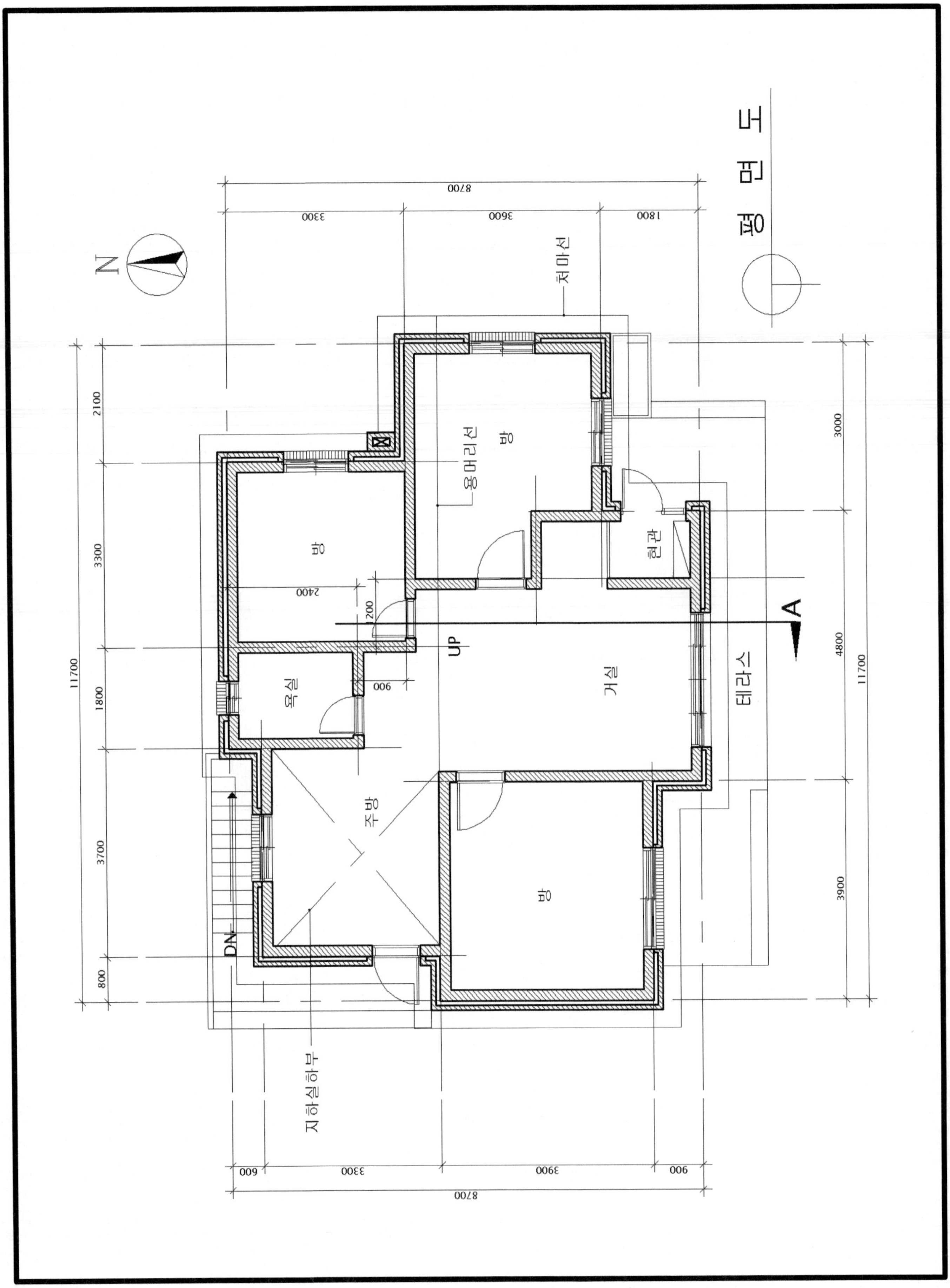
평면도
방
방
방
욕실
주방
거실
현관
테라스
처마선
용머리선
지하실하부
UP
DN
A
N
8700
3300
3600
1800
11700
2100
3300
1800
3700
800
3000
4800
3900
2400
200
900
600
3900

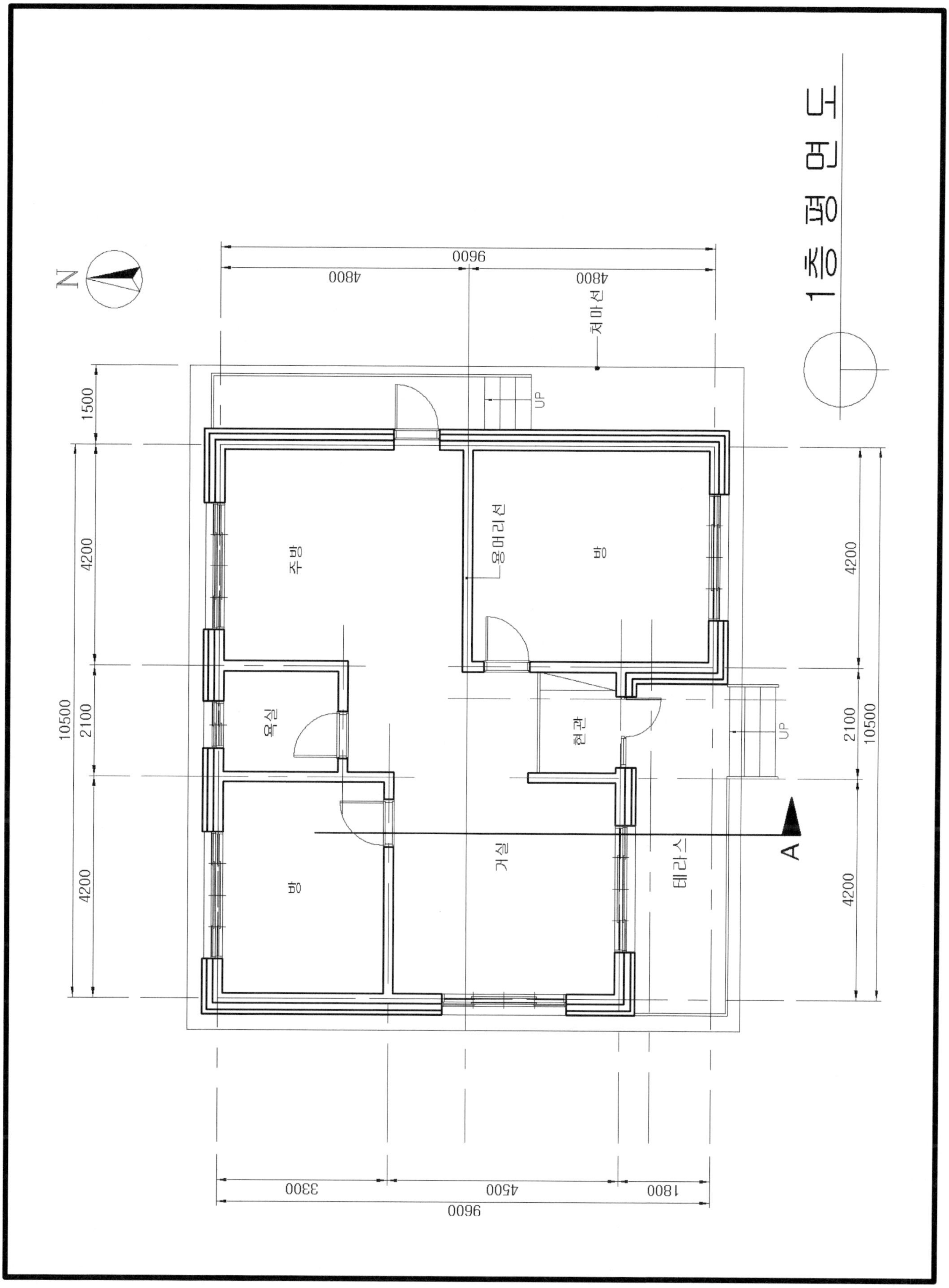

1층 평면도
주방
방
욕실
거실
현관
테라스
처마선
용마리선
UP
A
N
9600
4800
4800
1500
4200
2100
10500
4200
3300
4500
1800

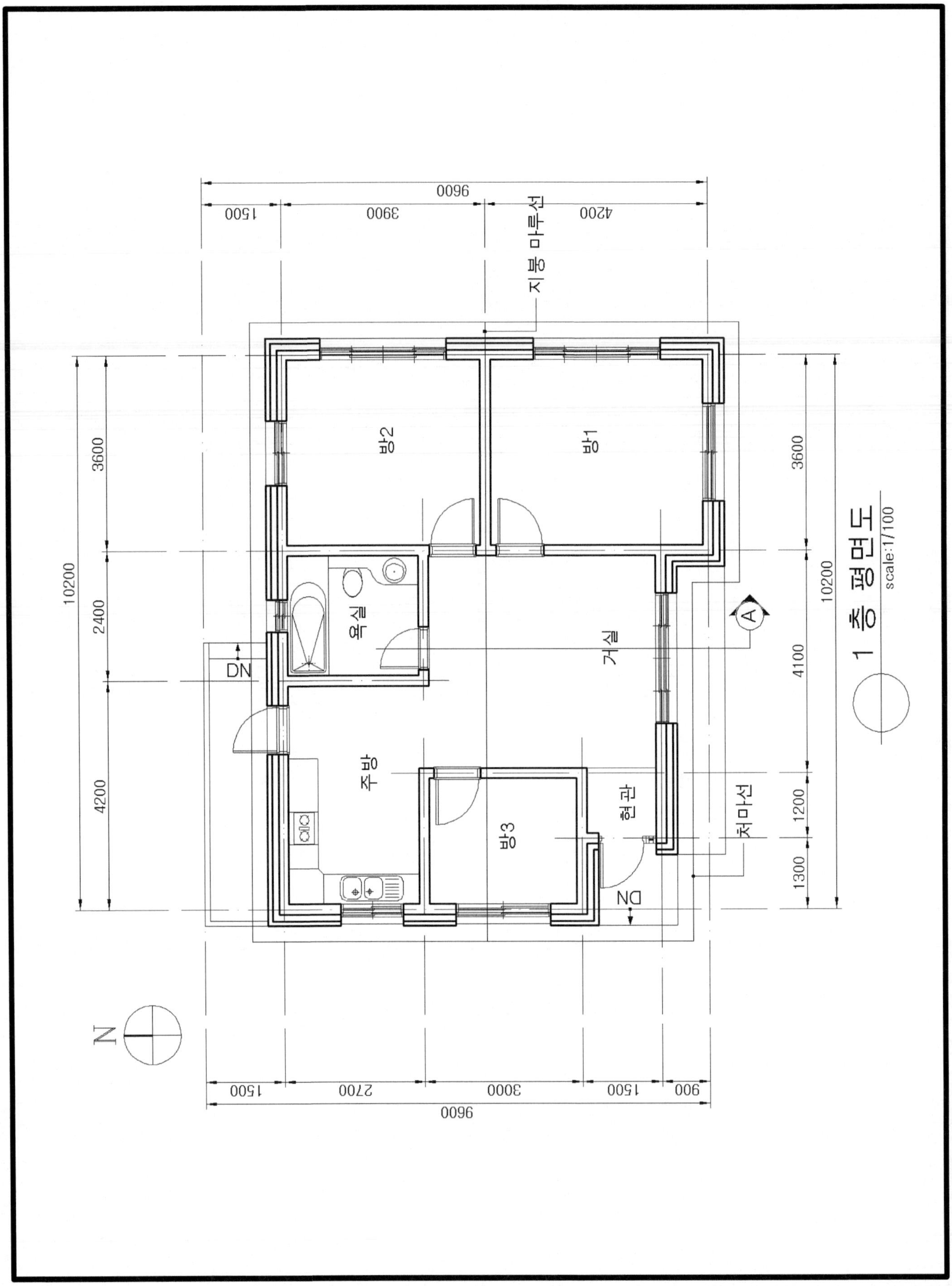
1 층 평면도
scale:1/100
방1
방2
방3
욕실
거실
주방
현관
지붕 마루선
처마선
DN
DN
N
A
9600
1500
3900
4200
10200
3600
2400
4200
3600
4100
1200
1300
2700
3000
1500
900
9600

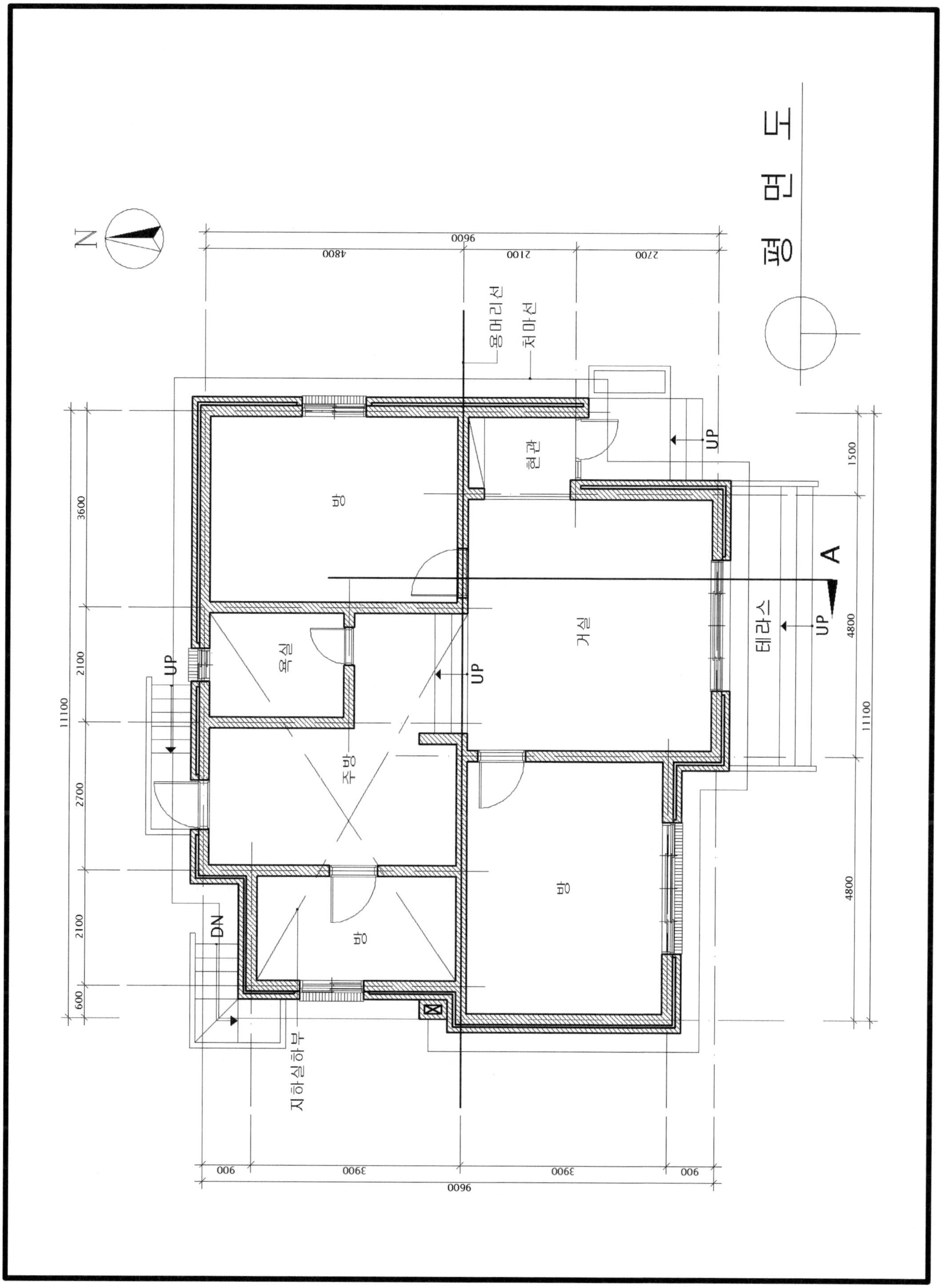
평면도
방
현관
거실
욕실
주방
방
방
테라스
용마리선
처마선
지하실하부
UP
DN
A
N
9600
4800
2100
2700
3600
2100
2700
2100
600
11100
1500
4800
4800
900
3900
3900
900

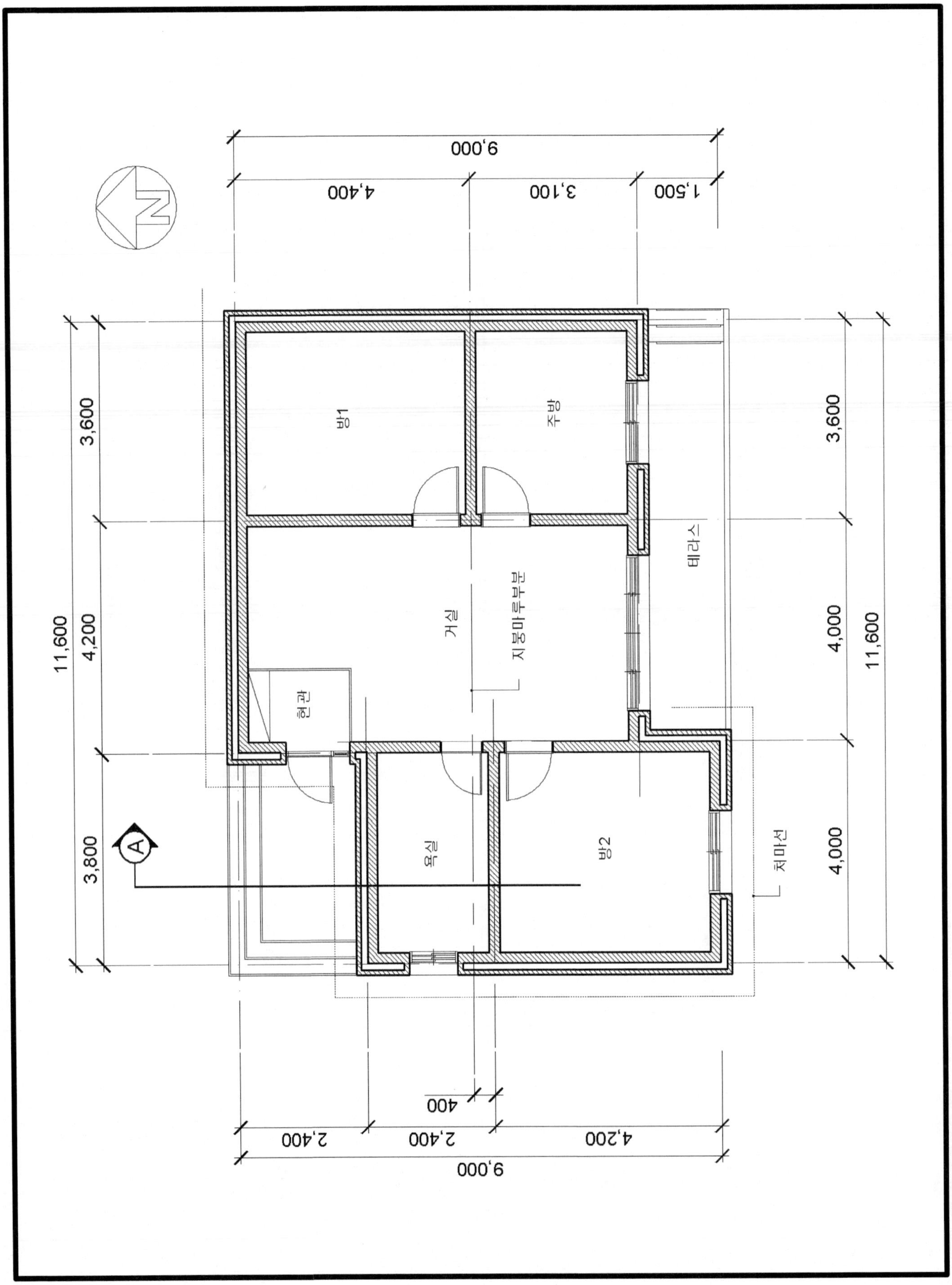
9,000
4,400
3,100
1,500
11,600
3,600
4,200
3,800
방1
주방
거실
지붕마루부분
현관
테라스
욕실
방2
처마선
A
4,000
4,000
11,600
400
2,400
2,400
4,200
9,000

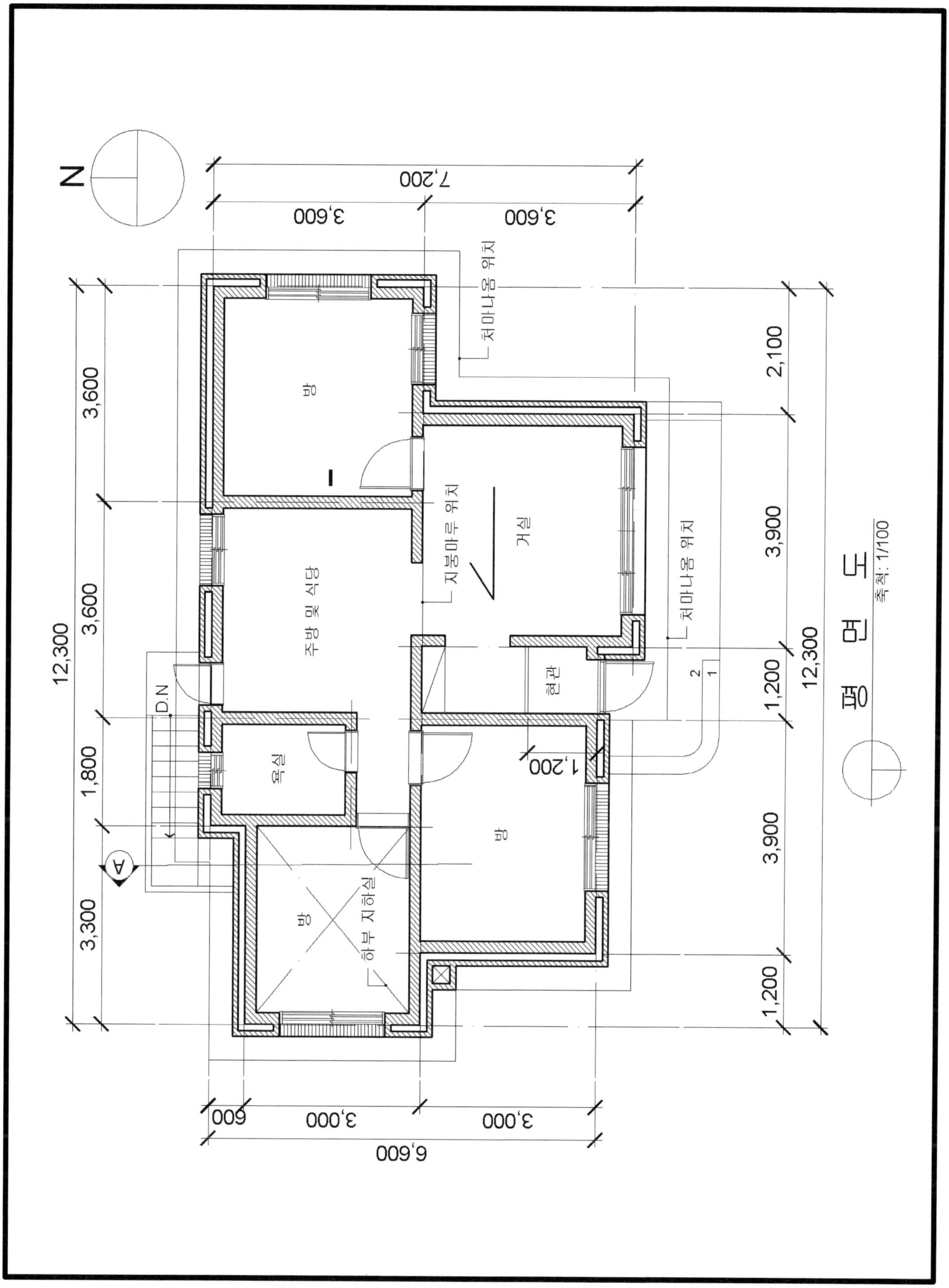
평면도
축척: 1/100
N
방
거실
주방 및 식당
욕실
현관
방
하부 지하실
지붕마루 위치
처마나옴 위치
처마나옴 위치
D.N
7,200
3,600
3,600
12,300
3,600
3,600
1,800
3,300
2,100
3,900
1,200
3,900
1,200
12,300
1,200
6,600
600
3,000
3,000

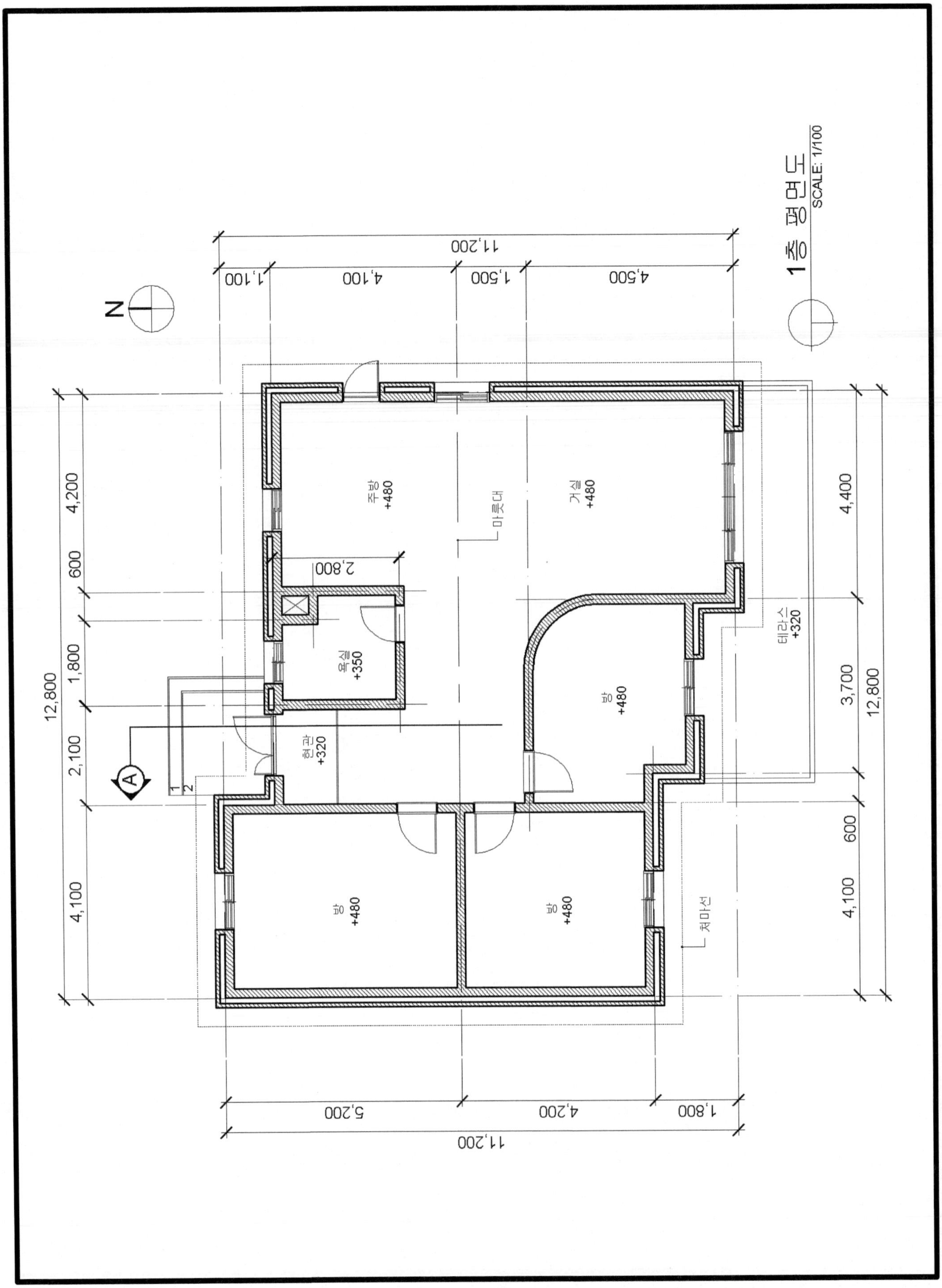

1층 평면도
SCALE: 1/100
주방
+480
거실
+480
마룻대
욕실
+350
현관
+320
방
+480
테라스
+320
처마선
11,200
1,100
4,100
1,500
4,500
5,200
4,200
1,800
12,800
2,100
600
4,400
3,700
2,800

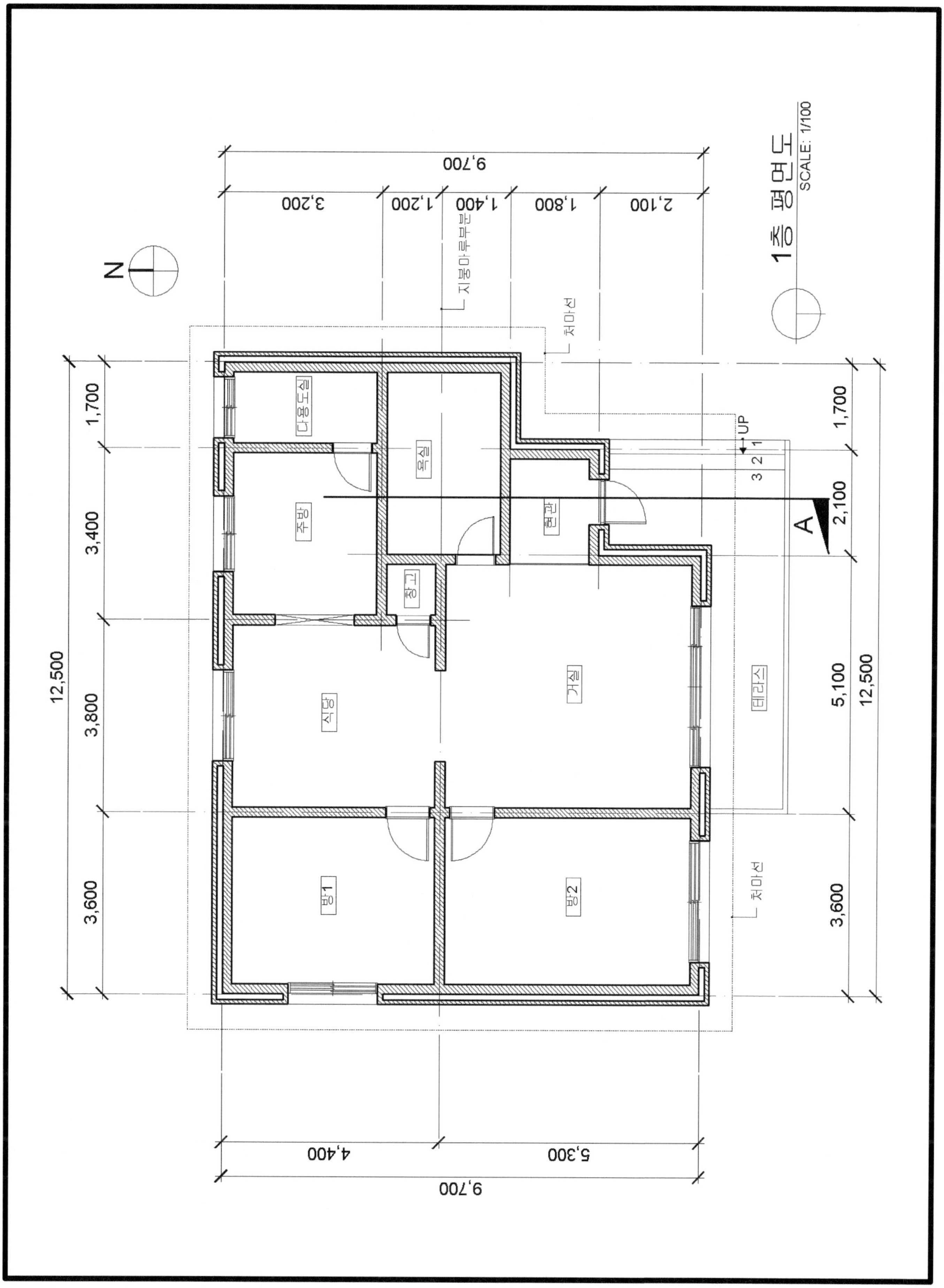
1층 평면도
SCALE: 1/100
다용도실
욕실
주방
현관
창고
거실
식당
테라스
방1
방2
지붕마루부분
처마선
UP
A
9,700
3,200
1,200
1,400
1,800
2,100
4,400
5,300
12,500
1,700
3,400
3,800
3,600
2,100
5,100

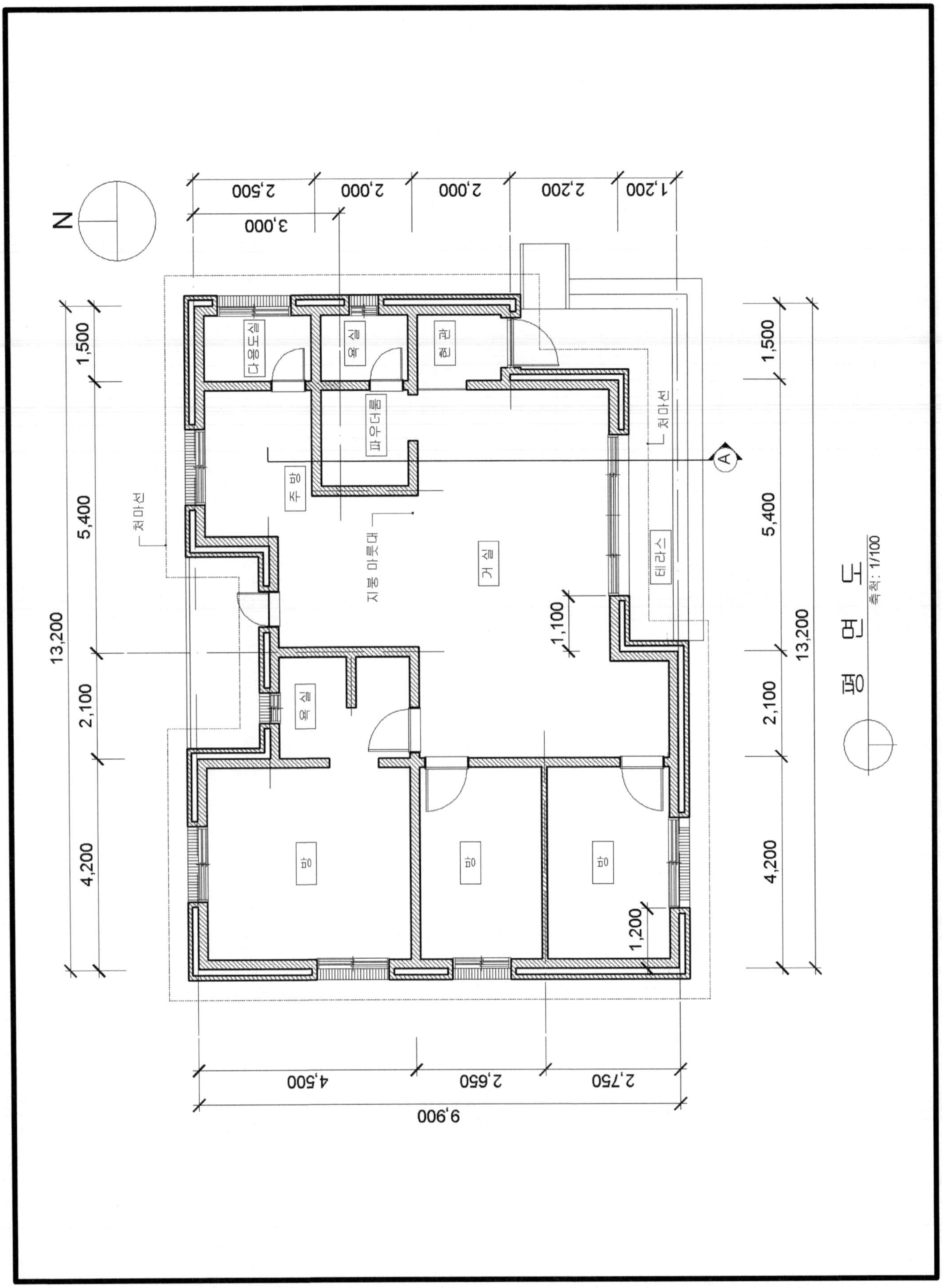
N
2,500
2,000
2,000
2,200
1,200
3,000
1,500
5,400
2,100
4,200
13,200
1,100
1,200
4,500
2,650
2,750
9,900
다용도실
욕실
현관
파우더룸
주방
거실
지붕 마룻대
처마선
테라스
방
A
평면도
축척 : 1/100

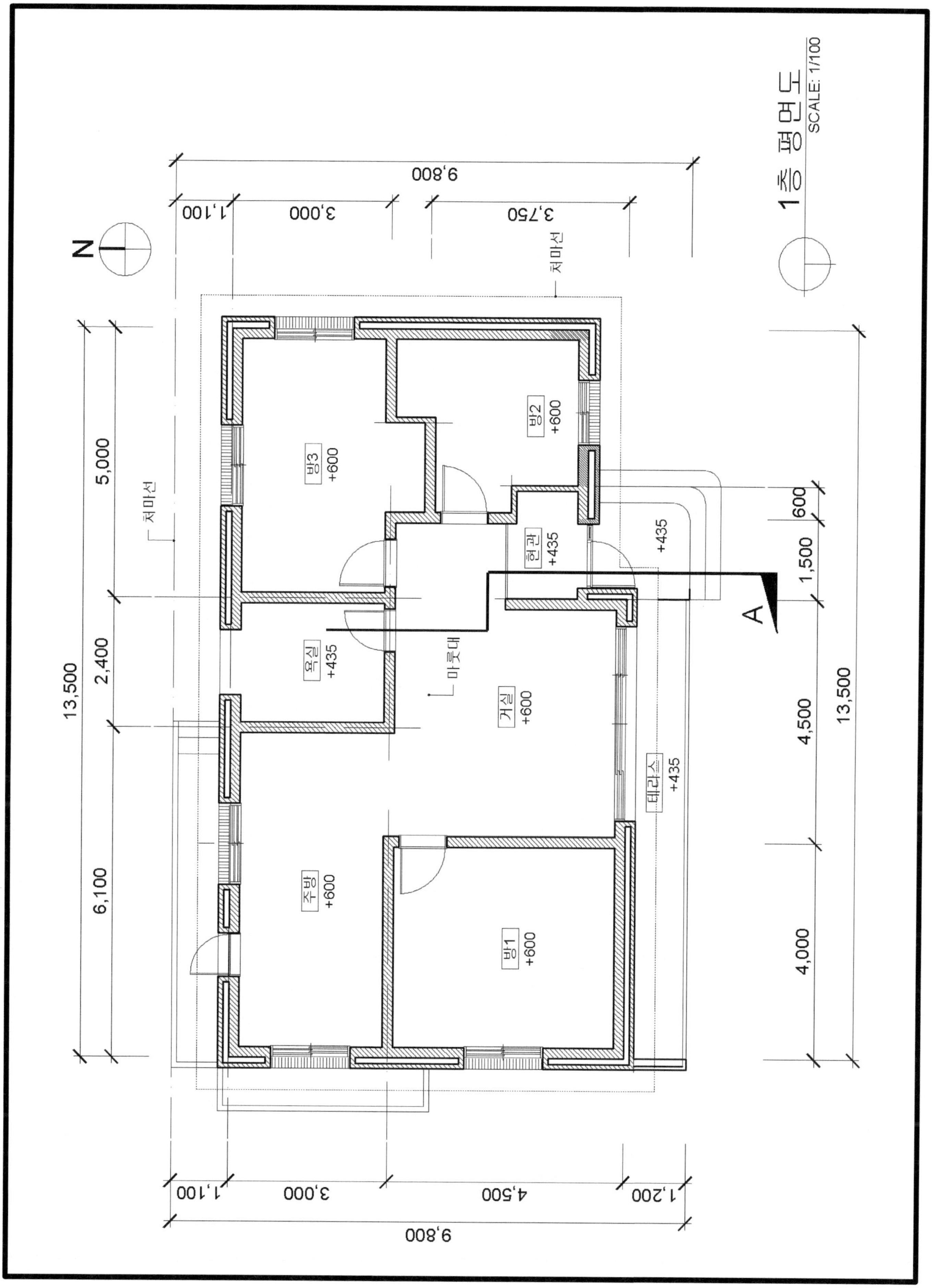

1층 평면도
SCALE: 1/100
방1
+600
방2
+600
방3
+600
주방
+600
거실
+600
욕실
+435
현관
+435
테라스
+435
+435
마룻대
처마선
처마선
A
N
9,800
1,100
3,000
3,750
4,500
1,200
13,500
5,000
2,400
6,100
600
1,500
4,000

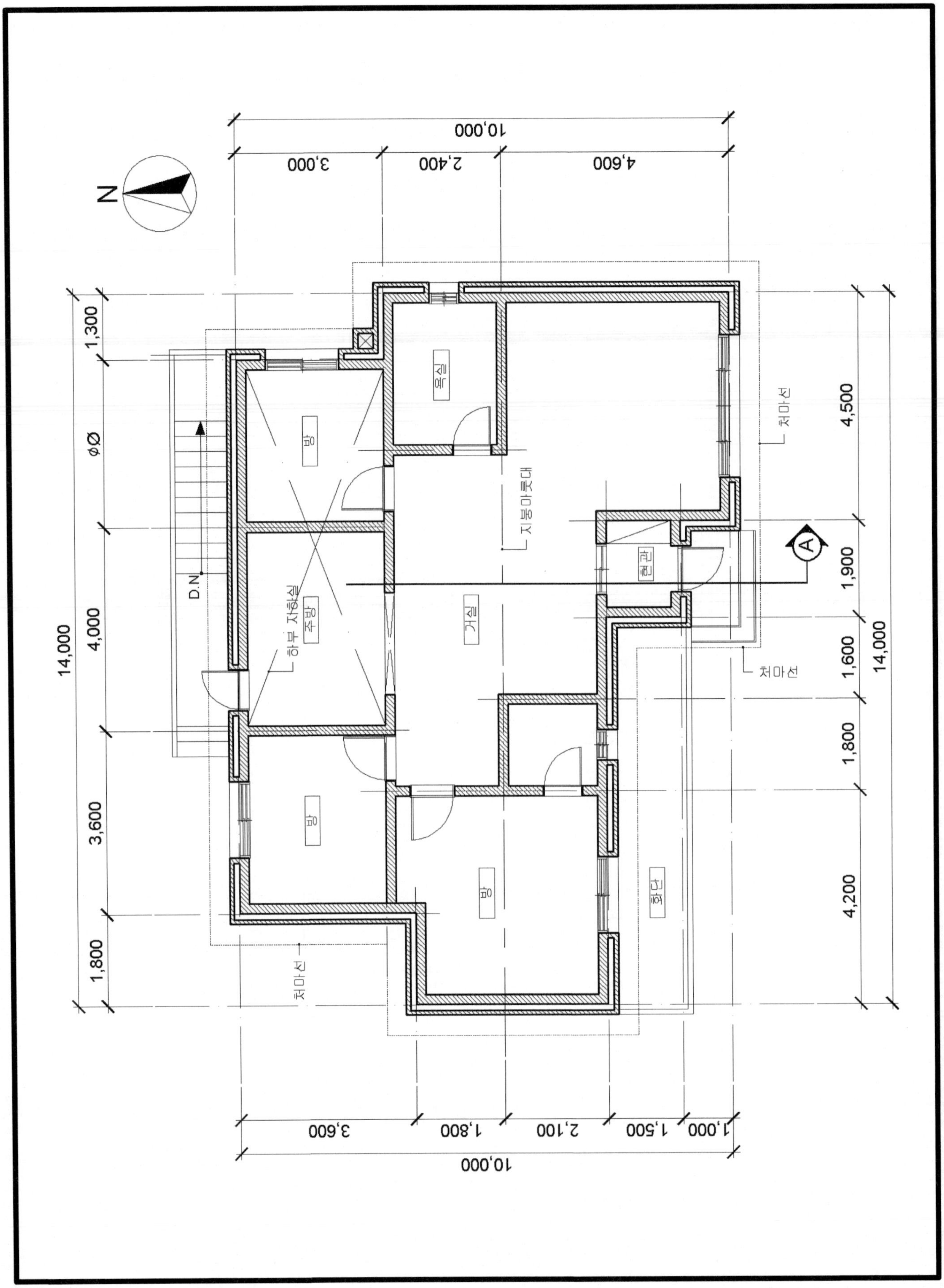
N
10,000
3,000
2,400
4,600
욕실
방
주방
거실
현관
화단
처마선
D.N
14,000
4,500
1,900
1,600
1,800
4,200
1,300
4,000
3,600
3,600
2,100
1,500
1,000

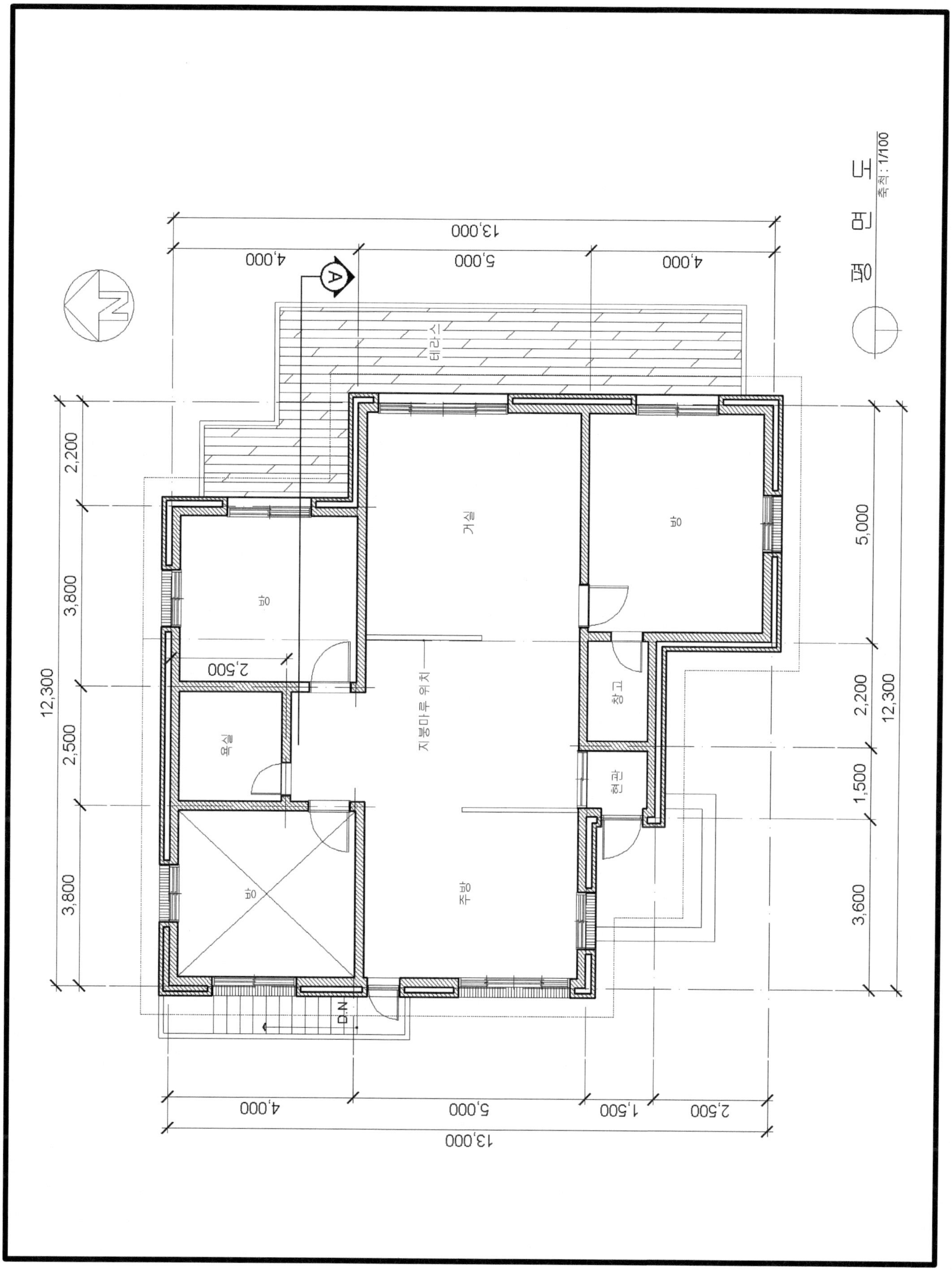
평면도
축척 : 1/100
13,000
4,000
5,000
4,000
테라스
거실
방
방
방
욕실
주방
창고
현관
지붕마루 위치
D.N
2,500
2,200
3,800
2,500
3,800
12,300
5,000
2,200
1,500
3,600
12,300
4,000
5,000
1,500
2,500
13,000

Chapter

5

자료의 보관 및 작업의 표준화

Chapter 5. 자료의 보관 및 작업의 표준화

5.1. 파일의 작성

건축도면의 출력 색깔은 모두 검정색
• 전산응용건축제도기능사에서 레이어를 만들 때 선의 용도별로 색을 정합니다. 즉 중심선은 빨강, 단면선은 노랑, 입면선은 흰색 등으로 정합니다. 그러나 출력은 모두 흑색으로 합니다.

출력에서 선굵기 지정
• 출력 할 때 색상별로 선의 굵기를 지정합니다. • 또 다른 방법은 레이어 설정시 Lineweight(선가중치)에서 선두께를 미리 지정하고 그린 다음 출력하는 방법입니다.

시험장에서 저장시 주의사항
시험장엣 그린 도면은 하드디스크에 저장합니다. 보통은 D드라이브에 수검번호로 폴더를 만들고 단면도와 입면도를 각각 저장합니다. 하드에 저장한 파일을 감독자가 USB메모리스틱으로 빼갑니다. 시험을 끝낸 순서대로 감독자가 USB로 복사하고 감독 컴퓨터로 옮겨주면 수검자가 직접 출력합니다. 1) 수시로 저장하는 습관을 가집니다. 2) 자동저장 Savetime 사용법을 알아두면 좋습니다. 3) 출력을 마칠 때까지 화면의 도면을 지우지 마세요.

5.2. 최종 도면의 출력

건축도면(전산응용건축)은 주로 모형 탭(Model tab)에서 도면을 작성하고 출력합니다.

(#참고: 배치 탭(Layout tab)을 사용하는 경우 다양한 모양과 축척으로 출력할 수 있습니다.)

① 먼저 출력하려는 도면을 [열기] 합니다.

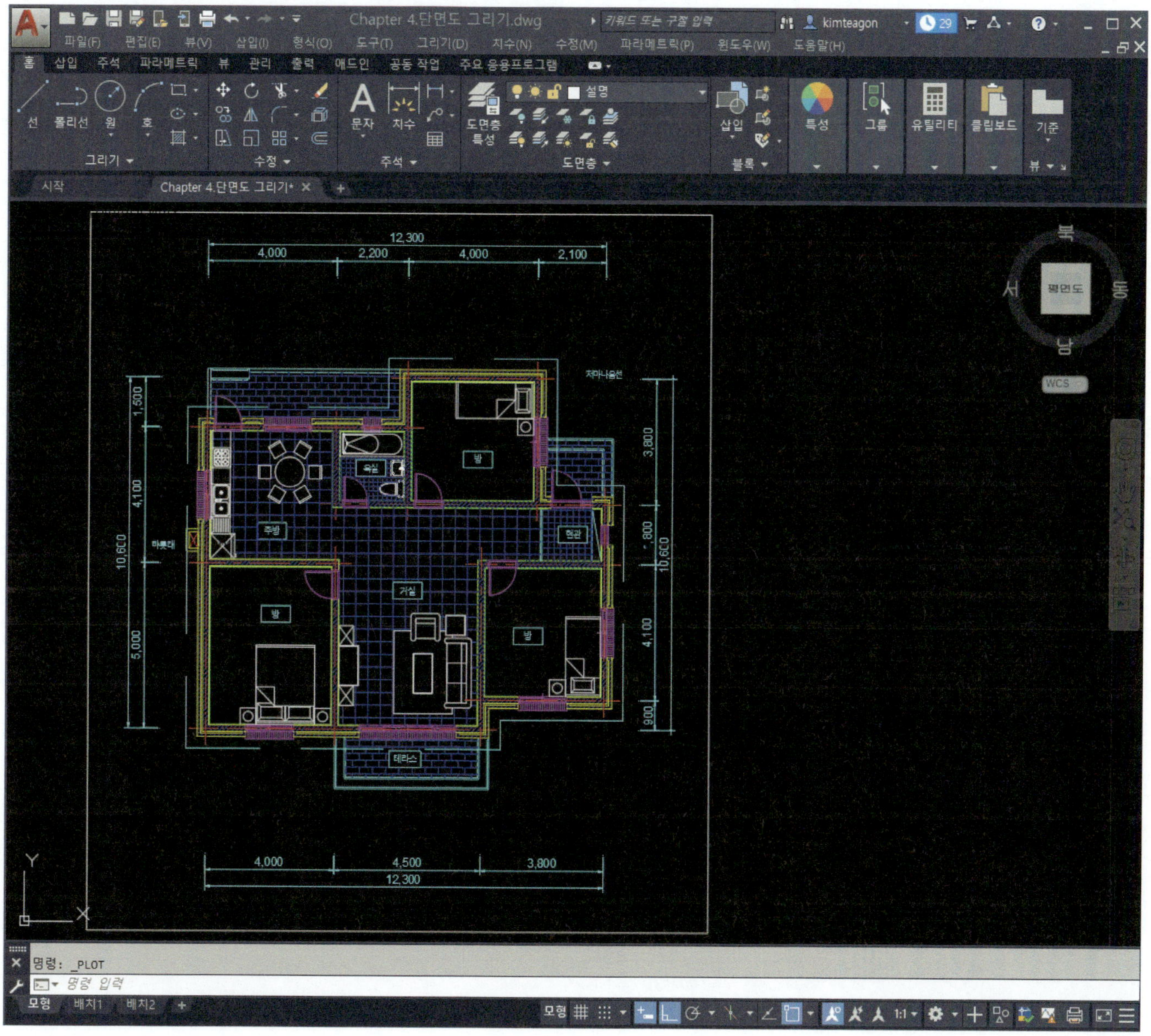

② 플롯(Plot)하기

아래와 같은 대화 상자가 나오면 오른쪽 밑의 단추를 선택하여 창을 크게 합니다

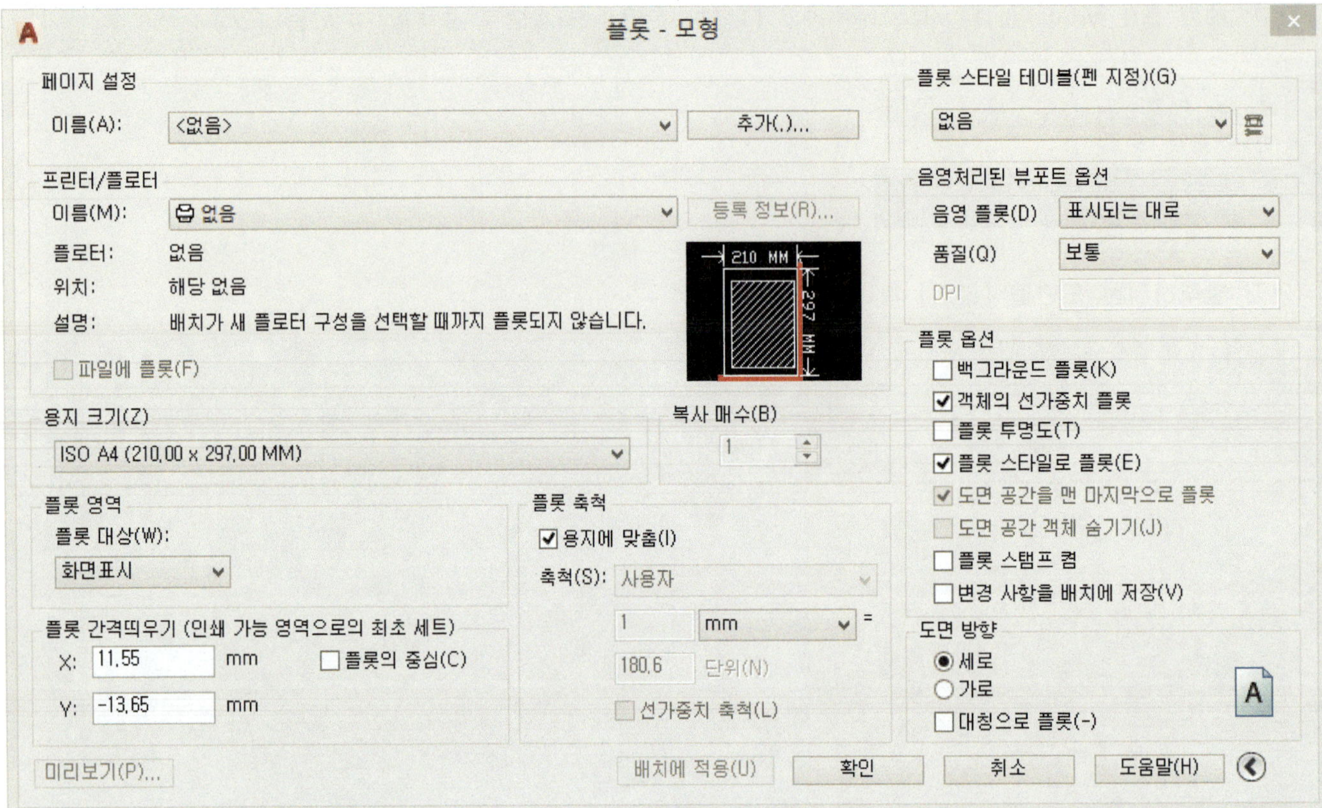

③ 필요한 사항을 선택하세요.

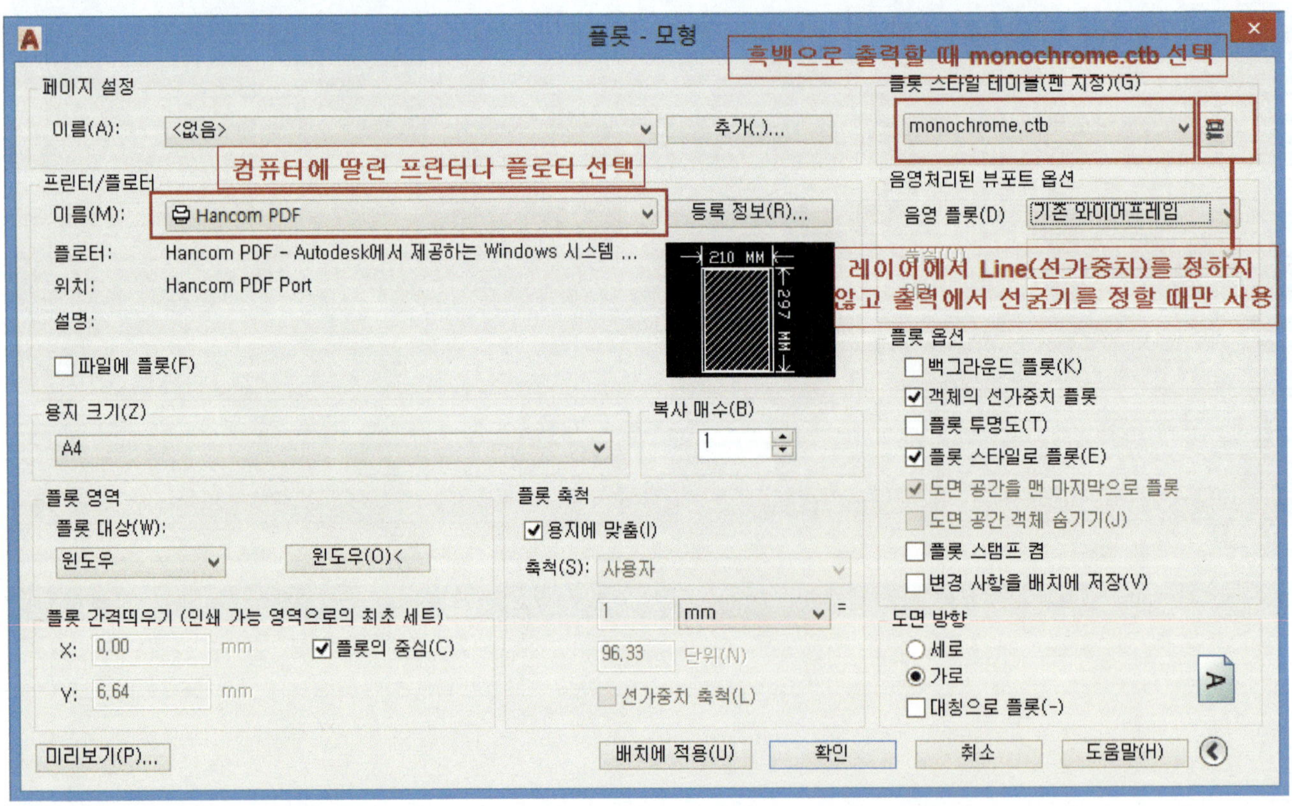

▶ 프린터/플러터

• 이름(M)에 자신의 컴퓨터에 설치된 [프린터]나 [플로터]를 선택합니다.

▶ 플롯 스타일 테이블(펜 지정)(G)

• 플롯 스타일을 만들거나 이미 만들어진 플롯 스타일을 할 수 있습니다.

< 플롯 스타일 만들기 >

• 특성(Properties)에서 다음의 **[색상]**과 **[선가중치]** 2가지 만 변경하면 충분합니다.

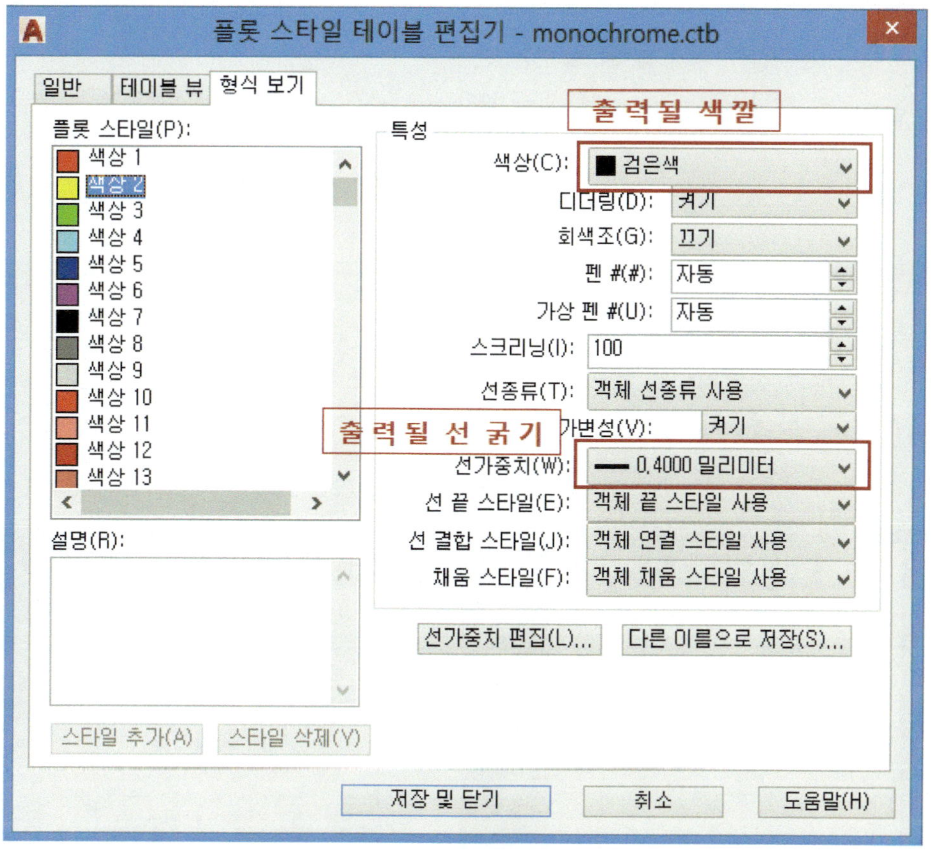

㉠ **[색상(Color)]: 출력될 색상을 결정해줍니다.**

앞서 [monochrome]을 선택해서 [편집]한다면 모든 색은 검은색(Block)으로 되어 있습니다.

㉡ **선가중치(Lineweight): 색깔별로 출력될 선 굵기를 정합니다.**

전산응용건축제도시험에서는 모든 색을 검정색으로 출력합니다. 선의 굵기는 시험지에 지정됩니다.

색상(Color)	선 가중치(굵기) (Lineweigh에서 근사값으로)
빨강을→검정으로 출력	0.2 (or 0.1)mm
노랑을→검정으로 출력	0.4 (or 0.3)mm
흰색을→검정으로 출력	0.3 (or 0.2)mm
녹색을→검정으로 출력	0.2 (or 0.1)mm
하늘을→검정으로 출력	0.3 (or 0.2)mm
파랑을→검정으로 출력	0.1 (or 0.1)mm

< 이미 만들어진 플롯유형을 사용할 경우 >

• 검정색으로만 출력한다면 monochrom.ctb  를 선택합니다.

• 컬러로 출력한다면 acad.ctb  를 선택합니다.

• 컬러로 출력할 때 Screening75%.ctb, Screening50%.ctb를 사용하면 75%, 50%만큼 흐리게 출력되어 잉크를 절약합니다.

▶ 용지 크기

• 종이 크기를 정해준다. 가정용 프린터는 A4(시험양식)에 놓으세요.

• 시험장에서는 프린터는 A3에 놓습니다. 단위는 자동으로 mm로 전환됩니다.

▶ 도면 방향

• 세로: 인물사진처럼 세워서 출력합니다.

• 가로: 풍경화처럼 수평으로 출력합니다.

• 대칭으로 플롯: 도면을 180도 회전시켜 출력합니다.(잉크젯 프린터사용시 선택)

• 시험장에서는 대부분 가로방향(Landscape)에 놓습니다.

아래의 그림과 같이 종이의 일부분에 치우쳐 출력이 될 때는 가로방향(Landscape)을 선택하세요.

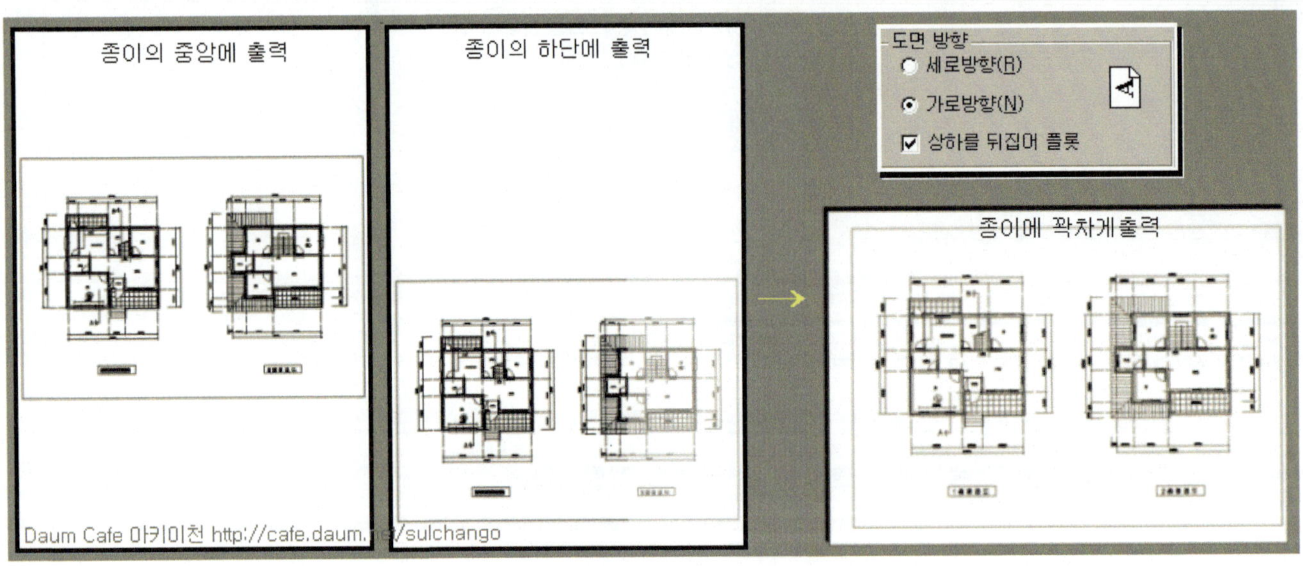

▶ 플롯 영역

• 한계(Limits) : 지정된 Limits 범위를 출력한다.(MVSETUP의 양식이거나, Limits를 정했다면 이곳을 선택하세요)

• 범위(Extexd) : 모든 객체를 출력범위로 정합니다.

• 화면표시(Display): 화면에 보이는 것을 출력범위로 정합니다.

• 윈도우(Windows) : 화면에서 마우스로 지정하는 범위를 출력범위로 정합니다.

▶ 플롯 축척

• 축척(Scale): 출력될 축척을 정합니다.

1. 플로터나 A3 레이저프린터를 사용한다면, 1/40도면은 1:40, 1/50도면은 1:50을 선택 2. A3 잉크젯 프린터나, A4용지 프린터라면, 꼭맞게 축척(Scaled to fit)에 놓으면 종이의 크기에 꽉 차게 출력합니다 .

• 시험장에서는 레이저 프린터나, 플로터를 사용한다면 1/40도면은 1:40, 1/50도면은 1:50의 축척을 선택합니다. (**참고**: 프린터는 프린터가 사용하는 여백이 있어 용지의 모든 부분을 출력하지 못합니다. 업무용 도면에서는 양식을 만들 때 프린터 매뉴얼을 참고 하여 출력가능한 곳에 양식을 만드세요. 테두리선을 10mm정도 띄우는 이유가 여기에 있습니다.)

▶ **플롯 간격띄우기(Plot Offset)**:

• 원점에서 가로와 세로로 여백을 주어 출력합니다.

• 플롯의 중심(Center the plot)을 선택하면 종이의 중앙에 맞추어 출력합니다.

• 시험장에서는 플롯의 중심(Center the plot)을 선택합니다.

▶ 왼쪽 아래의 **미리보기**(Preview)로 미리 확인하면 좋습니다.

▶ 새로운 도면 출력시 앞에서 출력한 상태를 그대로 사용하려면 **이전플롯(Previous plot)**을 사용합니다.

▶ 다양한 출력을 하기 위해서는 여러 번 시행 착오를 통해서 배워야 합니다.

Chapter

6

Sketch-up(스케치업)

Chapter 6. Sketch-up(스케치업)

6.1. Sketch Up에 대하여

스케치업(Sketch-Up)은 앳래스트 소프트웨어(@Last Software)에서 개발한 3D 모델링 툴로서 건축, 인테리어, 조경, 건설, 설비, 건물관리에 사용되는 3차원 모델링 도구이다. SketchUp의 장점은 초보자들도 쉽게 다룰 수 있는 프로그램이기 때문에 누구나 사용이 용이하며, V-Ray, Atlantis, 3Ds-Max, IRender와도 호환이 가능하여 다른 3D 모델링 프로그램 또는 도구에서 파일을 가져오거나 다른 인기 있는 모델링 및 이미지 편집 소프트웨어와 함께 사용하기 위해 SketchUp 파일을 내보냅니다. SketchUp에서는 구성요소 웹 브라우저를 통하여 Google 3D이미지 갤러리의 모델을 바로 검색할 수 있고, 또한 자료를 업로드 할 수 있다. SketchUp은 레이아웃 및 스타일 비러와 같은 두 가지 디자인 프레젠테이션용 도구를 사용할 수 있다. 사실적인 빛과 그림자를 사용하여 3D 모델을 보행시선 애니메이션, 장면 또는 인쇄물로 공유할 수 있습니다. 3D 프린터로 모델을 인쇄할 수도 있습니다.

화면구성

바탕화면의 스케치업 아이콘 을 더블클릭하여 시작하면, 다음과 같은 화면이 뜬다.

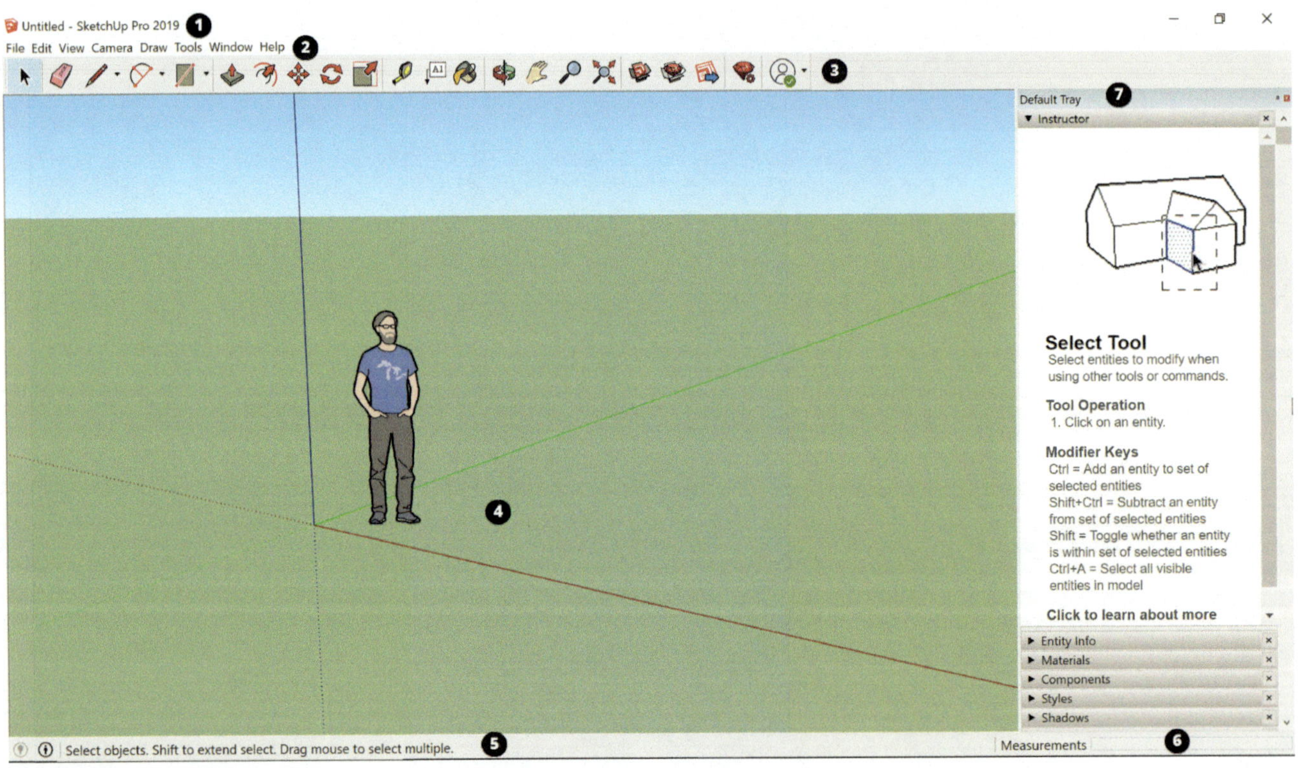

❶ 타이틀 바 (Title bar)

❷ 메뉴 바 (Menu bar)

❸ 시작하기 도구모음 (Getting Started toolbar)

❹ 그리기 영역 (Drawing area)

❺ 상태 표시 줄 (Status bar)

❻ 측정 상자 (Measurements box)

❼ 기본 패널 (Default panels)

보기 도구

그림을 그릴 때, 사용자가 화면이나 화면사이에 나타나는 물체를 조정할 있도록 한다.

① 궤도회전 : 이 도구는 물체를 잡아 회전하는데 사용된다.
화면을 회전시키려면 궤도회전도구를 활성화 시킨 후, 마우스를 붙잡고 원하는 방향을 움직인다. (휠-마우스는 가운데 버튼을 누르고 마우스를 움직이기만 해도 이 기능이 활성화 됨)

② 화면이동 : 그림의 중심을 상하좌우로 이동하는데 사용된다.
화면을 이동시키려면 해당도구를 활성화 시키고 마우스로 이동한다.
(휠-마우스는 가운데 버튼을 누르고 궤도회전을 하면서 Shift키를 누르면 이 기능이 활성화 됨)

③ 화면채우기 : 모델링 데이터 전체가 화면의 크기에 맞도록 설정되고,
물체의 중심도 화면의 중심에 새롭게 맞추어 진다. (휠-마우스를 앞쪽을 밀면 확대가 되고 뒤쪽으로 당기면 축소가 됨)

뷰 도구

① 투상도(입체)

② 평면도

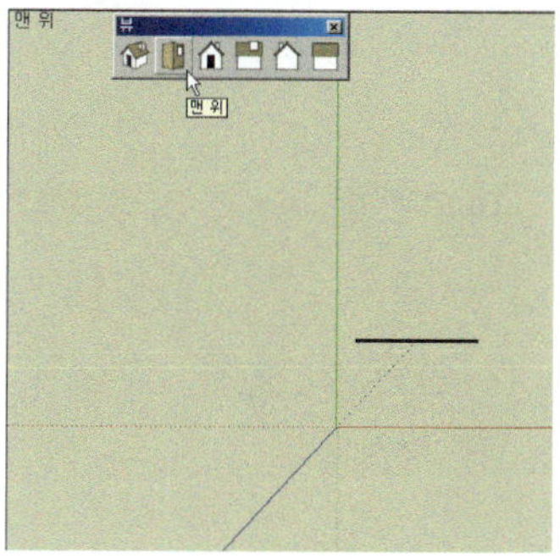

③ 입면도(동서남북)

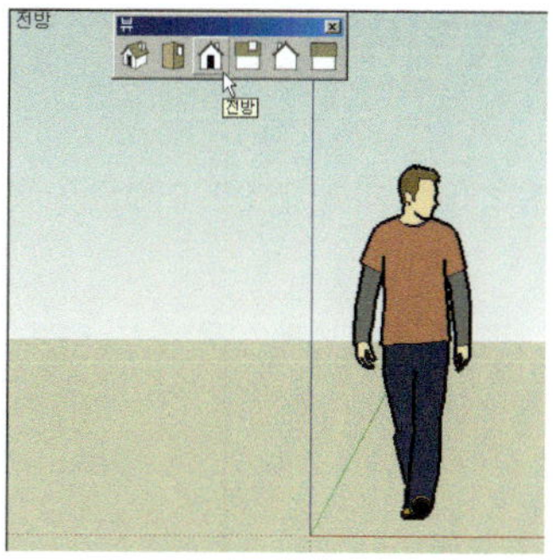

그 밖의 조작 도구들

선택	구성요소	배율	오프셋(간격띄우기)
페인트통	지우개	줄자	치수
선	자유그림	각도기	문자
직사각형	회전된 직사각형	축	3D텍스트
원	다각형	궤도	이동
호	2점호	확대/축소	창 확대/축소
3점호	파이	범위 확대/축소	이전
이동/복사	밀기/끌기	카메라 위치지정	이동
회전	따라가기	둘러보기	단면

6.2. Sketch-up 명령어

선과 지우개

선 (단축키: L)과 지우개 (E)

선은 모서리가 되는 선을 그릴 때 사용되며, 폐곡선이 만들어지면 면이 저절로 생성된다. 지우개는 다양한 방식으로 객체를 선택하여 손쉽게 삭제할 수 있다.

① 선 그리기

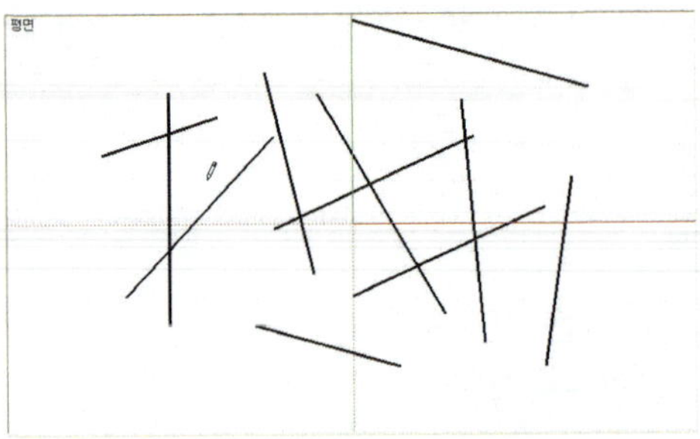

임의의 선들을 치수에 관계없이 다양하게 그린다.

② 지우기 (A Point)

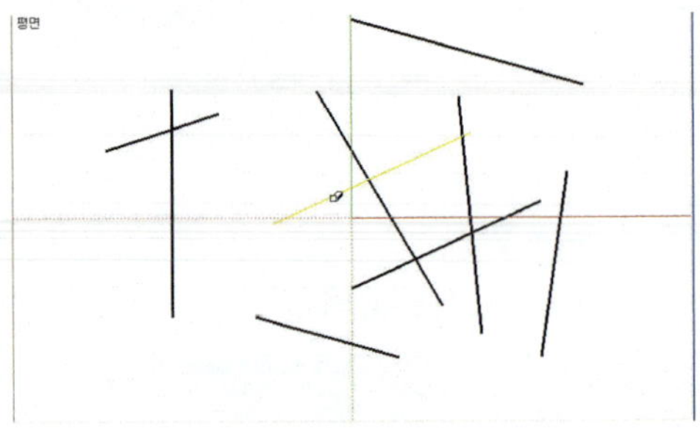

마우스의 왼쪽 버튼으로 한번에 하나씩 눌러 선택한다.(Tip:실행취소와 다시실행 을 번갈아 사용해 복구해 보세요.)

③ 지우기 (Drag)

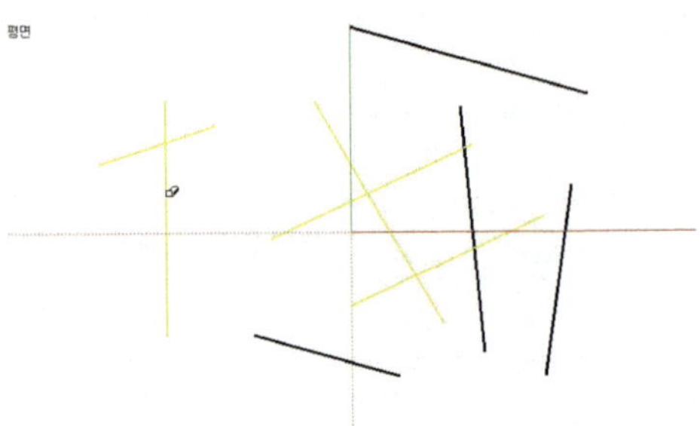

마우스의 왼쪽 선택버튼을 누른 채 놓지 않고(drag) 계속 끌고 다니면서 여러 객체를 동시에 선택한다.

④ 지우기 (Box)

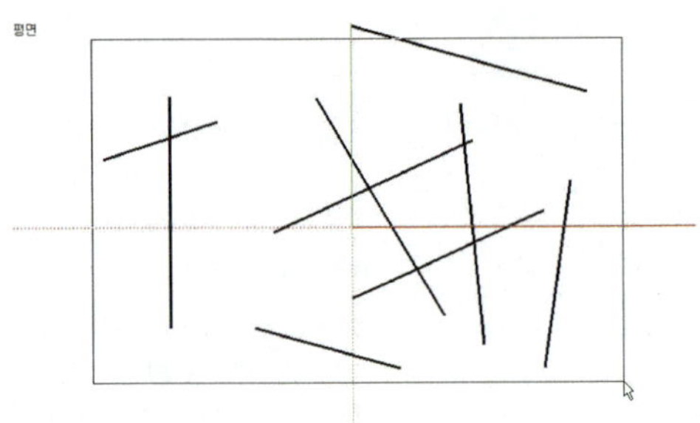

왼쪽에서 오른쪽으로 방향으로 상자를 형성할 때(완전포함선택)와 오른쪽에서 왼쪽으로 방향으로 상자를 형성(걸침선택)할 때 선택되는 내용이 다르다.

① 사각형 그리기 (빨강축)

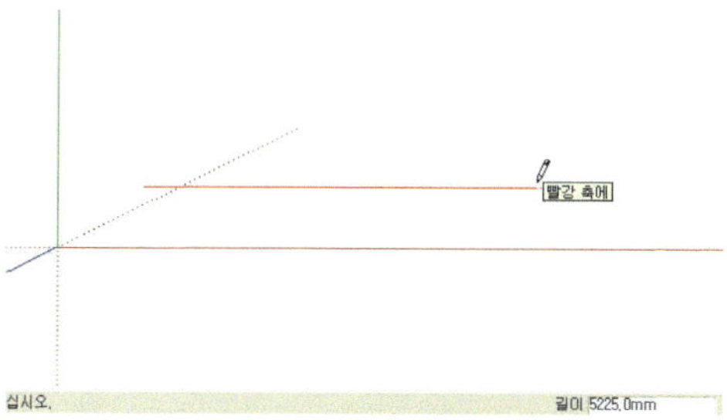

임의의 한 점을 잡아 마우스의 왼쪽 버튼을 누른 채 빨강축과 평행한 임의(방향만 제시함)의 선을 그린 후 마우스를 놓는다.

② 사각형 그리기 (치수입력)

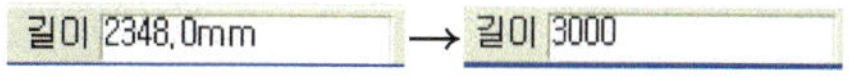

키보드로 3000을 입력해 보세요...

화면 오른쪽 하단의 임의의 치수를 그리고자 하는 실제 치수로 입력하여 (키보드) 엔터키를 친다.

③ 사각형 그리기 (녹색축)

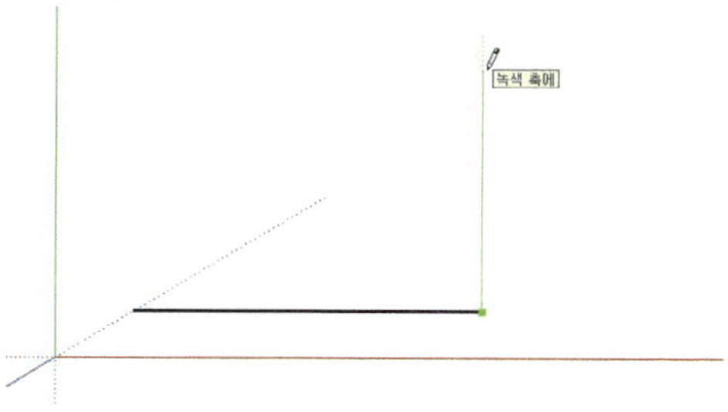

끝점(초록점)을 잡아 녹색과 평행한 선을 임의(방향만 제시함)로 그린 후 마우스를 놓고 원하는 치수를 키보드로 입력하여 Enter↵ 키를 친다

④ 사각형 완성 (면구성)

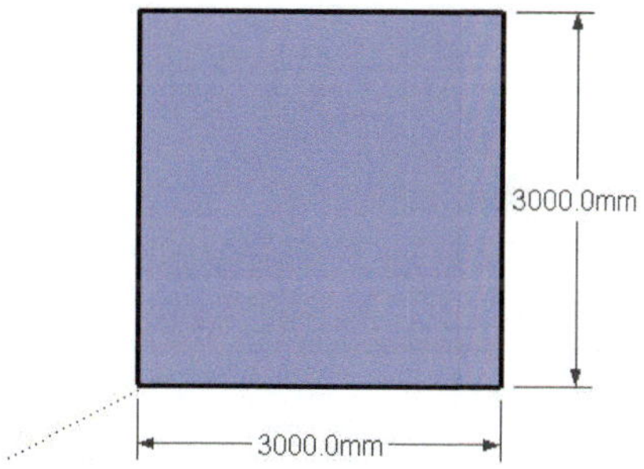

③과 같은 방법으로 나머지 선을 작도하여 사각형을 형성한다.(Tip: 면이 형성되면 자동으로 색이 보라색으로 전환된다.)

① 직사각형 그리기

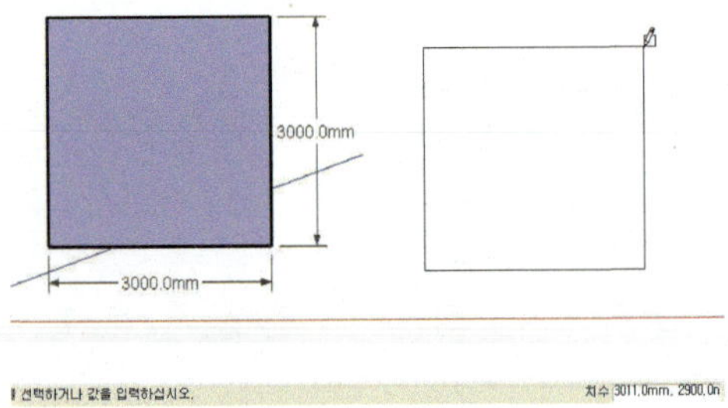

임의의 점을 찍은 후 드래그하여 원하는 모양(방향)으로 마우스 포인터를 놓은 후 치수를 입력하여 치수 3000,3000 직사각면을 만든다. (Tip: X , Y)

② 원 그리기

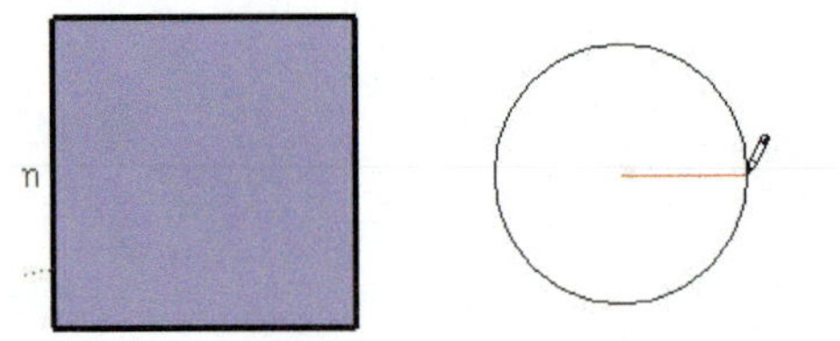

임의의 중심점을 잡아 원하는 크기로 드래그한 후 전체 크기(지름:3000)를 가름하여 반지름 값(1500)을 입력한 후 Enter↵키를 친다.

③ 다각형 그리기

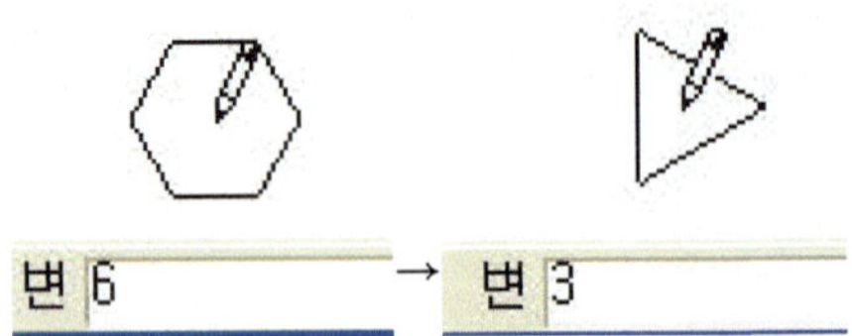

처음 다각형 아이콘을 클릭하면 원하지도 않은 6각형이 기본 메뉴로 설정되어 있다. 이때 원하는 각(변)형이 되도록 키보드로 숫자를 먼저 입력하여 Enter↵키를 치면 원하는 각형으로 모양이 바뀌는 것을 볼 수 있다.

④ 다각형 완성

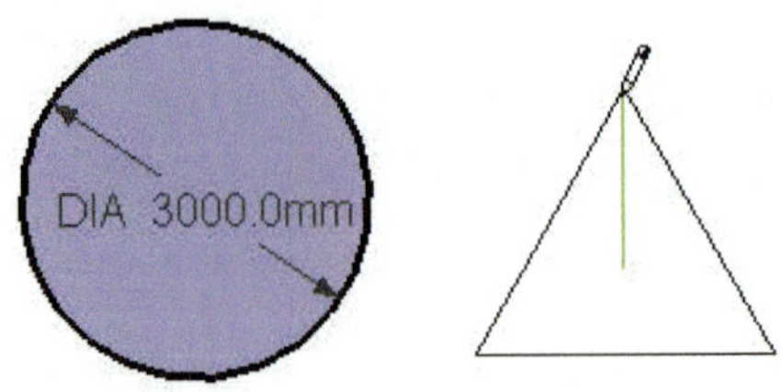

임의의 중심점을 잡아 원하는 크기로 드래그한 후 전체 크기(지름:3000)를 가름하여 반지름 값(1500)을 입력한 후 Enter↵키를 친다.

① 사각 입체의 높이 그리기

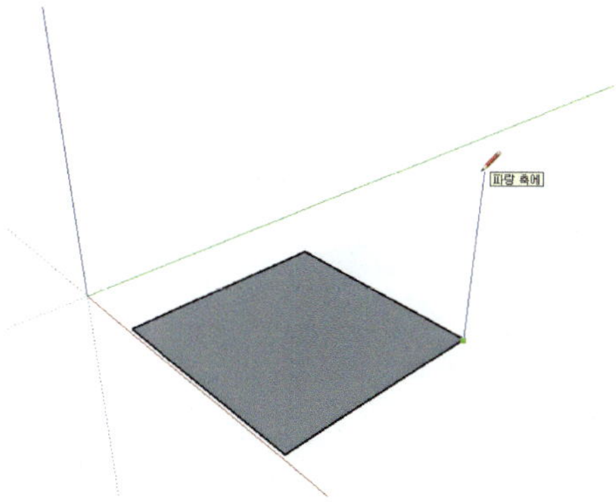

파랑축(Z축)과 평행한 임의(방향만 제시함)의 선을 그린 후 마우스 포인터를 놓은 후 화면 오른쪽 하단의 그리고자 하는 실제 치수(3000)로 입력하여 (키보드) 엔터키를 친다.

② 원 그리기

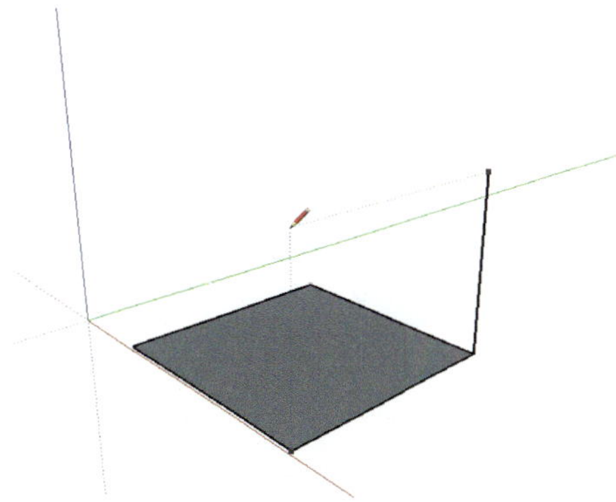

임의의 다른 한 점을 바로 전에 작업한 치수가 잡힐 때까지 마우스의 왼쪽 버튼을 누른 채 서서히 올리면서 녹색축과의 교차점이 잡힐 때 마우스를 놓아 선을 만든다.

③ 다각형 그리기

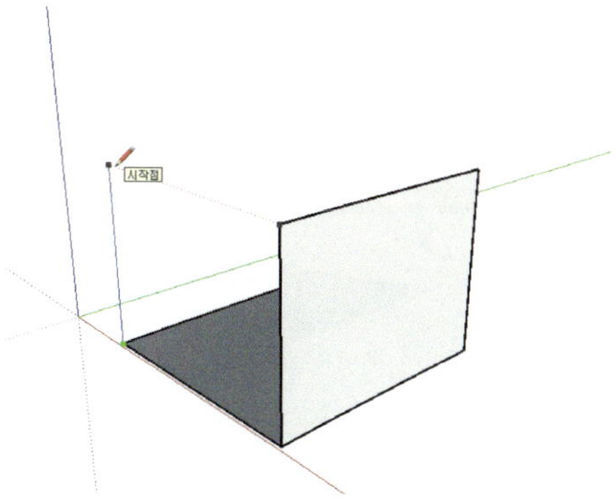

두 번째와 같은 방식으로 다음 면들을 차례대로 만든다. 한 번의 높이 치수만 입력하면 교차선들과 추정선들을 이용하여 효과적으로 면을 구성할 수 있다.

④ 다각형 완성

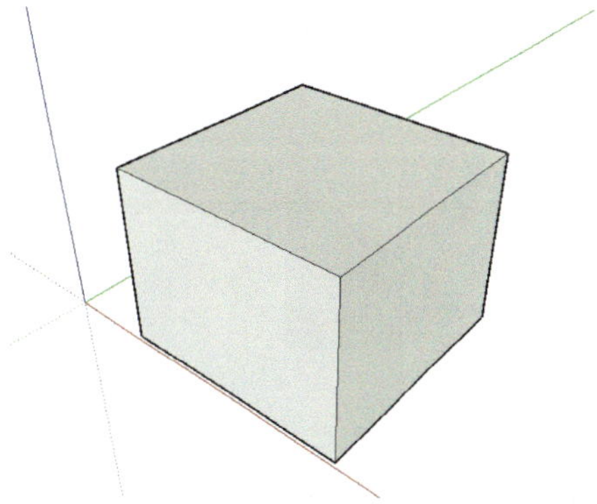

그러나 이 방법 보다는 다음에 제시되는 밀기/끌기 방식이 훨씬 유용하게 작업할 수 있다.

① 투상도 전환

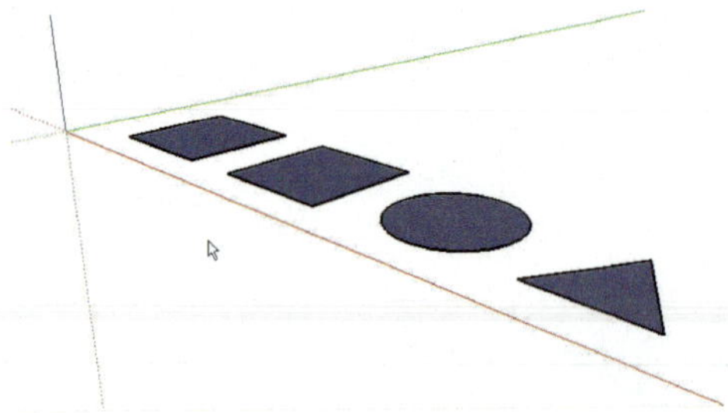

평면 상태()에서는 입체로 올라가는 치수 변화감이 없으므로 투상도 보기로 전환한다. (Tip : 파랑축 (Z축)이 형성됨)

② 밀기/끌기 선택

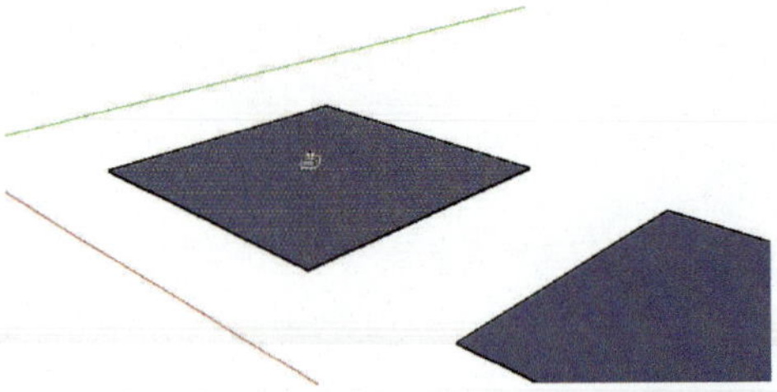

끌어올리고자 하는 면에 마우스 포인터를 놓으면 자동으로 점망으로 선택된다. (Tip : 반드시 면(보라색)이어야만 가능함)

③ 밀기/끌기 실행

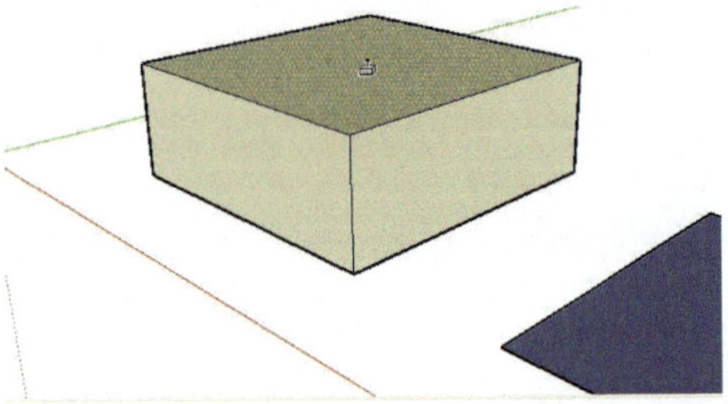

마우스의 왼쪽 버튼을 누른 채 파랑축과 평행한 면을 올린(방향만 제시) 후 버튼을 놓고 원하는 치수(3000)를 입력하여 Enter↵ 키를 친다.

④ 다양한 밀기/끌기

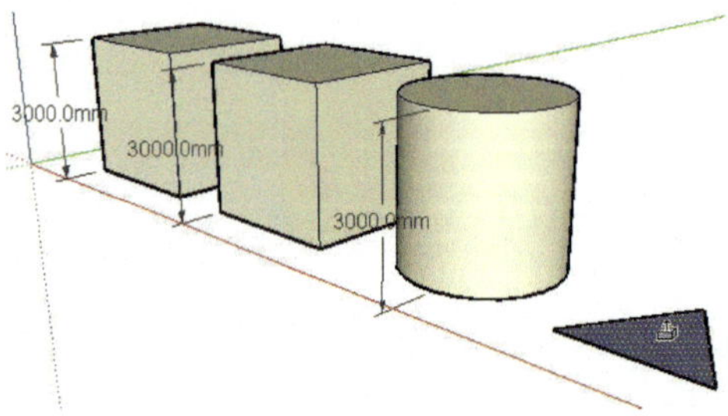

다른 면들에 마우스 포인터를 놓고 더블클릭을 하면 같은 높이(가장 최근에 사용했던 치수)로 입체를 자동 생성할 수 있다.

내 맘대로 입체 그리기

① 선 그어 면 나누기

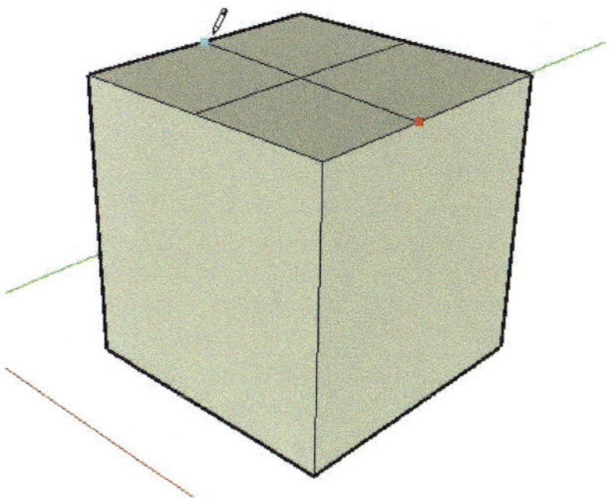

윗면의 중간점(하늘색점)에서 중간점으로 선을 그려 2개의 면으로 분할한다.

② 내 맘대로 입체 완성

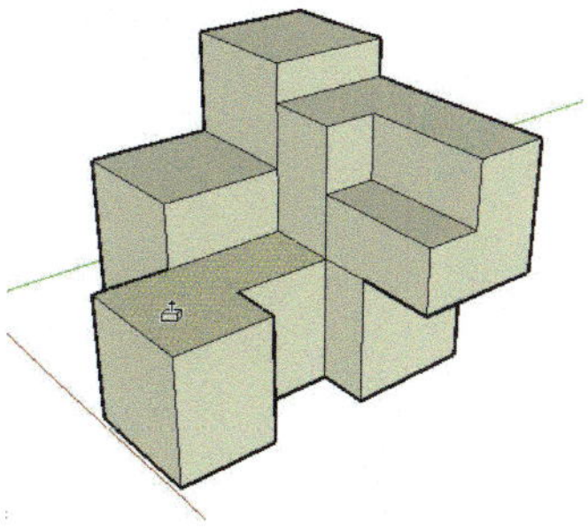

선 그리기와 밀어넣기를 이용해 다양한 입면을 구성할 수 있다.

선택의 다양한 방법들

① 선 선택 (원 클릭)

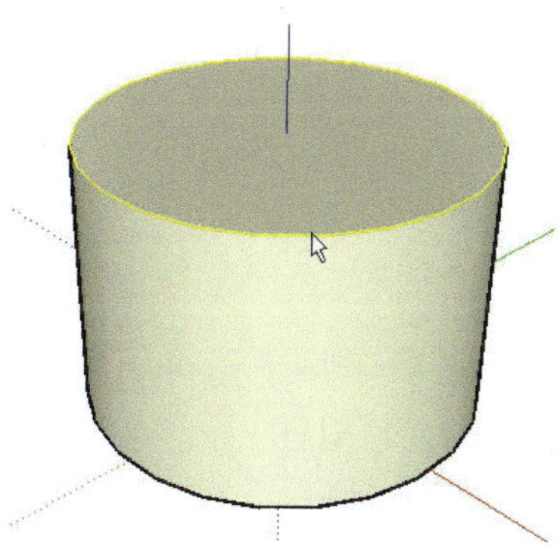

시 선에 마우스 포인터를 놓고 클릭을 하면 해당 선이 선택(파란색) 된다.

② 면 선택 (원 클릭)

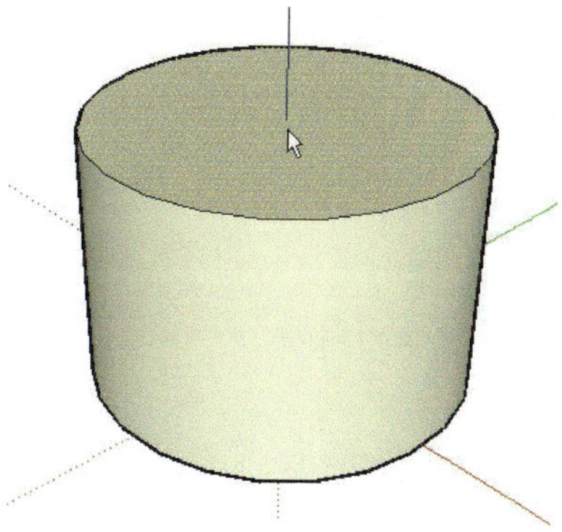

시 면에 마우스 포인터를 놓고 클릭을 하면 해당 면이 선택(점망) 된다.

③ 선+면 동시 선택 (더블 클릭)

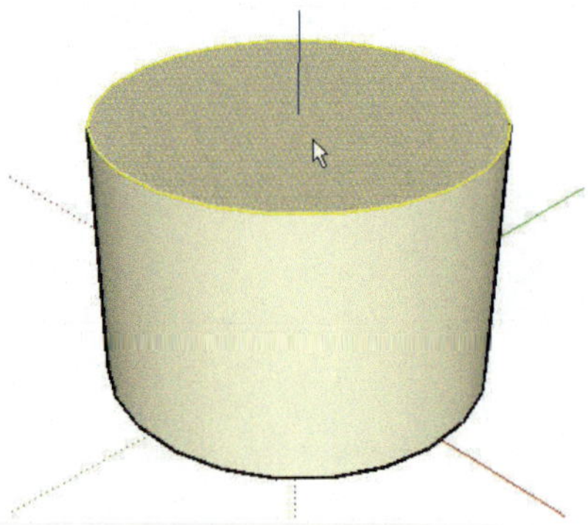

시 면에 마우스 포인터를 놓고 더블클릭을 하면 해당 선과 면이 선택된다.

④ 입방체 전체 선택 (트리플 클릭)

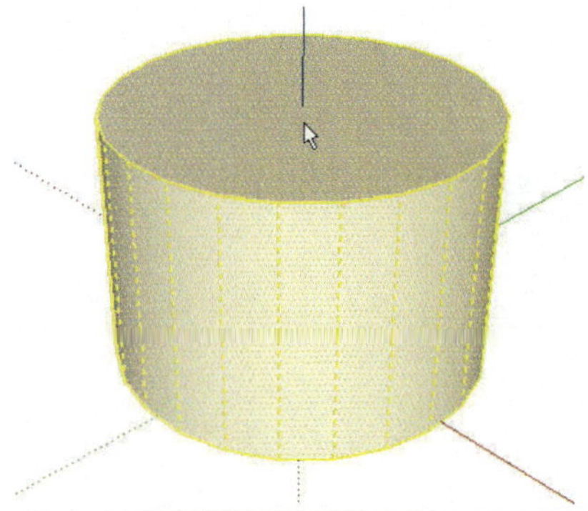

시 면에 마우스 포인터를 놓고 트리플 클릭을 하면 해당면과 연결 되어 있는 모든면(입체)이 선택된다.

⑤ 선택의 추가/제거

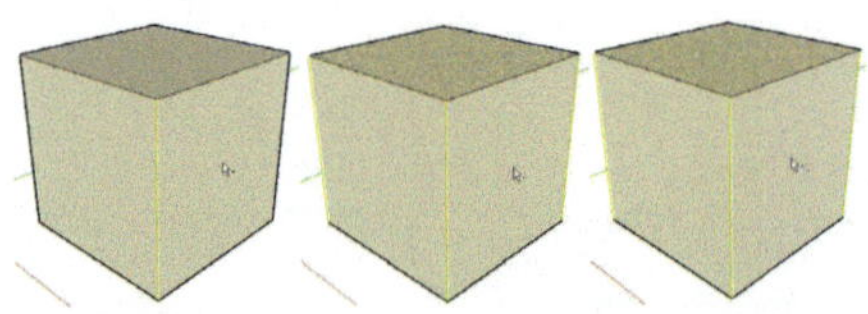

ⓐ ⓑ ⓒ

ⓐ Ctrl키를 누른채 하면 포인터에 [+]가 생기면서 추가 가능

ⓑ Ctrl+Shift키를 누른채 하면 포인터에 [-]가 생기면서 제거 가능

③ Shift키를 누른채 하면 포인터에 [+/-]가 생기면서 추가/제거 가능

⑥ 선택 (상자형:왼쪽~오른쪽)

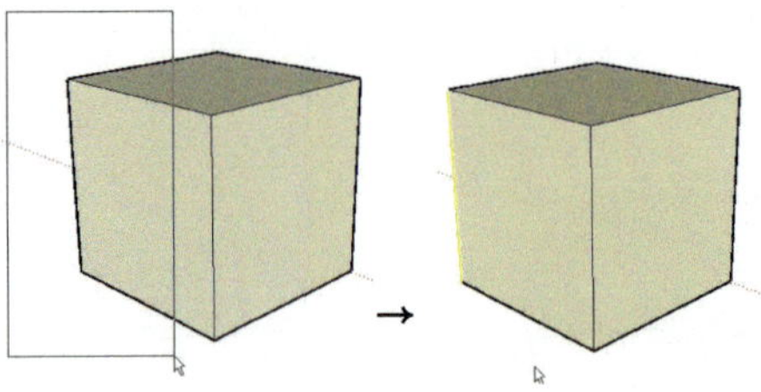

의 선택을 왼쪽에서 오른쪽 방향으로 드래그하면 window box가 되면서 선과 면의 처음과 끝이 box에 완전히 포함된 것만 선택된다.

⑦ 선택 (상자형:오른쪽~왼쪽)

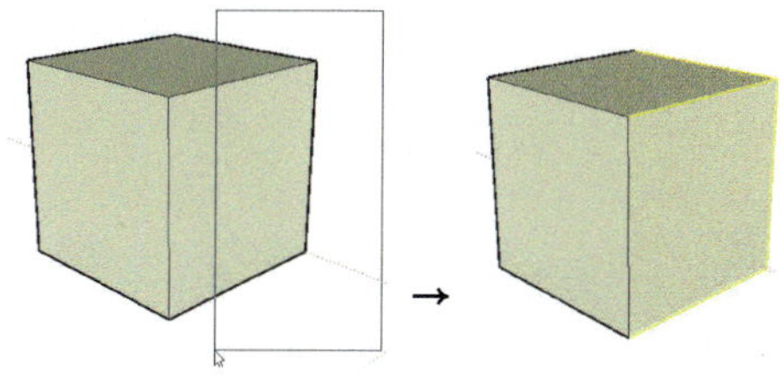

[icon]의 선택을 오른쪽에서 왼쪽 방향으로 드래그하면 clossing box가 되면 서 선과 면의 일부분이 box에 걸치기 만 해도 선택된다.

⑧ 전체 선택

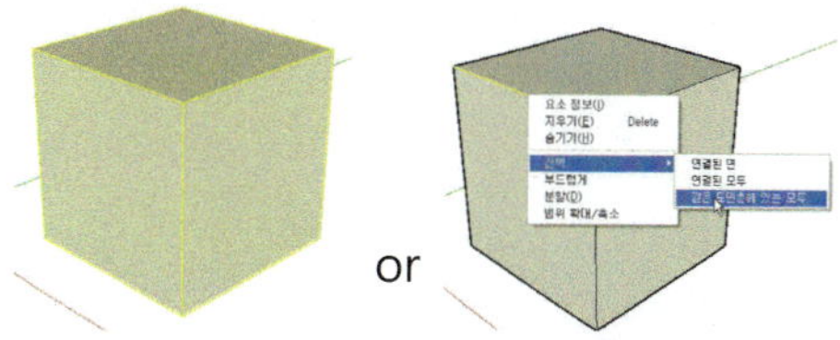

마우스를 빈 공간에 놓고 Ctrl+A키를 이용하거나 모서리 한 선 또는 면에 클릭한 후 마우스의 오른쪽키를 눌러 나오는 메뉴(context) 중 '선택/연결된 도형' 등을 클릭하여 전체를 선택할 수 있다.

① 평면 크기

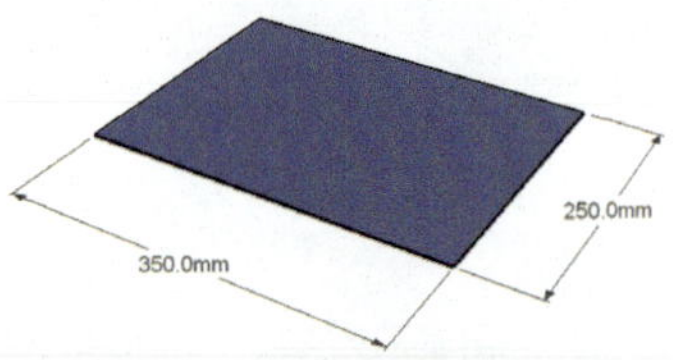

직사각형으로 밑면의 크기(350,250)를 만든다.

② 입체 높이

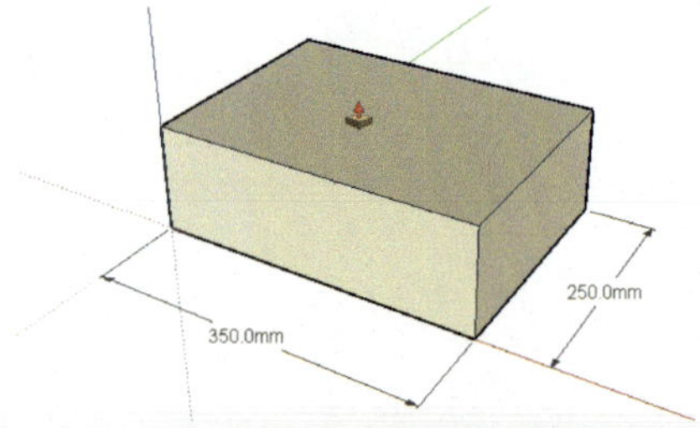

밀기/끌기를 클릭하여 파랑축으로 높이(300)를 올린다.

③ 밀어내기

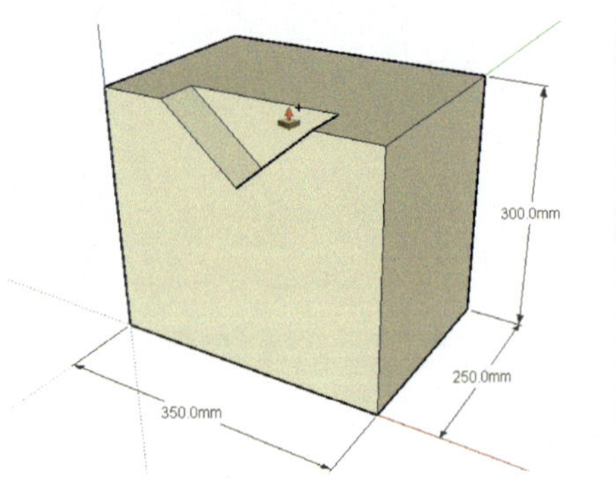

윗 부분에 선으로 해당 모양을 그려 밀기/끌기로 밀어내어 형태를 완성할 수 있다.

④ 완성

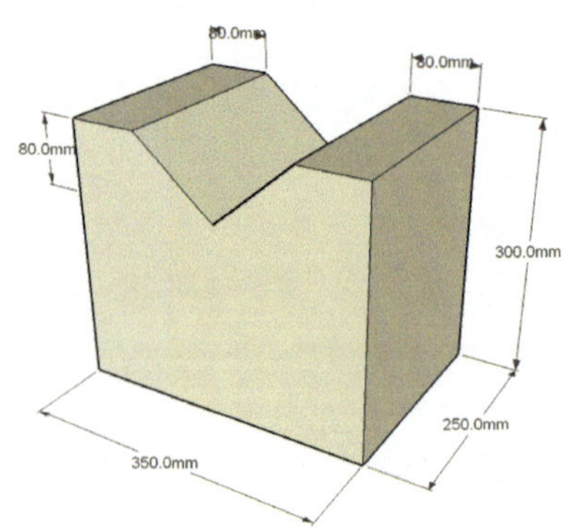

지우개를 이용하면 다시 선을 덧 그려야 면이 생기므로 밀기/끌기가 훨씬 유용하다.

① 평면 크기

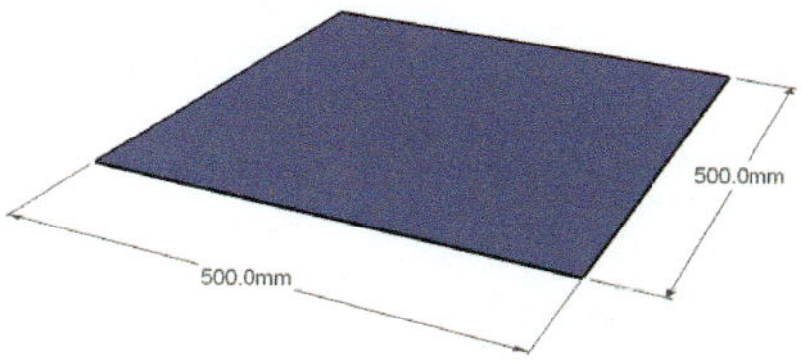

직사각형으로 밑면의 크기(500,500)를 만들 수 있다. 그러나...상황에 따라 평면상로 크기를 잡는 것보다 정면으로 뷰를 전환하여 크기를 잡아주는 것이 효율적일 때도 있다.

② 정면 전환

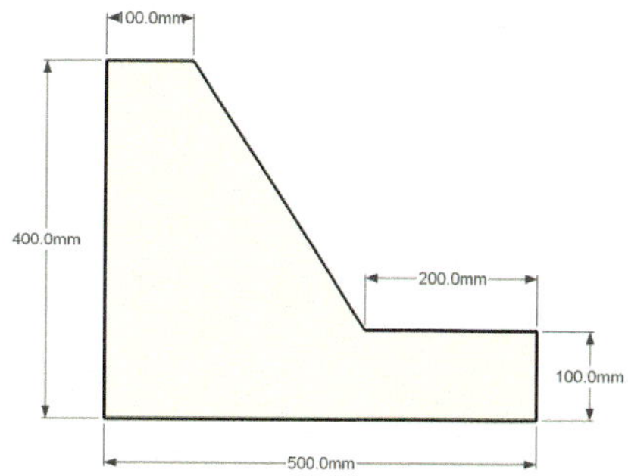

정면으로 뷰를 전환한 후 선으로 한 번에 그릴 수 있는 위치를 찾아 작도 한다.

③ 밀어내기

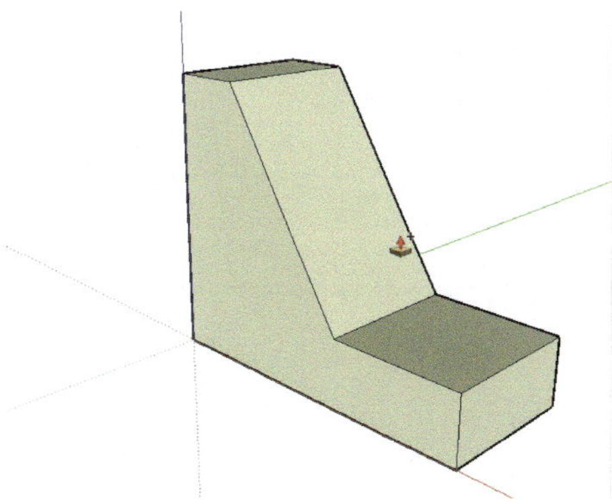

정면을 뒤로 밀어내어 형태를 완성할 수 있다.

④ 완성

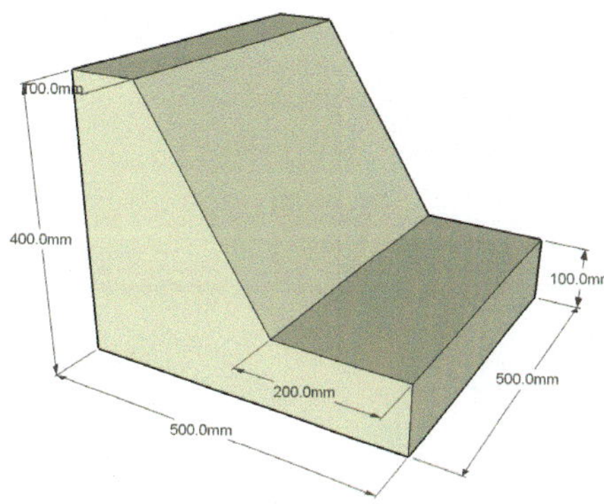

상황에 따라 평면, 정면, 배면, 좌우측면 등 기준면은 언제든지 달라질 수 있다.

이동

① 기준 도면

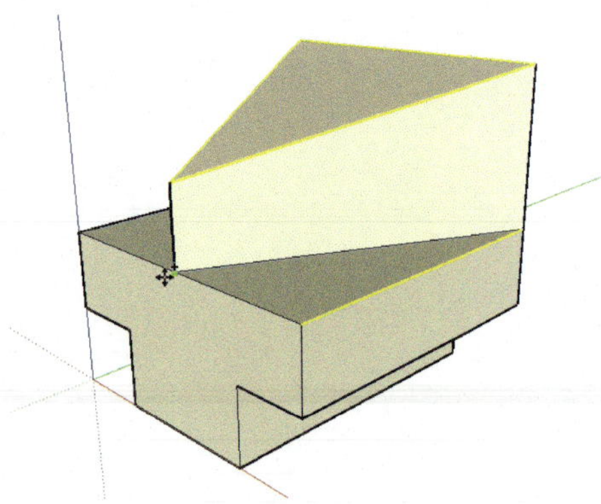

다양한 [점, 섬, 면] 이동의 방법을 알아봅니다.

② 이동(점)

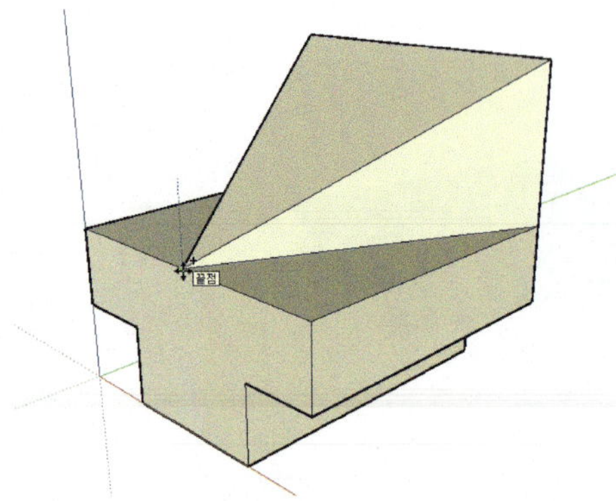

경사진 면의 끝점을 기준으로 수직, 수평 이동하여 서로 다른 형태를 만든다.

③ 이동(선)

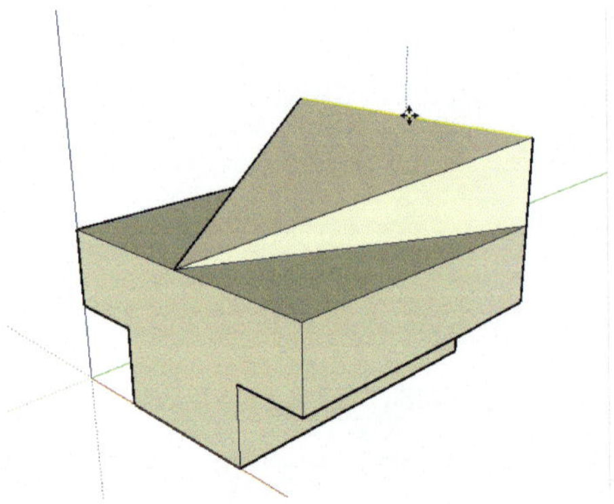

경사진 면의 한 선을 기준으로 수직, 수평 이동하여 서로 다른 형태를 만든다.

④ 이동(면)

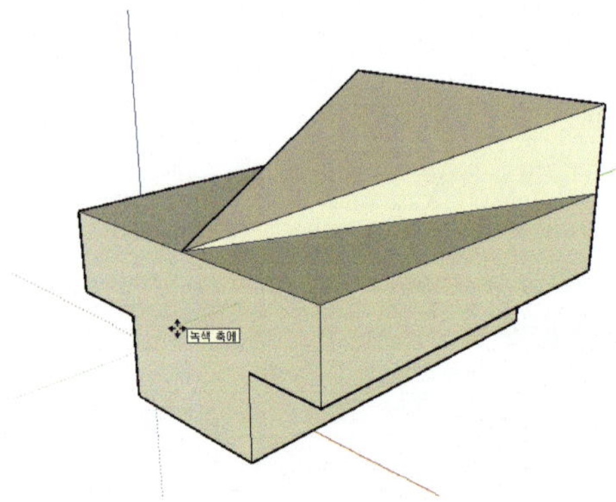

정면을 기준으로 수직, 수평 이동하여 서로 다른 형태를 만든다.

① 피라미드형 만들기(평면)

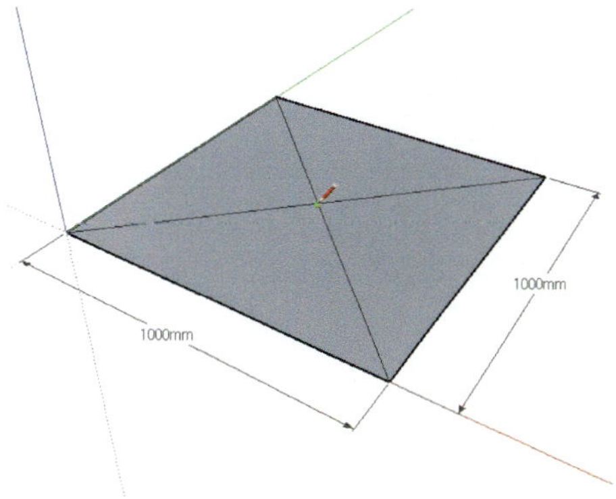

사각형으로 밑면(1000,1000)을 만들고, 대각 교차점을 만든다.

② 피라미드형 만들기(입체)

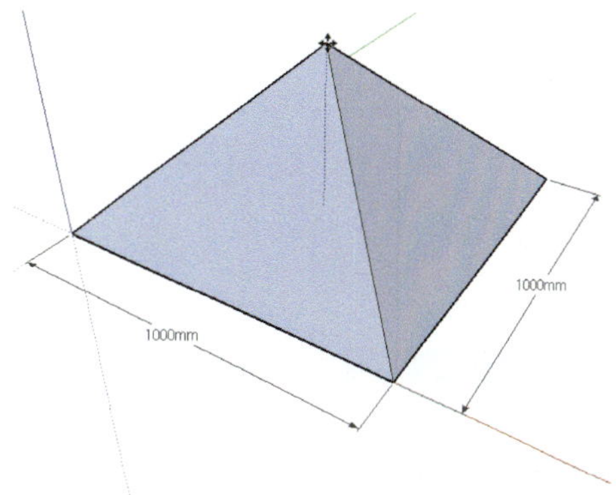

교차점을 이동(파랑축:1000)하여 사각뿔의 형태를 만든다.

③ 피라미드 만들기(복사)

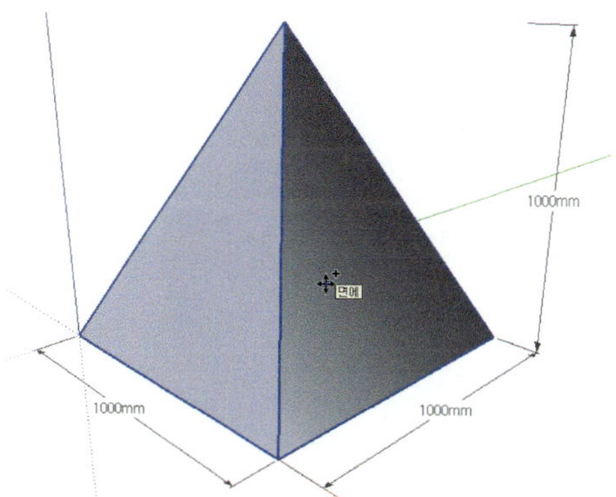

선택도구(트리플클릭)로 사각뿔 전체를 선택한 후 이동도구로 전환한다. ctrl키를 눌러 '+'상태가 되었을 때 원하는 방향으로 이동하면 복사된다.

④ 완성

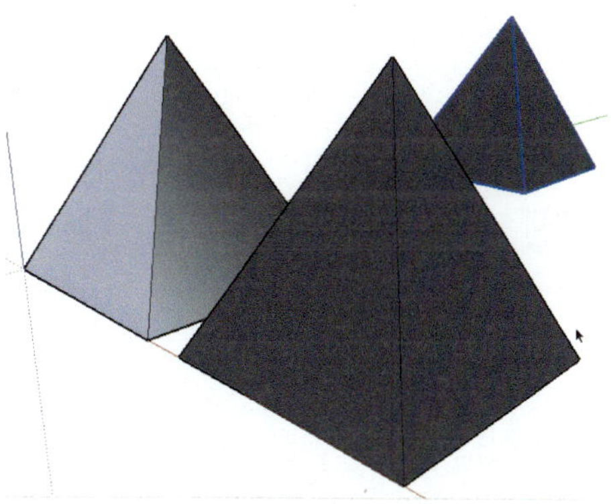

이집트 기제 지방의 쿠푸왕의 피라미드군 처럼 3개 정도로 복사해 본다.

페인트통

① 재질 선택

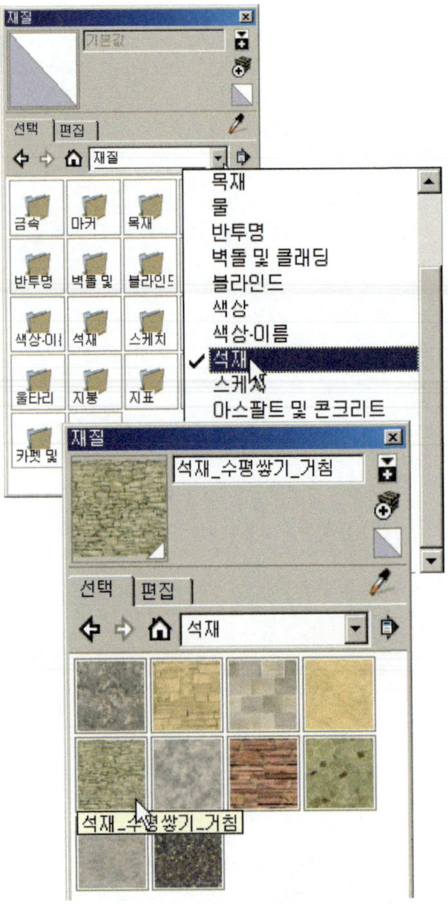

② 한 번에 한 면씩...

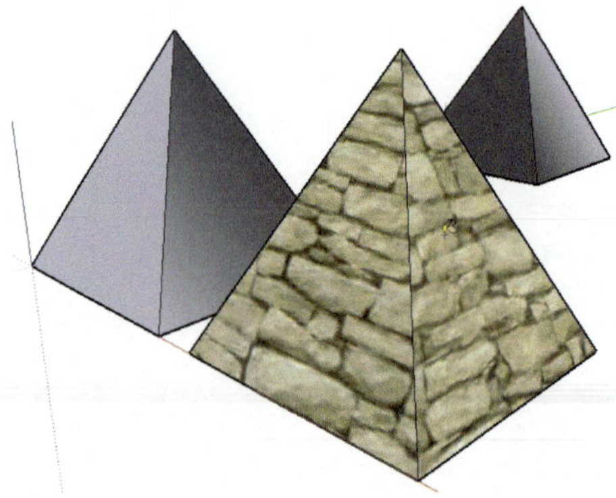

③ 전체를 한 번에...

페인트통 도구를 클릭하여 해당 재질을 설정하여 해당 면에 원하는 재질을 부어넣는다.

선택도구를 이용하여 피라미드형 전체를 선택(트리플 클릭)하여 한번에 전체에 재질을 입힌다.

④ 내 맘대로 바꾸기(편집)...

재질의 편집 탭을 클릭하여 색, 크기, 투명도 등을 다양하게 수정할 수 있다.

⑤ 편집 요소들...

다양한 재질과 다양한 편집 기능을 활용해 본다.

⑥ 완성

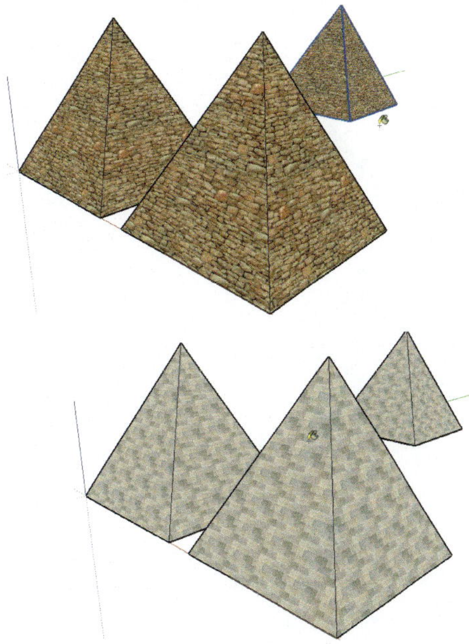

재료에 맞는 재질의 느낌을 잘 살려야 효과적인 페인트통 작업이 된다.

배율

① 늘이거나 줄이기

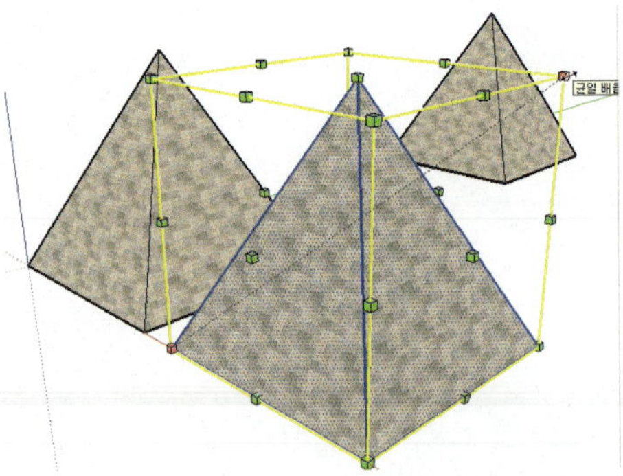

객체를 전체 선택(트리플 클릭)하여 배율 도구를 클릭하며 초록색 포인터 상자가 뜬다. 대각선, 수직, 수평방향 등을 조절하여 크기를 변화시킨다.

② 정확한 배율 입력하기

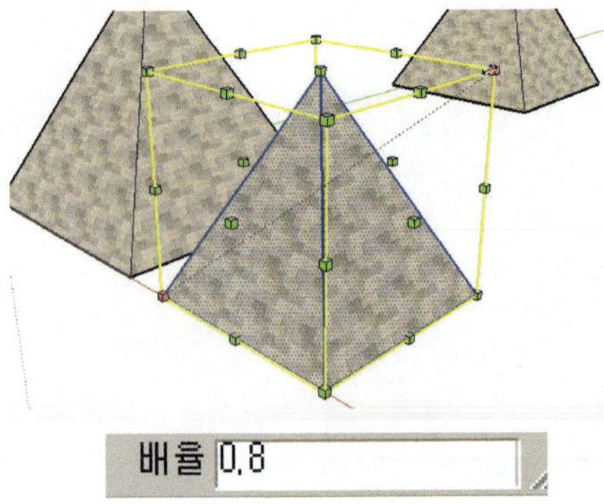

임의의 크기를 만들 수도 있고 배율의 치수(키보드로 치수 입력)를 주어 크기의 변화를 줄 수 있다.(확대:1보다 크게..., 축소: 1보다 작게...)

③ ctrl키 이용하기 (중심)

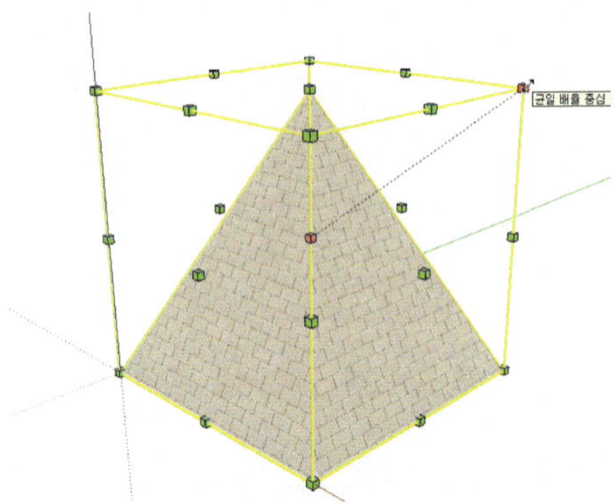

배율도구를 클릭하여 초록색 포인터 상자가 뜰 때 ctrl키를 누르면 입체의 중심과 마우스 놓인 위치를 대각 방향으로 하여 배율 조정이 가능하다.

④ shift키 이용하기 (균일 토글)

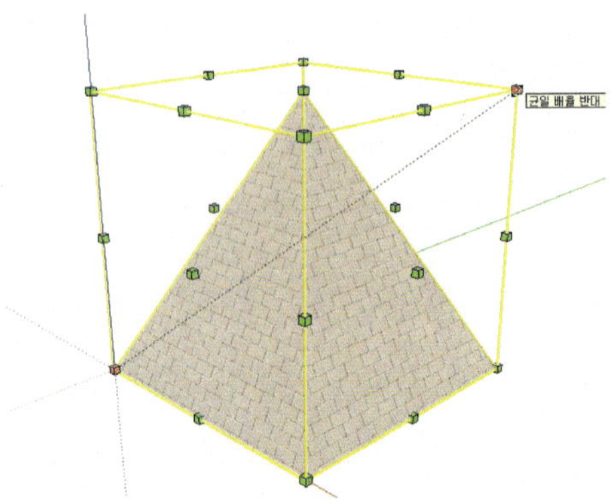

shift키는 토글키(on/off)로서 상하좌우를 균일하게 늘이거나 줄일 수 있다.
ctrl키와 병행하여 쓸 수 있다.

대칭(배율도구이용)

① 대각선 포인터

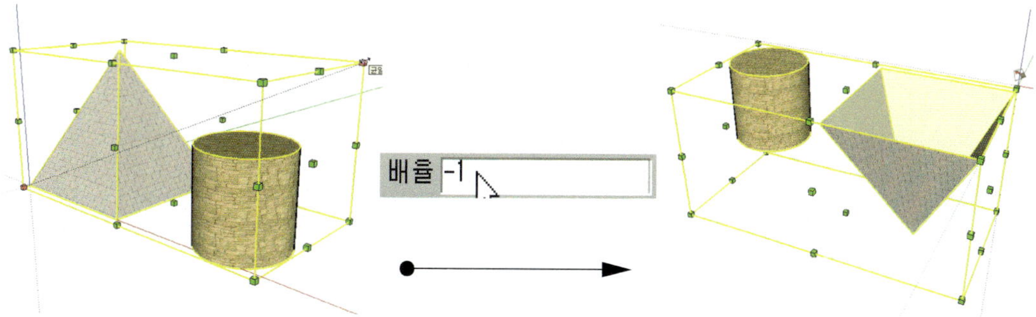

원점을 대칭으로 요소가 완전히 뒤집어 지는 효과를 볼 수 있다. 각각의 배율 포인트를 어떤 점을 기준으로 하는가에 따라 대칭 된 형태의 모습은 아주 다르다.

② 빨강축 or 녹색축 or 파랑축

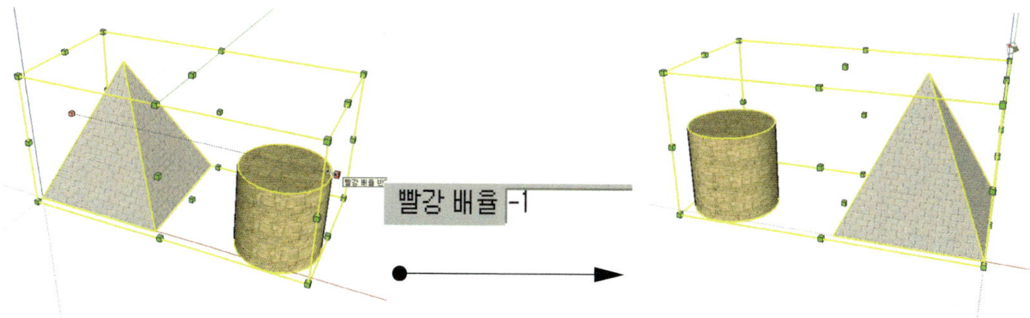

축을 대칭으로 요소가 완전히 뒤집어 지는 효과를 볼 수 있다.

③ 빨강~녹색축 or 빨강~파랑축 or 녹색~파랑축

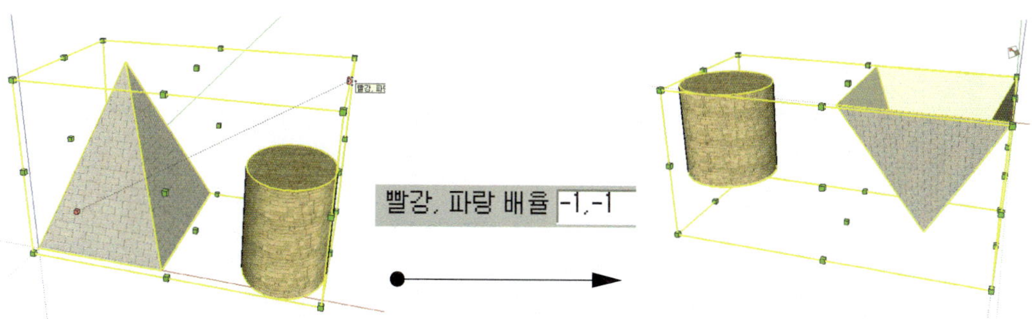

두축을 대칭으로 요소가 완전히 뒤집어 지는 효과를 볼 수 있다.

회전

① 녹색축 기준

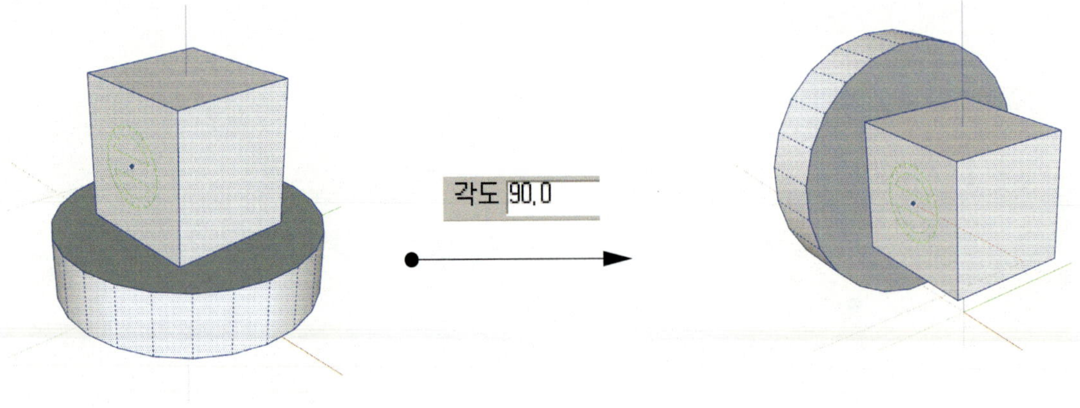

녹색축을 기준으로 90고 회전한 결과이다.

② 빨강축 기준

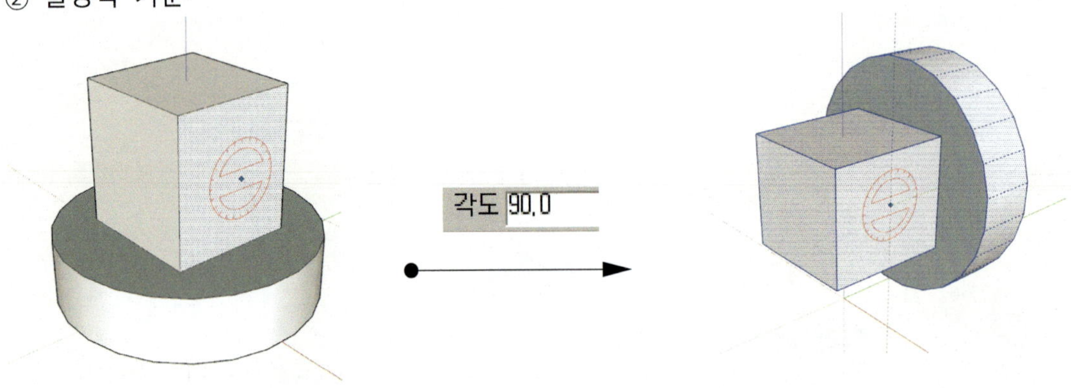

빨강축을 기준으로 90고 회전한 결과이다.

③ 파란축 기준

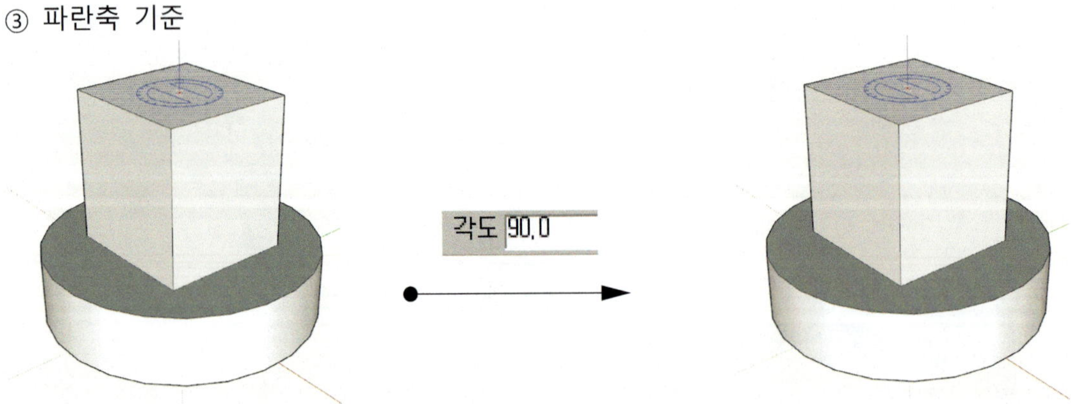

파란축을 기준으로 90고 회전한 결과이다.

간격띄우기

① 평면 크기

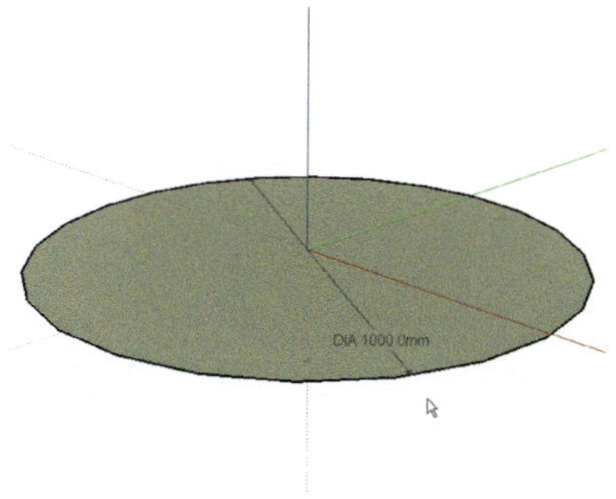

원도구로 반지름 500(지름:1000)의 원 작도

② 밀기/끌기

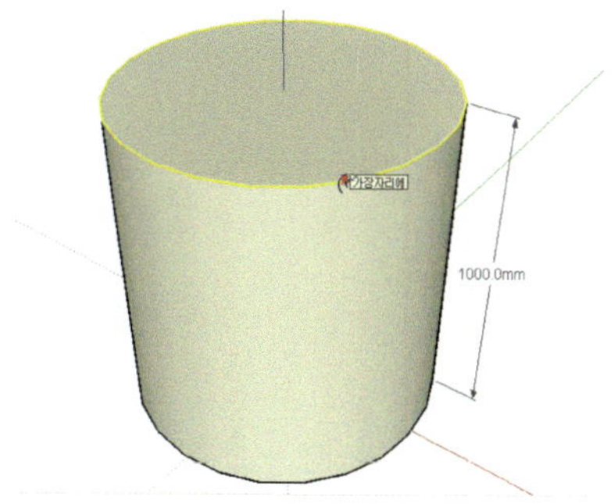

밀기/끌기 도구로 높이 1000의 원기둥을 만든다

③ 간격띄우기(오프셋)

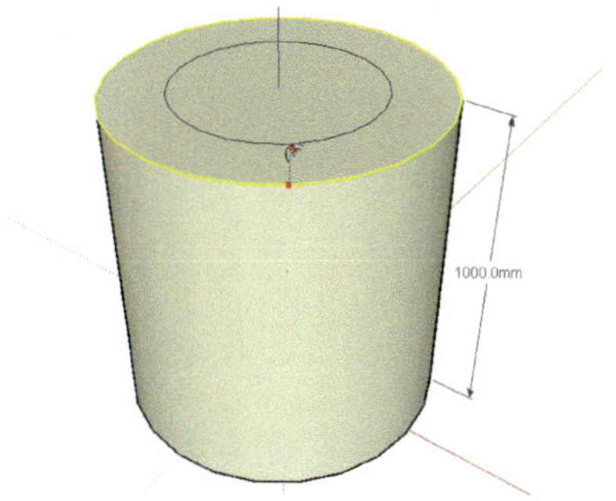

오프셋 도구를 클릭하여 원주에 마우스를 갖다댄 후 원의 안쪽 방향으로 간격 200을 입력한다.

④ 완성

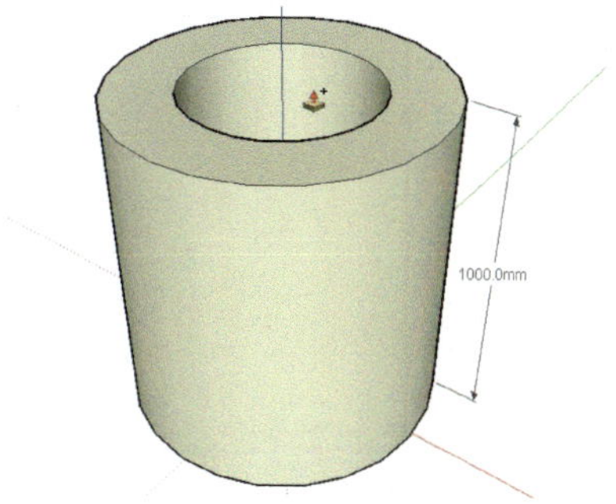

오프셋 된 안쪽 원의 면을 다시 밑으로 내려 속이 빈 원기둥을 만든다.
(두루마리 휴지형)

① 문자쓰기

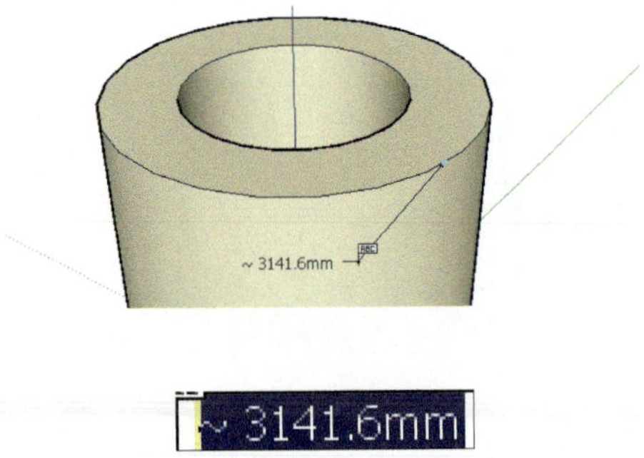

문자를 입력하고자하는 요소(점,선,면)에 마우스를 클릭하면 해당되는 요소의 기본 특징이 자동으로 뜨므로 원하는 내용으로 바꾸어 입력하여 빈 공간을 클릭하면 수정된 내용이 반영된다.

② 완성

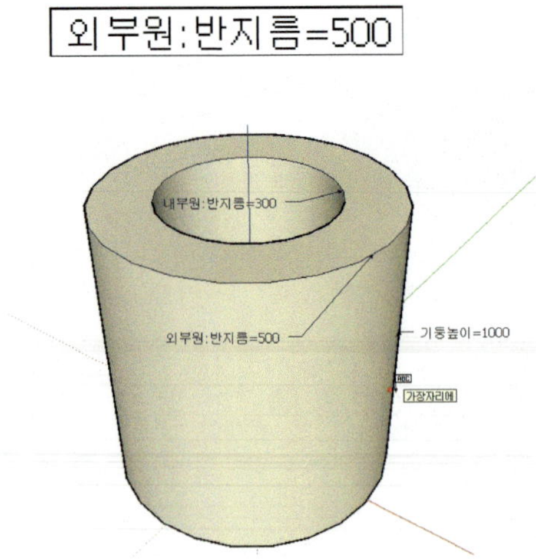

③ 치수기입

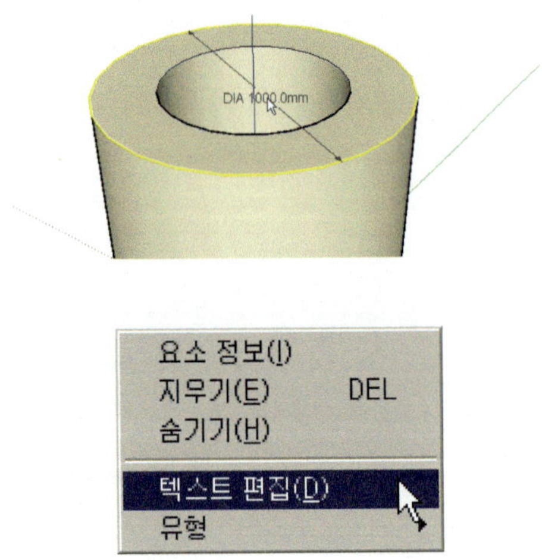

치수에 마우스 오른쪽키를 클릭하면 속성창이 뜨면서 치수문자를 편집할 수 있다.

④ 완성

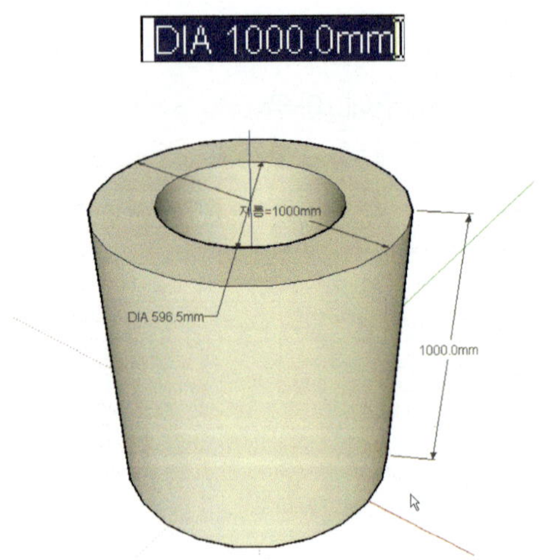

구성요소 만들기

구성요소란 하나로 인식되는 물체들의 모음으로 그림을 그릴 때 재사용될 수 있는 것들이다. 이미 많은 요소(문, 창, 가구, 조경, 운송수단 등)들이 구성요소화 되어 있지만 직접 생성하여 활용하면 더욱 효과적인 작업을 할 수 있다.

① 장선의 단면 만들기

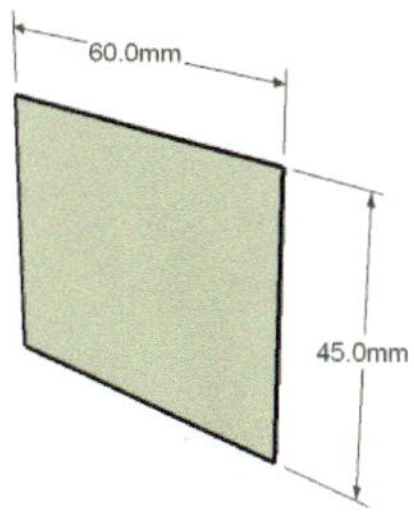

장선의 단면을 크기에 맞도록 선 or 직사각형 명령어를 이용해 면 완성

② 장선의 입체 구성하기

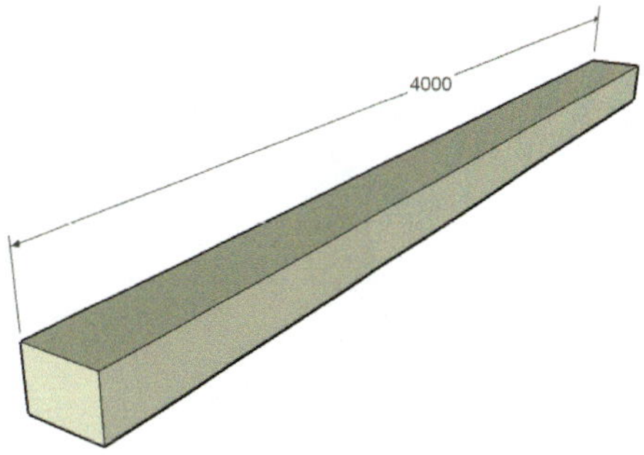

장선의 길이를 밀어넣기 명령어를 이용해 입체 완성

③ 전체선택

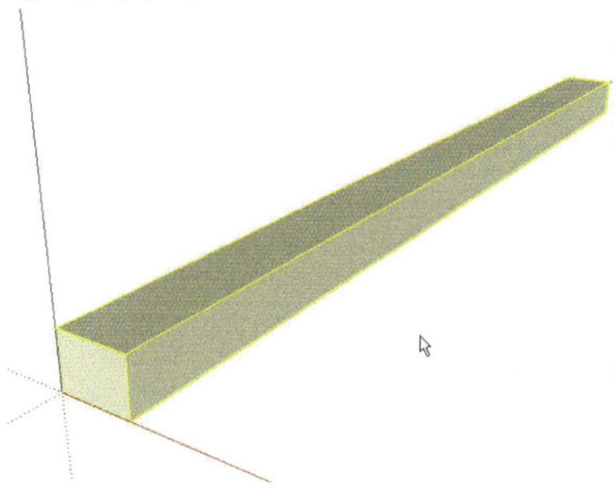

선택 명령어로 면에 마우스를 놓고 트리플클릭으로 전체를 선택

④ 페인트통

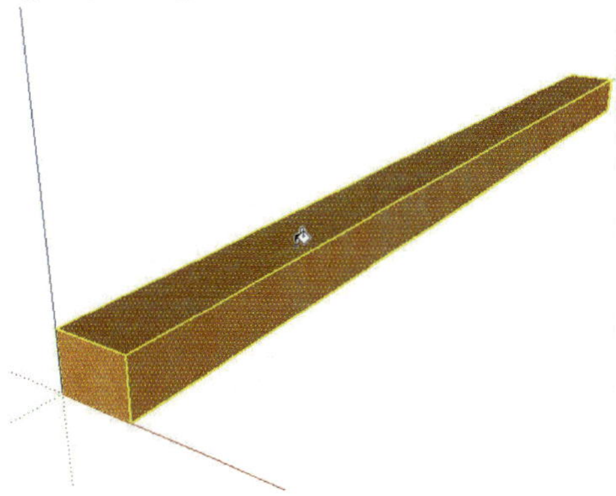

재질 명령어로 인테리어 마감 재료를 선택해 입히기

⑤ 구성요소 만들기

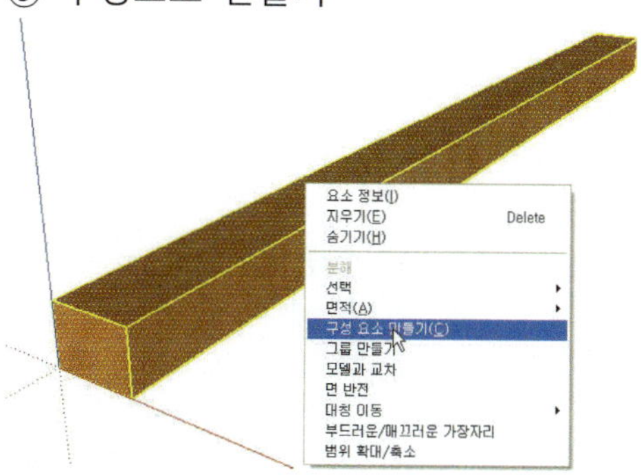

해당 입체에 마우스를 놓고 오른쪽 버튼을 클릭해 구성요소 만들기 선택

⑥ 구성요소 이름주기

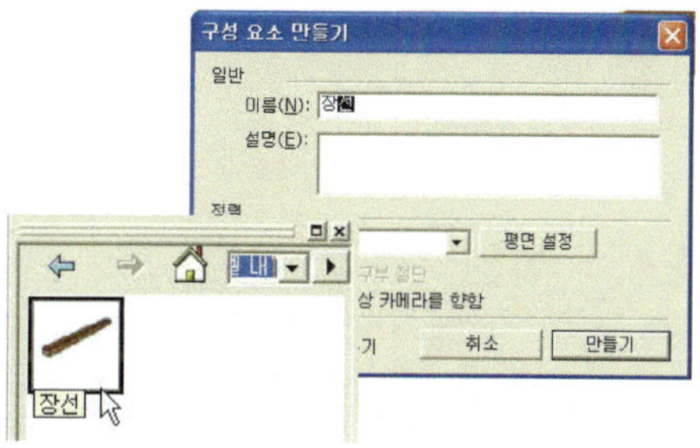

장선이라 만들고 화면 상단의 창(W) 메뉴의 구성요소를 클릭하여 확인

다중복사하기

이동/복사키와 회전키를 이용하여 한 번에 여러 개의 요소들을 동시에 간편하게 만들 수 있으며, 선형과 원형의 모양을 자유자재로 구현할 수 있다.

① 1개 복사(선형이동)

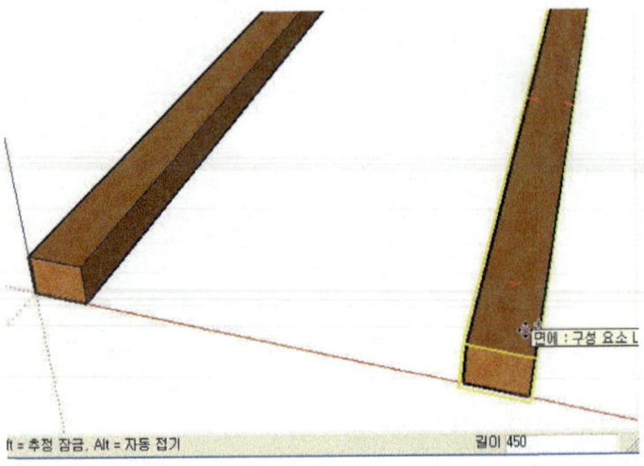

이동/복사 명령어와 ctrl키를 누른 상태 '+'에서 빨간축과 평행하게 450 길이(간격)으로 복사

② 다중 복사(선형복사)

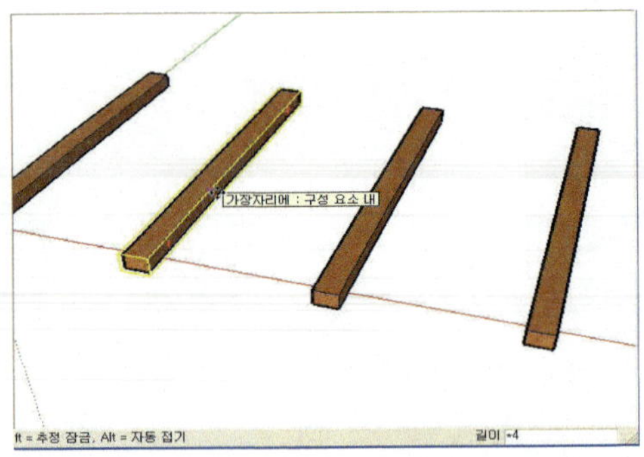

2번째 객체가 복사된 상태에서 화면 하단 길이부에 '*4'로 값을 입력 해 장선을 동시에 4개 복사

③ 1개 복사(회전)

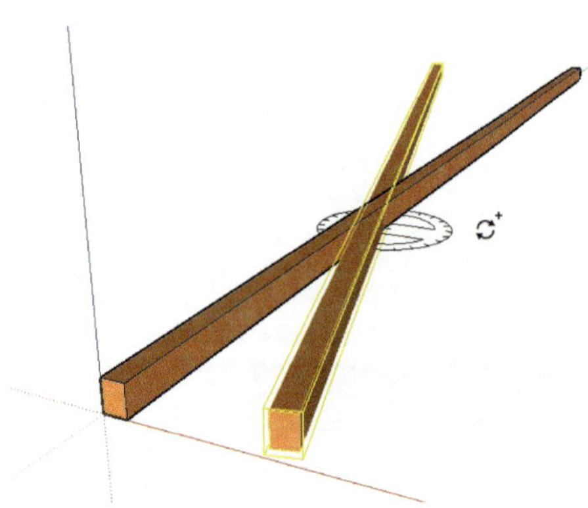

회전 도구를 이용하여 회전 기준점을 잡고 ctrl키를 누른 상태 '+'에서 회전 방향을 주고 각도를 15도 정도 준다.

④ 다중 복사(원형복사)

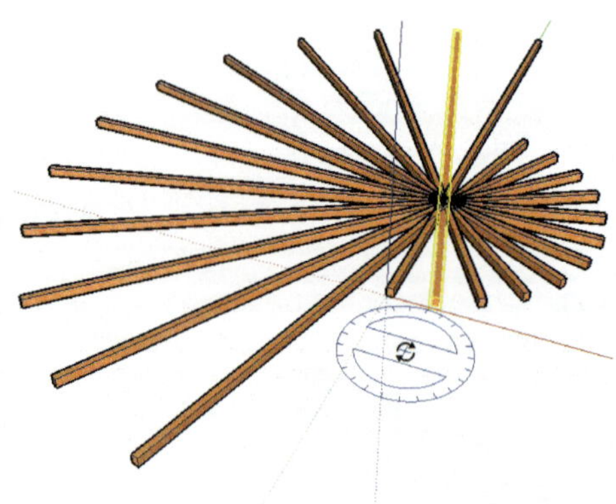

2번째 객체가 복사된 상태에서 화면 하단 가도부에 '*11'로 값을 입력 해 장선을 동시에 11개 복사한다.

그룹 만들기와 분해하기

여러 개의 구성요소들의 하나의 그룹으로 묶어 효율적인 작업(이동, 복사, 회전등)이 가능하도록 한다.

① 그룹 만들기 / 분해(or전개)

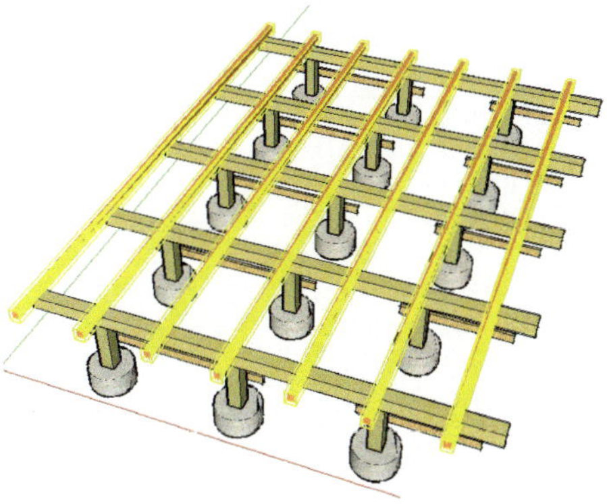

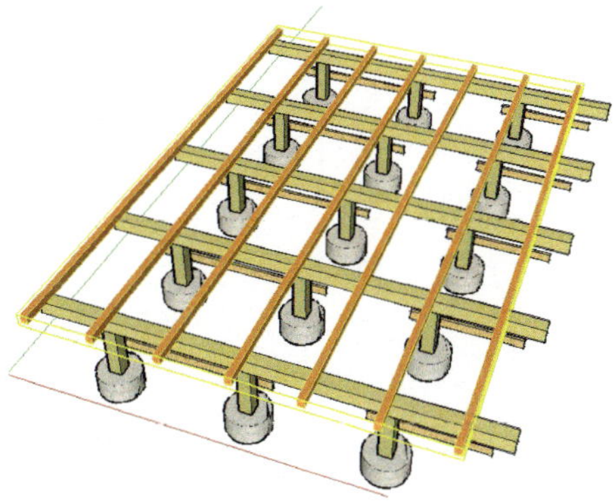

각각의 다른 구성요소들을 선택한 후 마우스 오른쪽 키를 눌러 뜨는 팝업창 중 [그룹 만들기]를 클릭하면 하나의 요소로 만들어지고 만들어진 그룹을 선택한 후 다시 마우스 오른쪽키의 분해(전개)를 클릭하면 다시 각각의 구성요소로 나누어 진다.

① 레이어 추가

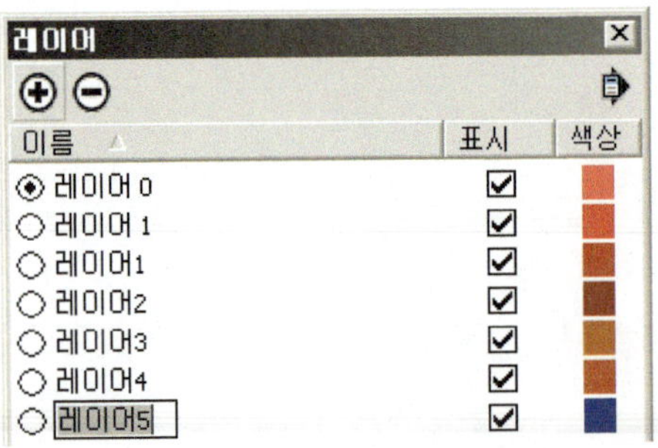

만들고자 하는 레이어의 개수와 각 레이어의 이름을 준다.

② 레이어 해당 요소정보 바꾸기

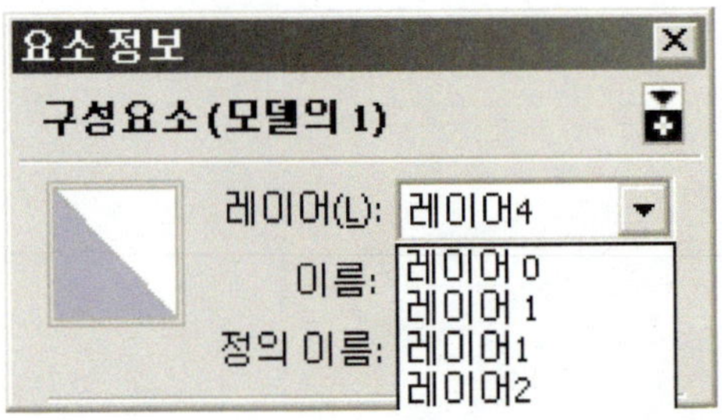

해당 구성요소를 선택한 후 마우스 오른쪽키(or 창메뉴)의 요소정보를 클릭하여 각각 레이어를 바꿀 수 있다.

③ 전체 표시

전체가 모두 선택되어 표시될 경우

④ 부분 표시

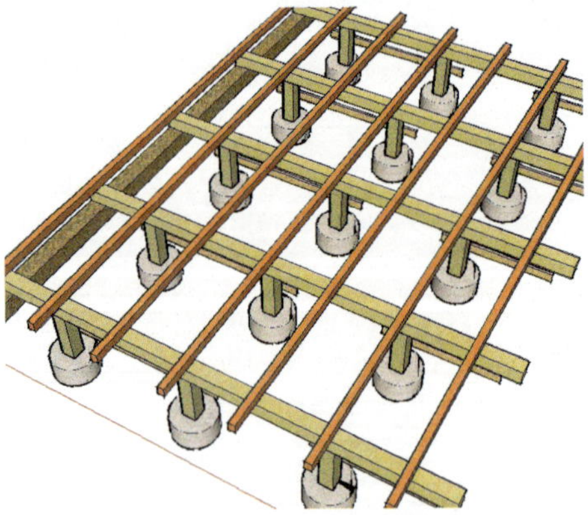

원하는 레이어만 표시(on/off-삭제×)되어 각각의 구성요소 제어가 용이하다.

6.2. 단독주택 설계하기

내 집을 지어보는 것이 건축을 공부하는 사람들의 가장 소박한 꿈일 것이다. 나만의 멋진 집을 한 번 지어봅시다.

1) 기준 평면도

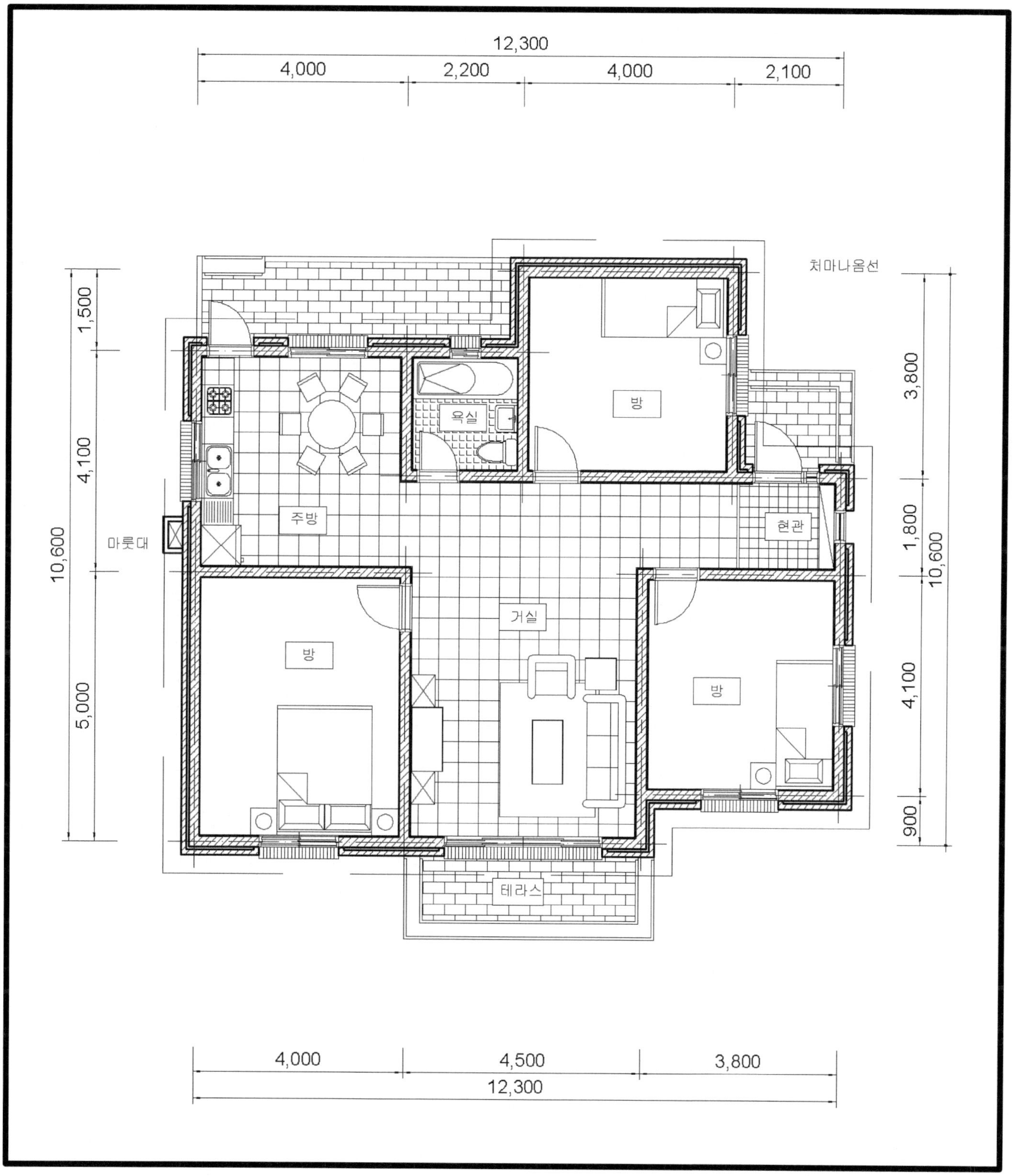

모눈종이에 프리핸드로 기본 개념을 잡아 완성한 평면도나 이미 완성된 도면을 이용하여 Sketch-Up으로 건축물의 형태를 3차원적인 입체 형태로 완성해 본다. 이로써 전체적인 디자인이 오류도 확인하고 재료와 칼라를 바꾸어 조화로운 재료와 색을 선택하며, 시공 시 일어날 수 있는 구조상의 문제점도 줄여갈 수 있으리라 기대한다.

다음의 내용은 주택을 Sketch-Up으로 표현하는 작업 순서이다. 기준 평면도를 보고 제시된 순서대로 주택을 스케치-업 해 봅시다.

2) 작도 방법

도면 작도 시 요구사항은 다음과 같다.

* 벽체 : 외벽 -- 외부로부터 붉은벽돌 0.5B, 단열재 120mm, 시멘트벽돌 1.0B로 하고
  외부 마감은 제물치장으로 한다.
  내벽 -- 두께 1.0B의 시멘트 벽돌쌓기로 한다.

* 지붕 : 철근콘크리트 경사슬래브 위 시멘트 기와잇기 마감으로 한다.
  (물매 4.0/10 이상)

* 처마나옴 : 벽체중심에서 600mm

* 반자높이 : 2400mm, 처마반자 설치

① 외벽 중심선 그리기

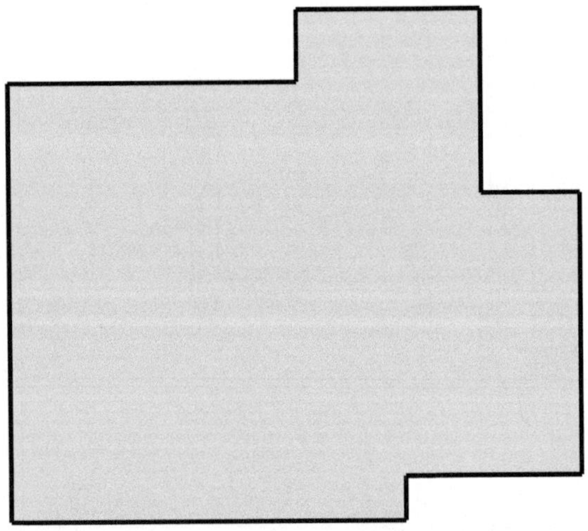

기준 평면도의 외벽 중심선만 선도구등을 이용해 작도해 면을 만든다.

② 외벽두께 간격띄우기

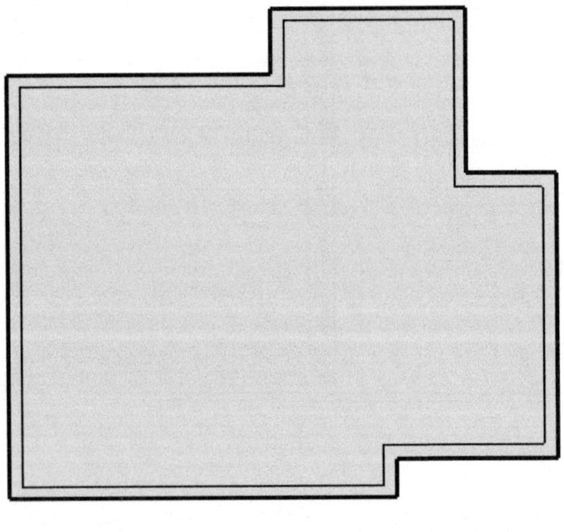

오프셀도구를 이용해 면을 바깥쪽으로 (300)mm간격을 띄워 두께를 잡는다. (벽중심선~외벽끝)

③ 칸막이벽 중심선 그리기

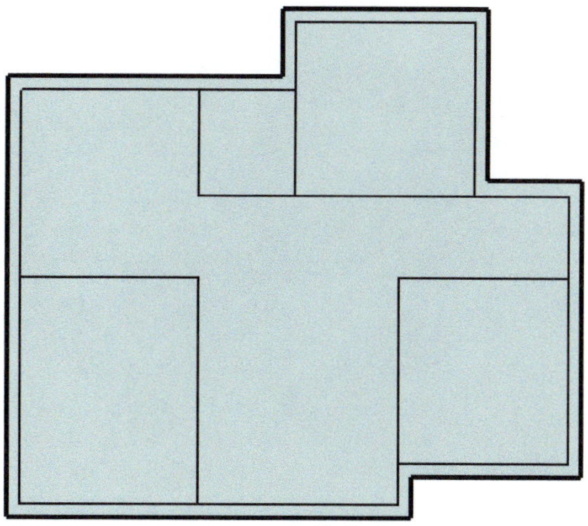

기준 평면도의 칸막이벽 중심선만 선도구등을 이용해 작도해 각각의 면으로 구획한다.

④ 칸막이벽 두께 간격띄우기

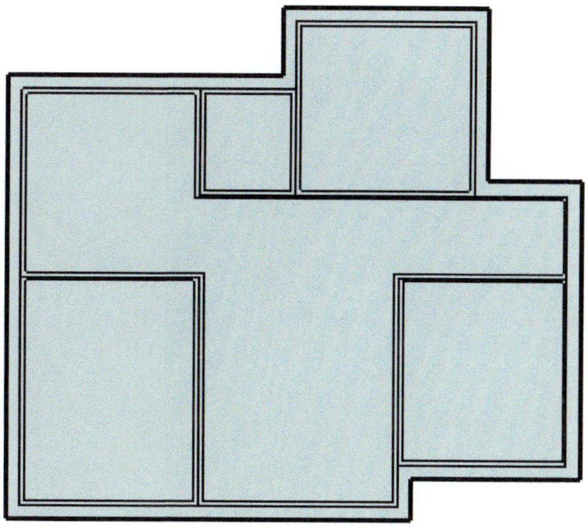

오프셀도구를 이용해 각각의 면을 안쪽으로 (100)mm간격을 띄워 칸막이벽 두께를 잡는다. (벽중심선~내벽끝)

⑤ 벽제 중심선 정리하기

지우개 도구로 벽속의 중심선은 벽두께를 잡은 후 필요 없으므로 지우거나 레이어 시 작업으로 동결한다.

⑥ 테라스 및 현관 바닥 그리기

테라스나 현관 주변 바닥을 정리하여 작도한다. (계단의 개수를 잘 산정하여 작도에 주의)

⑦ 각 실 바닥 높이 올리기

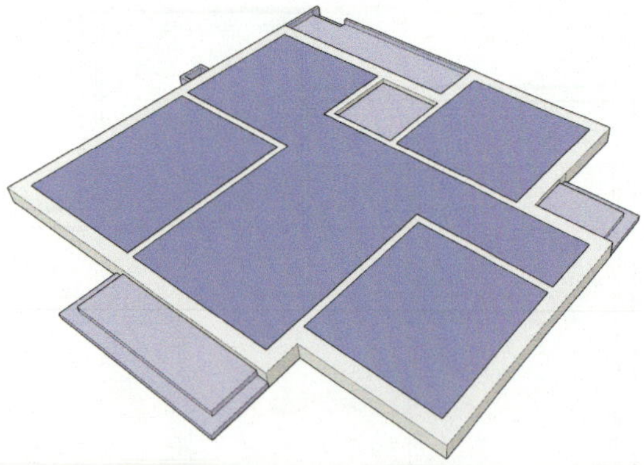

계단 한단의 높이(150 mm),
거실 바닥의 높이(450 mm),
욕실 바닥의 높이(300 mm),
현관 바닥의 높이(300 mm) 등...

⑧ 전체 벽체 올리기

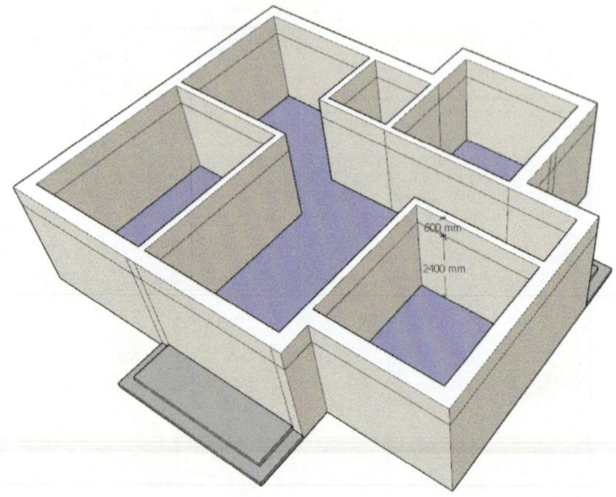

밀기/끌기 도구로 요구사항의 반자높이 만큼 벽체를 올린다.
테두리보높이(600~700mm)도 올려 정리한다.

⑨ 창호 위치 정리하기

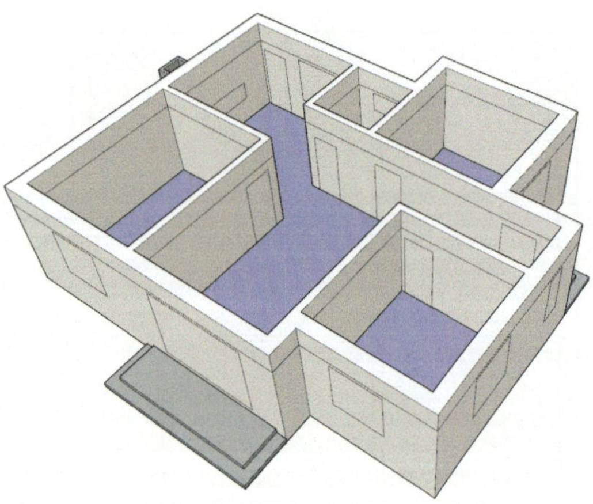

기준 평면도에 알맞은 창호 크기를 위치에 맞도록 정렬한다.
현관문(1000×2200),
일반문(900×2100),
욕실문(800×2000) 등...

⑩ 창호 벽체 정리하기

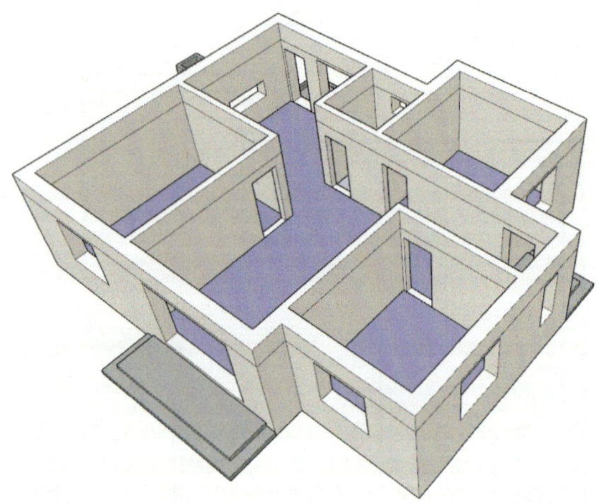

정렬된 창호들을 밀기/끌기 도구로 벽체를 뚫어 정리한다.
거실전창(3000×2300),
부부침실반창(2 400×1500),
일반침실반창(1500×1500),
주방창(1500× 600),
욕실창(600× 600) 등...

⑪ 창호 끼우기

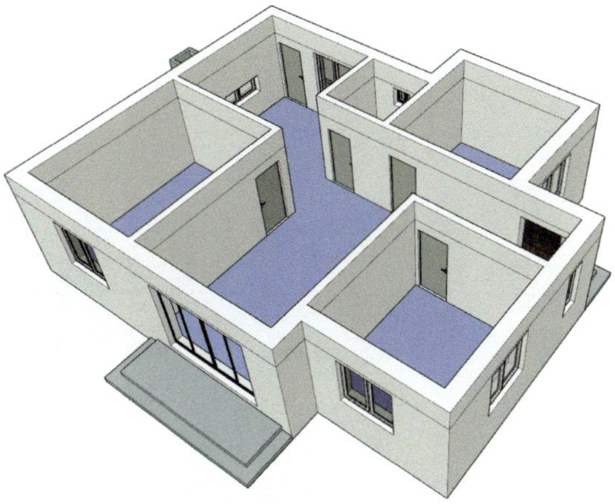

구성요소의 Door, Window 폴더 속 여러 개의 문 모양을 개폐되는 방식에 따라 알맞은 것은 선택하여 배치한 후, 배율 도구를 이용하여 shift 키를 보조하여 균일하게 확대시켜 정리한다.

⑫ 실내 재질 패턴 부어넣기

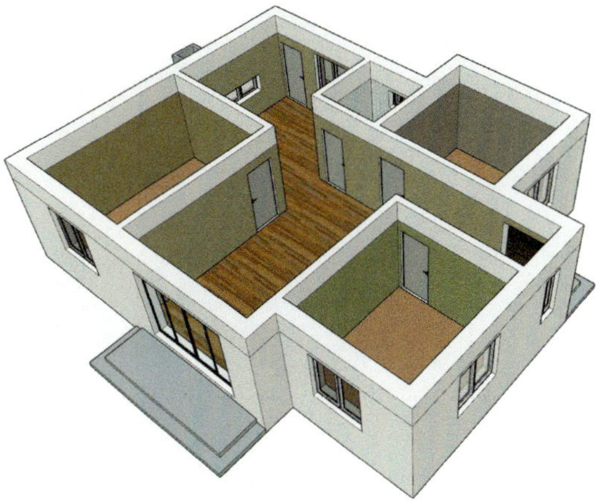

페인트통 도구를 이용하여 거실바닥 마룻널 재질, 침실바닥 장판지 재질, 현관 및 테라스에 타일 재질을 부어넣고 다양한 칼라의 벽지를 넣어본다.

⑬ 실외 패턴 부어넣기

기초벽이 노출되어서 생긴 고막이벽 부분에는 페인트마감, 붉은벽돌 치장쌓기 마감, 창호부분의 상하인방 마감, 테라스 및 현관부 타일이나 테라죠 마감 등에 유의한다.

⑭ 지붕 물매 및 형태 잡기

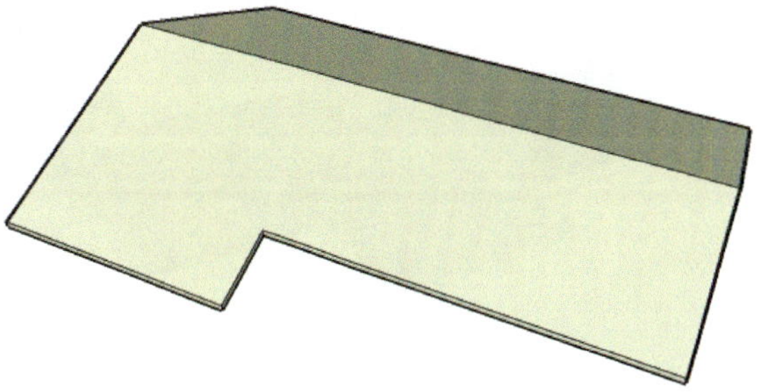

주어진 조건에 맞도록 지붕물매가 4/10 이상이 되도록 슬래브의 단면(두께:120mm)을 만들어 밀기/끌기 도구로 전제 지붕면을 만든다.

⑮ 지붕 위치 정리하기

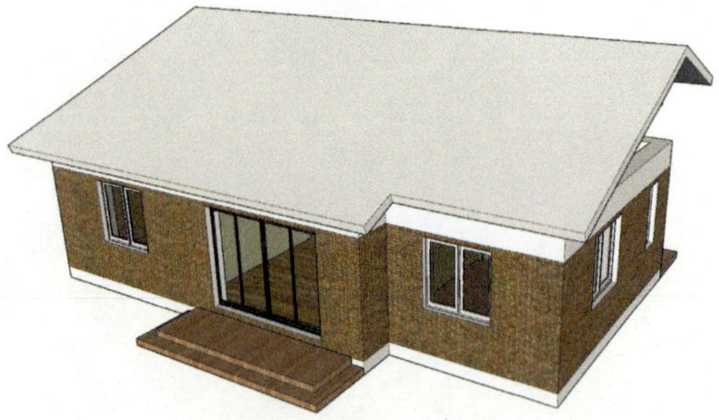

북쪽방향의 주방 모서리 외벽중심선의 위치를 잡아 수평으로 처마나옴 위치를 잡아(사각도구이용) 보조선을 그린 후 해당 지붕면의 모서리를 맞추어 댄다.

⑯ 지붕사이 벽체 올리기

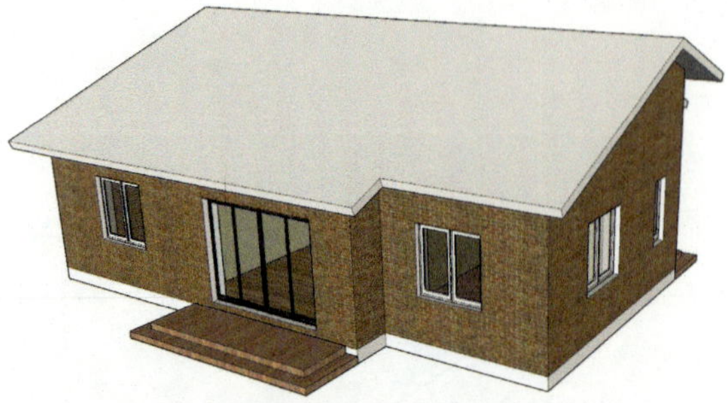

지붕과 떨어진 벽체면을 지붕 끝까지 선도구로 외벽면을 만들어 형성시켜올리고 페인트통 도구로 부어넣기를 추가로 완성한다.

⑰ 처마돌림 정리하기

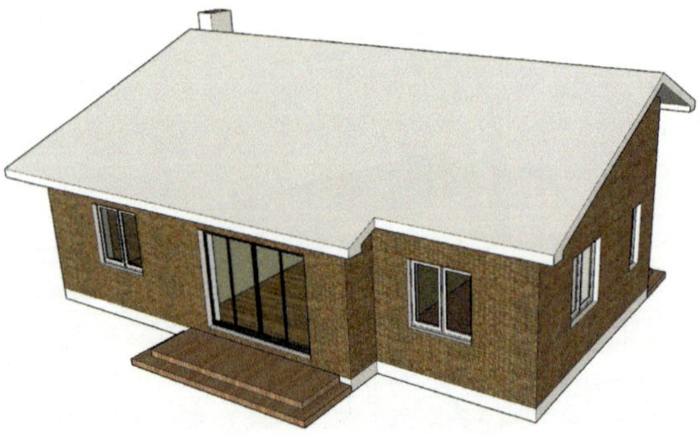

처마의 끝 부분에 지붕부의 물흐름이 외벽에 닿이지 않도록 하며, 디자인적으로 전체적인 비례감이 들도록 처마돌림을(높이:200mm)을 한다. 처마돌림 밑 부분에는 처마반자를 댈 수 도 있다.

⑱ 기와이기

시멘트기와이기를 표현하기 위해 페인트통 도구의 Roof재질을 이용하여 기와를 표현하고, 부어넣기 된 재질을 편집 메뉴를 이용해 서로 다른 크기와, 서로 다른 칼라를 만들어 다양하게 사용할 수 있다.

⑲ 각종 조경작업하기

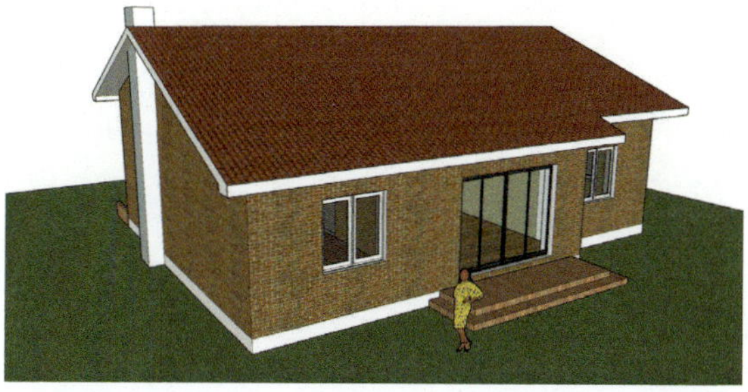

지반면을 만들고 다양한 조경요소들을 배치해 표현된 주택에 사실감을 더한다.
정원에 울타리, 수목, 스케일감을 주기 위한 인물을 적절히 표현하여 전제적인 디테일을 마감하여 완성한다.

⑳ 주택 완성

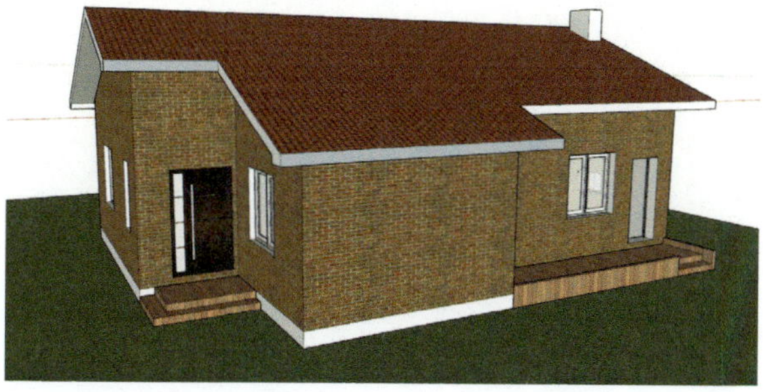

배경에 실물사진을 넣어 합성할 수도 있어서 실제 건축대지에 내가 설계한 주택을 올려보아 주변 경관과의 조화를 미리 확인해 볼 수 있다.

저자 소개

김태곤

경북전문대학교 건축인테리어과 교수

기초 CAD 평면도 그리기

초 판 발 행 | 2023년 5월 25일
초판2쇄발행 | 2025년 12월 29일

지 은 이 | 김태곤
발 행 인 | 이성범
발 행 처 | 문운당
주　　소 | 서울시 종로구 혜화로5길 16 (명륜1가 45-3)
출판등록 | 1962년 7월 4일 제 1-139
전　　화 | (02)762-6010
팩　　스 | 영업 (02)745-0265 / 편집 (02)762-8758
이 메 일 | 영업 munun2@daum.net
편집 munundang@naver.com
홈페이지 | http://munundang.co.kr

ISBN 979-11-5692-663-4 93540

정가 24,000원